五铺作外檐柱头斗拱静力学特征研究

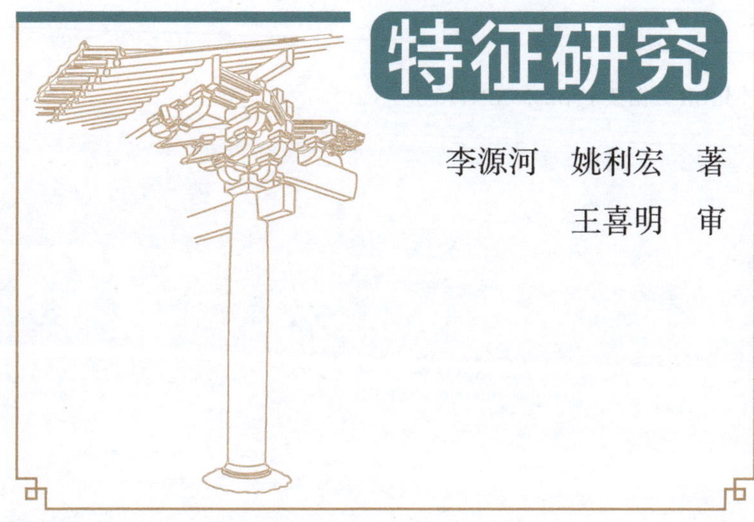

李源河　姚利宏　著

王喜明　审

中国林業出版社
China Forestry Publishing House

图书在版编目(CIP)数据

五铺作外檐柱头斗拱静力学特征研究 / 李源河, 姚利宏著. -- 北京 : 中国林业出版社, 2025. 5. -- ISBN 978-7-5219-3201-0

Ⅰ. TU366.2

中国国家版本馆CIP数据核字第2025NP4116号

责任编辑：杜　娟　陈　惠

出版发行：中国林业出版社

（100009，北京市西城区刘海胡同 7 号，电话 010-83143614）

电子邮箱：cfphzbs@163.com

网址：http://www.cfph.net

印刷：北京盛通印刷股份有限公司

版次：2025 年 5 月第 1 版

印次：2025 年 5 月第 1 次印刷

开本：787mm×1092mm 1/16

印张：15.25

字数：310 千字

定价：98.00 元

前言

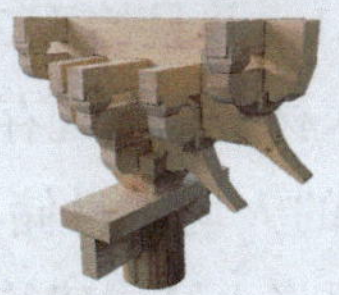

中国古代木结构建筑是以木材为主要材料，以木构造为基本搭建形式，以“梁柱式的构架制”为基本结构原则，将数目繁多的木构件装配组合成整体“大木架”来承担荷载的木建筑结构体系，并且以斗拱作为关键结构部分和度量单位，形成具有优美外部轮廓的独立建筑结构形态。

中国古代木结构建筑有 2000 多年的发展历史，是东方建筑艺术的杰出代表，也是我国建筑文物的主要组成部分。第三次全国文物普查的结果显示，我国有近 75.5 万余件文物，其中建筑文物占 50% 左右。“十四五”期间，国家加大了对文物保护的重视，首次把文物保护列为重点研究内容。对建筑文物的保护是我国文化自信和中华民族伟大复兴历史条件下的必然要求，也体现了当代对建筑文物保护传承的使命担当。中国建筑文物保护研究的短板主要包括两个方面：一是缺乏独具特色的文物保护理念。例如，日本的建筑文物保护理念是保持文物古迹原址重建的技术传承，只要文化内涵和建造技术与古代相同则认为是文物精神的延续；西方的建筑文物保护理念是最大程度地保持原状；而我国在建筑文物保护方面尚缺乏符合自身特点的文物保护理念。二是缺乏行之有效的结构性能评价体系。目前缺乏能够令研究人员普遍认可的关于古代木结构的稳定性、结构响应机制、力学性能的评价体系。因此，对于古代木结构建筑文物保护理念的创新和结构评价体系的构建是我国古代木结构建筑文物保护工作亟待解决的问题，而目前的研究尚未达到高质量、精细化的水平。

在乡村振兴的国策下，木结构建筑的应用前景广阔，而推进现代装配式木结构建筑体系的发展是振兴木结构建筑的必经之路。现代装配式木结构建筑的发展和推广需要成熟的材料供应和保障体系，木材产业的上游为树木的种植及砍伐，中游为木材的生产制造、仓储及供应，下游为木结构构件的设计及应用，只有建立体系完备的上、中、下游木材保障体系，才能真正实现木结构建筑应用的推广。我国的木材主要依靠进口，并且始于2016年的天然林保护政策加剧了对进口木材的依赖程度，我国的木材安全问题存在重大隐患，相比于国际上人均木材储备量的1m^3/年，我国目前的人均木材储备量不足0.3m^3/年。现代装配式木结构建筑在广大乡村的普及需要将木结构建筑设计（构件、节点、构造形式、空间组合等）、结构材设计、木结构物理力学性能评价体系、木结构机械加工四个方面有机结合起来。中国古代木结构建筑的模数思想、构件思想、榫卯技术蕴含深厚的文化底蕴和严密的结构逻辑，必然会对现代装配式木结构建筑的发展提供历史借鉴和理论支撑，可以为中国化的装配式木结构建筑体系研究指明新的发展方向。

我国预计在2030年实现“碳中和”，在2060年实现“碳达峰”，这就是可能改变众多行业布局、生产模式及资源分配体系的“双碳”政策。木结构建筑是与“双碳”政策高度契合的产业，不仅具有杰出的固碳作用，而且从建筑的生产和使用全周期的范围内考虑，木结构建筑的碳排放量要远远小于当今主流的钢筋混凝土建筑体系。以“双碳”政策为指导，木材从伐倒开始首先应该作为结构材（锯材或其他大尺寸构件材）在现代木结构建筑或建筑文物修复中使用几十年，拆除后进行二次利用，或经过改性加工后循环利用，从而延长碳在木结构中的固定周期，延长“碳足迹”以减少对环境的压力。中国古代木结构建筑的结构材是木材资源使用的第一步，也是关键的和使用效率最高的一步，对于木构件力学性能的研究及评价体系的构建是高效使用结构材的必经之路。

斗拱是中国古代木结构建筑的独有构件，具有举足轻重的作用，是中国古代木结构建筑系统中榫卯技术、模数体系、构件思想的集大成者，具有优异的力学性能，其构造形式和比例大小历代不同，具有清晰的发展脉络和结构演变规律。研究斗拱木构件的静力学特征具有显著的必要性和重要的科学意义：第一，该研究是文物保护结构评价体系发展的诉求。斗拱是采用榫卯技术将不同的部件连接在一起而组合成的有机体，其中搭交榫连接和销连接是斗拱中最主要的榫卯连接方式。中国古代木结构建筑中的榫卯技术历史悠久，而斗拱木构件作为榫卯技术的集大成者，却没有明确的评价体系，这直接阻碍了文物保护中结构评价体系的发展。第二，斗拱是中国古代木结构建筑具有优秀抗震性能的原因之一，研究斗拱对于木结构抗震理论的发展有促进作用。建筑中斗拱上大、下小，每一攒斗拱类似一个空间球铰支座，在建筑一个水平层上每攒斗拱之间都通过正心枋、里外拽枋相互连接，形成一个以多攒斗拱协作为基础的斗拱构造过渡层，承上启下使大木结构下层的柱子、额枋和上层的梁、枋、檩之间形成一个结构过渡层，当外力侵袭时以柔弹性的结构特点消耗能量减缓结构受到的冲击破坏，从而起到抗震的作用。第三，在结构体系上斗拱和现代的空间框架有相似之处，如果进行斗拱的构造研究和静力试验，或许能从这种使用了三千年的构件上获得新发现而促进现代结构体系的进步。第四，斗拱是用预制部件装配而成的，其设计和组合是一个层次分明的严密构想，对现代木结构的装配式技术研究必然有积极意义。

斗拱分为外檐斗拱和内檐斗拱两大类，内檐斗拱通常作为支持天花板重量，或联系梁头节点的构件，其装饰性能大于结构性能。外檐斗拱根据位置的不同又分为柱头铺作、补间铺作和转角铺作（此为宋式命名法，清式命名法称为柱头科、平身科、角科），其中补间铺作主要起到稳定性的结构作用，转角铺作复杂的构造形式更趋向于适应屋顶的几何形式，而柱头铺作构造形式典型、力学作用显著、规范化程度高、使用数量最多。调研结果表明，五铺作柱头斗拱是中国古代木结构建筑体系中使用最普遍、最具有代表性的斗拱构造形式，因此本书的研究对象确立为唐、辽、宋、元、明、清六个历史时期典型建筑案例中的五铺作外檐柱头斗拱。

本书由李源河（内蒙古科技大学）、姚利宏（内蒙古农业大学）著，王喜明（内蒙古农业大学）审定，李源河负责案例调研、结构试验、仿真模拟、文字撰写（15.24 万字）、图片绘制、数据整理，姚利宏负责项目策划、理论指导、试验设计、逻辑架构。本书由国家自然科学基金－地区科学基金项目“五铺作柱头斗拱木构件的静力结构性能评价体系构建（32360356）”和“内蒙古科技大学基本科研业务费专项资金资助（2024QNJS023）”资助完成，感谢内蒙古科技大学建筑与艺术设计学院“国家工业设计创新研究院”的支持，感谢内蒙古农业大学材料科学与艺术设计学院“内蒙古自治区俄蒙进口木材加工利用工程技术研究中心”“俄蒙进口木材高效利用产业创新团队”的支持，感谢内蒙古工业大学土木工程学院“内蒙古自治区土木工程结构与力学重点实验室”提供结构试验条件。由于作者水平有限，书中不妥之处敬请批评指正。

李源河　姚利宏

2025 年 3 月

目 录

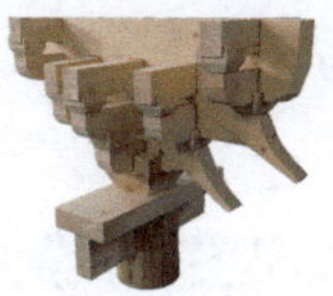

第一章 斗拱与中国古代木结构建筑的关系

第一节 中国古代木结构建筑结构特征概述

一、中国特色传统建筑类型的特征和材料

建筑是人类的科学技术、历史文化、风俗习惯在特定地域、气候和水文条件下的产物[1]，其特征总是与自然环境和社会条件息息相关。中国是一个幅员辽阔、历史悠久、文化丰富的多民族国家，其自然和社会的复杂性必然导致建筑类型的多样性[2]。经历了漫长古代社会封闭政策的影响和沉淀，中国不同地区建筑类型的特色也在现代建筑全球化浪潮中顽强地留存了下来。以中国地理区域来分类研究最具特色的传统建筑类型，东北和西南地区有井干式建筑[3]；华北地区有毡包式建筑[4]；西北地区有土坯式建筑，穹窿顶的清真寺和窑洞[5-6]；西南和西北地区有碉房；华中、华东、华南和西南的广大南方地区有干阑（竹、木）式建筑[7]。

建筑结构系统和构造方式的形成，本质上是由建造材料和环境特征所决定的，其科学依据是自然和物理。不同建筑类型显著特征的形成主要由两方面的因素决定，其一是基于材料的结构技术，其二是基于环境的设计思想。木材、竹材、藤材、灌木材、作物秸秆、动物皮毛、土坯、泥浆、石材和砖瓦等都是中国传统建筑的常用材料，特色的传统建筑类型特征和材料见表 1-1。

二、木材的主要优点

木材与钢铁、水泥和塑料并称为世界四大原材料[8]，广义上木材泛指树木的木质部，狭义上木材是可用于建筑、结构方面的木质材料，多数经过加工或制成一定规格的木料。木材的应用范围十分广泛，除了作为建筑用材之外，还可作为交通用材（如

表 1-1　中国特色建筑类型的特征和材料

建筑类型	分布区	材料	特征图
井干式建筑	东北、西南	木材	
毡包式建筑	华北	木材、动物皮毛、灌木材	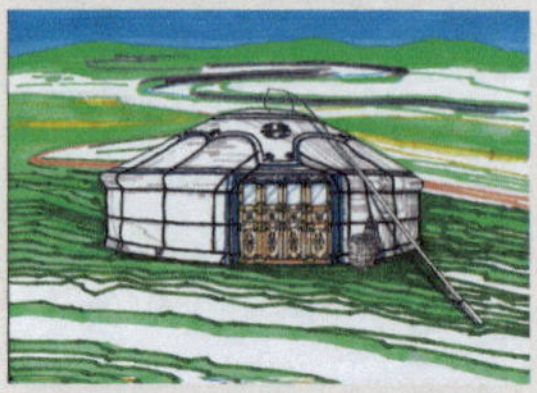
土坯式建筑	西北	木材、藤材、灌木材、作物秸秆、土坯、泥浆	
干阑式建筑	华中、华东、华南、西南	木材、竹材	
清真寺	西北	木材、土坯、泥浆、石材	
窑洞	西北、华北、华中	木材、土坯、泥浆	
碉房	西北、西南	木材、土坯、泥浆、石材、藤材、作物秸秆	

注：①特征图为作者依据调研资料手绘。②建筑类型的分布区有交叉存在的情况。

船舶、汽车、铁路枕木)、造纸用材、家具用材、乐器用材、采掘用材(采煤的矿柱)和农业用材(农业机械和工具)。森林作为陆地生态系统的主体，最早成为人类获取资源的依靠，木材便源于森林中的乔木，因此，木材的优点最直观的表现就是其便于取材。从材料特性的角度分析，木材的优点是由其化学性质、物理性质、力学性质和环境学性质综合起来所决定的。

第一，木材是纤维素的主要来源之一。纤维素是自然界中存在的一种极其重要的高分子有机化合物，其化学式为($C_6H_{10}O_5$)$_n$(n 为聚合度，一般研究表明高等植物聚合度为 7000 ～ 15000)，其结构是由脱水吡喃葡萄糖单元连接组成的具有一致结构的葡萄聚糖高分子链，本质上是指无数吡喃型 D- 葡萄糖基，在 1 → 4 位置上彼此以 β- 苷键连接而成的线性高聚物[9](图 1–1)。纤维素的这种超分子结构具有三个显著的特征：一是由纤维素链上的羟基(—OH)形成的氢键；二是纤维素以结晶区和无定形区聚集共存而成的结晶结构；三是纤维素的结晶度，即结晶区所占纤维整体的比例。木材的化学组成主要为纤维素、半纤维素、木质素和木材抽提物，其中纤维素的含量约占木材的 42% ～ 45%。纤维素是木材细胞壁中的骨架物质，其分子结构对木材的化学、物理和力学性质有显著影响，如木材吸湿性的本质是纤维素的吸湿、解吸和吸湿滞后现象；木材的电化学性质本质上是纤维素巨大的比表面积使得其与水溶液接触时发生特殊电荷分配而形成的双电层结构[9]，这种性质被有效应用于造纸工业、湿法纤维板制造工业和纺织工业中；再有对木材化学改性的应用，很大程度上也是对纤维素的降解、酯化、醚化和各种改性处理。基于分子结构的特殊性，纤维素这种天然高分子化合物为各种功能化材料的制备提供了可能性，例如抗菌纤维素材料、纤维素基染料废水材料、膜材料和碳纳米管等。纤维素是自然对人类的恩赐，木材、竹材、藤材和作物秸秆这些木质资源材料作为纤维素的重要来源，无疑在材料方面是一种优势。

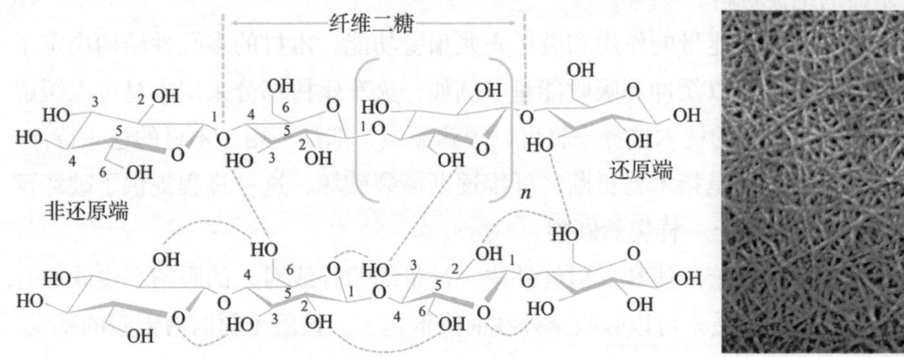

图 1–1　纤维素的分子结构图(左)和纳米纤维素(右)

第二，木材可提取出一些保健成分。木材中除了纤维素、半纤维素和木质素这些主要成分外，还有木材抽提物。木材抽提物是用多种有机溶剂和水提取出来的物质的总称，木材的抽提物种类丰富，形成原因复杂，主要存在于木材显微构造的树脂道、树胶道和薄壁细胞中[9]。木材抽提物中包含一些具有保健作用的成分，例如从紫杉（*Taxus cuspidata*）中提取出的紫杉醇具有抗癌的作用，从白桦树（*Betula platyphylla*）中提取出的木糖醇和从落叶松（*Larix gmelinii*）中提取出的阿拉伯半乳聚糖具有良好的药用价值，从黑云杉（*Picea mariana Britton*）中提取的精油可以作为环境芳香剂。

第三，木材的强重比高，即轻质高强。研究表明，木材的强重比高于一般的金属，例如鱼鳞云杉（*Picea jezoensis*）的强重比要高于钢材。在室内装饰中，屋顶部分一般使用木材作为装饰材料，由于利用了木材强重比高的特点，屋顶的木材部分受到荷载后不容易坠落而比其他材料具有更高的安全系数。

第四，木材易于加工。相比较其他材料，利用锯、铣、刨、钻等简单的工具就可以将木材加工成各种榫卯形式，也可以选择胶黏剂和金属连接件对木材构件进行装配。利用蒸煮等工艺还可以将木材加工成各种形状的弯曲构件，利用指接、层积、复合和胶合等工艺还可以将不同规格的木料组合加工成目标构件。

第五，木材具有良好的热、电绝缘性。通常说木材的导热、导电能力差，是因为气干木材是含有很少能自由移动电子的多孔性材料，如果未经干燥处理的湿材，还是具有极微弱的导热、导电能力的。炊具把柄和电工笔把柄选择木材来制作，就分别利用了木材导热、导电能力差的特点。

第六，木材具有良好的声学性质。木材的构造形式和弹性体特征决定了木材的声透射性高，共振性能好，易于传播声音；并且木材的吸声能力好，回声小，混响时间适当[9]。木材常被用作对声音品质有较高要求场所的装饰材料和各种乐器的制作材料，例如著名的维也纳金色大厅就是选择木材作为室内装饰材料；云杉（*Picea asperata*）是制作各种乐器的绝佳材料。

第七，木材具有吸收能量的作用和破坏先兆预警功能。木材的多孔性结构决定了木材在受到外界作用时可以缓冲和吸收能量，例如，火车座椅部分采用木材可以缓解长途运行中的疲劳，铁路的枕木选择木材可以缓解颠簸，都是利用了木材的这一特性。木材的破坏先兆预警功能是指木材折断时纤维逐渐撕裂破坏，这一过程提供了破坏预警的功能，而不是像混凝土一样突然断裂。

第八，木材可以吸收紫外线和反射红外线。过量的紫外线对人的眼睛和皮肤都有一定的伤害，木材中的木质素可以吸收紫外线而降低伤害。接触木材时有温暖的感觉，而不像金属和石材一样冰冷，很大的一部分原因是木材可以有效反射红外线。

第九，木材具有独特的颜色、花纹和光泽，具有特殊的装饰效果。木材的色相主要分布在 1.5YR ～ 1Y（浅橙黄～灰褐色），其中以 5YR ～ 10YR（橙黄色）居多；木

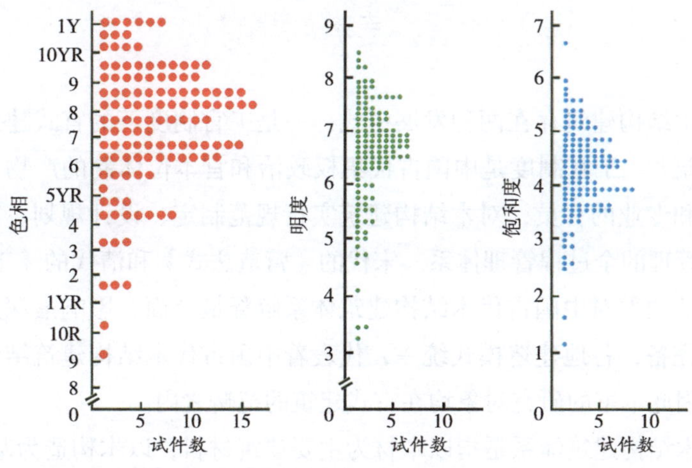

图 1-2　木材的色相、明度及饱和度

材的明度主要集中在 5 ～ 8；木材的饱和度主要集中在 3 ～ 6（图 1-2）[9]。木材的颜色总体上会给人温暖的感觉，并且不同色相、明度及饱和度的木材也会给人带来不同的视觉体验。木材的花纹具有独特的装饰效果，如金丝楠木（*Phoebe zhennan*）和海南黄花梨（*Dalbergia odorifera*）价值昂贵的原因之一是具有独特的花纹。木材在使用时，表面细胞被切断后相当于形成无数个微小的凹面镜，凹面镜内反射作用使得木材表面形成丝绸般光泽的视觉效果 [9]。

第十，木材可作为一种良好的固碳材料。我国实行“碳中和、碳达峰”的“双碳”政策，木材作为一种天然的含碳材料，其在建筑中加工和使用全周期都具有固碳、低碳排放量的优点，经过合理的设计和安排，从木材的采伐到结构材的应用，再到木材剩余物的加工和木材废弃物的再利用，可以有效延长“碳足迹”，即碳在自然界中的存在周期，从而减小环境的负担。

木材不仅具有众多的材料学优点，而且以木材作为受力骨架的建筑类型，还具有适应性强的特点，因为木质的柱、梁、檩、枋等构件形成框架的受力体系可以使墙体仅作为维护构件而不承重，实现自由分配室内空间和灵活开窗的效果，并且在各种地形和气候环境中都能使用。此外，木结构的建筑还具有施工速度快，便于修缮、搬迁的特点，并且木材可以吸收能量的特性，使得木结构建筑具有优秀的抗震性能。基于木材的优点和重要地位，就形成了在中国古代的大部分地区使用最广泛、建造数量最多的建筑类型，即中国古代建筑的主流——中国古代木结构建筑。中国古代木结构建筑具有独立的结构系统，在 20 世纪中叶以前，从未受其他国家和地区建筑文化的影响。建筑的本源并非取自创意和形式，而是产生于实际需要，受制于自然物理条件 [1]。木材始终是中国古代木结构建筑的主要材料，故其形式直接表现为木构造，在结构技术方面的努力也针对于实现木材材性的最大化利用。

三、中国古代木结构建筑的显著结构特征

中国古代木结构建筑存在两种发展模式：一是工官制度下的官式建筑，二是形式自由的民间建筑[2]。工官制度是中国古代集权政治和官本位体制的产物，即统治者设立独立的部门和专业的官员，对木结构建筑实行规范制定、设计规划、工匠调配、材料备置、施工管理的全过程管理体系。宋代的《营造法式》和清代的《工程做法则例》是官式建筑中的两部对中国古代木结构建筑体系解释最全面、影响最深远的规范。官式建筑的体系完备，各地建造模式统一，代表着中国古代木结构建筑结构和艺术方面的最高成就，因此本书的研究对象均在官式建筑的范畴之内。

中国古代木结构建筑体系是指以木材为主要建筑材料，以木构造为基本构造形式，以“梁柱式的构架制”为基本结构原则，将数目繁多的木构件装配组合成整体“大木架”来承担全部荷载的木建筑结构体系，并且以斗拱作为关键结构部分和度量单位，形成具有独特外部轮廓的独立建筑结构系统。中国古代木结构建筑最显著的结构特征是梁柱式的构架制、翼展状的曲线形屋顶以及将斗拱（枓栱）作为梁檩与立柱之间的关键过渡构件[1]。

（一）梁柱式的构架制

“梁柱式的构架制”最基本的结构逻辑是利用柱、梁、枋、檩和椽五类木构件（图1–3）在水平和竖向利用榫卯节点组合装配，在空间上形成“间架”（简称间），以间作为建筑平面（图1–4）和空间拓展的基本单元，一座木结构建筑通常都包含若干间。间形成的基本构造方式是：在四根立柱上施梁和枋，梁按照阶梯状升高，每级升高的梁上施檩，每两檩之间密布椽[10]。在间的空间形态中，柱是将建筑的全部荷载传递到地面的垂直承重构件，梁是以承受剪力为主的水平承重构件，枋是联系立柱以保持结

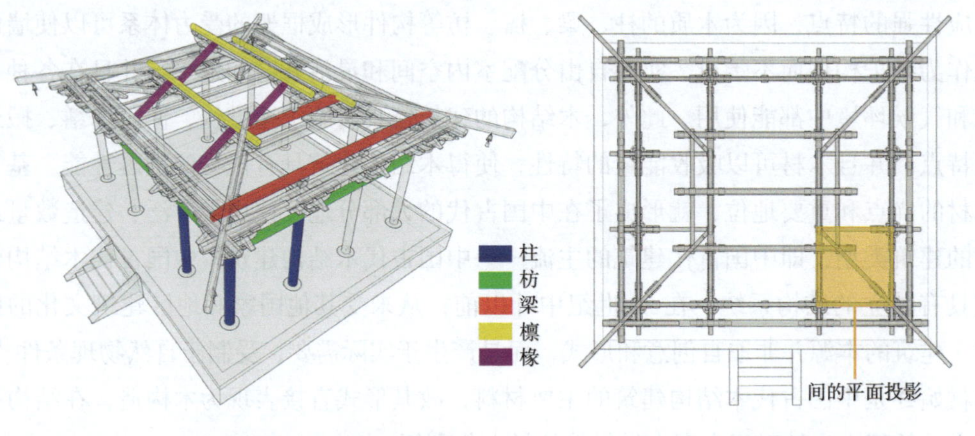

图 1–3　五类木构件在木结构上的分布　　图 1–4　木结构平面上的间

构稳定性的水平牵拉构件，檩和椽是直接承受屋面荷载的承重构件。

1. 间　架

圆截面的梭柱（图 1–5）是中国古代木结构建筑中最典型的柱，《营造法式》中规定将柱身高度 3 等分，上段木料截面呈梭形削减称为“卷杀”（图 1–5），中、下两段保持圆形的截面不变。卷杀是用作简单折线求得近似抛物线的方法，卷杀不仅是美学方面的思考，也符合材料力学的逻辑，削减掉的材料恰好是多余的部分，因为卷杀的做法丝毫不影响柱的承载力。梭柱在中国古代木结构建筑中有种特殊的做法称为“侧脚”（图 1–5），即柱均向内倾斜柱高的 10/1000 或 8/1000，以增加整体结构的稳定性。

中国古代木结构建筑中的梁主要分为直梁和月梁（图 1–6），梁的截面大多为矩形，具体截面尺寸依据实际建筑尺度来定。梁沿着建筑进深方向布置，是主要承受剪力的压弯构件，在有斗拱的木结构中与斗拱搭接，在无斗拱的木结构中搭在柱上，因此《营造法式》中称梁为“栿”，即取其伏于柱上之意。梁在中国古代木结构建筑中依据不同的长度和位置具有不同的构件名称。

枋是在木结构建筑中位于两柱头之间的水平联系与承重构件，枋的截面形式为矩形。在小型木结构建筑中，两柱之间只有一层枋，称为额枋（图 1–7）；在大型木结构建筑中，有两层枋，下层为额枋，额枋上再加一层称为平板枋（图 1–7），平板枋

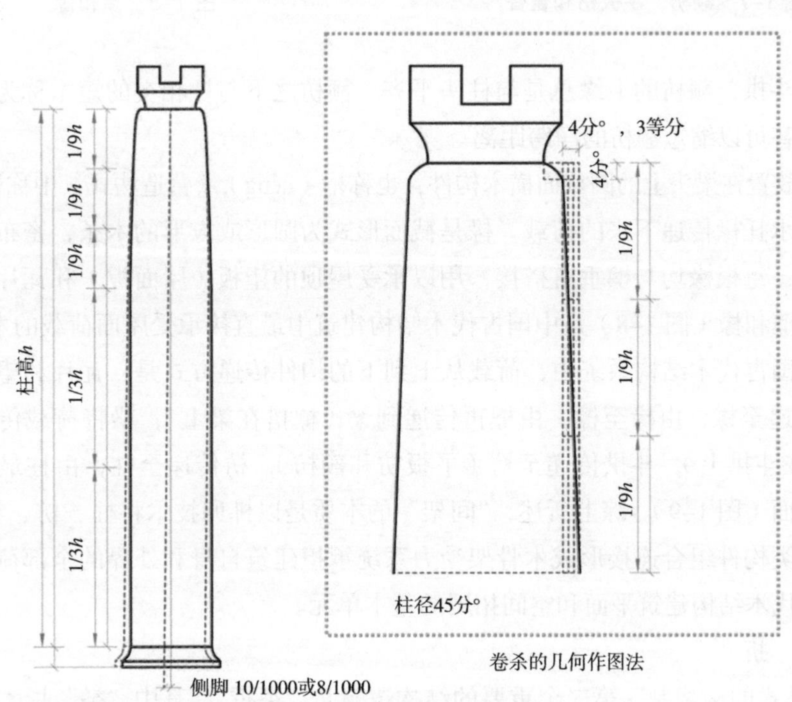

图 1–5　梭柱、卷杀和侧脚

（注：分°是材份制的度量单位，下同）

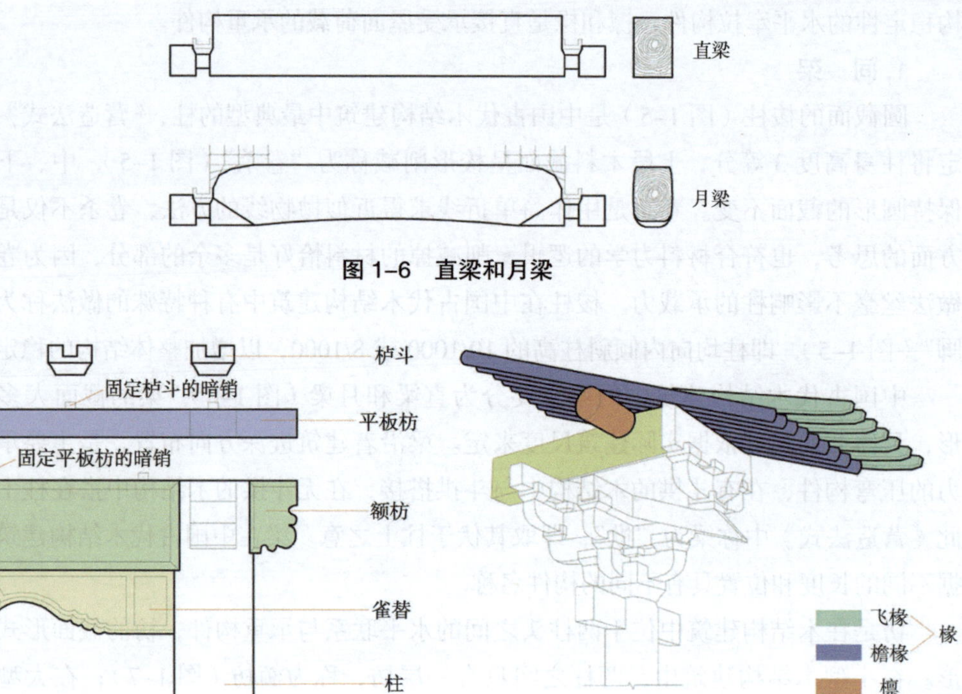

图 1–6　直梁和月梁

图 1–7　额枋、平板枋和雀替

图 1–8　檩和椽

之上承托斗拱，额枋的上缘总是与柱头平齐。额枋之下与柱相交的短木称为雀替（图 1–7），雀替可以缩短额枋的净跨距离。

檩是放置在梁头上的圆截面横木构件，也称桁（héng），《营造法式》中称槫（tuán），其作用是承托椽传递下来的荷载。椽是截面形式为圆形或方形的木条，密布排列在两个檩之间，每根椽均与檩垂直搭接，用以承受屋顶的望板（屋面板）和瓦片传递下来的荷载。檩和椽（图 1–8）是中国古代木结构建筑中最直接承受屋面荷载的木构件。

在中国古代木结构系统中，荷载从上到下的构件传递方式是：瓦片和望板将屋面的荷载传递至椽，由椽至檩，由檩再传递到梁（檩搭在梁上），梁将荷载传递到斗拱（梁头搭在斗拱上），斗拱传递至枋（平板枋和额枋），枋传递至柱，由柱最终将荷载传递至地面（图 1–9）。综上所述，“间架”的本质是以榫卯技术将柱、枋、斗拱、梁、檩、椽六类构件组合连接形成木骨架受力系统承担建筑自身和外界的全部荷载，并形成中国古代木结构建筑平面和空间拓展的基本单元。

2. 举　折

“梁柱式的构架制”第二个重要的结构逻辑是“举折”。其中“举”指木结构的高度，是根据建筑的进深和木料的规格来确定的；“折”是指折线，即举高确定后，利用特定的几何作图法通过若干折线来确定檩的位置和椽的斜长。如果说间架确定了中国古

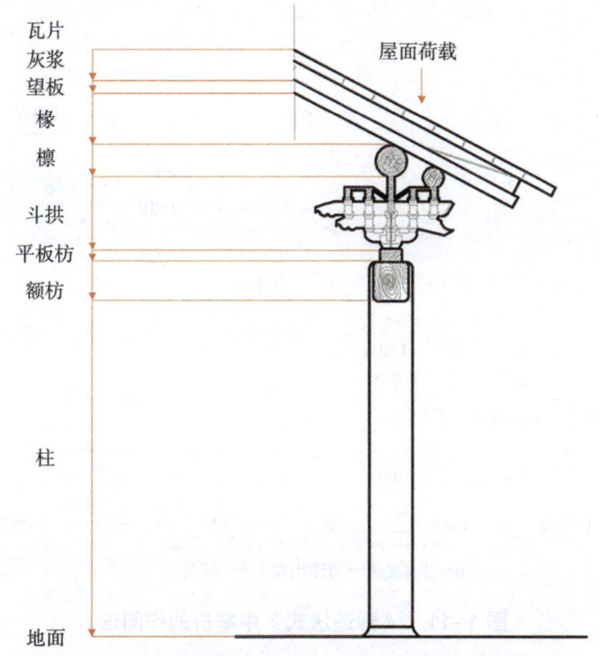

图 1-9 中国古代木结构系统的荷载竖向传递方式

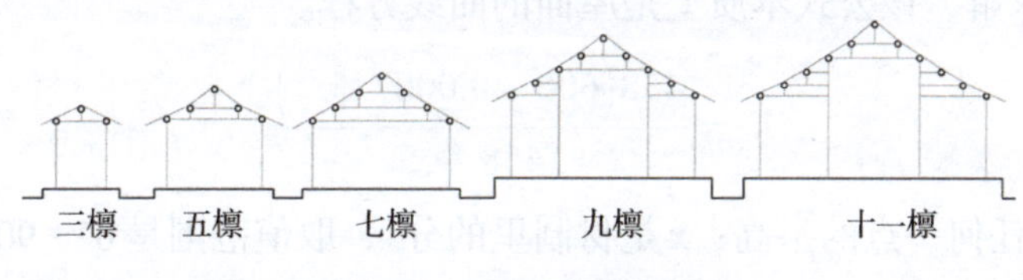

图 1-10 屋架的基本形式

代木结构的基本空间单元布局和主要构件的组合方式，那么举折则是确定了屋顶的坡度和屋面的曲线。通过举折之法获得的木架屋面是由直线的弯折组成的曲折形状，但加入望板、灰浆和瓦片组合后的结瓦屋面就会变成平滑的曲面。分析举折要通过木结构建筑的横剖面，木结构剖面的屋顶部分通常有三檩、五檩、七檩、九檩、十一檩（图 1-10），屋顶部分檩的数目通常为单数，有几檩称为几架，例如五檩的木结构称为五架。两檩的中轴线之间的水平距离称为步架，两檩的中轴线之间的垂直距离称为举架 [11]。

根据《营造法式》的规定，可采用作图法确定檩的举架和椽的斜长 [12]（图 1-11）。首先确定脊檩的举高，即屋架的总高度，从脊檩上缘至撩檐枋上缘引直线，然后从直线与上平檩中轴线（宋称“一缝”）的交点处向下取举高的 1/10，这点就是上平檩顶点的位置，即确定了一缝对应的上平檩的位置。二缝对应的中平檩位置的求解，从上平檩上缘至撩檐枋上缘引直线，然后从直线与二缝的交点处向下取举高的 1/20，即中平檩的顶点位置，其他各缝的檩位置确定以此类推。

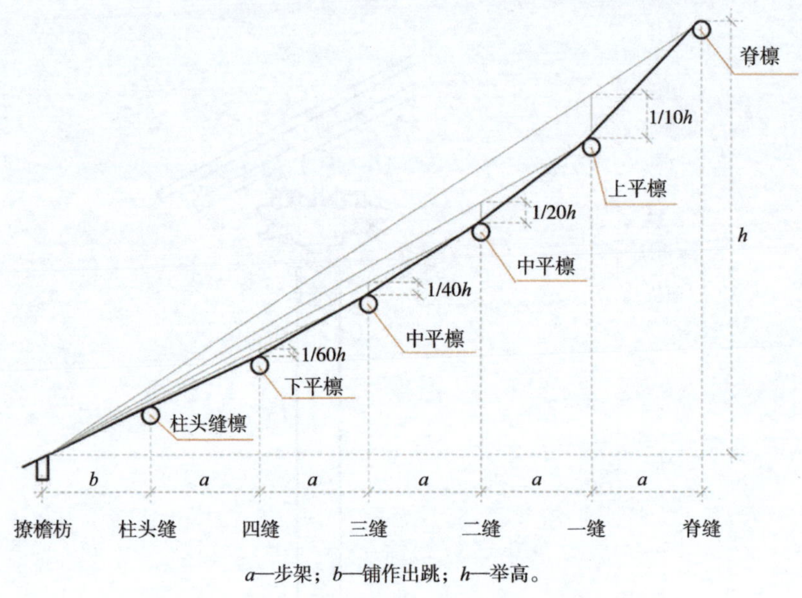

a—步架；*b*—铺作出跳；*h*—举高。

图 1–11 《营造法式》中举折的作图法

如果采用计算法获得各槫的举高，可以通过王天[12]根据十架八铺作的殿堂建立的近似式（1–1）求解，该公式本质上是屋面的曲线方程。

$$h_x = \frac{458\left(600 - 0.000745x^2\right)}{458 + x} \tag{1–1}$$

式中，h_x是屋面任何一点的举高；x是材制里的分°，取值范围是 0～900，当x等于 0、150、300……时，分别表示脊槫、上平槫、中平槫……的槫位。

清代《工程做法则例》的举折之法与宋代有所区别，规定了举架的系数以确定檩的位置。举架系数是木结构中相邻两檩中轴线的垂直距离（举高）与对应步架的比值，常用的举架系数有五举、六五举、七五举、九举等，分别表示比值为 0.5、0.65、0.75、0.9 等[13]。在脊檩位置和檩的直径确定的情况下，按照相邻两檩下缘的垂直距离来计算举高，即举高等于对应的步架宽度乘以举架系数。由檩下缘来计算举高的方法，便于木结构的计算、制作和安装。清代在举架的运用上依据经验积累形成了固定的模式，即五檩房采用檐步五举、脊步七举；七檩房各步架分别为五举、六五举、八五举；九檩大式建筑各步架分别为五举、六五举、七五举、九举（图 1–12）。

以间架和举折为结构逻辑共同作用下的“梁柱式的构架制”使得木结构承担了建筑的全部荷载，而墙体仅是围护结构，这样就可以灵活地开窗和布置室内空间，因此形成了中国古代木结构建筑“墙倒屋不塌”的结构特点。此外，从热带至寒带，从沙漠地区到两河流域，再到沿海地区，无论多么差异的自然环境下中国古代木结构建筑均适用，归因于“梁柱式的构架制”具有极大的灵活性和木材的诸多优势。

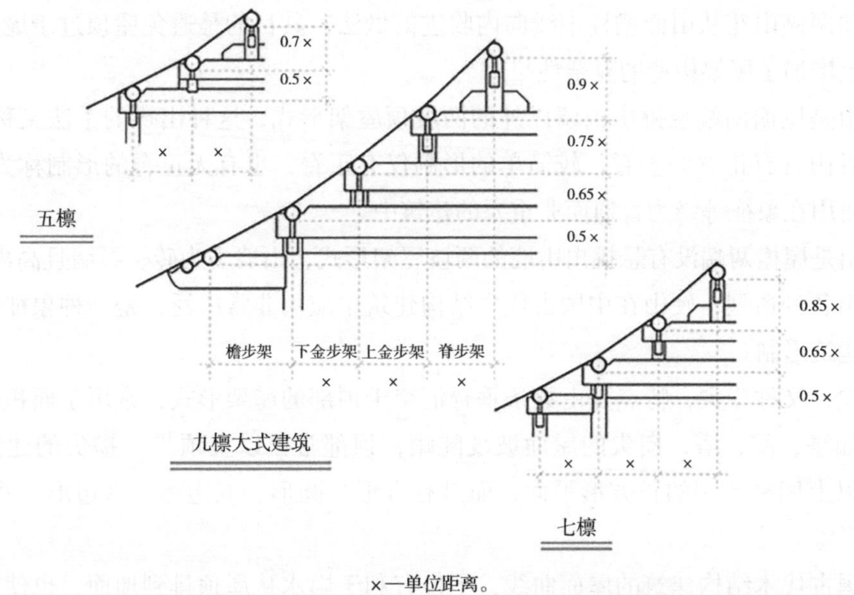

图 1–12 《工程做法则例》中檩位置的确定方法

（二）翼展状的曲线形屋顶

“翼展状的曲线形屋顶”是在应用梁架层叠的举折之法基础上，角梁、翼角、飞椽、脊吻等构件的组合而形成的屋顶坡面、脊端、檐边、转角各种曲线的总体印象。中国古代木结构建筑的屋顶主要包括庑殿、歇山、悬山、硬山、攒尖五种构造形式。

庑殿，又称四阿顶、五脊殿，屋顶的正脊压顶，四条垂脊翘曲伸展，屋面四坡舒展飘逸，外形犹如大鹏展翅，建筑体量雄伟壮观，是中国古代木结构建筑中象征等级最高的建筑形式。庑殿分为有斗拱的“大式做法”和无斗拱的“小式做法”两种，大式做法的屋顶一般都是重檐，常用在位于中轴线上的主体建筑中；小式做法的单檐屋顶常用于普通寺庙院落中轴线上的殿堂[14]。庑殿特殊的曲面形式源于屋架的独特构造，在建筑的两山处采用了特殊的处理手法使屋架构造发生了变化，这种建筑处理手法称为“推山”。“推山”[2]是将屋顶的正脊向两端推出，使得屋顶正面和侧面的坡度与步架距离都不一致，从而使 4 条垂脊由 45°斜直线变为柔和曲线，这种手法的艺术效果在建筑立面上表现明显。

歇山，又称九脊殿，是由两坡顶加四周围廊组成的屋架形式，建筑的两山面收于屋檐内部使得正立面垂直陡峻，垂脊压山，四角轻盈翘起，外形犹如仙鹤展翅，建筑形式玲珑精巧，是中国古代木结构建筑中象征等级仅次于庑殿的建筑形式。歇山分为有斗拱的“大式做法”和无斗拱的“小式做法”两种，大式做法的屋顶常为重檐而小式做法的屋顶常为单檐。歇山的屋架处理中有一种特殊的构造手法称为“收山”，收山

是指屋顶两侧山花从山面檐柱中线向内收进的做法，其目的是避免屋顶过于庞大，但在结构上增加了屋架构造的复杂性[2]。

悬山是屋檐两端悬挑出山墙以外的两坡顶屋架形式，这种出挑的手法又称挑山、出山。悬山常有正脊和垂脊，较简单的形制仅有正脊，也有无正脊的形制称为卷棚，悬山仅使用在象征等级为普通而非重要的建筑中。

硬山是屋檐两端没有悬挑出山墙的两坡屋架形式，山墙多为砖、石墙且高出屋面，墙头做出各种造型，硬山在中国古代木结构建筑中应用非常广泛，是一种象征等级为普通的建筑形制。

攒尖，又称斗尖，特点是由数条垂脊汇交于顶部的屋架形式，常用于面积较小的建筑，如亭、阁、塔，攒尖的屋面坡度陡峭，顶部常覆以宝顶[14]。攒尖的建筑平面不同于以上四种形制的长方形平面，而是有方形、圆形、五边形、六边形、八边形、十二边形等。

中国古代木结构建筑的屋面曲线，不仅有利于雨水从屋顶排到地面，也使得建筑室内可以获得更多的阳光，屋顶独特的造型在空间上特点鲜明（图 1–13），因此中国古代木结构建筑的屋顶被称为独具代表性的“第五立面”。

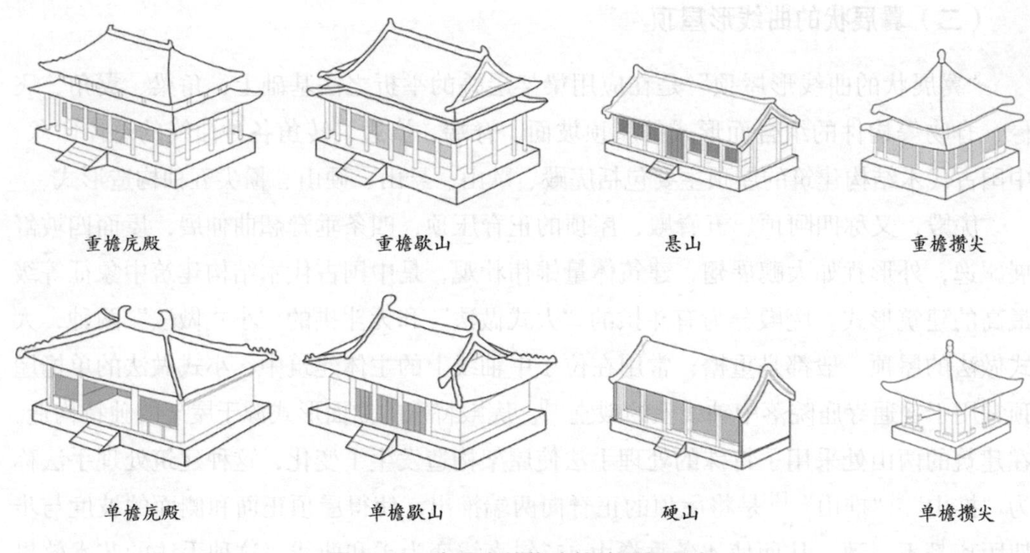

图 1–13　中国木结构建筑的屋架形式

（三）将斗拱作为梁檩与立柱之间的关键过渡构件

中国古代木结构建筑的第三个显著的特征是将斗拱（枓栱）作为梁檩与立柱之间的关键过渡构件。关于斗拱的定义可参考梁思成的描述：“中国建筑，自有史以前，即以木结构为骨干，墙壁隔肩以维护，不负担屋顶的重量。这种木结构，下有立柱，上有梁櫄。在梁櫄与立柱之间，有一种过渡部分的许多枓型木块，与肋型曲木，层层垫托，向外伸张，在檐下可以使出檐加远，这便是中国建筑数千年来所特有的‘枓栱’部分。”[15] 斗拱是中国古代木结构建筑中独有的构件，具有重要的象征意义，因此在重要的建筑中才可以使用斗拱；在结构上斗拱通常被认为是屋顶与柱之间的过渡部分，其作用是增加屋架出檐的距离、减小梁的跨度以及将屋顶的全部荷载传递到柱，或者间接地先将荷载传递至平板枋和额枋，然后再传递到柱。中国古代木结构建筑按照骨干木架的形式可分为两大类，即有斗拱的“大式”和无斗拱的“小式”，凡是重要的或带有纪念性的建筑大多带有斗拱。除了结构作用和象征意义，斗拱还有重要的模数作用，整个中国古代木结构建筑系统的比例权衡均以斗拱的组成构件“横拱”之材为度量单位，类似于古罗马建筑体系中以柱式的柱径为度量单位，由屋顶构件、斗拱、檐柱和柱础组成的中国古代木结构建筑的标准法式如图 1–14 所示。

斗拱构件的构造复杂，由数目繁多的分件以榫卯技术拼装而成，因此在中国古代木结构建筑的大木作工序中所占比重很大，以一座三开间采用六铺作斗拱的宋式分心

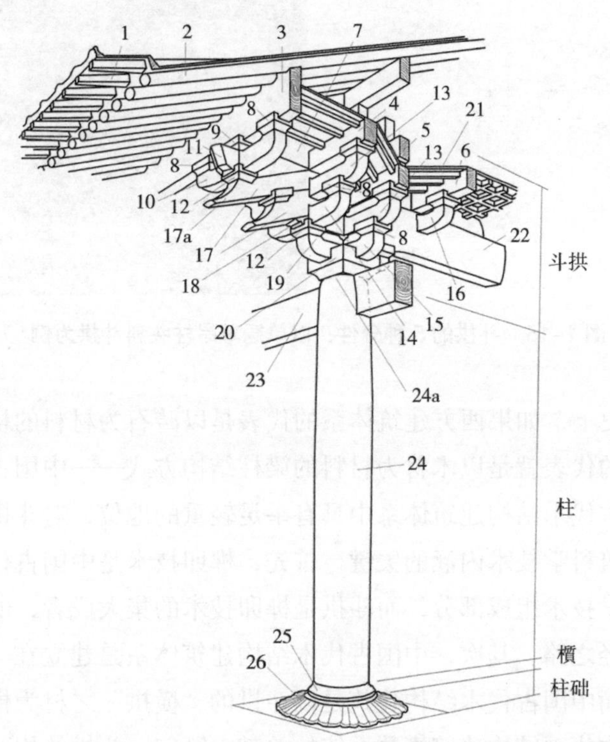

1—飞椽；2—檐椽；3—撩檐枋；4—罗汉枋；5—柱头枋；6—井口枋；7—衬枋头；8—散斗；9—齐心斗；10—令拱；11—耍头；12—交互斗；13—慢拱；14—瓜子拱；15—泥道拱；16—骑马拱；17—昂；17a—昂嘴；18—华头子；19—华拱；20—栌斗；21—遮椽板；22—檐栿；23—阑额；24—柱；24a—柱头；25—櫍；26—柱础。

图 1–14 中国木结构建筑的标准法式

槽殿堂为例，主体大木作的分件总计约2000件，其中斗拱分件占90%左右[15]。在宋代《营造法式》和清代《工程做法则例》两部中国古代木结构建筑的文法书中，都利用了大量的篇幅来介绍斗拱的构造和制作工艺。按照清代《工程做法则例》的规定，斗拱的整体结构由5种重要的分件组成：形似弓形，位置与建筑物表面平行的分件为“拱”；形式与拱相同，而位置与拱正交，即与建筑物表面垂直的分件为“翘”；翘的形式发生变化，向外一端特别加长而斜向下垂的分件为“昂”；在拱与翘、拱与昂的相交处，以及在拱的两端部，介于上下两层的拱之间，形似斗形的立方块状分件为“升”；在翘或昂的两端部，介于上下两层翘或昂之间的斗形立方块状分件为斗。升与斗的外形基本相同，区别在于作用和所开卯口不同，升只承托拱或枋，所以只开一字形卯口（顺身口）；斗承托正交的拱和翘、拱和昂，所以开十字形卯口（十字口）。以单翘单昂柱头科斗拱为例，斗拱的5种分件如图1–15所示。斗拱所有分件组合起来的整体统称“攒”，两攒之间的距离通常是十一斗口。

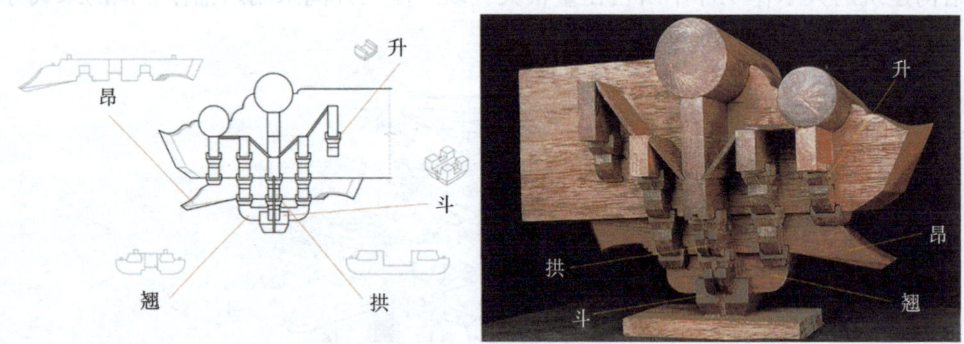

图1–15　斗拱的5种分件：以单翘单昂柱头科斗拱为例[15]

在世界建筑史上，如果西方建筑体系的代表是以砖石为材料的栱券结构方式，那么东方建筑体系的代表就是以木材为材料的梁柱结构方式——中国古代木结构建筑体系。斗拱在中国古代木结构建筑体系中具有举足轻重的地位，对斗拱的研究是了解中国古代木结构建筑科学技术内涵的关键。首先，榫卯技术是中国古代木结构建筑体系中至关重要的科学技术组成部分，而斗拱是榫卯技术的集大成者，所以研究斗拱是了解榫卯技术的必经之路。其次，中国古代木结构建筑体系是建立在“以材为祖”的模数系统之上的，而中国古代木结构建筑是以斗拱的“横拱”之材为模数的，因此研究斗拱是了解中国古代木结构建筑模数系统的关键。第三，斗拱的构造在中国历史的不同时期都具有鲜明的特征，研究斗拱可以揭示建筑物在发展史中的地位，判断历史文物的价值[16]，因此研究斗拱对中国古代木结构建筑的年代鉴定和文物保护具有重要意义。第四，斗拱是用预制部件装配而成的，其设计和组合是一个层次分明的严密构架，因此研究斗拱是了解中国古代木结构建筑装配技术的关键。第五，中国古代木结构建筑具有优异的力学性能体系，研究斗拱的力学性能是系统掌握中国古代木结构建筑力学性能体系的重要组成部分。

中国古代木结构建筑（官式）主要分为两种结构类型，即穿斗式和抬梁式。穿斗式木结构柱网密集，木料尺寸小，仅适用于小尺度的空间，其优点是结构的整体稳定性强；抬梁式木结构的柱网宽阔，木料尺寸大，其优点是可以获得更大尺度的室内空间。中国的南方地区气候炎热，雨水充沛，防雨、遮阳、通风是最需要解决的问题，要求木结构建筑出檐深远、墙体纤薄、屋面轻巧、木料细小，因此穿斗式木结构在中国的四川、湖南、江西等广大的南方地区广泛适用。中国的北方地区气候寒冷，防寒保温是建筑中优先需要考虑的因素，除了厚重的墙体，屋面也需要额外设置保温层，并且需要考虑雪荷载，要求木结构建筑的构件用料粗大，因此抬梁式木结构在北方地区使用较多。穿斗式和抬梁式在中国古代木结构建筑中也有很多混合使用的案例。

穿斗式木结构建筑（图 1–16）的结构系统由墙体骨架和屋顶骨架两部分组成：在开间和进深两个水平方向利用穿枋把柱子串联起来形成墙体骨架；檩搭接在柱头上，椽正交搭接在檩上，形成屋顶骨架。穿枋与柱子一般采用透榫或半榫连接，檩与柱子一般采用燕尾榫或箍头榫连接[17]。穿斗式木结构建筑的维护结构包括屋顶和墙体维护结构两部分，其中墙体维护结构主要有木墙、砖墙、土坯墙和竹编夹泥墙[18]。木骨架中柱子是主要承重构件，穿枋是联系构件，整体骨架的稳定性、刚度和抗侧倾性能良好。墙体虽然不承重但是对整体结构的抗侧倾刚度有影响，因此分析穿斗式木结构建筑的力学性能要将木骨架和围护结构二者结合起来考虑；另外构件之间的榫卯连接被认为是半刚性的连接方式，导致整体结构表现出柔性的受力机制[19]，力学响应机制复杂。

图 1–16 穿斗式木结构的形成过程

抬梁式木结构建筑（图 1–17）的基本构造方式是柱上搭接斗拱，斗拱上搭接梁头，如没有斗拱的建筑直接将梁头搭在柱上，梁头上搭接檩，檩上搭接椽。以这种构造方式为基础，在建筑的进深方向以举折之法为结构逻辑，利用短柱将梁逐级升高，此时因为檩搭接在梁头上而与梁水平正交连接，因此在建筑面阔方向檩也逐级升高，如此梁和檩的正交框架层叠而上，形成抬梁式木结构的空间骨架。抬梁式建筑最上层的梁形成整个建筑的屋脊，沿着建筑进深方向的剖面体现出近似三角形的屋架形式，层叠而上的梁总数可达 3 ～ 5 根。梁和柱在抬梁式木结构建筑中是最核心的两类受力构件，梁承受压弯的剪力而将整个木结构上半部分的荷载传递到斗拱和柱，由柱将荷载传至地面。抬梁式木结构的构造非常复杂，构件之间采用榫卯技术连接，主要的榫卯形式有直榫、透榫、燕尾榫、馒头榫和箍头榫等[20]。

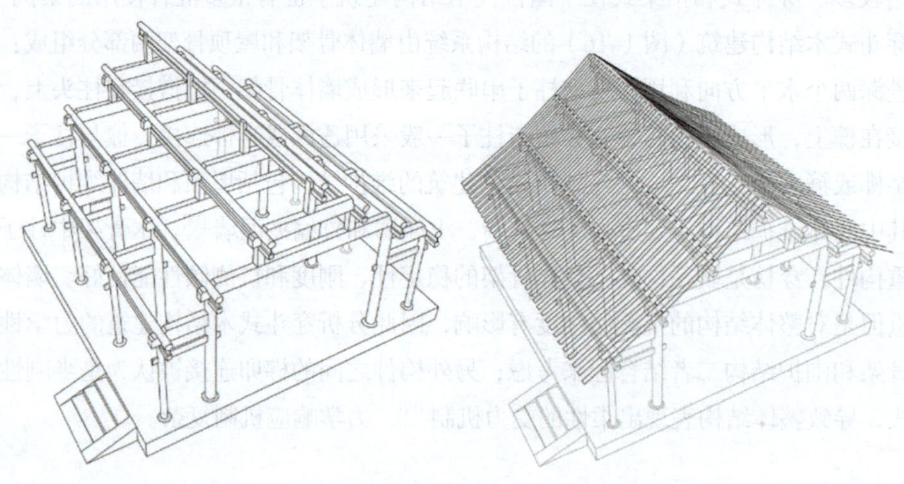

图 1–17　抬梁式木结构

第二节　中国古代木结构建筑常用木材及其构件的力学性能

树木的生长分为高生长和直径生长，高生长是主轴生长点向上分生增加细胞数量的结果，直径生长是形成层原始细胞向内分生木质部、向外分生韧皮部的结果，生长点和形成层组成的空间薄膜体系在树皮和木质部之间的细胞分裂作用使树木生长。生长的树木分为树冠、树干和树根三部分，其中树干是木材的主要来源。木材本质上是由无数细胞组成的，从木材的横切面、径切面和弦切面可以获得木材的主要构造特征。

根据木材构造特征的不同，将木材分为针叶材和阔叶材两大类，阔叶材的组织和细胞在进化上更先进。针叶材和阔叶材构造特征的区别主要有：第一，针叶材没有导管，因此又称无孔材，主要由轴向管胞组成，轴向管胞同时具备输导养料和机械支撑的作用；阔叶材主要由导管和木纤维组成，木纤维占木材材积的50%左右[9]，导管输导养料而木纤维起着机械支撑作用。第二，针叶材的早材和晚材区别明显而阔叶材区别不显著。第三，针叶材的木射线和轴向薄壁组织数量少且不发达，阔叶材的木射线和轴向薄壁组织数量多且较发达。第四，针叶材有树脂道，细胞腔内含有树脂；阔叶材有树胶道，细胞腔内含有矿物质，导管内含有侵填体。在建筑中，针叶材常用于建筑构件，阔叶材常用于装饰面层和家具。

一、中国古代木结构建筑的材料选取及力学性能测试方法

（一）木材材种和用材原则

从现存的古代木结构建筑和考古遗址中获取的木材样品可以准确反映中国古代木结构建筑的木材材种和用材原则，与现代建筑中常用木材不同。董梦妤[21]分别以12座山西现存古代木结构建筑的41份木材样品和浙江良渚遗址中出土的79份木材样品为研究对象，采用放射性同位素分析和树种识别技术，证明了古代中国北方地区和南方地区的古代木结构建筑中常用的木材种类和用材原则。

山西省现存2.8万多座中国古代木结构建筑[21]，是目前中国拥有古代木结构文物建筑最多的省份。中国古代木结构建筑有两个取材原则：一是就近取材原则，二是木构件的二次利用原则，即建筑搬迁后原有构件再次使用。董梦妤的41份山西木材样品中39%为针叶材，61%为阔叶材，并且数据显示山西北部的中国古代木结构建筑的构件以针叶材为主，而山西南部、东南部地区以阔叶材为主。

浙江省良渚遗址是中国南方地区的古代高级聚落遗址，对古代中国南方木结构建筑的研究具有重要参考价值，其中出土的79份木材样品取自木桩、木板和木器三类木构件，董梦妤的研究表明：针叶材中的华山松（*Pinus armandii*）、马尾松（*Pinus massoniana*）和杉木（*Cunninghamia lanceolata*），阔叶材中的椎木（*Castanopsis Fagaceae*）、枫香（*Liquidambar formosana*）、润楠（*Machilus nanmu*）和榆木（*Ulmus pumila*）是良渚遗址古代木结构建筑中最常用的木材。

木材力学性能是度量木材抵抗外力的能力，研究木材应力与变形有关的性能及影响这些性能的因子[9]。表征木材的力学性能主要从应力与应变、弹性、强度、韧性、破坏、硬度、抗劈力几个层面对木材进行试验，具体的力学指标、符号、单位、公式和规范见表1–2。

表 1–2　木材的基本力学指标

层面	力学指标	符号	单位	公式	标准规范
应力与应变	应力 σ（MPa）– 应变 ε（%）曲线				
弹性	弹性模量	E	MPa	$\sigma = E\varepsilon$	GB/T 1927.10—2021
	剪切弹性模量	G	MPa	$\tau = G\gamma$	GB/T 1927.10—2021
	抗弯弹性模量	E_w	MPa	$E_w = 23PL^3/(108bh^3 f)$	GB/T 1936.2—2009
	泊松比	μ	—	$\mu = -\varepsilon'/\varepsilon$	无
强度	顺纹抗压强度	σ_{yw}	MPa	$\sigma_{yw} = P_{\max}/(b \cdot t)$	GB/T 1935—2009
	横纹抗压强度	σ_{pw}	MPa	$\sigma_{pw} = P_{\max}/(b \cdot t)$	GB/T 1927.12—2021
	顺纹抗拉强度	σ_w	MPa	$\sigma_w = P_{\max}/(b \cdot t)$	GB/T 1938—2009
	横纹抗拉强度	σ_w	MPa	$\sigma_w = P_{\max}/(b \cdot t)$	GB/T 1927.15—2022
	抗弯强度	σ_{bw}	MPa	$\sigma_{bw} = 3P_{\max}L/(2bh^2)$	GB/T 1936.1—2009
	顺纹抗剪强度	τ_w	MPa	$\tau_w = P_{\max} \cdot \cos\theta/(bl)$	GB/T 1937—2009
韧性	冲击韧性	A	N·m/cm^2	$A = 1000Q/(bh)$	GB/T 1927.17—2021
硬度	硬度	H_w	MPa	$H_w = KP'$	GB/T 1927.19—2021
抗劈力	抗劈力	C	N/mm	$c = P_{\max}/b$	GB/T 1927.20—2021

注：σ 为应力（MPa），ε 为量纲为 1 的比例系数；τ 为剪切应力（MPa），γ 为剪切应变（mm）；P 为上下限荷载之差（N），L 为两支座距离（mm），b 为试件宽度（mm），h 为试件高度（mm），f 为上下限荷载间试件中部的挠度（mm）；ε' 为横向应变（mm），ε 为轴向应变（mm）；$P_{\max}$ 为最大荷载（N），t 为试件厚度（mm）；L 为两支座距离（mm），l 为剪切面长度（mm）；K 为压入试件 5.64mm 或 2.82mm 时的系数，分别等于 1 或 4/3，P' 为钢半球压入试件的荷载（N）。

文献调研对比分析了山西省现存中国古代木结构建筑中最常用的 6 种木材和浙江省良渚遗址中古代木结构建筑中最常用的 7 种木材，列举了这 13 种木材在含水率为 12% 时，气干密度、抗弯强度、弹性模量、顺纹抗压强度、顺纹抗剪强度、顺纹抗拉强度这几个与中国古代木结构建筑的构件受力情况最相关的物理、力学性能指标的参考值（表 1–3），但是由于木材高度的变异性，每种木材的力学性能指标会在特定区间产生浮动而不能代表所有情况。

表 1–3　中国木结构建筑常用木材及其主要力学性能指标 [9]

树种	气干密度 /（g/cm^3）	含水率 /%	抗弯强度 / MPa	弹性模量 / GPa	顺纹抗压强度 /MPa	顺纹抗剪强度 /MPa	顺纹抗拉强度 /MPa
华北落叶松	0.53	12	91.93	12.87	59.32	9.27	133.1
油松	0.42	12	73.55	9.71	38.15	7.75	124.61
云杉	0.41	12	69.54	11.33	35.23	8.83	127.54

续表

树种	气干密度 /（g/cm³）	含水率 /%	抗弯强度 /MPa	弹性模量 /GPa	顺纹抗压强度 /MPa	顺纹抗剪强度 /MPa	顺纹抗拉强度 /MPa
小叶杨	0.43	12	77.36	6.23	32.67	7.93	119.58
辽东栎	0.76	12	136.72	14.78	69.03	13.29	164.48
白榆	0.63	12	80.16	10.37	41.56	10.62	158.92
华山松	0.51	12	89.36	10.78	55.74	8.46	127.54
马尾松	0.55	12	90.69	7.63	36.89	7.34	122.69
杉木	0.39	12	57.98	10.4	30.18	9.23	118.56
椎木	0.68	12	80.46	11.06	50.47	11.93	147.98
枫香	0.67	12	79.67	10.46	49.12	11.18	145.21
润楠	0.61	12	80.56	9.49	56.31	12.79	149.68
榆木	0.78	12	144.67	15.73	72.16	15.21	172.56

（二）力学性能的测试方法

基本的力学性能指标并不能全面反映木材力学性能的复杂性。从表象分析，很容易简单认为木材的力学性能与其表观的比重成正比，而事实上任何两种绝对干燥的木材在相同体积内所含有木材组分的比重几乎是相同的。因此，任何相同体积的两种木材的重量都不同，是因为较重的木材比另一种含有更多的木材组分。木材的本质不是一种材料，而是一种非均质的、多变的结构，其特殊的力学性能不仅取决于单位体积内所含木材组分的多少，而且取决于各种木材组分的排列方式、形态和数量，这些木材构造的因素导致不同木材的力学性能具有较大的差异。木材复杂的构造使其表现出黏弹性的材料特征，具体分为木材的蠕变和松弛。蠕变是指在恒定应力下，木材应变随时间的延长而逐渐增大的现象；松弛是指在恒定应变条件下应力随时间的延长而逐渐减少的现象，产生蠕变的材料一定会产生松弛[8]。陈年木材的力学性能必然会发生变化，因此研究中国古代木结构建筑常用木材的力学性能时，不能忽略时间、保存状态、荷载周期、木材的原始质量和在使用期间安装和拆卸操作对木材的损伤等因素。

腐朽和虫蛀会强烈地影响木材的力学性能，但腐朽和虫蛀是木材保存状态的结果，而不是木材年代本身的结果。同理，古代木结构中木材的荷载周期与木材年代有关，但不是木材年代本身作用的结果。对于陈年木材力学性能的研究面临多种困难：第一，测试材的初始力学性能是未知的，因此很难将其与现行木材进行比较；第二，测试结果可能是木材本身的性质决定的，而不是木材年代作用的结果；第三，陈年木材的样品获取难度大，尤其是结构材；第四，对于陈年木材样品的测试没有标准化的测试规

范；第五，木材年代对不同种类木材的影响不同，例如随着时间的推移，有的木材品种力学性能减弱但有的反而会增强；第六，如果测试材暴露在会发生腐朽的环境中，其力学性能在木材腐朽时已经受到影响，而早期的木材腐朽只有在显微镜观察级别下才可能被检测到；第七，安装和拆卸会对木材的原始力学性能造成一定程度的损伤；第八，陈年结构材的力学性能必然会受到过去长期荷载的影响，这种影响并不是木材年代所导致的木材老化，测量时应区分[22]。

对于中国古代木结构建筑中木材力学性能的测试，最直接的方法是从木构件中提取小型测试样品，提取样品时需要考虑长期荷载作用时间的影响，以及样品在原构件中的具体位置。对不同种类陈年木材与现行木材的比较研究表明，木材的各项力学性能指标在时间作用下都会发生变化。弹性模量：270/290 年的赤松（*Pinus densiflora*）小型样品分别增加了 11%/27%[23]；90 年的火炬松（*Pinus taeda*），样品取自托梁构件，减小了 15%[24]；最多的研究表明保持不变或没有显著影响，小型样品趋势不明显，但所有取自结构材的样品均显示减小。抗弯弹性模量：250 年的云杉（*Picea asperata*）、120 ～ 150 年的冷杉（*Abies fabri*）、230 年的橡树（*Quercus palustris*）小型样品，与现行木材比较均没有明显变化[25]；小型样品和结构材样品都没有表现出明显的趋势。横纹抗压强度：210 年的樟子松（*Pinus sylvestris*）小型样品减小了 27%[26]；抗压强度与木材密度关联性大，陈年木材的密度减小，因此小型样品与结构材抗压强度均减小。顺纹抗拉强度：141 年的北美乔松（*Pinus strobus*），样品取自屋顶构件，减小了 18%[27]；由于木材的顺纹抗拉强度很高，而且关于这一力学性能指标变化的研究极少，因此趋势不显著。顺纹抗剪强度：270 年的红松（*Pinus koraiensis*），样品取自梁构件，基本没有发生变化[28]；141 年的北美乔松，样品取自屋顶构件，增加了 17%[27]；变化趋势不显著。冲击弯曲强度：多项研究表明陈年木材的冲击弯曲强度显著降低[29]。

陈年木材力学性能变化的原因，从微观上有学者认为是木材纤维素结晶度变化导致的，木材在时间作用下的第一个 100 年，结晶度增加，随后逐渐减少[30]；也有观点认为木材的结晶度在时间作用下并没有变化，而是因为木材细胞壁中的非晶态基物质的黏弹性[31]导致木材力学性能的变化。大量研究表明，陈年木材的抗弯强度、抗压强度、抗拉强度、弹性模量和抗弯弹性模量在时间作用下与现行木材基本相同，或者仅有微小的减弱；抗剪强度和剪切弹性模量的变化没有得出明确的结论；陈年结构材力学性能的减弱主要是由于在使用过程中的长期荷载、保存状态、安装和拆卸损伤导致的，时间对木材力学性能的影响不是最直接的因素。本书对中国古代木结构建筑中斗拱构件静力性能的研究主要关注点为力学和结构性能的范畴，因此忽略腐朽、虫蛀和木材缺陷等外界和不可控因素的影响，利用现行木材制作试件研究古代构件的力学性能变化规律是可行和具有科学依据的，并且以上研究可以证明中国古代木结构建筑中结构材二次利用的合理性。

在中国古代木结构建筑构件的维护工作中，决策者经常会作出非常保守的决定来加固或替换某些木构件，因为对木材及木构件的抗弯强度、顺纹剪切强度、顺纹和横纹抗压强度、顺纹抗拉强度和弹性模量等力学指标许用设计值的不确定性导致很多不必要的加固和替换，所以对陈年木材及其构件规范化的分级和检测可以有效帮助决策。对于历史建筑中木材和构件的分级是以现行木材的树种和结构等级来制定许用设计值的，但是历史建筑中的木材通常比现行木材具有更高的质量和更好的力学性能，因此对陈年木材及其构件的分级和检测相对困难。对陈年木材及其构件进行分级之前，需要先进行现状评估，以获得木材及其构件的含水率、恶化情况（腐朽、虫蛀和物理损伤）以及木材的固有属性几方面的信息。

常用的历史建筑木材及其构件分级方法是视觉分级法，首先，需要确定的是木材的树种，通常需要将取自木构件的小型样品送到专业机构进行鉴定。其次，木材节子的测量。节子通常是木材缺陷中对力学性能影响最大的因素：第一，木材中被硬度更大、密度更大，但结构更弱的节子取代了原本具有规则纤维分布的部分，导致整体构件的力学性能减弱；第二，木材节子周围会发生应力集中现象，并且节子周围分布木材的不均匀性也会导致力学性能的降低；第三，节子的产生是由于树干部分生长出了树枝，树枝会使节子周围木材的纹理角度发生较大的扭曲，从而降低木材的力学性能[32]。节子的测量采用网格法，详细的测量可以参照 GB 4823.3—1984《阔叶树木材缺陷基本检量方法》[33]。最后，需要测量木材纹理的斜率。纹理的斜率是纤维纹理平均线与构件长轴水平线之间夹角的斜率，采用网格法测量。构件中具有明显纹理倾斜的区域应该优先被测量，并且木材构件所有的可见面都需要进行纹理检查。视觉分级是对木构件力学性能检测的准备工作，有助于更准确地获取信息。

二、中国古代木结构建筑中构件力学性能的测试方法

对中国古代木结构建筑中构件力学性能的检测，主要分为无损检测、适度损伤检测和现场评估检测 3 个类别。

（一）无损检测

无损检测是基于经验模型（如回归曲线）的检测方法，十分依赖于检测中各种表征参数的获取方式，因为表征的无损参数与木材强度、弹性模量等力学性能指标的相关性不强，所以对于木构件力学性能测试的能力非常有限。适度损伤检测只需从构件中提取小型样品而不影响其结构性能，对构件外观的影响可以通过修复技术掩盖，因此在木材科学的领域使用更频繁。适度损伤检测或多或少会对构件造成损伤，并且需要在实验室制备试件后再检测，因此相对比较费时。现场评估检测的优势是可以在现

场确定检测的工作量，避免不必要的检测、防止遗漏易忽略的检测，并且设备可以获得直观的数据而提高了效率，不同的检测方法搭配使用可以更高效、准确地获取构件的力学性能信息。

（二）适度损伤检测

适度损伤检测依据从构件中提取样品方式的不同分为表面提取法、边缘提取法和钻孔提取法。

①表面提取法的取样方式是利用有轨道辅助切割的圆锯从构件表面顺纹方向锯取样品，被检测的木构件表面需要有 20mm × 300mm 的矩形区域来割取样品。样品是截面形式为三角形的长木条，理想样品的截面是边长 4mm 的等边三角形，长度最小为 60mm，获取的样品要求不应有节子、裂纹、损伤，含水率为 12%。获取后的样品需要加工成两端宽、中间细的标准试件在实验室检测，检测时将试件两端粘接在试验设备上，数据采集仪将试件受拉时的数据传输到计算机，输出方式为试件受拉的力 – 位移曲线，弹性模量可以根据力 – 位移曲线的斜率计算获得。这种实验室检测方法主要用来测量构件的顺纹抗拉强度，然而木构件抗弯强度也是非常重要的力学性能指标，因为屋顶构件大多受弯，基于构件抗弯强度值非常接近甚至等于抗拉强度值的原理[34]，这种方法也可以测量木结构构件的抗弯强度。

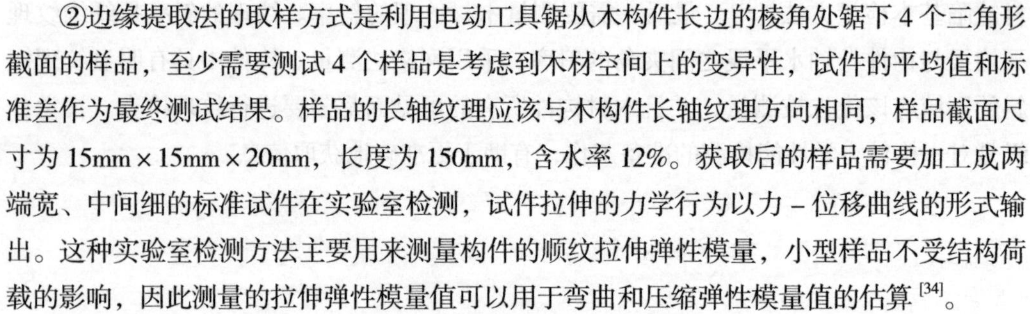

②边缘提取法的取样方式是利用电动工具锯从木构件长边的棱角处锯下 4 个三角形截面的样品，至少需要测试 4 个样品是考虑到木材空间上的变异性，试件的平均值和标准差作为最终测试结果。样品的长轴纹理应该与木构件长轴纹理方向相同，样品截面尺寸为 15mm × 15mm × 20mm，长度为 150mm，含水率 12%。获取后的样品需要加工成两端宽、中间细的标准试件在实验室检测，试件拉伸的力学行为以力 – 位移曲线的形式输出。这种实验室检测方法主要用来测量构件的顺纹拉伸弹性模量，小型样品不受结构荷载的影响，因此测量的拉伸弹性模量值可以用于弯曲和压缩弹性模量值的估算[34]。

③钻孔提取法的取样方式是首先用螺丝将模具固定到被检测的木构件上，然后利用带有特殊钻头的电钻，从木构件的径向钻取圆柱形径向木芯样品，取样后木构件上留下直径为 10mm 的圆孔，这种损伤符合历史建筑保护的要求，并且可以通过堵塞技术来修复构件。

（三）现场评估检测

现场评估检测依据检测装备的不同分为预钻孔原位试验法、逐级推针电阻试验法、硬度压痕试验法和螺旋回撤试验法。

①预钻孔原位试验法是一种现场检测方法，需要对木构件预先钻孔，直径 12mm，然后插入微型加载器测量木材的压缩行为，对称的石质握把在钻孔内推开木材时，通

过变形与电压的关系获得测量数据。该设备既可以用于原位检测也可以用于实验室检测，同时可以根据需求测试构件不同深度的力学性能，装置通过圆柱形外壳固定在木构件上，钻孔内有 4 个位置可以测量数据，外壳上的螺钉可以调节测试的位置，当外壳固定到木构件上并且测试头进入钻孔时，设备上端的圆形握把被自动推开。测试数据通过无线信号传输到计算机，该测试方法不受木构件内部张力的影响，除非木构件因超过弹性极限而损坏[35]。木构件力学性能是通过应力－应变图的形式输出的，弹性模量不能直接测量出来，而是通过力的斜率来计算的，该方法测量精度较高，并且能够测量木构件内部的力学性能，而不仅仅是表面。需要注意的是，这种检测方法十分依赖钻孔的质量和构件的含水率，因此钻孔时要用模具辅助、选用优质的钻头和合适的钻孔速率，对木构件的含水率要确保精准测量。

②逐级推针电阻试验法是一种原位检测方法，检测仪器是捷克科学院理论与应用力学研究所和布尔诺孟德尔大学木材科学与技术学院联合研发的逐级推针电阻测试仪[35]，该装置根据需要测量的力学性能指标，将推针插入木构件相应的深度，具体可以测量木构件的抗压强度、弹性模量、木材树种、密度、含水率等物理力学性能指标。

③硬度压痕试验法的设备是专门为结构材的原位检测设计的，该设备用于大型木构件的原位测试，测试原理是将 5 ～ 10mm 直径的半球形钢探头嵌入构件进行测量，测量位置要求在大型水平构件长度的 1/3 和 2/3 处，每处测量 5 次，取 5 个测量结果的平均值。该设备可以测量大型木构件的抗压强度、抗剪强度和断裂韧性，需要在含水率相同的区域检测以确保数据的准确性。

④螺旋回撤试验法是将探头垂直插入木构件中，通过同轴多次回撤阻力测量，得到木材沿深度的力学特性分布。测量时需要首先在木构件上钻直径为 3mm 的圆孔，将探头插入固定后拔出，通过设备读取的单次回撤电阻测量构件的力学性能，多次操作取平均值获得的数据更准确。这种设备可以测量构件的密度和顺纹、横纹抗剪强度。

对于中国古代木结构建筑力学性能的研究是基于木材组成的木构件，案底调研是对木构件力学性能研究的第一步，通过文献、书籍、测绘图等历史资料对木构件的构造、材料、力学性能有宏观上的认识；其次是对木构件的视觉分级，收集木构件的树种、节子、纹理的斜率等相关信息，对木构件给出定性的判断；最后是对木构件的结构性能分析，以各种检测方法获得的定量信息为基础，结合理论分析、结构模型数值模拟等方法对木构件的力学性能给出定性、定量相结合的分析结果。历史建筑中常见的木结构构件可以分为以下几类：第一，没有荷载分担的受弯木构件，例如楼板的主梁和屋顶的檩条；第二，存在荷载分担的受弯木构件，例如托梁和椽；第三，直接受压木构件，例如只受轴向荷载作用的杆或柱；第四，直接受压和受弯的木构件，例如额枋和平板枋；第五，受拉木构件，如屋顶桁架的中间杆件；第六，同时受拉和受弯的木构件，例如与斗拱连接的月梁[36]。

第三节 中国古代木结构建筑力学性能研究进展

中国古代木结构建筑的全部木结构部分架设在砖石的台基之上，木结构部分按照从下到上的顺序，最下层是柱与额枋组成的柱架部分，额枋与柱最常用的榫卯连接方式是采用大截面的燕尾榫、直榫和透榫，构件之间的这种连接方式是具有双向抗弯能力的嵌固型连接[37]，柱额层是主体的竖向承重部分；中间层是由斗拱组成的铺作层，斗拱在现代结构力学中被简化为倒锥形的空间球铰支座[37]；最上层是由梁、檩、椽等构件组成的梁架层，中国古代木结构建筑的四个层级：台基层、柱额层、铺作层、梁架层。本节从三个方面综述中国古代木结构建筑的力学性能研究：第一，材性试验研究；第二，水平滞回耗能特性及协调工作机理的研究；第三，抗震性能的研究。

一、材性试验研究

中国古代木结构建筑的木材及木构件老化主要因为生物损伤和自然老化，其中生物损伤是由细菌、真菌、白蚁等导致的腐朽和虫蛀，会对木构件造成严重的侵害；自然老化是由紫外线、高温、降水、风蚀等作用下的木材化学成分的改变，导致木材微观结构的改变进而影响构件的物理力学性能。对陈年木材及构件的物理力学性能评价可从三个方面进行：第一，吸湿性能，主要包括平衡含水率和湿胀系数两个指标；第二，表观性能，通过木材及木构件的颜色可以间接评价尺寸稳定性和外观；第三，力学性能，其中最重要的指标是抗弯强度、弹性模量、顺纹抗压强度，因为木构件受弯、顺纹受压是中国古代木结构建筑中常见的受力情况。

最新的关于中国古代木结构建筑的木材及木构件的研究已经深入到化学组成和微观结构的层面，这种研究有助于古代木建筑的日常维护和力学性能的无损评价，并且可以为现代装配式木结构建筑中现行木材的使用和新型构造的研发提供新方向。纤维素、半纤维素和木质素是木材的主要化学成分，由于化学结构的不同各成分对外界老化因素的敏感度不同，分析各化学组分在老化因素作用下的变化趋势，有助于解释陈年木材及构件的物理力学性能变化原因，进一步了解古代木结构的性能退化机制，为文物保护和修复提供借鉴。

陈年木材及木构件的物理、力学性能受原始性能和使用环境的多种因素影响，不同地区也会得出差异性的结论，同时利用单一龄期的陈年木材与相同树种的现行木材比较得出的结论也具有局限性和偶然性，因此这类研究很难得出清晰的结论。目前最可信的研究结论来自从中国古代木结构建筑中提取或利用古建筑修复时替换的古代木构件进行的试验，要求采用各种技术手段对木试件的物理、力学性能，化学成分和细胞壁的微观结构变化进行测定并分析各项的相互关系，最后将研究结果与同树种的现行木材再次比较分析。

1. 木构件的准备

古代木构件采用 ^{14}C 加速质谱仪技术测定龄期，并按树种命名，对试件进行编号，例如 $L_1 \sim L_n$，列表指明测定的龄期、样品数量、密度，取相同树种的现行木材编号为 L_R。标注各木构件的尺寸，圆柱形木构件采用直径 × 长度的方式，锯材构件采用厚度 × 宽度 × 长度的方式。

2. 取　样

从木构件的无腐朽区提取标准样品，通过扫描电镜验证，确保样品仅受自然老化影响无生物老化痕迹，第一种样品规格为 300mm × 20mm × 20mm，用于颜色、力学性能、化学成分和扫描电镜分析；第二种样品规格为 20mm × 20mm × 20mm，用于密度、平衡含水率、湿胀系数的测定。参照的国家标准为 GB/T 1929—2009《木材物理力学试材锯解及试件截取方法》[38]，GB/T 1933—2009《木材密度测定方法》[39]。

3. 平衡含水率和湿胀系数

平衡含水率和湿胀系数的测量：将 20mm × 20mm × 20mm 的样品放置在恒温恒湿箱（CTHI100B，STIK，US）中，在 25℃的条件下将相对湿度依次设置为 30%、40%、50%、60%、70%、80%、90%，当试件在相对湿度条件下达到平衡含水率时，分别测量各相对湿度条件下的质量和样品的径向和切向尺寸；最后将试件放入 103℃的烘箱中烘干，测试试件的质量和尺寸，根据式（1–2）和式（1–3）可以计算出相对湿度为 90% 时试件的湿胀系数和 25℃时的平衡含水率。

$$SW_{R,T} = \frac{d_{90\%} - d_{oven}}{d_{oven}} \times 100\% \tag{1–2}$$

$$EMC = \frac{m_i - m_0}{m_0} \times 100\% \tag{1–3}$$

式中，$SW_{R,T}$ 是湿胀系数；$d_{90\%}$ 是相对湿度为 90% 时的样品尺寸（mm），d_{oven} 是烘干后的样品尺寸（mm）；EMC 是平衡含水率；m_i 是湿材质量（g）；m_0 是干材质量（g）。

关于平衡含水率的研究显示：在不同相对湿度条件下，现行木材的平衡含水率均高于陈年木材；随着相对湿度的增加（30% ～ 90%），现行木材与陈年木材平衡含水率的差异逐渐增大，例如在 90% 相对湿度条件下，落叶松（*Larix principis-rupprechtii*）现行木材比陈年木材的平衡含水率高 68.24%，楠木（*Phoebe zhennan*）现行木材比陈年木材的平衡含水率高 35.63%[40]；随着陈年木材龄期的增加，平衡含水率有降低的趋势。关于湿胀系数的研究显示：第一，木材弦向的湿胀系数显著高于径向（图 1–18），含水率变化过程中木材不同方向尺寸变化的差异导致开裂；第二，楠木的现行木材和陈年木材的湿胀系数显著低于落叶松，因此中国古代宫殿式木结构建筑更多使用楠木；

第三，现行木材的湿胀系数显著高于陈年木材，湿胀系数可以用来评价木材的尺寸稳定性，即陈年木材的尺寸稳定性显著优于现行木材。落叶松陈年木材比现行木材的径向尺寸稳定性高 25.06%，弦向尺寸稳定性高 43.04%；楠木陈年木材比现行木材的径向尺寸稳定性高 7.11%，弦向尺寸稳定性高 9.17%[40]。

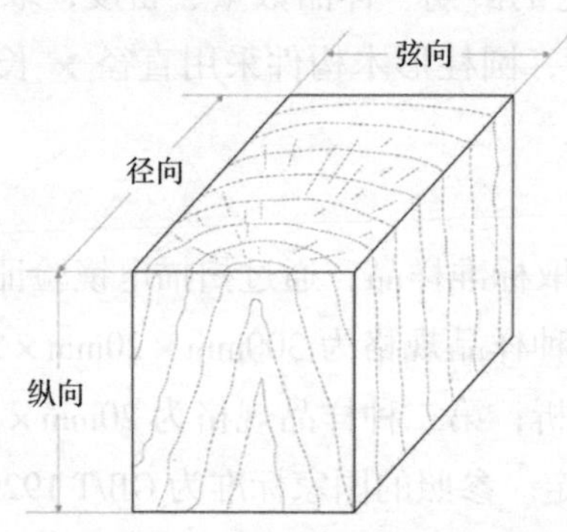

图 1–18　木材各向干缩湿胀的方向

4. 颜色参数

颜色参数的测量：基于国际照明委员会（CIE）标准，采用中国杭州中标科技有限公司生产的色度仪，对加工后的 300mm × 20mm × 20mm 样品的每个截面长度方向测量 3 次，样品的 4 个截面总计测量 12 次，取平均值作为颜色参数。色度仪可以测量亮度（L^*）、红色和绿色的色度坐标（a^*）、黄色和蓝色的色度坐标（b^*）。色度差 ΔE、饱和度 C^* 和色相 Ag^* 可以通过式（1–4）～式（1–6）计算，通过这三个颜色指标评价陈年木材的外观。

$$\Delta E=\sqrt{\left[\left(\Delta a^*\right)^2+\left(\Delta b^*\right)^2+\left(\Delta L^*\right)^2\right]} \tag{1–4}$$

$$C^*=\sqrt{\left(a^*\right)^2+\left(b^*\right)^2} \tag{1–5}$$

$$Ag^*=\arctan\left(b^*/a^*\right)\times 180/\pi \tag{1–6}$$

式中，L^* 是亮度，a^* 是红色和绿色的色度坐标，b^* 是黄色和蓝色的色度坐标，ΔE 是色度差，C^* 是饱和度，Ag^* 是色相。

关于颜色参数的研究显示：随着陈年木材龄期的增加，L^* 减小，a^* 和 b^* 增加，表明陈年木材颜色变深，且红色和黄色成分增加。陈年木材的色度差与现行木材比较，发生显著的变化，且随着陈年木材龄期的增加而显著增加。随着陈年木材龄期的增加，C^* 增加，Ag^* 减少。

5. 物理、力学性能

物理、力学性能指标的测量：选择尺寸为 300mm × 20mm × 20mm 的样品，将样品放入恒温恒湿箱，设置湿度为65%，温度20℃，目的是将样品含水率调整到12%。依据国家标准 GB 1936.1—2009《木材抗弯强度试验方法》[41] 和 GB 1936.2—2009《木材抗弯弹性模量测定方法》[42]，采用静力试验方法测量样品的抗弯强度和抗弯弹性模量，参照式（1–7）和式（1–8）。

$$MOR=\frac{3P_{\max}L_s}{2RT^2} \tag{1–7}$$

$$MOE=\frac{23P_{\max}L_S^3}{108RT^3f} \tag{1–8}$$

式中，R 是试件的径向尺寸（mm）；T 是试件的弦向尺寸（mm）；L_s 是万能力学试验机支架之间的距离（mm）；f 是试件的位移（mm）；$P_{\max}$ 是位移处的应力（N）；MOR 是抗弯强度（kN/m^2）；MOE 是抗弯弹性模量（MPa）。

样品的含水率通过干燥箱测得，密度利用排水法通过电子天平测得，顺纹抗压强度利用万能力学试验机测得，依据式（1–9）～式（1–11），参照的标准分别为 GB/T 1931—2009《木材含水率测定方法》[43]、GB/T 1933—2009《木材密度测定方法》[39] 和 GB/T 1935—2009《木材顺纹抗压强度试验方法》[44]。

$$MC=\frac{m_1-m_0}{m_0} \tag{1–9}$$

$$\rho_0=\frac{m_0}{v_0} \tag{1–10}$$

$$CSPG=\frac{P_{\max}}{RT} \tag{1–11}$$

式中，MC 是含水率（%）；R 是试件的径向尺寸（mm）；T 是试件的弦向尺寸（mm）；m_1 是湿试件质量（g）；m_0 是干试件质量（g）；v_0 是干试件体积（cm^3）；ρ_0 是试件密度（g/cm^3）；$CSPG$ 是顺纹抗压强度（MPa）；$P_{\max}$ 是破坏荷载（N）。

关于物理、力学性能指标的研究显示：陈年木材的抗弯强度、抗弯弹性模量、顺纹抗压强度与气干密度呈明显正相关趋势，但各指标与密度相关性的方差在0.3～0.45，这种统计学上的弱相关性可能因为陈年木材试验样品取自不同龄期的木构件。陈年木材气干密度、顺纹抗压强度的变异系数与现行木材基本相同，差异不显著；而陈年木材抗弯强度、抗弯弹性模量的变异系数显著高于现行木材。陈年木材的主要力学性能指标值低于现行木材，以 320 ～ 855 年龄期的落叶松为例，抗弯强度、抗弯弹性模量、顺纹抗压强度指标值分别比现行木材降低了 24.77%、23.37% 和 25.32%[40]。755 ～ 975 年的楠木抗弯强度略低于现行木材，抗弯弹性模量略高于现行木材，顺纹抗压强度与现行木材基本相同，原因可能是楠木作为室内构件受自然老化因素影响小，另外研究表明古代楠木的初始力学性能远优于现行木材。

大量研究显示，中国古代木结构建筑中杉木、松木作为结构材的用量最大[45]，杉木、松木现行木材的密度范围在 1.50 ～ 1.56g/cm^3，平均值取 1.53g/cm^3；在风干状态下的表观平均密度为 500kg/m^3。现行木材的径向弯曲强度值比切向弯曲强度值高 22.2%，结构中应尽量使木构件径向受弯；假设木材顺纹抗压强度为 1，木材各强度力学性能指标与顺纹抗压强度的比值关系见表 1–4[45]。

表 1–4　木材的强度比

顺纹抗压强度	横纹抗压强度	顺纹抗拉强度	横纹抗拉强度	抗弯强度	顺纹剪切强度	横纹剪切强度
1	1/10 ～ 1/3	2 ～ 3	1/20 ～ 1/3	3/2 ～ 2	1/7 ～ 1/3	1/2 ～ 1

6. 化学成分

化学成分的测定：以国家标准 GB/T 36055—2018《林业生物质原料分析方法　含水率的测定》[46]、GB/T 35816—2018《林业生物质原料分析方法　抽提物含量的测定》[47] 和 GB/T 35818—2018《林业生物质原料分析方法　多糖及木质素含量的测定》[48] 为依据，采用湿化学测定方法分析木材的提取物、木质素、纤维素和半纤维素的相对含量，化学成分的相对含量以绝对干木材为基础。

关于化学成分的研究显示：陈年木材的纤维素和半纤维素含量明显低于现行木材，木质素含量高于现行木材，但原因可能是陈年木材纤维素、半纤维素的降解程度远大于木质素的原因。陈年木材的提取物与现行木材基本相同。陈年木材的龄期与纤维素、半纤维素、木质素的变化有明显负相关的趋势，但未表现出明确的数学关系，原因可能是不同化学成分的结构不同，对环境因素影响的敏感度也不同。

7. 微观结构

微观结构的测定：仪器可采用日本生产的日立 SU8010 扫描电镜，用带一次性刀片的滑动切片机从构件上提取切片，切片在烤箱 80℃条件下干燥至恒重，取溅射出的薄片在加速电压 3kV 条件下利用扫描电镜观察获取结果。

关于微观结构的研究显示：现行木材样品的细胞结构完整，未发现细胞壁破裂、细胞间分层等细胞损伤特征；陈年木材样品的细胞壁表面均有明显的细胞壁破裂、细胞间分层。细胞壁破裂的原因是陈年木材的纤维素和半纤维素的降解，使细胞壁强度下降，在长期荷载作用下导致细胞壁开裂，宏观上表现为木构件刚度降低、脆性增加；细胞间分层是由于气候波动引起应力变化而造成的疲劳损伤，宏观上表现为木构件刚度降低。自然老化对木材细胞壁的损伤是不可逆的。

8. 皮尔逊相关性

皮尔逊相关性分析[49–51]：为了解释天然木构件的老化机理，研究者建立了落叶松、楠木构件的龄期，物理、力学指标（平衡含水率和湿胀系数是在相对湿度 90% 条件下的指标），化学成分，颜色指标之间的皮尔逊相关性分析[40]。

关于皮尔逊相关性的研究显示：陈年木材的龄期与平衡含水率（90% 相对湿度）、湿胀系数（90% 相对湿度）、纤维素和半纤维素的相对含量、颜色参数中的亮度和饱和度呈负相关；与木质素的相对含量，颜色参数中的红色和绿色的色度坐标（a^*）、黄色和蓝色的色度坐标（b^*）、色相呈正相关。陈年木材的龄期与力学性能中的抗弯强度、抗弯弹性模量和顺纹抗压强度呈负相关，落叶松负相关关系显著，楠木负相关关系不显著。陈年木材的龄期与平衡含水率、湿胀系数呈显著负相关的原因可能是：第一，木构件百年的持续吸湿和解吸导致平衡含水率、湿胀系数的降低；第二，纤维素和半纤维素的含量减少，导致能够吸湿和解吸的羟基基团减少。陈年木材的龄期与亮度呈显著负相关，与 a^* 和 b^* 呈显著正相关，表明陈年木材比现行木材的颜色更深、更偏黄和偏红，在木材的热处理中可以看到相似的情况发生。利用陈年木材及其构件的物理、力学性能，化学成分和颜色参数之间有较高相关性的特点，可以为中国古代木结构建筑构件的无损检测提供新方向。

二、水平滞回耗能特性及协调工作机理的研究

中国古代木结构建筑有 2000 多年的发展历史，现存的建于明代（1368 年）之前的仅有 440 座[52]，这些木结构建筑的建造风格与明代之后的中国古代木结构建筑有很大区别，明代之前参照《营造法式》为标准，明代之后参照《工程做法则例》为标准。持久的多因素作用导致材性减弱、木构件有效截面减小、节点性能退化，进而导致建筑的承载力、变形力下降，评价中国古代木结构建筑的水平结构性能是重要而又艰难的工作。最重要、使用最普遍的评价中国古代木结构建筑水平结构性能的试验方法是水平低周往复荷载下的拟静力试验，主要利用试验获得的滞回曲线、骨架曲线、强度折减、能量耗散、侧移刚度等特征值评价其水平结构性能，并建立反映水平结构性能的恢复力模型。

（一）低层中国古代木结构建筑的水平滞回耗能特性的研究

试验方案：第一，确定试验的原型，南禅寺大殿、初祖庵、独乐寺观音阁、会善寺大雄宝殿等中国古代木结构建筑的典型代表常被作为试验模型制作的原型。第二，确定模型制作的缩尺比，具体分为足尺模型和缩尺模型两类，研究人员根据具体的试验条件确定缩尺比。第三，确定所研究中国古代木结构建筑依据的规范，明代前参照《营造法式》，明代后参照《工程做法则例》。第四，确定材料及其物理、力学性能指标，华北落叶松、樟子松、东北红松、杉木、榆木等都是常用的试验材。第五，确定

试验模型的构造特征及几何尺寸，由柱、额枋、平板枋、斗拱、素枋五类构件，通过榫卯节点和木销连接的方式组成的单层木结构（由4个斗拱组成铺作层，4个立柱及其连接的枋组成柱额层），以透视图的形式表达构造特征，以列表的方式表达各构件及整体结构的几何尺寸。第六，确定加载设备与试验模型的现场布置，研究中国古代木结构建筑的试验模型分为单个构件（如梁、柱）、部分结构（如榫卯节点、斗拱）和整体结构（如屋架、单层木结构、柱与墙体的组合结构）三类，其中单个构件和部分结构利用竖向作动器施加竖向荷载，整体结构利用计算后的配重块施加竖向荷载。单个构件和部分结构的水平荷载通过水平作动器施加，整体结构的水平荷载施加相对复杂，有时需要设计摇摆柱[52]等专用加载设备。第七，确定加载制度，位移法加载制度中每次循环正向、反向各加载1次，每个循环的位移增幅是10mm，通常8个循环达到结构的极限状态；加载或卸载前应保持5min的加载使结构保持稳定。加载的最终状态应由两个准则所决定，一是荷载保持不变或开始减小时，木结构的位移迅速增大；二是木结构产生过大变形濒临坍塌。数据收集装置包括与计算机端连接的应力棒、线性位移传感器和倾角传感器等。

滞回曲线和骨架曲线：滞回曲线是通过拟静力试验得到的构件、结构的力与位移关系曲线，用于动力非线性分析，滞回曲线所包围的面积可以求得结构的等效黏滞阻尼比，用以衡量结构的耗能能力；骨架曲线是滞回曲线的滞回环开始卸载点的包络线，用于静力非线性分析，骨架曲线可以获得结构的强度、刚度退化系数。

强度折减：单层木结构在不同竖向荷载条件下的水平强度折减依据EN 12512：2006《木结构力学紧固节点循环试验方法》（*Timber structures-test methods-cyclic testing of joints made with mechanical fasteners*）[53]进行评估，有研究显示单层承重木结构在三级配重下的强度分别降低了22%、14.3%、4.9%[52]。

能量耗散：累积耗能和等效黏滞阻尼系数是衡量中国古代木结构建筑能量耗散的重要参数，前者反映结构的耗能总量，后者反映结构的耗能能力。累积耗能等于滞回曲线所包围的面积，等效黏滞阻尼系数通过式（1–12）计算。

$$h_e = \frac{S_{\text{loop}}}{2\pi\left(S_{\triangle+} + S_{\triangle-}\right)} \tag{1–12}$$

式中，h_e是等效黏滞阻尼系数（无量纲）；S_{loop}是滞回曲线所包围的面积（mm^2）；$S_{\triangle+}$是正向加载时滞回曲线峰值点与横坐标垂线组成的三角形面积（mm^2）；$S_{\triangle-}$是负向加载时滞回曲线峰值点与横坐标垂线组成的三角形面积（mm^2）。

侧移刚度：在给定的加载周期之内，结构的刚度依据式（1–13）计算。研究显示单层木结构的侧移刚度随着竖向荷载的增加而增加，经历了荷载过程的木结构比新组装的木结构更能反映实际结构的刚度变化规律，单层木结构的侧移刚度从工况FT–L1到ST–L1（L1）、FT–L2到ST–L2（L2）、FT–L3到ST–L3（L3），在第一个加载周期分别降低了 36%、17% 和 15%，在最后一个加载周期分别降低了 23%、9% 和 1%[52]。

$$k_i = \frac{|+F_i| + |-F_i|}{|+\Delta_i| + |-\Delta_i|} \tag{1-13}$$

式中，k_i 是结构侧移刚度（kN/mm）；$+F_i$ 是结构的正向最大位移（mm）；$+\Delta_i$ 是最大正向位移对应的应力（kN/mm^2）；$-F_i$ 是结构的负向最大位移（mm）；$-\Delta_i$ 是最大负向位移对应的应力（kN/mm^2）。

恢复力模型：单层木结构在水平低周往复荷载作用下表现出较弱的能量耗散特性，但具有良好的变形恢复特性，柱脚的滑移和榫卯节点的变形机制减少了构件在荷载作用下的损伤。基于部分研究基础 [54–56]，研究人员建立了描述单层木结构水平变形及滞回耗能特性的双线性弹塑性恢复力模型。如图 1–19 所示将滞回曲线简化为双线型曲线，A 点是屈服点，B 点是极限点，Δ_u 和 F_u 是极限位移和荷载，弹性阶段的刚度 K_1 和弹塑性阶段的刚度 K_2 是 OA 和 AB 的斜率。达到极限点 B 时开始卸载，卸载路径表现为三个变刚度分支：第一分支 BC 的刚度 αK_1 较大，反映了卸载初期荷载的快速下降；第二分支 CD 的刚度 βK_2 与 K_2 相等，系数 β 为 1；第三分支 DA' 刚度再次增大，A' 和 B' 分别是反向加载的屈服点和极限点。综合几方面的特征值，中国古代木结构建筑中单层木结构的水平变形及滞回耗能特性有以下几个特点：第一，结构的延性较好，在水平侧向位移较小时大部分恢复力由柱的晃动提供；第二，柱脚和节点是结构的薄弱环节，柱的倾角和结构的水平位移是结构稳定性评估的关键；第三，结构耗能能力较弱，但变形能力较强，二者受荷载影响不显著，但随着荷载增加结构的累积耗能和强度减弱；第四，木结构侧移刚度随竖向荷载的增大而增大，随侧向位移的增大而减小 [57–58]；第五，斗拱层刚度远大于柱额框架层的刚度，该结构在拟静力试验中的能量主要由榫卯节点耗散 [59–60]。

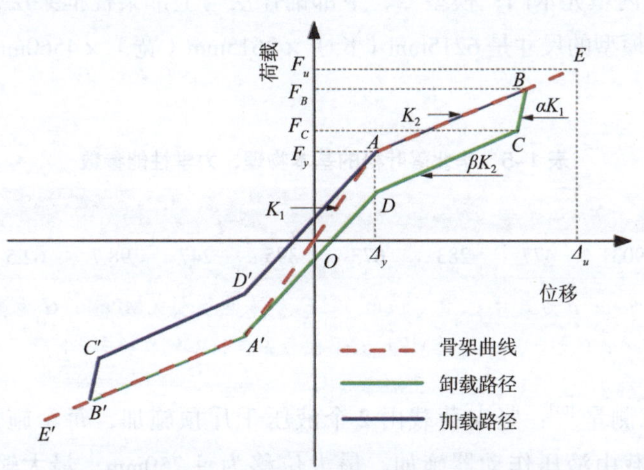

图 1–19 单层木构架的双线型弹塑性恢复力模型

（二）多层塔式中国古代木结构建筑的水平滞回耗能特性及协调工作机理的研究

应县木塔是多层塔式中国古代木结构建筑的杰出代表，建于 1056 年，高约 66m，整体结构是由众多木构件通过榫卯节点连接组成的，研究其内在结构机理有助于历史建筑的保护和传统木结构技术在当下的拓展应用。多层塔式中国古代木结构建筑的主体由铺作层和梁柱框架层在垂直方向上的叠加组成，铺作层由多攒纵横交错的斗拱组成，斗拱上大下小的构造形式延伸了建筑上部的平面面积，支撑着上部的楼面板和屋檐。梁柱框架层是由梁和柱通过燕尾榫或直榫连接组成的构架，低层中国古代木结构建筑通常采用矩形平面的梁柱框架连接，而多层通常采用八角形平面的梁柱框架连接；低层木结构的梁柱节点常用燕尾榫，而多层塔式木结构建筑的梁柱节点仅用直榫。铺作层与梁柱框架层之间的连接行为对多层塔式中国古代木结构建筑的整体力学性能至关重要。在多层塔式中国古代木结构建筑中，铺作层比梁柱框架层具有更大的刚度，二者的刚度比决定了整体构架的水平滞回性能和协调工作机理。

在垂直方向上多层塔式中国古代木结构建筑的铺作层和梁柱框架层有两种连接方式[61]：其一，梁柱框架层与其上部的铺作层由木销将上层斗拱的栌斗与柱顶相连，称为销节点；其二，梁柱框架层与其下部的铺作层的连接方式，是将柱底部做成叉臂的构造形式插入下层的铺作层，称为叉柱节点。

试验方案[61]：结构的滞回性能通过拟静力循环试验获得，可以揭示结构的强度、刚度、耗能特性，滞回模型包括滞回曲线和骨架曲线，可以通过试验结果提出和校正，滞回模型是模拟结构动力行为的关键，是对结构力学性能评价的基础。试验模型的原型是应县木塔，材料为华北落叶松，基本力学性能指标见表 1–5。模型制作依据现场测量和《营造法式》，典型的试验模型分为两类：模型一，下部铺作层与上部梁柱框架层，梁柱框架层内填充木门；模型二，下部铺作层与上部梁柱框架层，梁柱框架层内填充斜撑。足尺模型的尺寸是 6215mm（长）×2615mm（宽）×4560mm（高），柱子直径 600mm。

表 1–5　华北落叶松的基本物理、力学性能参数

W	ρ	E_L	E_R	E_T	G_{LR}	G_{LT}	G_{RT}	T_L	C_L	C_R	C_T
10.3	0.58	9031	477	283	673	395	247	98.7	62.5	4.7	5.2

注：W 为含水率（%）；ρ 为气干密度（g/cm^3）；E 为弹性模量（MPa）；G 为剪切模量（MPa）；T 为抗拉强度（MPa）；C 为抗压强度（MPa）；T 代表弦向，R 代表径向，L 代表纵向。

试验程序和测量[61]：竖向荷载由 2 个液压千斤顶施加，每个施加 250kN，总计 500kN，水平荷载由液压作动器施加，最大位移为 ±250mm，最大输出力为 500kN。数据采集：21 个位移传感器，7 个测梁柱框架层，11 个测斗拱层，3 个测支撑基座；

7台摄像机拍摄开裂、破坏情况。加载制度：位移控制法，22个加载周期，每个周期重复2次，正向1次反向1次，位移增幅10mm，最大位移220mm，最大加载速率1mm/s。

滞回曲线[61]：模型一，组合结构的滞回曲线各加载周期饱满，在加载幅值大于150mm时存在轻微的收缩效应，说明结构具有良好的能量耗散能力；铺作层的滞回曲线近似平行四边形，没有出现收缩效应，说明铺作层的主要耗能机制是通过水平部件之间的摩擦；梁柱框架层的滞回曲线与组合结构的滞回曲线相似，但该层的收缩效应更为明显，说明在整个模型的滞回曲线中所看到的收缩效应可归因于梁柱框架层榫卯接头的力学行为。模型二，组合结构的滞回曲线相对不规则，力的突然下降明显分布在曲线上，力的每一次突然下降都对应着斜撑的滑移；铺作层和梁柱框架层滞回曲线也是不规则、不对称的，特别是在较大的加载位移时，这是斜撑在试验推拉过程中产生偏置的结果。

骨架曲线[61]：模型一的组合结构，当加载位移小于40mm时，骨架曲线近似线性，表明结构处于近似弹性阶段；当加载位移为40～170mm时，结构进入屈服阶段，曲线表现出较小坡度的线性行为；当加载位移大于170mm时，骨架曲线上的结构反作用力基本不变。模型二的组合结构，骨架曲线表现出不同的特征，当加载位移在50mm以内时，结构处于近似弹性阶段；当加载位移在正向大于50mm，负向大于80mm时，曲线出现波动，原因是斜撑的滑移。模型一和模型二铺作层的骨架曲线均表现出明显的双线性行为，拐点的位移在4mm左右，即铺作层在4mm前表现出近似弹性行为，当铺作层位移大于4mm时其水平部件开始相对滑移。模型一和模型二梁柱框架层的骨架曲线，在相同负位移下模型二的反作用力大于模型一的反作用力，这是斜撑偏置影响的结果。

刚度退化曲线[61]：模型一的刚度为0.6～2.4kN/mm，模型二的刚度为1.4～4.5kN/mm，随着加载幅值的增大，模型一和模型二的刚度曲线均呈下降趋势。模型一、模型二铺作层的刚度比较接近，两者之间的细微差异可归因于模型二斜撑对斗拱层竖向荷载的重新分配。模型二的梁柱框架层刚度大于模型一，说明斜撑对结构刚度影响大，但随着位移增大模型二的刚度迅速减小归因于斜撑与框架之间缺乏固定。

弹性能量：弹性能量依据式（1-14）计算。两种模型的弹性能量随加载幅值的增大近似呈线性增长，模型二的弹性能量略大于模型一，这是由于在相同加载幅值下模型二的反作用力较大。

$$E_e=\frac{1}{2}\left(\left|F_{+\Delta}\right|\cdot\left|+\Delta\right|+\left|F_{-\Delta}\right|\cdot\left|-\Delta\right|\right) \qquad (1\text{-}14)$$

式中，E_e是弹性能量（N·m）；$+\Delta$和$-\Delta$分别是滞回曲线上的每一点最大正、负位移（m）；$F_{+\Delta}$和$F_{-\Delta}$是$+\Delta$和$-\Delta$对应的力（N）。

能量耗散[61]：能量耗散等于滞回曲线封闭区域的面积，除了模型二在加载幅值为

90mm 和 100mm 时的能量耗散能外，两种模型的能量耗散与弹性能量变化规律相似。比较铺作层和梁柱框架层在整体结构能量耗散所占比例，模型一、模型二铺作层的能量耗散均小于梁柱框架层，铺作层在模型一中的能量耗散比例为 0.09 ～ 0.26，而在模型二中加载位移为 50mm 时，其能量耗散比例可达 0.45，即斜撑的安装虽然增加了横向刚度但降低了能量耗散。能量耗散与铺作层和结构整体位移比呈正相关。

等效黏滞阻尼系数[61]：等效黏滞阻尼系数依据公式（1–12）计算。在所有加载振幅下，模型二的等效黏滞阻尼系数都大于模型一。模型一和模型二的系数范围分别为 0.094 ～ 0.169 和 0.112 ～ 0.193。两种等效黏滞阻尼系数曲线均在加载幅值小于 30mm 时呈下降趋势，在 30mm 后呈不同的增长速度。随着加载幅值的增大，模型一的曲线呈逐渐上升的趋势，但也有一定的波动；而模型二的曲线在加载幅值达到 80mm 时迅速增大。组合结构的等效黏滞阻尼系数介于铺作层和梁柱框架层之间。梁柱框架层与整体结构的变化非常相似，略小于整体结构；铺作层的等效黏滞阻尼系数在除前两点外的小荷载位移区间增长迅速，当位移大于 70mm 时，其生长速率保持在 0.30 左右，这是因为大位移时的滞回曲线几乎呈平行四边形。

斗拱层和梁柱框架层每个加载循环的最大正负位移比较[61]：模型一，斗拱层和梁柱框架层的最大正负位移在垂直线上是完全对称的。梁柱框架层的最大正负位移比斗拱层大得多，说明斗拱层的刚度更大。模型二，斗拱层和梁柱框架层的最大正负位移在垂直线上是不对称的。斗拱层的正向最大位移比负向值大，而梁柱框架层表现出相反的特点。在正位移时梁柱框架层与斗拱层的刚度比大于负位移，说明斜撑在结构受到推力时对增加结构水平刚度的作用更明显，或许是因为制作和安装时的偏差导致的。

斗拱层和梁柱框架层的位移比[61]：在一定的加载幅值下，任意一层的最大位移用正、负两层的平均值表示。在每个加载幅值下，用斗拱层与整体结构的位移比、梁柱框架层与整体结构的位移比，分别计算斗拱层和梁柱框架层对整体结构贡献的加载位移的比例。模型一的斗拱层与整体结构的位移比在小于 40mm 的加载幅值下约为 0.07，并迅速增长，直到稳定在 0.13 左右，结合梁柱框架层与整体结构的位移比，说明更多的变形由梁柱框架层所承担。模型二的斗拱层与整体结构的位移比、梁柱框架层与整体结构的位移比变化趋势不规则，取值范围为 0.13 ～ 0.21，大于模型一，说明安装斜撑增大了结构的水平刚度。模型一的梁柱框架层与斗拱层的比值，除第一点外迅速下降到 6.8 左右，在位移大于 100mm 时基本保持不变。模型二在位移为 20mm 和 140mm 时得到的最大和最小位移比分别为 14.3 和 6.5，说明铺作层刚度约为梁柱框架层刚度的 6.5 ～ 14.3 倍。模型二在加载位移为 20mm 和 50mm 时分别获得最大值 6.5 和最小值 3.8，可以推断在模型二中安装斜撑后两层之间的刚度差大大减小。

多层塔式中国古代木结构建筑的上部梁柱框架层与下部铺作层的水平滞回耗能特性：第一，结构的滞回曲线对称丰满，具有良好的耗能能力，随着加载幅值的增大，滞回曲线出现轻微的收缩效应[62]。第二，用斜撑替换框架内的门框后可以增加结构的反作用力、刚度和耗散能量，但力和刚度的增加率随着加载幅值的增大而减小，斜撑的滑移使滞回曲线出现波动。

多层塔式中国古代木结构建筑的上部梁柱框架层与下部铺作层的协调工作机理：第一，两层可以看作是两个串联在一起的独立结构，因此各自的位移是根据各自的相对刚度分布的。第二，斗拱层的刚度在较小的加载位移下迅速减小，在加载位移达到70mm时保持稳定。第三，模型一的斗拱层与梁柱框架层的刚度比约为6.5～14.3，模型二的斗拱层与梁柱框架层的刚度比约为3.8～6.5，说明将梁柱框架内填充的门改为斜撑后刚度比范围缩小[61]。两种模型的刚度比均在较小的加载位移下快速下降，在较大的加载位移下保持稳定。第四，斗拱层的滞回曲线几乎呈平行四边形，说明能量主要通过水平部件之间的摩擦耗散；梁柱框架层滞回曲线中存在明显的收缩效应，这是由框架榫卯接头的力学行为引起的[63]。骨架曲线和刚度曲线表明整个模型的力学行为主要受梁柱框架层的支配。第五，两种模型中铺作层的等效黏滞阻尼系数都远大于梁柱框架层和组合结构。第六，梁柱框架层的实际能量耗散大于铺作层，模型一中斗拱层耗散的能量仅占总耗散能量的0.09～0.26，而模型二中斗拱层耗散的能量则增长到0.14～0.45[61]。

三、抗震性能的研究

确定研究对象的原型和规范，依据结构的相似性原理以一定的比例、材料制作试验模型，通过输入地震波模拟工况的振动台试验以研究中国古代木结构建筑的抗震性能。对试验结果的定性分析可以获得木结构的破坏形式和动力性能，定量分析不同位置构件（例如柱底、柱头、平板枋、斗拱和素枋）的位移和加速度响应，可以计算出构件在不同地震条件下的累积耗能。研究表明，柱底与柱基之间的摩擦和滑动耗散了能量[64]；振动台试验后试验模型倒塌破坏的主要原因是榫卯节点的失效[65]；有限元数值模拟中有多种因素会影响木结构的整体结构响应，包括节点的缝隙、摩擦现象、木材的力学性能、地震力与永久垂直荷载之间的相互作用[66-67]。

（一）单层中国古代木结构建筑抗震性能的研究

试验模型：原型选取山西省五台山佛光寺大殿，以宋代《营造法式》（1103年）为规范，选取俄罗斯红松为材料，制作了四立柱四斗拱的单层木结构试验模型。相似关系的确定是在综合考虑边界条件、动力平衡方程、初始运动条件等多种因素的基础上，根据国际单位制，尺寸比例因子选择为1∶3.52，然后通过相似尺度关系确定其他力学指标的比例因子（表1-6）。

表 1–6 振动台试验中试验模型与原型的主要相似比例因子

物理量	比例因子	比例值
长度	$S_L = L_m / L_P$	0.284
加速度	$S_a = S_E / S_\sigma$	1
弹性模量	S_E	1
线性位移	$S_X = S_L$	0.284
速度	$S_V = (S_\sigma S_L / S_E)^{0.5}$	0.533
时间	$S_t = (S_\sigma S_L / S_E)^{0.5}$	0.533
质量	$S_m = S_\sigma S_L^2$	0.081
力	$S_F = S_\sigma S_L^2$	0.081
力矩	$S_M = S_\sigma S_L^3$	0.023
频率	$S_f = S_E / (S_\sigma S_L)^{0.5}$	1.88
压力	S_σ	1
拉力	$S_\varepsilon = S_\sigma / S_E$	1
阻尼系数	$S_c = S_E \cdot S_1^{1.5} \cdot S_a^{-0.5}$	0.151

试验模型与振动台的连接：底座用螺栓固定在振动台上，试验模型的柱呈自然状态放置在底座上，构件之间采用榫卯节点连接，柱与额枋用燕尾榫节点连接，斗拱与立柱之间采用木销连接。用混凝土板模拟屋顶重量，根据计算屋顶荷载是 1.8kN/m^2，试验模型总重量 38kN，其中模型重 2kN，混凝土板重 36kN。

振动台试验中榫卯节点的加固[68]：碳纤维增强聚合物布因具有轻质、高强的特点被广泛应用于现存古代木建筑榫卯节点及其他构件的加固。采用碳纤维增强聚合物布加固方式的优点在于，第一，质地柔软易于沿构件的形状黏结，因此在修复后不改变构件形状；第二，修复后便于表面喷涂颜色，不显示修复痕迹；第三，修复后不增加木构件的重量；第四，加固后的节点和构件的力学性能优异，适合各种形式的构件修复，包括抗弯、抗剪、抗压、抗疲劳、抗地震、抗风、抗裂缝和挠度控制，并且能增加木结构的延性。

试验程序：振动台只有一个自由度，即东西方向，该试验模型为空间轴对称结构。试验共安装了 15 个加速度传感器，7 个位移传感器，5 个速度传感器，8 个电阻应变片，2 个应变计（测量榫卯节点的扭转力矩）。振动台试验中输入三种地震波，在每次输入地震波前后对试件进行锤击试验，得到结构在试验前后的固有频率、阻尼比和振型等动态特性。

试验现象[69]：当激振加速度为 0.05 ～ 0.15g 时，柱头的榫卯节点发出吱吱响声，此区间内结构保持刚体运动状态，具有良好的结构完整性且无相对滑移。当激振加速度达到 0.1g 时，东北柱的碳纤维增强聚合物布出现一定程度的剥落，其余构件均处于良好状态，此时大部分地震能转化为结构的动能和弹性变形能，少部分转化为榫卯节点的阻尼耗能，此时结构仍处于弹性状态。当激振加速度为 0.2 ～ 0.3g 时，东北柱的碳纤维增强聚合物布已出现严重剥落，西南柱和西北柱的铺作层及柱底出现滑移，但节点没有明显损伤，此时节点和构件都处于弹性状态，大部分地震能量转化为动能、弹性变形能和阻尼耗能，其余能量转化为榫卯节点的摩擦耗能和滞回耗能。当激振加速度达到 0.4g 时，东北柱柱底向东南方向移动 3 ～ 4mm，西南柱柱底向西南方向移动 2 ～ 3mm。当激振加速度达到 0.5g 时，南柱的振动大于北柱，使结构扭转增大，碳纤维增强聚合物布的裂纹沿竖向延伸，铺作层出现较大滑移（峰值 19mm）。较大的变形表明节点已进入非弹性状态，但仍具有较大的安全余度，可以保证结构的安全而不致发生垮塌，此时大部分地震能量转化为摩擦耗能、榫卯节点的耗能以及铺作层的耗能。当激振加速度达到 0.8g 时，柱的振动幅度过大导致柱底反复抬升和下降，破坏了碳纤维增强聚合物布加固的榫卯节点。当激振加速度达到 0.9g 时，结构的恢复力无法恢复到初始位置，节点完全破坏，结构成为几何不稳定体系从而失去传递荷载的能力，最终结构倒塌。

结构的动力特性分析：在振动台试验各工况前后，用振动锤敲击混凝土块结构产生自由振动，利用数据采集与信号处理仪器计算结构上振动传感器和换能器接收到的数据，可以得到结构的自然动力特性。采用自由振动法对结构的自由衰减位移幅值进行分析可以得到结构的临界阻尼比，其计算公式为式（1–15）。

$$\xi = \frac{1}{2n\pi}\ln\frac{a_i}{a_{i+n}} \tag{1–15}$$

式中，ξ 为临界阻尼比（无量纲）；a_i 和 a_{i+n} 分别为第 i 和 $i+1$ 个位移幅值（mm）。

随着激振加速度的增加，结构的固有频率变小，由于节点经过碳纤维增强聚合物布加固后已被挤压，因此节点和整个结构的刚度均大于未加固试件；当节点进入弹塑性状态时，榫卯节点的滞回耗能、底板和柱础的摩擦耗能、铺作层的滑动耗能都发生了相应的动力性能变化，其结果是结构的自然周期增加，由于累积损伤导致节点的刚度退化，结构固有频率变小。根据黏弹性阻尼理论，阻尼比与阻尼常数呈正相关，与结构质量和刚度呈负相关，阻尼常数是循环振动中能量耗散的度量。从弹性状态到塑性状态，节点和铺作层滞回曲线包围的面积逐渐增大，说明阻尼常数也逐渐增大，由于累积损伤引起节点刚度退化，结构阻尼比随着激振加速度的增加而增大。

位移响应[69]：各层结构的位移骨架曲线显示，随着激振加速度的增加各层的位移响应逐渐增大。各层在不同地震波作用下的最大位移不同，其中兰州波作用下的位移最大，表明兰州波的固有频率比其他两种地震波更接近结构的固有频率。各层峰值位移的分布表明，剪切变形是结构的主要变形形式。随着激振加速度的增加，柱底和铺

作层的能量耗散能力增强。

加速度响应：由于柱基和斗拱的隔震作用以及榫卯节点的耗能作用，古代木结构具有良好的动力性能。当激振加速度小于0.075g时，在柱基和斗拱的滑动隔震作用下，木结构的加速度随高度的增加而逐渐增大，榫卯节点的抗震作用没有得到充分发挥。当激振加速度达到0.3g时，柱底的加速度明显大于柱顶，隔震效果的性能已经开始发挥作用。当激振加速度达到0.5g时，柱基滑移值达到21mm，振动台与柱基加速度差逐渐增大，充分发挥了斗拱的滑动隔震作用和榫卯的减震作用，使结构在大地震波作用下仍具有一定的承载能力。以振动台的峰值加速度为参考标准与其他结构层的峰值加速度比较，可以得到各层的动力放大系数，试验结构的动力放大系数为1，远小于混凝土结构的动力放大系数（约为2～4）。结构在小震动作用下的耗能效果不明显，动力放大系数大于1，在小震动中节点的动力放大系数小于铺作层和柱基，说明节点的减振效果优于铺作层和柱基；在中、大震动中，随着激振加速度的增加，铺作层的动力放大系数减小，阻尼作用增强。

对于古代木结构，柱基由于摩擦和滑动而具有隔离作用，榫卯节点由于半刚性转动而具有阻尼作用，斗拱由于滑动而具有阻尼作用。结构的最大剪力出现在柱顶或柱底，但不一定出现在柱底。结构的峰值剪力分布趋于均匀，峰值剪力沿高度向上移动，不同于现代钢筋混凝土结构的剪力呈自上而下阶梯状增加，因此在地震作用下古代木结构的柱头是薄弱环节。由于柱基和平板枋的隔震性能，结构的自然周期随着柱基和平板枋激振加速度的增大而增大，使结构的自然周期逐渐远离输入地震波的振动周期，从而使结构的减震作用更明显[70]。

柱的弯矩平衡：通过振动试验中多个位置的应变测量，依据式（1-16）可以列出柱顶、柱底和枋的弯矩平衡方程[71]。

$$Ph = M_{tc} + M_{bc} + M_{hb} + M_{mb} + M_{wb} \tag{1-16}$$

式中，P为柱顶的水平力；h为柱高；M_{tc}、M_{bc}分别为柱顶、柱底弯矩；M_{hb}、M_{mb}、M_{wb}分别为柱子上、中、下联系枋的弯矩。

单层中国古代木结构建筑抗震性能的研究结果表明：第一，随着激振加速度的增加，结构的固有频率逐渐减小，但阻尼比逐渐增大；第二，结构各层的位移峰值呈逆三角形分布，表明剪切变形是主要的构造变形形式；第三，结构试件的最大地震剪力出现在柱顶或柱底处，结构试件各层地震剪力分布趋于均匀；第四，在小震作用下，节点弯矩随激振加速度的增大呈线性增加，在中等地震作用下，节点由于反复振动而变得松散，刚度变小，弯矩呈非线性变化，弯矩增加幅度逐渐增大；第五，在发生小地震的情况下，地震能量主要由柱头消耗，随着地震荷载的增大，铺作层的耗能增大，柱头耗能减小，古代木结构在大地震作用下，60.3%的地震能量由铺作层承担，且柱顶与柱底耗能一致；第六，单层木结构在受到地震波作用时有两个抗侧向力的结构机制，一是水平联系枋的弯矩阻力，二是立柱摇摆产生的恢复力，当构架变形较小时柱摇摆的恢复力为主，随着变形量的增加，水平联系枋的弯矩阻力越来越重要[71]；第七，在地震波作用下斗拱与柱成反比旋转，将柱的竖向荷载作用点从柱中心移至柱的边缘，以此与柱的摇摆恢复力相互配合[71]；第八，中国古代木结构建筑结构机理的核心是具有较大的柔性和变形能力，因此而具有优异的抗震性能。

（二）多层塔式中国古代木结构建筑的抗震性能研究

拟静力试验和振动台试验是研究多层塔式中国古代木结构建筑抗震性能的主要手段，多层塔式中国古代木结构建筑的动力性能高度依赖于结构的高度、节点和墙体框架的结构行为。

相似关系的确定[72]：根据实验室的容量确定试验模型的缩尺比 1∶5，试验模型材料与原塔相同，弹性模量缩放系数为 1.0，仪器性能决定加速度缩放系数为 2.0，通过量纲分析确定其他标度因子（表 1–7）。

试验模型[72]：平面呈方形，模型总高度为 8.7m，基座层 1.45m，2～6 层每层高度均为 1.05m，顶层高度 1.35m，每层均为 3 开间 3 进深，基座层有额外的围廊。木材为非洲玫瑰木，宝塔自重 3.1t，为了模拟屋顶荷载将 17.5t 铅块均匀放置在结构的屋顶和地板上。振动台试验之前，进行了地震前环境激励试验和白噪声激励试验以确定试验模型的固有频率和阻尼比；振动台试验中加速度和位移传感器沿两个主要方向分别放置在每层楼板和塔顶的周边，以测量平移和扭转运动。

表 1–7　振动台试验中多层试验模型与原型的主要相似比例因子

物理量	比例因子	比例值
长度	S_L	0.2
加速度	S_a	2
弹性模量	S_E	1
密度	$S_\rho = S_E / (S_a S_L)$	2.5
时间	$S_t = (S_\sigma S_L / S_E)^{0.5}$	0.3162
质量	$S_m = S_\sigma S_L^3$	0.02
频率	$S_f = S_E / (S_\sigma S_L)^{0.5}$	3.1623
压力	S_σ	1
阻尼系数	$S_c = S_E \cdot S_1^{1.5} \cdot S_a^{-0.5}$	0.0623

根据振动台试验获得的层间荷载–位移滞回曲线计算了等效层刚度，并建立了集中质量模型来确定结构在强激励下的动力特性[72]。

多层塔式中国古代木结构建筑抗震性能的研究表明：第一，榫卯节点和斗拱的刚度、承载能力小于梁、柱构件，然而在地震时加速度小而位移大的结构行为却起到了重要的抗震作用。第二，增加地震激励后，检测到的模型频率仅下降 16%，而阻尼比从 1.24% 增加到 10% 以上，表明试验模型具有良好的抗震能力。第三，检测到的频率高度依赖于激励强度（差异高达 59%），可能是由于木构件之间的静态摩擦和滑动摩擦之间的过渡以及榫卯节点拉伸和挤紧的可恢复松动。第四，模型的位移以平移运动为主，楼层的加速度放大系数为 0.5 ～ 1.0，屋顶的加速度放大系数超过 1.5，存在鞭梢效应；X 轴和 Y 轴的最大层间漂移分别达到 1/29 和 1/71[72]。

大量研究结果显示 [52,54,62,66]，单层、多层木结构，以及斗拱结构足尺模型的水平静力结构行为（水平滞回性能，因为是拟静力试验获取的试验结果，因此属于静力结构行为）的仿真模拟结果与结构试验的结果高度相似，尤其是结构试验获取的滞回曲线、骨架曲线以及刚度退化曲线与仿真模拟结果拟合度较高，证明仿真模拟可以作为一种有效的方式来验证足尺模型的整体静力结构行为。此外，足尺模型的结构试验需要高昂的试验模型制作成本，试验过程中多方面因素极易造成误差，并且只有固定的测点可以获取数据，仿真模拟可以避免以上缺点。

第二章 外檐柱头斗拱静力学特征研究模式的构建

第一节 斗拱的专业术语及命名方式

一、宋式斗拱

（一）材

材、分°是中国古代木结构建筑的模数制度，分°是一种比例因子而非具体的几何尺寸，宋代《营造法式》规定，材（图 2-1）是指高 15 分°、宽 10 分°的矩形截面；两材之间的空隙用斗来垫托，称为栔，栔的高度是 6 分°；高度为一材一栔（高 21 分°）称为“足材”（图 2-1），高度为一材（15 分°）称为“单材”（图 2-1）。建筑的尺度、构件的大小、举折之法都是以材为度量标准的。斗拱的分件栌斗在面阔方向的开口称

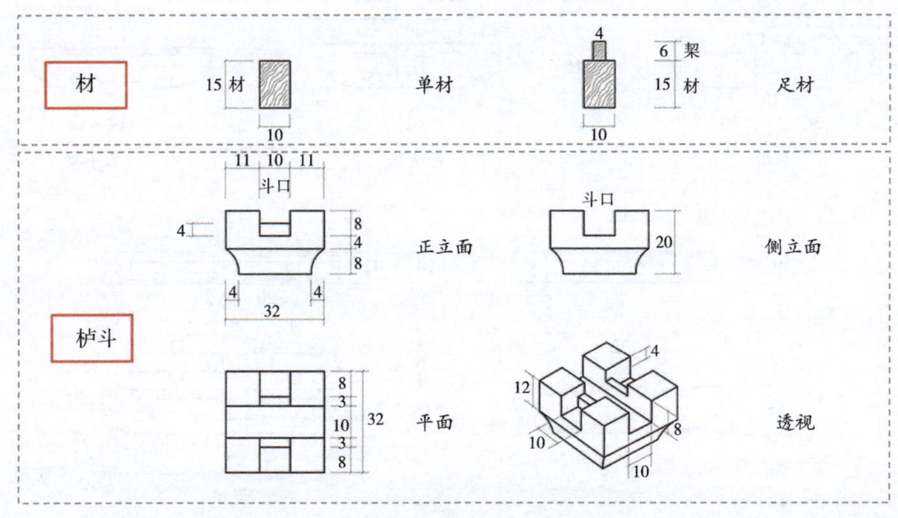

图 2-1 材、栔和斗口（单位：分°）

为“斗口”（图 2–1），与材宽相同为 10 分°，因此中国古代木结构建筑也是以“斗口”为基本模数的。宋式的材分为八等，不同的材等用于不同尺度的建筑物，第一等材用于开间九至十一间殿的建筑物，第二等材用于开间五至七间殿的建筑物，第三等材用于开间三至五间殿或七间堂的建筑物，第四等材用于三间殿或五间堂的建筑物，第五等材用于三间堂的建筑物，第六等材用于亭榭或小厅堂，第七等材用于亭榭或小厅堂，第八等材用于亭榭或室内藻井。

（二）拱

拱是形似弓形的木构件，宋式斗拱中有 5 种类型的拱：华拱、泥道拱、瓜子拱、令拱、慢拱（图 2–2）。

华拱：在柱头铺作和转角铺作中为足材拱（拱高 21 分°，图 2–3），在补间铺作中为单材拱（拱高 15 分°，图 2–3），两卷头之间长 72 分°。每头都用 4 瓣卷杀，每瓣长 4 分°，卷杀是指通过多条折线转折的方法使木构件端部形成近似抛物线的轮廓，这种处理手法是为了使构件外轮廓显得柔和饱满，卷杀有特定的作图方法。华拱与泥道拱垂直相交安装在栌斗的卯口内，华拱与建筑物面阔方向垂直。

泥道拱：两卷头之间长 62 分°，每头都用 4 瓣卷杀，每瓣长 3.5 分°，与华拱垂直相交安装于栌斗的卯口内。斗口跳（图 2–4）是栌斗之上一抄华拱出跳，橑檐枋下无令拱的构造方式，当斗拱采用斗口跳时，栌斗内不用泥道拱而只用令拱。斗拱的铺作

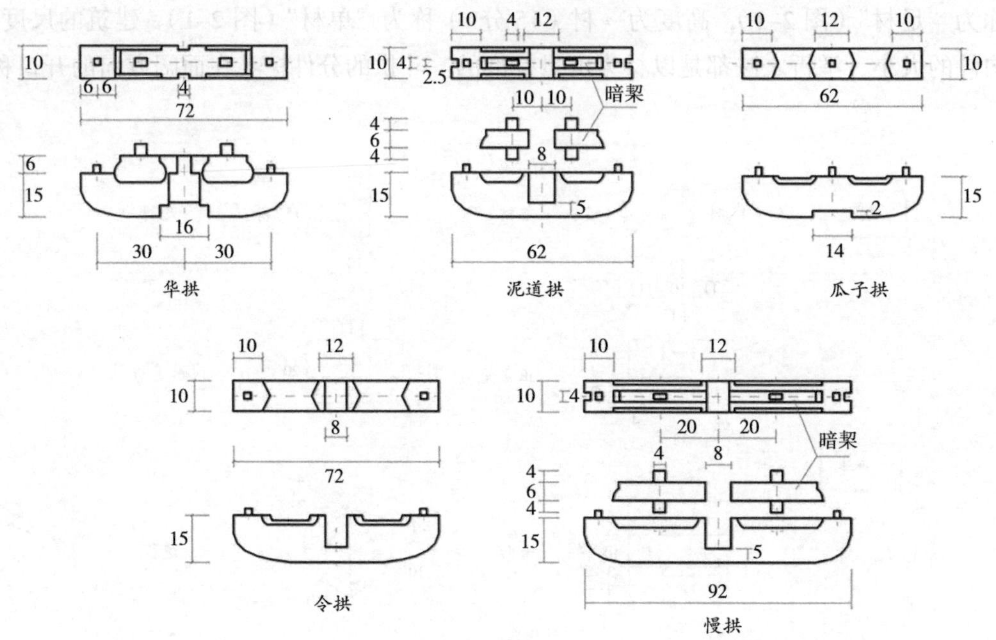

图 2–2　宋式斗拱中五种类型的拱（单位：分°）

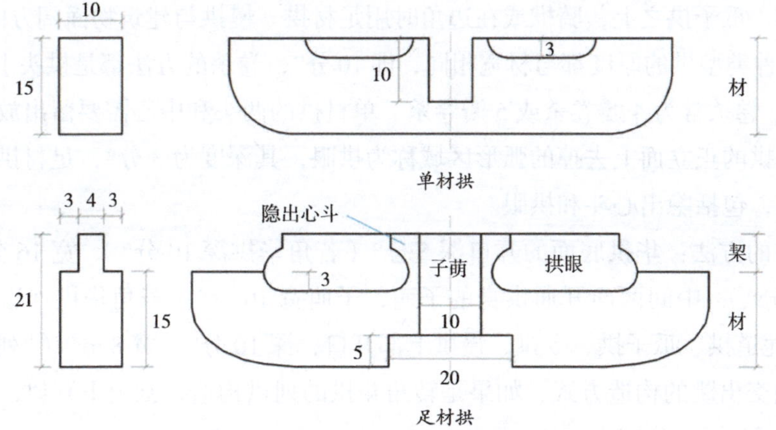

图 2-3 单材拱和足材拱（单位：分°）

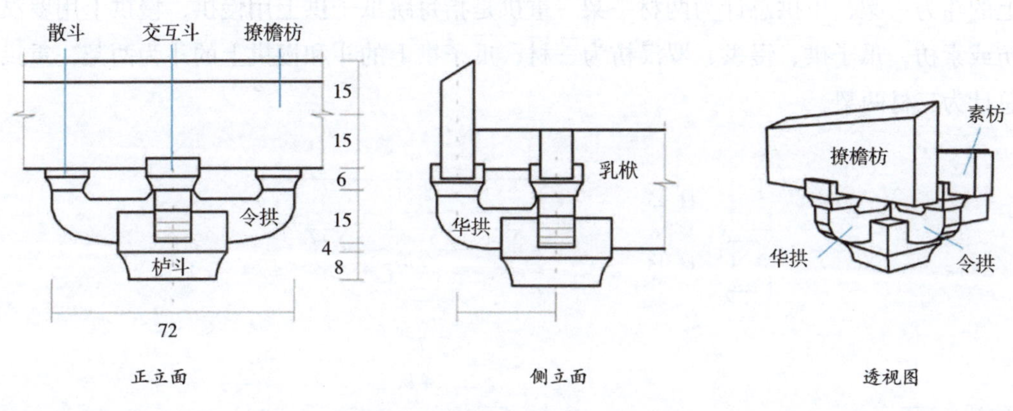

图 2-4 斗口跳（单位：分°）

全部采用单材拱（拱高 15 分°）时，也不用泥道拱而只用令拱。泥道拱与建筑物面阔方向平行。

瓜子拱：两卷头之间长 62 分°，每头都用 4 瓣卷杀，每瓣长 4 分°。瓜子拱位于跳头之上，是与建筑物开间方向平行的构件，与泥道拱和令拱平行，在五铺作以上重拱的构造形式中，瓜子拱位于泥道拱以外，令拱以内。斗拱的出跳在《营造法式》中定义为斗拱的栌斗卯口内出一拱或一昂，都称之为一跳，华拱或昂出跳的位置称跳头。瓜子拱与建筑物面阔方向平行。

令拱：两卷头之间长 72 分°，每头都用 5 瓣卷杀，每瓣长 4 分°。令拱位于斗拱里外的跳头之上，在外部时位于撩檐枋下，在内部时位于算程枋下，如果有要头则与要头相交，也有用于建筑室内槫缝下的，这些位置的令拱都是单材拱。如果令拱在里跳骑栿，则用足材拱。令拱与建筑物面阔方向平行。

慢拱：亦称肾拱，两卷头之间长 92 分°，每头都用 4 瓣卷杀，每瓣长 3 分°。慢拱

位于泥道拱、瓜子拱之上，骑栿或在边角时用足材拱。慢拱与建筑物面阔方向平行。

所有5种类型拱的厚度都与材宽相同，即10分°，卷杀的方法都是拱头上留6分°，下杀9分°，卷杀常为4瓣卷杀或5瓣卷杀。单材拱的两头和中心需要留出放置斗的位置，因此在拱的正立面上去掉的弧形区域称为拱眼，其深度为3分°，足材拱需要增加一栔的高度，包括隐出心斗和拱眼。

开拱口的方法：华拱底面的开口深5分°（若角华拱深10分°）、宽16分°（包括栌斗耳20分°），中间两面开通拱身的子荫，子荫宽10分°（若角华拱连影斗通开），深1分°。泥道拱、瓜子拱、令拱、慢拱上部开口，深10分°、宽8分°（“列拱”指转角斗拱中相交出跳的构造方式，如果是转角斗拱的列拱构造，则上下开口，上开口深11分°，下开口深5分°）。

单拱和重拱（图2–5）：单拱是指每跳令拱上只用素枋，令拱、素枋为两材，令拱上的斗为一栔，单拱总计为两材一栔。重拱是指每跳瓜子拱上用慢拱，慢拱上用罗汉枋或素枋，瓜子拱、慢拱、罗汉枋为三材，瓜子拱上的斗和慢拱上的斗为两栔，重拱总计为三材两栔。

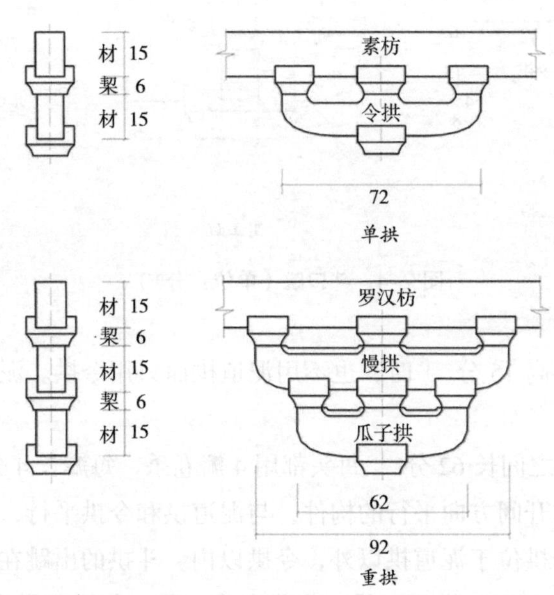

图2–5　单拱和重拱（单位：分°）

（三）昂

昂有两种形制，一种是下昂，另一种是上昂。昂的宽和高与材相同，下昂用于斗拱外跳，构造形式有单拱或重拱，也有偷心造或计心造（跳头上不置横拱称为偷心造，跳头置横拱称为计心造，图2–6）；上昂用于斗拱里跳或平坐斗拱内部。下昂（图2–7）

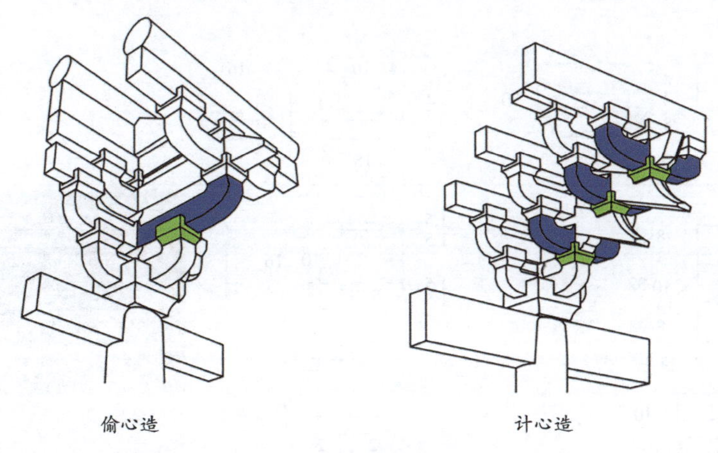

图 2-6 偷心造和计心造

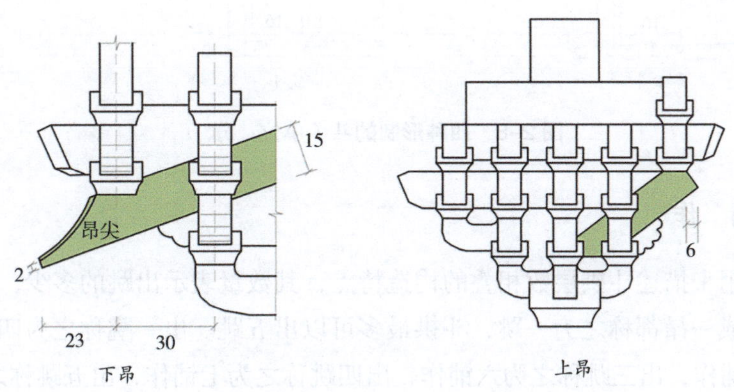

图 2-7 下昂和上昂（单位：分°）

的昂尖向下，从昂尖到骑昂斗中心线距离为 23 分°，昂尖宽 2 分°，昂面平直的称为批竹昂，昂面有两棱的称为琴面昂。上昂（图 2-7）的昂头外出 6 分°，昂身斜收向里并通过柱心。

（四）斗

斗有四种形制，分别是栌斗、交互斗、齐心斗和散斗（图 2-8）。

栌斗位于柱头之上，其长、宽均为 32 分°，如果是角柱上的栌斗长、宽均为 36 分°。栌斗高 20 分°，其中上 8 分°为耳，中间 4 分°为平，下 8 分°为欹。栌斗榫卯开口宽10分°，深8分°，底面各杀4分°。交互斗位于华拱出跳的跳头上，其长18分°，宽 16 分°。齐心斗位于拱心之上，其长、宽均为 16 分°。散斗位于拱的两头，其长 16 分°，宽 14 分°。交互斗、齐心斗、散斗均高 10 分°，其中上 4 分°为耳，中 2 分°为平，下 4 分°为欹；榫卯开口宽 10 分°，深 4 分°，底面各杀 2 分°。

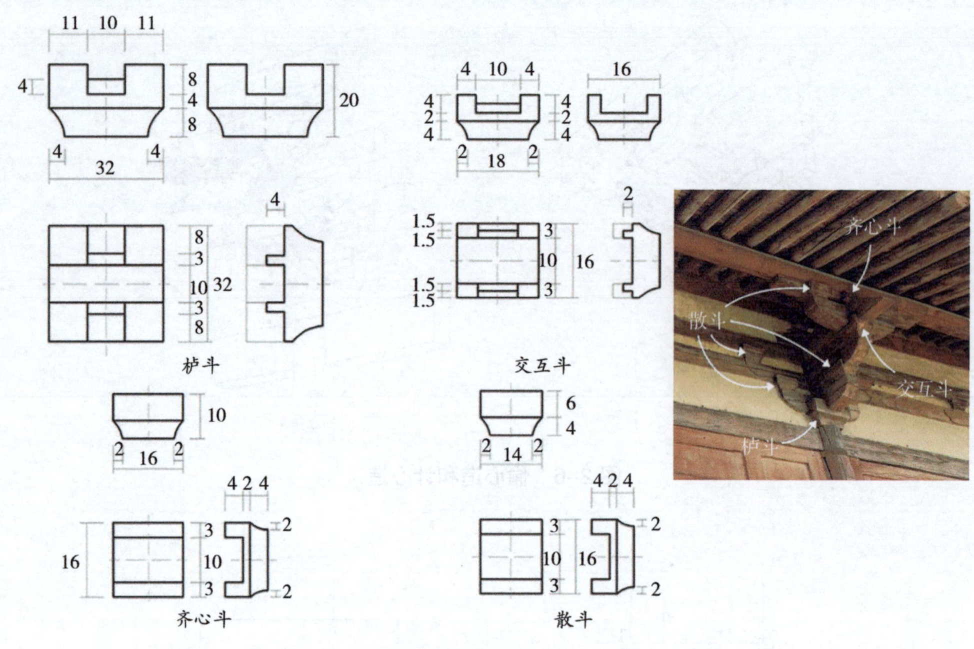

图 2–8　四种形制的斗（单位：分°）

（五）铺　作

铺作是用来描述斗拱层数相叠的构造特点，其数量表示出跳的多少，只要从栌斗口内出一拱或一昂都称之为一跳，斗拱最多可以出五跳。出一跳称之为四铺作，出两跳称之为五铺作，出三跳称之为六铺作，出四跳称之为七铺作，出五跳称之为八铺作，因此出跳数加三即为斗拱的铺作数。

斗拱根据所处位置的不同又分为柱头铺作、转角铺作和补间铺作。柱头铺作位于非转角的立柱之上，转角铺作位于角部的立柱之上，补间铺作位于柱头铺作之间或柱头铺作与转角铺作之间的额枋或平板枋上，柱头铺作与转角铺作直接承受屋顶的荷载，补间铺作更多的是提供稳定性作用。

（六）宋式斗拱的命名方式

四铺作的斗拱分为有昂和没有昂两种，因此宋式四铺作斗拱的命名方式为“四铺作＋（插昂 / 单抄）＋（铺作位置：柱头铺作 / 转角铺作 / 补间铺作）”。华拱又称为抄拱，因此栌斗口内出一跳华拱称为一抄。

五铺作以上的斗拱完整的命名方式为：“铺作数（五 / 六 / 七 / 八）＋（是否为重拱）＋（出抄数）＋（出昂数）＋里转（斗拱内侧面信息：铺作数＋是否为重拱＋出抄数），并（计心 / 偷心），铺作位置”。以图 2–9[15] 的斗拱为例，其完整的命名方式为：五铺作重拱出单抄单下昂，里转五铺作重拱出两抄，并计心，补间铺作。

图 2-9 斗拱的完整命名方式

二、清式斗拱

（一）斗口制

清代《工程做法则例》规定的斗口有 11 个等级的材，一等材斗口宽 6 寸（清尺），从一等材至十一等材斗口递减 0.5 寸（清尺），不同等级的材用于不同尺度和级别的建筑。宋式的材高 15 分°，栔高 6 分°，一材一栔的足材高 21 分°，而清式的材高 14 分°，栔高 6 分°，足材高 20 分°，这样更方便设计和施工，宋式和清式的材宽均为 10 分°。

（二）拱、翘、昂、升、斗

清式斗拱主要由五类分件所组成，与建筑物平行的弓形分件称为拱，与拱垂直的弓形分件称为翘，翘向外分出昂嘴称之为昂，开一字形卯口的方木称为升，开十字形卯口的方木称为斗，分件组合成的斗拱构件称为一攒。

（三）清式斗拱的形制

清代《工程做法则例》列出了近 30 多种形制的斗拱，其基本上可以分为昂翘斗拱、麻叶斗拱、溜金斗拱、品字斗拱、如意斗拱、搁架雀替斗拱等。清式斗拱中位于角柱上的斗拱称为角科，位于非角柱上的斗拱称为柱头科，位于枋之上而不与柱直接相连的斗拱称为平身科。

（四）清式斗拱的命名方式

清式斗拱的一种命名方式是以出踩来命名，斗拱从檐柱中心向内外两侧每挑出一步称为一踩，有几列拱、枋就称为几踩，这种命名方式可以从斗拱的侧立面来判断，清式斗拱的踩数只有奇数而没有偶数，例如图 2-10[15] 的斗拱，以这种命名方式称为

图 2–10 清式斗拱的命名

"三踩昂翘平身科"斗拱。另一种命名方式是以昂和翘的数量来命名，例如图 2–10[15]的斗拱以这种命名方式称为"斗口单昂平身科"斗拱。

第二节 斗拱的历史源起、发展及力学性能研究进展

一、斗拱的历史源起及发展

商周时期的青铜器"令簋"（图 2–11）表现出了斗拱最早的形制，令簋的四足如四根柱，柱上的方形似栌斗，两柱之间的横向连接形似枋，枋上的方形似散斗，考古学证明商朝末期柱上已出现栌斗。

战国时期中山王墓出土的"错金银四龙四凤铜方案"（图 2–12）中出现了 45° 转角放置的用于悬挑的斗拱形象，此时斗拱在建筑中是否出现尚无考证。

汉代的墓阙、明器、壁画中出现了成熟的斗拱形制，四川雅安高颐的子母石阙（图 2–13）表现出一斗二升斗拱和鸳鸯交手拱的形制，河南三门峡出土的汉代明器出现了一斗三升斗拱的形制。

南北朝时期出现了人字拱，云冈石窟中出现了人字拱与一斗三升斗拱的组合使用（图 2–14），并且在这一时期拱的卷杀模式逐步规范化。

隋代的斗拱采用一斗三升斗拱作为柱头斗拱和补间斗拱使用，皆不出跳，柱头斗拱与补间斗拱使用人字拱隔开，山西太原天龙山石窟第 16 窟（图 2–15）的外观反映出了这种形制。

唐代已经出现体系完备的柱头铺作、补间铺作和转角铺作的斗拱体系，并出现了计心造和偷心造的做法。分件特征：第一，昂多为批竹昂（图 2–16）；第二，耍头前

图 2-11 令簋

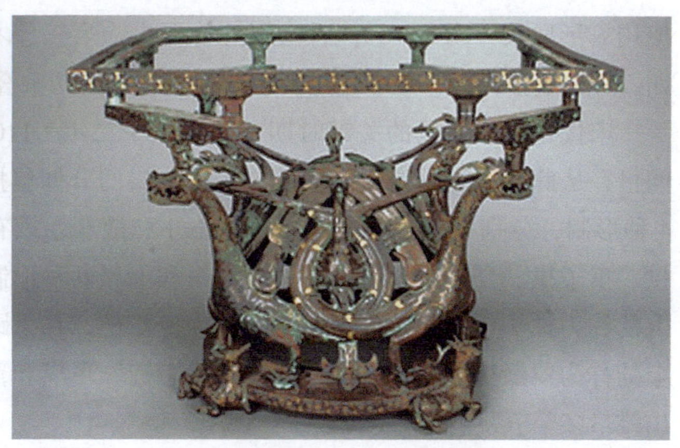

图 2-12 错金银四龙四凤铜方案

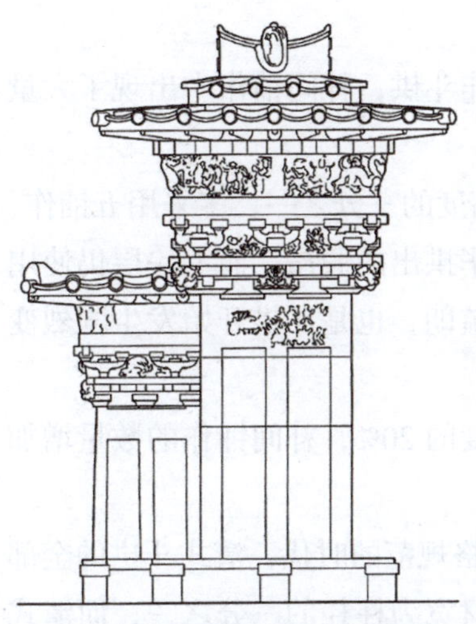

图 2-13 四川雅安高颐墓阙

图 2-14 云冈石窟中的斗拱

图 2-15 山西太原天龙山石窟第 16 窟的斗拱

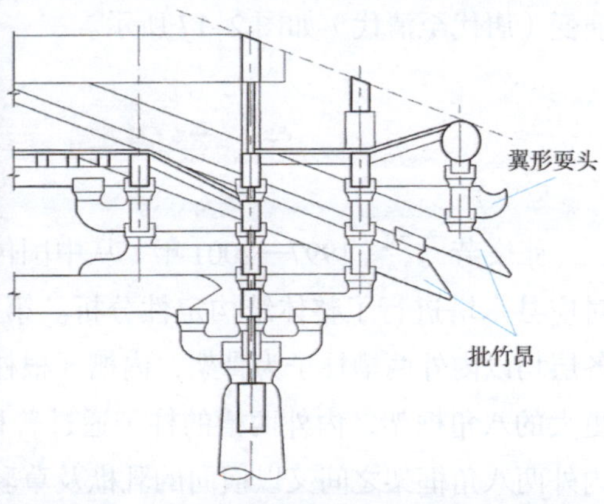

图 2-16 山西五台山佛光寺东大殿柱头铺作

檐用翼形耍头（图 2–16），后檐用批竹耍头；第三，内檐偷心造，一般连续偷心；第四，外檐出抄拱，一般不超过两抄；第五，柱头枋重叠出现。

宋代是斗拱发展的关键时期，北宋崇宁二年（1103 年）李诫编著的《营造法式》问世，从此斗拱有了完备的制度。宋式斗拱的分件包括斗、拱、昂、枋四大类，斗有 4 种形制，分别是栌斗、交互斗、齐心斗和散斗；拱有 5 种形制，分别是华拱、泥道拱、瓜子拱、令拱、慢拱；昂分为下昂和上昂两种形制；枋有 4 种形制，在柱头中心上的称为柱头枋，在外跳令拱上的称为撩檐枋，在里跳令拱上的称为平綦枋，在慢拱上的称为罗汉枋。宋式斗拱计心造和偷心造、单拱和重拱的构造形式已经成熟，斗拱出跳最多至五跳。

辽代开始使用斜拱，且辽代斗拱的尺度雄大，斗拱立面高度约占柱高的 40% ～ 50%，直至辽中叶以后斗拱仍占柱高的 30% 以上。天津独乐寺观音阁是最古老且最重要的辽代木构，其斗拱中最早出现昂。

金代斗拱尺度较辽、宋开始缩小，且多采用五铺作斗拱，补间铺作中出现了大量 45° 和 60° 的斜拱，装饰作用明显。

元代斗拱在尺度上小于宋式斗拱，高度约为檐柱高度的三分之一，多采用五铺作，补间铺作一般为两朵。斗拱采用双下昂，下一层是由华拱出的假昂，而上一层仍使用斜挑而上的真昂以完成杠杆作用。元代斗拱整体简洁疏朗，也是斗拱开始发生剧烈变化的时期。

明代斗拱的尺度骤然缩减，斗拱高度约为檐柱高度的 20%，补间铺作的数量增加了很多，明代中期出现了如意斗拱。

清雍正九年颁布了《工程做法则例》，斗拱进入严格规范的时代，清式斗拱的全部比例权衡以斗口（材宽）为单位，相比而言，宋式的材宽为柱径的三分之一，而清式的材宽为柱径的六分之一，因此清式斗拱相比尺度渺小。清式斗拱的昂无论后部是否有挑起，均可以出昂嘴。宋式斗拱以单材为主，而清式斗拱以足材为主。斗拱的历史演变（唐代至清代）如图 2–17 所示。

二、斗拱的力学性能研究进展

张文芳[73–76]（1997—2001 年）从中国传统木结构建筑斗拱结构层的抗震机理出发，对应县木塔进行了整体结构定性分析。第一，木塔呈八角形双槽套筒状，五层六檐，各层均以内外两槽柱子为骨架，内槽 8 根柱子是一个八角框架，外槽 24 根柱子是一个更大的八角框架，内外两槽的柱子通过普柏坊，阑额和地栿，组成八角空间框架，在内外两八角框架之间又以横向的乳栿及草乳栿联系，形成有效的整体空间作用。第二，在第一至第四层的 4 个明层之上还设有 4 个暗层，位于各层的平座下部，对木塔而

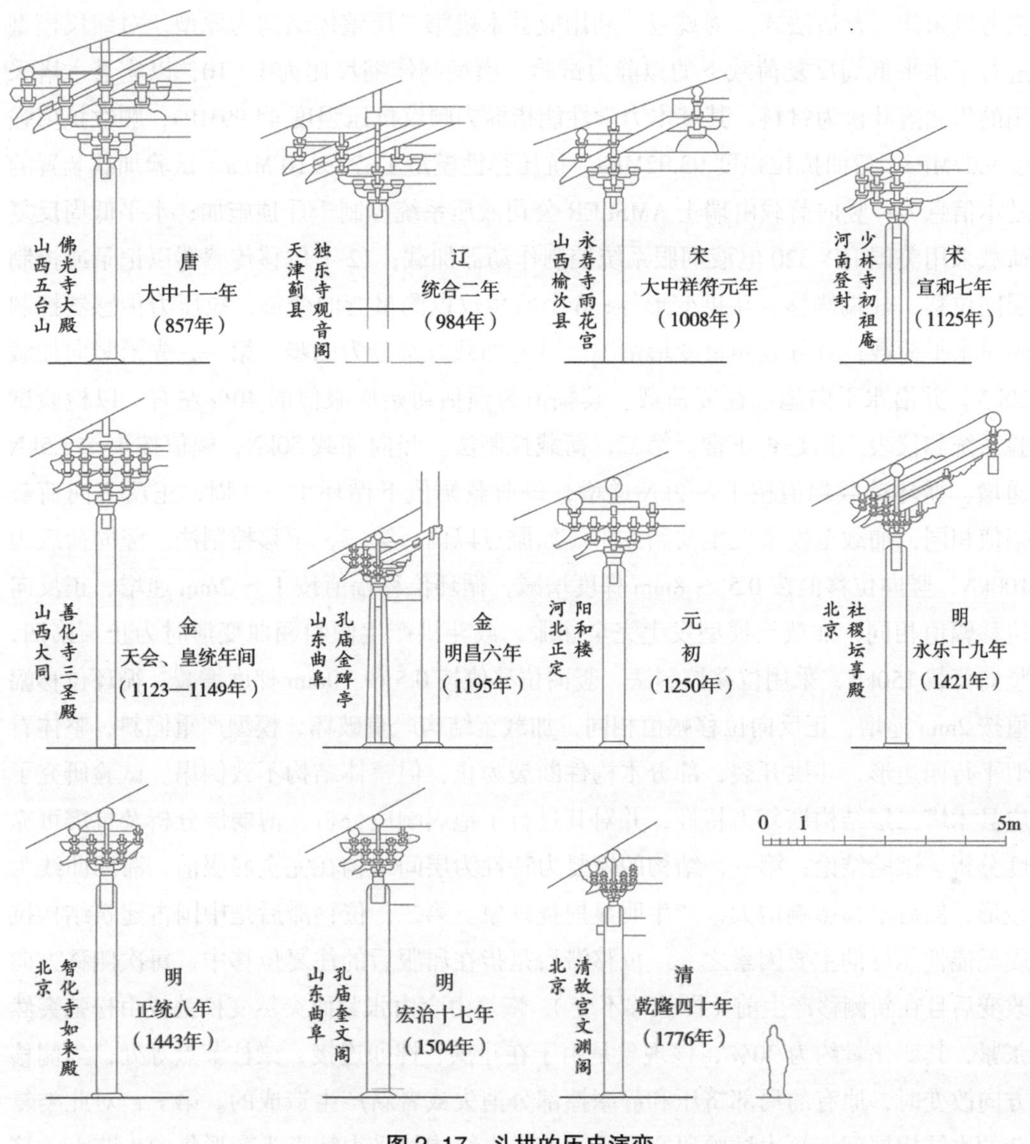

图 2–17 斗拱的历史演变

言，相当于四道刚性箍，对塔身抗震性能起重要作用。第三，斗拱以其特有的“重叠伸张”形式，垫在各层梁柱节点处，具有较大的弹塑性变形能力及摩擦耗能作用，从而在地震作用下可以有效地调节节点的受力和变形。第四，勘探调研结果显示，二层和三层西侧及西南侧木柱，部分倾斜达 0.3m，梁枋有多处拔榫，节点构件大都受压劈裂，因此从结构性能角度推断木塔的第二或第三层为结构薄弱层。第五，木塔的层间连接采用“叉柱造”做法，因此直接通过计算确定木塔原型结构的强度、刚度、变形能力等参数十分困难，因此如果要模拟木塔原型各层恢复力特性和进行地震响应分析、薄弱层分析及抗震可靠度分析，建立层间模型并通过结构试验验证是可行的方法。张文芳以宋代《营造法式》为规范，利用应县木塔第二层整体结构为原型，对缩尺模型进行了水平低周反复荷载下的拟静力试验。模型制作缩尺比为 1 ∶ 10，以应县木塔采用的华北落叶松为材料，其基本力学性能指标为顺纹抗压强度 44.99MPa，顺纹抗剪强度 9.27MPa，弯曲抗拉强度 93.92MPa，抗压弹性模量 11.78×10^3MPa。试验加载装置的基本信息为：竖向荷载由瑞士 AMSLER 公司液压系统控制千斤顶施加；水平低周反复荷载采用美国 HP-320 电液伺服系统控制作动器加载；12 个位移传感器以记录或控制层间位移、柱端侧移、斗拱变形等；6 个倾角仪以测量弯曲变形；拉压力传感器控制测量水平荷载；百分表测量变形情况。试验加载方案分为四步：第一，先沿竖向加载 20kN，并沿水平向施加往复荷载，其幅值为预估初始屈服值的 40% 左右，以检验试验系统和仪表工作是否正常。第二，荷载控制法。竖向加载 50kN，幅值按 1 ～ 2.5kN 递增，循环荷载幅值按 1 ～ 2kN 递增，每荷载幅值下循环 1 ～ 2 周，正反方向荷载幅值相同，加载至模型发生初始或中等屈服点以内。第三，位移控制法。竖向荷载为 100kN，竖向位移值按 0.5 ～ 8mm 梯度增减，循环位移幅值按 1 ～ 2mm 递增，正反向位移幅值相同，加载至模型发生完全屈服，或斗拱产生倾斜翘曲变形时为止。第四，竖向荷载 150kN，采用位移控制法。竖向位移值按 0.5 ～ 10mm 梯度增减，循环位移幅值按 2mm 递增，正反向位移幅值相同，加载至结构严重破坏，模型严重倾斜，整体看似平行四边形，斗拱开裂，部分木构件断裂为止，但整体结构不致倒塌。试验研究了应县木塔二层结构恢复力特性，并对其进行了地震响应分析、薄弱层分析及抗震可靠度分析。试验结论：第一，结构的恢复力特性为层间结构在完全屈服前，滞回曲线为梭形，然后滑移影响增大，产生明显捏拢现象。第二，位移滞后是中国古建筑结构抗震耗能性能好的主要因素之一。位移滞后是指在屈服后的往复位移中，每次侧移方向改变后且在新侧移产生前（即位移不变），恢复力会由张紧而突然变松弛或由松弛突然张紧，其变化量约为 30%，该现象是由于在斗拱、榫卯连接、梁柱节点等处，当侧移方向改变时，原有的局部挤压和静摩擦部分消失或者新产生造成的。第三，对此类复杂的木结构层间恢复力试验研究发现，该类木结构的受力特点为变形集中于节点的挤压转动。

赵均海[77-80]（1999—2000 年）的试验以清代《工部工程做法则例》中规定的斗口重昂廊柱柱头科、平身科两种斗拱为原型，对斗拱试件进行了动力实验研究。试件材料选用何种木材不详，模型制作缩尺比为 1 ∶ 3。试验获得了斗拱模型的频响函数曲线，结果表明：改变支承边界条件的刚度，固有频率增大，阻尼比减小，改变幅度较大；随着斗拱承受竖向荷载的增大，固有频率增大，阻尼比减小。利用相似性理论，换算出了斗拱模型的固有频率为一阶 0.62 ～ 1.17，二阶 3.62 ～ 5.27。

K Fujita[81-82]（2000 年）的试验以 4 种类型的斗拱为原型（按照清式斗拱命名方式）：第一，大料和拱组成的简易结构；第二，一斗三升斗拱；第三，三踩单翘斗拱；

第四，三踩重翘斗拱。试验模型的制作缩尺比为 1∶1，对 4 种类型的斗拱做静力横向加载试验和振动台试验，确定了刚度、固有频率和荷载位移的关系，并提出一种斗拱构件的力学模型，指出斗拱构件的刚度由木材横纹的理论弹性变形和构件的摩擦系数决定。

张鹏程[83-86]（2001—2003 年）的试验以殿堂类二等材柱头八铺作计心造斗拱的底部两跳为原型，分别进行了竖向破坏试验和水平低周反复荷载作用下的拟静力试验。两组试验的试件制作均依据《营造法式》中的规定，以俄罗斯红松为材料，制作缩尺比为 1∶3.52。竖向破坏试验共 3 个试件，该试验获得了斗拱构件的竖向变形特点，指出斗拱构件在竖向荷载作用下以类似于减震弹簧的方式来吸收能量，从而起到减震的作用。水平低周反复荷载作用下的拟静力试验共 3 个试件，试验获得了斗拱构件的荷载－位移（$P-\Delta$）滞回曲线和弯矩－转角（$M-\Phi$）曲线，从斗拱构件剪切变形和摩擦滑移两方面衡量斗拱构件的减震耗能能力，从而评价斗拱构件的抗震性能。

高大峰[87-89]（2007—2014 年）的试验以殿堂类二等材柱头八铺作计心造斗拱为原型，分别进行了竖向承载力试验和水平低周反复荷载作用下的拟静力试验。两组试验的试件制作均依据《营造法式》中的规定，以山榆木为材料，制作缩尺比为 1∶3.52，但试验只取了斗拱底部两跳制作模型。斗拱竖向承载力试验共 3 个试件，获得了斗拱构件在竖向荷载作用下的荷载－位移（$P-\Delta$）曲线，从而进一步建立了斗拱的变刚度线弹性力学模型和数学模型，最终获得斗拱构件在竖向荷载作用下传力途径和破坏机制的理论依据。水平低周反复荷载作用下的拟静力试验共 4 个试件，利用该试验模拟了斗拱在地震作用下的变形及滞回耗能特性，试图揭示斗拱构件的隔震与减震的机理，进一步建立了斗拱构件的恢复力模型和数学模型，从而为斗拱构件抗震理论的研究提供了依据。

Ayala[90]（2008 年）以叠斗结构为原型，对叠斗节点试件进行了旋转试验和拉拔试验，并进行了有限元数值模拟分析以评价叠斗节点的地震易损性。试件制作以欧洲雪松为材料，并根据 BS EN408 和 ASTM D198 标准对材料的力学性能进行了测试。结果表明：叠斗组合节点的转动刚度依赖于施加在组合节点上的垂直荷载，而平移刚度不受垂直荷载的影响，但拉拔阻力高度依赖于连接的准确性；有限元方法进行的地震易损性分析得出节点破坏的主要原因是水平分件达到极限被拉出而导致整体结构刚度降低。

吕璇[91]（2010 年）的试验选用清代《工程做法则例》中的“柱头科单拱交十字正心枋”为原型，试验模型选用清式七等材，并以樟子松为材料，分别进行了竖向轴心承载力试验和竖向偏心承载力试验，通过前者获得荷载－位移曲线并分析了斗拱构件的破坏机理和荷载路径，通过后者获得弯矩－转角曲线并分析了斗拱构件的转动性能。

隋䶮[92-96]（2010—2011 年）以宋代《营造法式》中规定的“殿堂类二等材八铺作

重拱计心造柱头铺作”的底部两跳为原型，进行了水平低周反复荷载下的拟静力试验和振动台试验。试验采用俄罗斯红松，试件制作的缩尺比例 1∶3.52（1cm∶2 分°，其中分°指宋代二等材的每份长度，等于 1.76cm），材料的基本力学性能为顺纹抗拉强度 70.77MPa，顺纹抗压强度 34.76MPa，抗弯强度 67.27MPa，弹性模量 10110MPa。水平低周反复荷载下的拟静力试验共制作了 8 个斗拱试件，分别进行了单朵斗拱单独工作和 2 朵斗拱、4 朵斗拱协同工作条件下的试验。试验从荷载 – 位移曲线、滞回曲线、骨架曲线、部件的层间滑移、部件的内力变化、等效黏滞阻尼系数、延性六个方面分析了斗拱构件的耗能机理与力学特性。定性分析结果为：第一，斗拱受力后以滑移变形为主，部件之间的摩擦滑移具有良好的耗能减震作用；第二，斗拱的滞回曲线呈平行四边形且形状饱满，说明耗能能力强；第三，斗拱弹性阶段的刚度 K_1 与竖向荷载呈线性关系，弹塑性阶段的刚度 K_2 与斗拱数量呈线性关系；第四，斗拱构件的力学模型属于线性强化弹塑性模型。定量分析结果为：根据试验结果推导出了斗拱构件的荷载 – 位移（$P-\Delta$）线性强化弹塑性模型公式。振动台试验的试件为“由四立柱和四斗拱构件组成的典型单间柱架结构”，振动台试验从位移和加速度响应，动力放大系数，自振周期和阻尼，内力变化（计算出弯矩 – 转角关系），滞回耗能几个方面进行了定量分析，得出以下结论：第一，模型的自振周期和阻尼比与地震激励呈线性正相关关系，自振周期的变化范围为 0.49 ～ 0.67s，阻尼比的变化范围为 2.9% ～ 4.6%，说明试验结构属于长周期低频率结构且阻尼耗能能力强。第二，模型的动力放大系数小于 1，且与地震激励呈线性负相关关系，说明试验结构的耗能减震能力良好。第三，铺作层和立柱的耗能机理都是摩擦滑移，整个结构体系中榫卯节点的耗能能力最强。

袁建力[97]、陈韦[98]、王珏[99]（2008—2011 年）的试验以应县木塔第二层明层的外檐柱头铺作、补间铺作和转角铺作三种斗拱为原型，进行了竖向荷载下的承载力试验和水平低周反复荷载下的拟静力试验。试件的制作采用《营造法式》中的规定，以红松为材料，按照 1∶3 的比例制作，组装后的模型尺寸整体高约 690mm。通过竖向荷载下的承载力试验获得了斗拱构件的竖向荷载 – 位移曲线和抗压刚度，通过水平低周反复荷载下的拟静力试验获得了斗拱构件水平荷载 – 位移曲线，骨架曲线，侧向变形特征和能量耗散能力，通过两个试验共同获得斗拱构件的破坏模式。

赵鸿铁[100–101]（2011—2012 年）的试验以殿堂类二等材柱头八铺作计心造斗拱为原型，分别进行了竖向承载力试验和水平低周反复荷载作用下的拟静力试验。两组试验的试件制作均依据《营造法式》中的规定，以俄罗斯红松为材料，制作缩尺比为 1∶3.52，试验只取了斗拱底部两跳制作模型。水平低周反复荷载作用下的拟静力试验共 8 个试件，分别进行了单朵斗拱、2 朵斗拱协同、4 朵斗拱协同的试验。试验获得了斗拱构件的滞回曲线、骨架曲线、层间滑移、内力变化、延性以及等效黏滞阻尼系数；

进一步建立了恢复力模型和数学模型。

陈志勇[102–103]（2011—2014 年）对应县木塔的斗拱构件进行了竖向荷载下的结构性能试验，试件的原型为应县木塔中第二层隐藏层外柱环的柱头铺作，其中斗拱的形制和构造源于现场测量和《营造法式》中的规定。试件斗拱的尺寸选取《营造法式》中的二等材，即斗口“口份”五点五寸（176mm），一个口份分为十份，每一份记为 1 分°（$a = 17$mm）。用于制作斗拱试件的木材横截面尺寸为足材（一材一栔）$10a \times 21a$（宽 × 高），单材（一材无栔）横截面尺寸为 $10a \times 15a$（宽 × 高），斗拱试件属于《营造法式》中的齐栿式结构，试件材料选取东北红松，实际模型按照 1∶3.4 的比例制作，因此实际模型中 1 分°记为 a'，$a' = 5$mm（17/3.4），制作好的斗拱模型整体尺寸为：高 600mm，沿华拱方向长 830mm，沿泥道拱方向宽 685mm。为了测试隐藏层中叉柱与栌斗在斗拱构件中的荷载路径，试件分为两组：MVL（叉柱接触栌斗）和 MVS（叉柱不接触栌斗），其中 MVS 试件的叉柱比 MVL 短 200mm，因此 MVL 柱高 500mm，柱径为 170mm，MVS 柱高 300mm，柱径为 170mm。通过对这两组斗拱试件在单调静力竖向荷载下的结构性能试验，对初始状态下斗拱构件的刚度、竖向承载能力、荷载路径和破坏模式等结构性能做对比分析。

邵云[104]（2014 年）以宋代《营造法式》和清代《工程做法则例》为规范，对宋式斗拱和清式斗拱做水平低周往复荷载下的拟静力试验，并进行了比较分析。宋式斗拱以八等材“四铺作插昂柱头铺作”、八等材“五铺作重拱出单抄单下昂，里转五铺作出单抄，计外心柱头铺作”和八等材“六铺作重拱单抄双下昂，里转五铺作重拱出单抄，计外心柱头铺作”三种斗拱为原型，清式斗拱以十等材“三踩昂翘斗拱（斗口单昂柱头科）”为原型。制作试件的材料是杉木，均为缩尺比 1∶1 的足尺模型，其中三类宋式斗拱每类各制作了 2 个试件，清式斗拱制作了 1 个试件。加载装置为：竖向荷载取两个 7.5kN 的配重块施加在最外跳的两侧令拱之上，以模拟 15kN 的屋顶荷载；在施加竖向荷载之后，用伺服作动器施加水平低周往复荷载；每层拱上粘贴应变片以测量部件的应力。加载方法为位移控制法，不断增大加载位移直至试件破坏时卸载，目的是获取并研究斗拱试件的破坏形态。试验的关键结论为：第一，斗拱在加载时部件受力均匀，栌斗和柱子连接的馒头榫是整体构造的薄弱环节。第二，斗拱试件在水平荷载作用下均绕着斗底转动，类似球形铰支座，说明试件受力时主要通过绕斗底的转动来耗散能量和隔震。第三，斗拱横向的抗侧刚度和最大水平力均随着出跳数增加而减小，清式斗拱相比宋式斗拱在传统木结构建筑中的使用，降低了高度而增加了攒数，对整体木结构的抗震耗能性能更加有利。

周乾[105–110]（2014—2017 年）以清代《工程做法则例》中规定的故宫太和殿一层“单翘重昂七踩斗拱”和二层“单翘三昂九踩斗拱”为原型，其中一层斗拱的平身科和角科斗拱的形制是溜金斗拱，二层斗拱是明清斗拱的最高形制；分别进行了竖向承载力试验和水平低周往复荷载下的拟静力试验，竖向承载力试验获得了竖向荷载作用下斗拱的破坏情况和内力、变形分布特征，水平低周往复荷载下的拟静力试验模拟了斗拱构造的水平抗震性能。结果显示，关于斗拱构造力学性能的研究趋于更全面化和细致化，具体表现为：第一，研究对象更广泛，不仅仅局限于《营造法式》中的规定，清代《工程做法则例》中斗拱原型的研究需要受到更多关注；第二，研究内容更丰富，关于斗拱构造抗震耗能机理、变形特性、残损机制、加固方法，以及多个斗拱的协同作用关系也需要更深入的研究；第三，研究手段更多样，脉动测试、拟静力试验、振动台试验、理论分析、数值模拟等手段可结合使用；第四，研究目标更明确，斗拱构造的静力、动力特性研究更全面，试验模型误差小数据可靠，理论分析深入合理且与试验结果吻合度高，斗拱构造力学模型更完善，数值模拟结果更真实地反映斗拱构造受力下的力学特性。

阙泽利等[111–114]（2014—2018 年）的试验以甪直保圣寺天王殿“四铺作插昂”柱头科斗拱为原型，对试件进行了振动台试验研究。根据清代《工程做法则例》中对斗拱的规定，试件制作以花旗松为材料，按照制作缩尺比 1∶1，制作了 1 个斗拱试件，试件整体尺寸为 980mm（高）×1050mm（长）×613mm（宽）。试验获得了斗拱的加速度与动力放大系数变化趋势，斗拱在振动过程中位移响应变化特征，斗拱整体构件变形最大时刻和各分件变形最大时刻的滑移位移和回转位移数值。结果表明：地震加速度用于衡量地震烈度，并不能直接反映斗拱试件的最大变形；振动频率的变化对斗拱回转变形的变化起重要作用，振幅是决定各构件水平滑移的主要因素；各分件变形最大值与斗拱整体变形最大值具有很强的相关性，其中栌斗和华拱的回转变形对斗拱的整体变形而言，处于支配地位；斗拱的华拱连下昂部分主要起装饰作用，其榫卯连接节点位置在振动过程中较为薄弱。

S Y Yeo[115–116]（2014—2016 年）以叠斗结构为原型，进行了振动台试验。试件制作以杉木为材料，分别制作了对称形式和非对称形式两种类型，模型制作缩尺比为 1∶2，制作好的试件尺寸分别为 69.5cm×106.4cm×89.4cm 和 69.5cm×106.4cm×60.0cm。结果表明：对称形式比非对称形式更易破坏；破坏形态一般从下斗开始，向上扩展至上斗、横拱及相邻的蜀拱；接触面之间的摩擦力对整个结构的安全性至关重要。

薛建阳[117–120]（2004—2018 年）和魏国安[121]（2007 年）的试验以殿堂类二等材柱头八铺作计心造斗拱的底部两跳为原型，依据《营造法式》中的规定，以山榆木为材料，制作缩尺比为 1∶3.52。对歪闪斗拱进行了竖向破坏试验和水平低周反复荷载作用下的拟静力试验，歪闪的斗拱通过切削平板枋的角度来实现，斗拱试件的歪闪角度分别为 0°、2°、4°、6°，竖向破坏试验获得了斗拱的荷载–位移曲线，最大承载力和破坏模式，并得出斗拱竖向最大承载力随歪闪角度增加而降低的结论；水平低周反复荷载作用下的拟静力试验中，从歪闪角度对斗拱的滞回性能、承载力、刚度、耗能能力的影响评价了歪闪斗拱的抗震性能。魏国安的竖向破坏试验将有齐心斗和无齐心斗的斗拱构件做比较，得出的荷载－位移曲线基本呈现出变刚度线弹性变化特征，水平低周反复荷载作用下的拟静力试验模拟了斗拱构件在水平地震作用下的变形及滞回耗能特性，并确定了延性、抗侧移刚度、等效黏滞阻尼系数三个斗拱的抗震计算参数。

钟凯[122]（2018 年）通过文献调研和理论推导的方式，建立了斗拱的水平力－位移双折线数学模型，该模型忽略了部件的变形和滑移，同时屈服点的定义也可能与实际不相符。钟凯对模型进行了水平低周往复荷载下的拟静力试验，以验证模型的准确性。试验以宋代《营造法式》为规范，以“殿堂类二等材八铺作重拱计心造柱头铺作”的底部两跳为原型，采用俄罗斯红松为材料制作试件，木材的横纹弹性模量为 505.5 MPa。试件制作的缩尺比为 1∶3.52，分别在竖向荷载为 10kN、15kN、20kN 三种条件下进行了试验。试验显示双折线模型仅与试验结果总体趋势相似，具体原因可能是双折线模型中的假设过于简化。

张锡成[123–124]（2013—2018 年）的试验以清代《工程做法则例》中规定的二等材单翘单昂柱头科斗拱为原型制作试件，以东北红松为材料，制作缩尺比为 1∶3.52。对斗拱构件的竖向轴压作用下的破坏试验，和 ABAQUS 有限元软件数值模拟的结果对比之后，发现斗拱构件中斗与横拱之间的嵌压及摩擦作用是影响斗拱在轴压作用下力学性能的重要因素。

谢启芳[125–131]（2007—2020 年）以天津独乐寺观音阁平座层叉柱造式斗拱为原型，根据《营造法式》三等材形制的规定，模型制作缩尺比为 1∶3.2，模拟材料为东北落叶松，分别进行了竖向荷载下的斗拱破坏试验和水平低周反复荷载作用下的拟静力试验以模拟斗拱的抗震性能。竖向荷载下的斗拱破坏试验制作了 3 个试件，得到了斗拱节点的竖向荷载－变形关系曲线，分析了斗拱节点变形特征、竖向压缩刚度和竖向荷载传递规律等。试验结果表明：斗拱节点的破坏特征主要是栌斗和泥道拱的断裂与受压屈服、叉柱的弯翘变形；竖向荷载－变形关系曲线可简化为三折线模型；整个变形过程中，竖向荷载主要按照以叉柱为主，叉柱与斗拱共同传递及叉柱屈服后以斗拱为主三种途径传递。水平低周反复荷载作用下的拟静力试验制作了 5 个试件，试验获得了斗拱节点的破坏形态、滞回特性、抗转动承载力、转动刚度、刚度退化和耗能等抗震性能，并分析了不同构造形式、不同竖向荷载等因素对斗拱节点抗震性能的影响以及双朵斗拱协同工作效应。试验结果表明：叉柱造式斗拱节点主要破坏形态是柱叉、散斗的劈裂，栌斗的开裂和受压屈服，枋弯曲断裂以及构件的分离与滑移。斗拱节点的弯矩－转角滞回曲线呈 S 形，滞回环“捏缩”效应明显；双枋斗拱节点的滞回曲线对称性好，而单枋斗拱节点的正、负向滞回曲线显著不对称。斗拱节点弯矩－转角骨架曲线的发展过程可划分为基本弹性阶段、弹塑性上升阶段和平稳破坏阶段三个阶段，

并根据试验结果建立斗拱节点的弯矩－转角简化计算模型。竖向荷载越大，节点抗转动承载力和转动刚度越大，根据试验结果建立斗拱节点转动刚度的竖向荷载影响系数计算公式。此外，谢启芳还进行了残损试件的水平低周反复荷载作用下的拟静力试验，试验共制作了 4 个试件，试验获得了残损斗拱节点的破坏形态、滞回性能、抵抗弯矩承载力、转动刚度、耗能及其退化规律。试验研究表明：残损叉柱造式斗拱节点的破坏形态与完好斗拱节点相似，残损节点模型的破坏更显著、更严重；残损斗拱节点的弯矩－转角滞回曲线呈弓形，滞回环捏缩效应较小，层间滑移现象减弱；不同残损斗拱节点的抵抗弯矩承载力和转动刚度都有一定程度的降低；残损节点的耗能能力都有所提高；残损斗拱节点仍具有较好的变形能力和延性。谢启芳等初步建立了节点的残损度与其抗震性能退化之间的关系。

孟宪杰[132]（2019 年）的试验选用山西省忻州市五台山南禅寺大殿的斗拱为原型，并且将斗拱构件与梁柱框架组合在一起对其整体的结构性能进行了 6 组拟静力试验，从而模拟结构在地震或强风荷载作用下的水平结构性能表现。斗拱构件为宋代《营造法式》中的“五铺作重拱柱头铺作”为原型，材料选用樟子松，气干密度为 0.47g/cm^3，含水率约为 11%，模型采用 1∶2 的比例制作，完整的斗拱试验构件组装后尺寸为 486.5mm × 994mm × 833mm（高 × 长 × 宽）。试件整体结构组装后从上至下依次为素枋通过散斗与斗拱连接，斗拱通过木销与普拍枋连接，普拍枋通过木销与柱子连接，在普拍枋之下的阑额通过燕尾榫与柱子连接，柱子直接放置在摩擦系数经过校准后的混凝土地板上。

程小武[133]（2019 年）的试验以《营造法式》中规定的二等材“五铺作重拱出单抄单下昂，里转五铺作出单抄，计外心，柱头铺作”斗拱为原型，对斗拱试件进行了竖向承载力试验和水平低周反复荷载试验。模型制作缩尺比为 1∶3.52，试件分为“有昂无梁栿”和“有昂有梁栿”两种类型，每种类型制作了 6 个试件，其中 4 个试件用于竖向试验，2 个试件用于水平试验。试件以杉木为材料，含水率为 13.1%。结果表明：在竖向荷载作用下，栌斗始终作为薄弱构件首先破坏；斗拱节点良好的抗震性能并非来自单个斗拱节点，而是由其通过相互约束协同工作而产生；斗拱节点水平承载力主要由底部暗销的锚固力和柱与斗拱节点接触面的摩擦力组成。

杨正维[134]（2019 年）在文献调研的基础上运用 ANSYS 有限元分析软件中的 COMBIN39 非线性弹簧单元和 COMBIN14 弹簧－阻尼单元相组合的方法，得到了斗拱构件的有限元简化模型，并对模型进行了试验验证。验证试验以宋代《营造法式》中规定的“殿堂类二等材五铺作重拱柱头铺作”的底部两跳为原型，选用俄罗斯进口红松制作试件，制作缩尺比为 1∶3.52，装配后的试件单朵斗拱高 397.5mm，两朵斗拱间距 1400mm。试验中共制作了 8 个斗拱试件，分别进行了单朵斗拱单独工作和 2 朵斗拱、4 朵斗拱协同工作条件下的水平低周反复荷载拟静力试验。结果显示，两朵斗拱协同作用下的荷载–位移滞回曲线与有限元简化模型的预测结果最相符，基本呈平行四边形；其余两种情况的试验结果也基本符合预测值，说明这种有限元简化模型能够较好地表达斗拱的力学特性和耗能能力。

刘应扬[135–138]（2011—2020 年）的试验以会善寺大雄宝殿平身科斗拱为原型，根据清代《工程做法则例》中对斗拱的规定，按照制作缩尺比 1∶1，制作了 6 个斗拱试件，试件整体尺寸为 991mm（高）×2445mm（长）×1996mm（宽）。各试件制作均采用国产硬木松，密度为 454kg/m^3，顺纹抗拉强度为 56.3MPa，顺纹抗压强度为 27.5MPa，顺纹弹性模量为 9215MPa，横纹抗压强度为 10.2MPa，试件的含水率为 12% ～ 14%。斗拱力学性能的试验中，对其中 2 个试件进行了竖向单调荷载试验，4 个试件进行了水平低周反复荷载试验。根据试验现象和试验数据的分析，探讨了斗拱的传力路径，研究了各组试件的破坏模式、刚度、变形和耗能等力学性能。结果表明，会善寺大雄宝殿斗拱在竖向荷载作用下具有良好的承载能力，栌斗与头昂、泥道拱交互处易发生剪切或承压破坏；在水平低周反复荷载作用下，破坏模式表现为各部件间联系的松散，斗拱表现出良好的变形和耗能能力，刚度退化明显，但具有较好的延性。

刘君炜[139]（2020 年）以《营造法式》中规定的七等材“四铺作柱头铺作”斗拱为原型，利用 ABAQUS 有限元分析技术，以软件中的木材本构模型模拟东北红松的材料特性，对斗拱模型在 3 个级别竖向荷载下的水平循环往复加载下的滞回特性进行了拟静力数值计算。结果表明：在拟静力条件下，输入斗拱层的总能量有四种转化方式，即弹性应变能、塑性应变能、摩擦耗能和重力势能，其中重力势能和摩擦耗能的配合使得斗拱形成一种耗能–储能机制，该机制可以减轻地震对于斗拱构件的损害，使斗拱具有较好的连续抗震性能；斗拱层具有较大的刚度和较好的延性。

J Cao[140]（2021 年）的试验选用河南登封初祖庵的宋式“柱头科”斗拱为原型，按照《营造法式》中的规定，试件的形制为“五铺作重拱出单抄单下昂，里转四铺作，计外心，柱头铺作”，完整的斗拱试验构件组装后尺寸为 1080mm（高）×2250mm（长）×1500mm（宽）。试验模型选用国产阔叶松为材料进行了模拟，其密度是 0.454g/cm^3，顺纹弹性模量 9215MPa，顺纹抗拉强度 56.3MPa，顺纹抗压强度 27.5MPa，横纹抗压强度 10.2MPa。试验组共包含 6 个试件进行了对比分析，其中 2 个试件用于竖向承载力试验，4 个试件用于水平低周反复荷载作用下的拟静力试验。

刘义凡[141–142]（2019—2021 年）的试验以少林寺初祖庵大殿柱头铺作的斗拱为原型，对斗拱试件在不同竖向荷载作用下进行了横（X）、纵（Y）两个方向的水平低周反复荷载试验。根据《营造法式》的规定，制作缩尺比为 1∶1，制作了 1 个斗拱试件，组装后的试件整体尺寸为 1800mm（高）×1200mm（长）×1200mm（宽）。试件制作以落叶松为材料，材料的基本力学性能为：含水率为（16.73±0.63）%，气干密度为（0.616±0.02）g/cm^3，弹性模量为（11.26±1.01）GPa，静曲强度为（82.79±6.91）MPa，顺纹抗压强度为（42.2±1.1）MPa，木材径向全截面横纹抗压强度为（3.47±0.71）MPa，木材弦向全截面横纹抗压强度为（1.77±0.26）MPa。试验获得了试件2个水平方向的受力机理、破坏模式、刚度、变形和能量耗散等力学性能，并依据等效能量法将滞回曲线等效为双折线模型。结果表明：竖向荷载对铺作的抗震性能有很大影响，在铺作的弹性阶段，竖向荷载与铺作的力学性能呈明显的正相关；随着竖向荷载增加，*X*方向铺作与*Y*方向铺作的侧向承载力和能量耗散逐渐增大；*X*方向铺作的各项力学性能优于*Y*方向铺作；不同方向铺作在不同竖向荷载作用下的能量耗散效率不同，在相同条件下*X*方向的能量耗散效率优于*Y*方向。

王伟[143]（2021年）的试验以徽州的分心斗八架椽殿堂木结构为原型，将清代《工程做法则例》中规定的"一斗三升"斗拱与穿枋、雀替和柱的组合结构制作试件，进行了竖向静力试验，并利用三维设计软件UG NX10和通用有限元软件ABAQUS对试件的力学性能进行了分析。试件制作以杉木为材料，模型制作缩尺比为1∶2.72，制作完成的模型主要尺寸如下：梁轴向长度2280mm，梁截面宽度150mm，梁截面高度200mm，柱直径180mm，柱高度1800mm，穿枋高度100mm。结果表明：斗拱应力较大区域分布结果为泥道拱正面中心位置处、坐斗两侧斗腰位置的水平方向应变。

C Wu[144–146]（2022年）的试验以清代《工程做法则例》中规定的"单翘单昂柱头科"斗拱为原型，采用红松为材料，对3个斗拱模型进行了不同偏心距的竖向荷载试验，获得了轴压和偏心压（偏心率分别为0.15和0.3）下斗拱模型的破坏模式、竖向强度、抗压刚度和变形能力。结果表明：垂直偏心率越大，斗拱的倾斜损伤越明显，其极限强度也越低，当竖向加载偏心率为0.3时斗拱的极限强度较轴压时降低42%。

大量研究成果（1997—2022年）表明：第一，斗拱木构件在竖向静力加载下的荷载–位移曲线，水平低周往复荷载作用下的滞回曲线、骨架曲线、刚度退化曲线具有相似的整体结构行为趋势，可以全面地反映斗拱整体构件的静力行为特性。第二，前人大量的对比验证表明，在斗拱静力特性研究方面，利用有限元软件对斗拱构件的仿真模拟结果与结构试验结果吻合度好，证明基于软件的仿真模拟手段已经可以胜任非线性的静力分析问题，甚至是动力问题。第三，关于斗拱的结构试验大多为缩尺模型，滞回曲线中不同阶段的滞回环区分显著，结果偏于理想化（拟合后的曲线进一步增大误差），因此对斗拱构件精细化、足尺模型静力行为的仿真模拟很有必要，既可以节省高昂的试件制作费用，又可以获得可靠、针对性强的研究成果。第四，仿真模拟难以对于达到破坏时斗拱关键节点和关键构件的内力变化进行有效预测，采用缩尺模型的结构试验可以获取斗拱构件指定位置的应力–应变曲线，经过结构相似性理论计算后的结果可以有效反映斗拱构件的内力变化特性。

第三节 研究模式的构建：以清式柱头科“一斗三升”斗拱为例

一、木材基本力学参数测定

本书研究对象选取的木材为樟子松（*Pinus sylvestris* var. *mongholica*），对樟子松[147-149]木材在12%含水率下的气干密度，弹性模量和泊松比，抗弯强度、顺纹抗压强度、横纹抗压强度进行了测定。

（一）气干密度

试件[39,43]：尺寸为20mm×20mm×20mm，试件数量依据式（2-1）计算，式（2-1）为0.95置信水平，P =15%时所需试件的最少数量，木材密度的变异系数为10%，计算出每种木材试件数量为15个，最终的气干密度取测量结果的平均值。

$$n_{\min}=\frac{v^2t^2}{P^2} \tag{2-1}$$

式中，$n_{\min}$为所需最少试件数；V是待测定性质的变异系数（%）；t为结果可靠性指标，按0.95的置信水平取1.96；P为试验准确指数，取5%。

试验步骤[39,43]：第一，测定出试件的含水率为12%，利用游标卡尺在试件各相对面的中心位置测出弦向、径向和顺纹方向的尺寸，计算试件的体积，称出试件质量，计算出12%含水率下试件的气干密度。第二，将试件在60℃烘箱条件下烘干4h，测定试件全干时的体积。依据式（2-2）～式（2-4）计算出试件在12%含水率时的气干密度，结果精确到0.001g/cm³。

$$\rho_w=\frac{m_w}{V_w} \tag{2-2}$$

式中，ρ_w为试件含水率为w时的气干密度（g/cm³）；m_w为试件含水率为w时的质量（g）；V_w为试件含水率为w时的体积（cm³）。

$$K=\frac{V_w-V_0}{V_0W}\times100 \tag{2-3}$$

式中，K为试件的体积干缩系数（%）；V_0为试件全干时的体积（cm³）；W为试件含水率（%）。

$$\rho_{12}=\rho_w[1-0.01(1-K)(W-12)] \tag{2-4}$$

式中，ρ_{12}为试件在12%含水率时的气干密度（g/cm³）；K为试件的体积干缩系数（%）；

ρ_w 为试件含水率为 w 时的气干密度（g/cm^3）。

测定结果为 12% 含水率下，樟子松试件的气干密度为 $0.493g/cm^3$。

（二）弹性模量和泊松比

采用电阻应变法测量樟子松木材在含水率为 12% 时的弹性模量和泊松比。

试件：尺寸为 60mm（高）×20mm（宽）×20mm（长），每种木材的试件分为顺纹、横纹弦向、横纹径向三种类型（图 2–18），每种类型各制作 10 个试件。

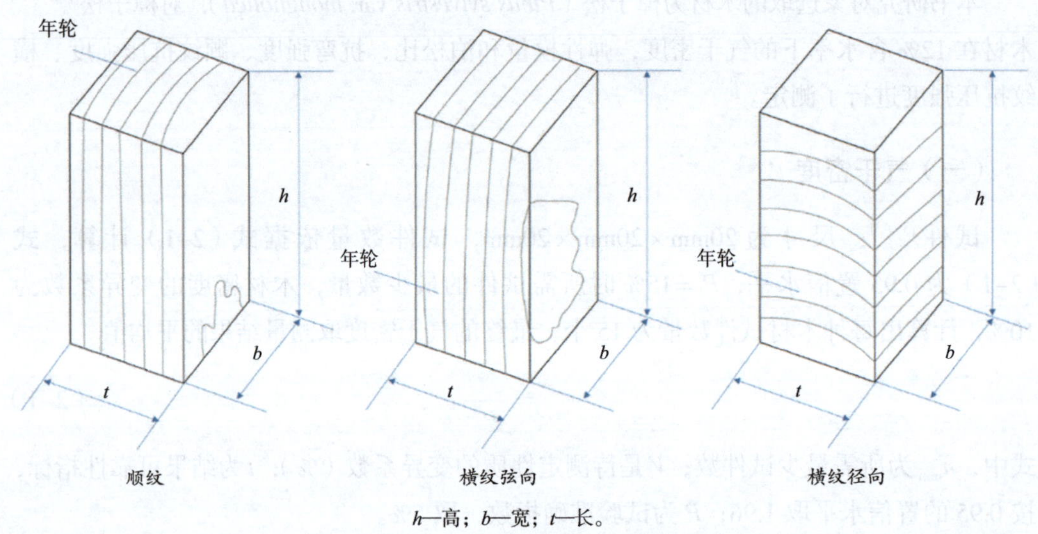

图 2–18　电阻应变法的 3 种试件

试验设备：万能力学试验机（WDW–100J）以及相关辅助夹具（图 2–19）；TS3860 静态电阻应变仪（图 2–19）；应变片的型号为 120–3BA，电阻为（119.5±0.2）Ω，基长 × 基宽为 6.9mm×3.9mm，栅长 × 栅宽为 2mm×6mm，材料为康铜，灵敏系数为（2.08±1）%，胶基。试件粘贴应变片并与试验设备连接的步骤为：第一，准备应变片、502 黏结剂、薄砂纸、铅笔、直尺、小镊子、标签纸、密封袋、签字笔（细）、导线、聚乙烯薄板等材料和工具；第二，清洁试件表面，利用砂纸清除残留在试件表面的木屑；第三，确定应变片的粘贴位置，用铅笔在试件相应表面画线确定应变片粘贴中心位置；第四，用细砂纸对应变片粘贴位置进行打磨，以确保应变片的粘贴效果；第五，于应变片基底内侧涂适量黏结剂，然后把应变片快速粘贴于确定的位置；第六，把应变片放在粘贴位置上后，立刻贴聚乙烯薄膜，并用大拇指按压整个应变片基底 1min 左右，粘贴应变片后的试件如图 2–20 所示。

测量方法：第一，保证在弹性模量测量时所选取的加载上下限在木材弹性范围内，测量木材顺纹抗压弹性模量时荷载的上下限为 1000 ～ 4000N，测量木材横纹抗压弹

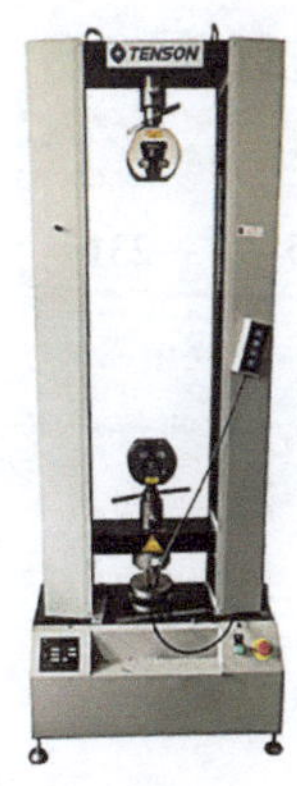

图 2-19 万能力学试验机（左）和静态电阻应变仪（右）

图 2-20 粘贴应变片后的试件

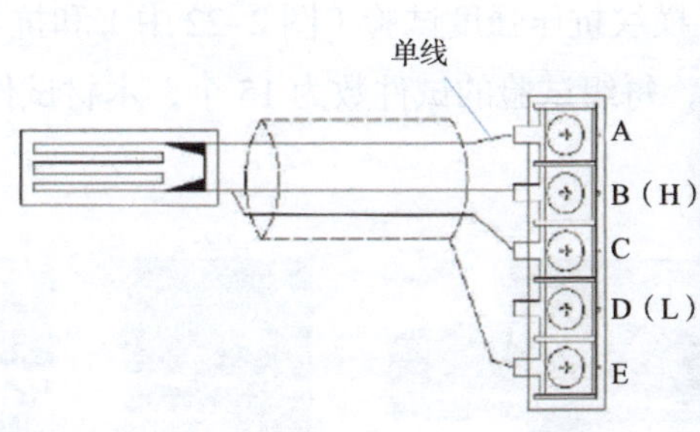

图 2-21 1/4 桥三线连接的示意图

性模量时荷载的上下限为 100 ～ 400N[149-151]。第二，用游标卡尺仔细测量试件的尺寸，用于弹性模量及泊松比的计算。第三，加载速率为 1mm/min。第四，应变片与设备连接后采用 1/4 桥三线连接的方式（图 2-21）进行测量，设备通过完整的应变补偿方法可以得到高精度且不影响初始应变的测量结果，接线示意图及实物如图所示。第五，通过式（2-5）、式（2-6），分别利用 3 种类型的试件（顺纹、横纹弦向、横纹径向）可求得木材各主轴方向的弹性模量和泊松比[152-154]。

$$E_i = \Delta\sigma_i / \Delta\varepsilon_i = (P_n - P_0) / [A_0(\varepsilon_n - \varepsilon_0)] \ (i = L, R, T) \tag{2-5}$$

$$U_{ij} = \Delta\varepsilon_j / \Delta\varepsilon_i \qquad (i, j = L, R, T) \tag{2-6}$$

式中，E_i 为以 i 方向为主轴方向的弹性模量（MPa）；$\Delta\sigma_i$ 为以 i 方向为主轴方向的应力增量（MPa）；$\Delta\varepsilon_i$ 为以 i 方向为主轴方向的应变增量（%）；$\Delta\varepsilon_j$ 为以 j 方向为主轴方向的应变增量（%）；P_n 为末荷载（N）；P_0 为初始荷载（N）；A_0 为加载端横截面面积（mm^2）；ε_n 为末应变（%）；ε_0 为初始应变（%）；U_{ij} 为泊松比。

在 12% 含水率条件下，樟子松试件的测试结果见表 2-1。

表 2–1　樟子松的弹性模量、泊松比和剪切模量

木材名称	E_L	E_R	E_T	μ_{LR}	μ_{LT}	μ_{RT}	G_{LR}	G_{LT}	G_{RT}
樟子松	8023	1103	843	0.422	0.513	0.687	652	345	231

注：E 为弹性模量（MPa）；G 为剪切模量（MPa）；μ 为泊松比，无量纲；T 代表弦向，R 代表径向，L 代表纵向；E_L 为顺纹弹性模量，E_R 为水平径向弹性模量，E_T 为水平弦向弹性模量；μ_{LR} 为顺纹延展应力的泊松比，μ_{LT} 为横纹径向延展应力的泊松比，μ_{RT} 为横纹弦向延展应力的泊松比；G_{LR} 为顺纹－径向剪切模量，G_{LT} 为顺纹－弦面剪切模量，G_{RT} 为水平面剪切模量。

（三）强度的测定

依据规范 GB/T 1935—2009《木材顺纹抗压强度试验方法》，GB/T 1939—2009《木材横纹抗压试验方法》，GB/T 1936.1—2009《木材抗弯强度试验方法》，进行了樟子松的顺纹抗压强度试验（图 2–22 左）、横纹抗压强度试验（图 2–22 中）和抗弯强度试验（两支座间距为 240mm，图 2–22 右），每组试验的试件数为 15 个，木材试件数总计 45 个，木材强度的计算公式参照表 1–2。

顺纹抗压强度试验

横纹抗压强度试验

抗弯强度试验

图 2–22　木材的强度试验

樟子松木材的顺纹、横纹抗拉强度，顺纹、横纹抗剪强度可以依据试验测定的强度值和表 1–4 计算获得。试验测定的樟子松木材的顺纹抗压强度为 35.20MPa，横纹抗压强度为 17.14MPa，抗弯强度为 52.87MPa。

二、构造形式

清式柱头科“一斗三升”斗拱的原型取自清代《工程做法则例》中的规定，是柱头科斗拱最基本的形制，本书试验模型的构造为清代斗口制的三等材，即 1 分°等于 16mm。试验模型组合后的正立面、侧立面、仰视图、俯视图、透视图和整体构件的组合尺寸如图 2–23 所示。

试验模型的爆炸图（图 2–24）中标注了各分件的名称，其中主要分件 12 个，木销分为两种类型共 3 个，总计 15 个分件。

试验模型各分件的轴测图、前视图、侧视图、顶视图、底视图如图 2–25、图 2–26 所示。

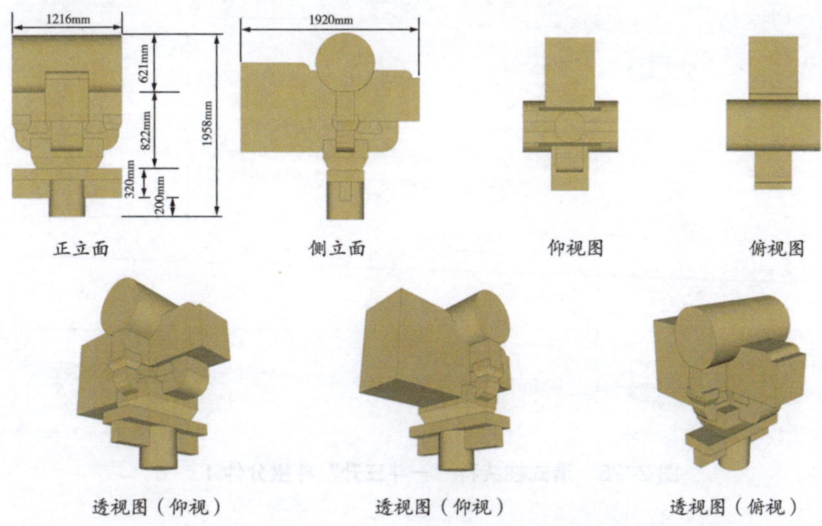

图 2–23　清式柱头科“一斗三升”斗拱的试验模型

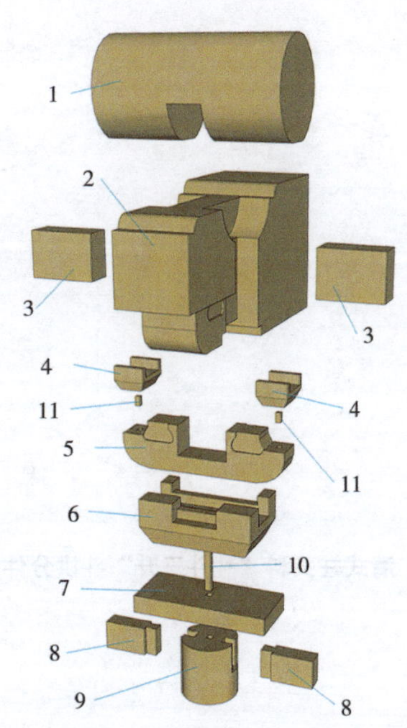

1—正心桁；2—抱头梁；3—正心枋；4—槽升子；5—正心瓜拱；6—大科；7—平板枋；8—额枋；9—柱头；10—木销 1；11—木销 2。

图 2–24　清式柱头科“一斗三升”斗拱试验模型的爆炸图

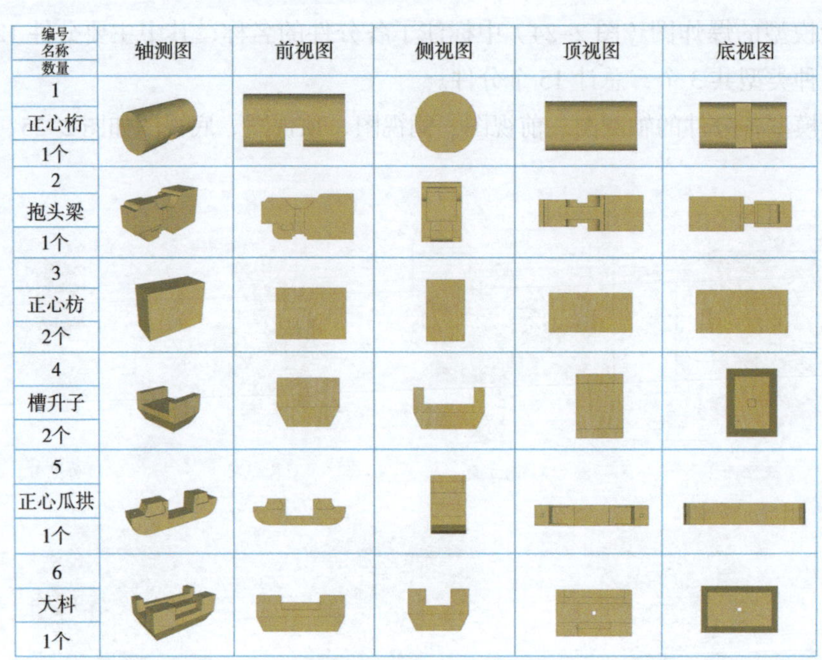

编号 名称 数量	轴测图	前视图	侧视图	顶视图	底视图
1 正心桁 1个					
2 抱头梁 1个					
3 正心枋 2个					
4 槽升子 2个					
5 正心瓜拱 1个					
6 大料 1个					

图 2-25　清式柱头科“一斗三升”斗拱分件 1 ～ 6

编号 名称 数量	轴测图	前视图	侧视图	顶视图	底视图
7 平板枋 1个					
8 额枋 2个					
9 柱头 1个					
10 木销1 1个					
11 木销2 2个					

图 2-26　清式柱头科“一斗三升”斗拱分件 7 ～ 11

三、仿真模拟

本书对于斗拱的仿真模拟是基于 ANSYS 的有限元分析，ANSYS 是一套功能强大的基于有限元方法的仿真模拟软件，可以有效实现高度非线性的结构分析（应力 – 位移），仿真模拟中需要输入斗拱的几何形状、材料性能、边界条件和载荷工况几方面的信息。斗拱的构造复杂，并且制作斗拱的木材是黏弹性的各向异性材料，仿真模拟中涉及高度的几何、材料和接触的非线性，ANSYS 能够在非线性分析中有效选择合适的载荷增量和收敛原则，具体的分析流程如图 2-27 所示。

斗拱几何模型的构建：采用 Revit 软件，建模过程须确保斗拱的分部件之间没有几何重叠，即斗拱分部件之间的榫卯连接和木销连接严丝合缝，然后将 Revit 构建完成的模型导出为 ACIS（SAT）格式，随后将 Revit 的导出文件导入 ANSYS，正确装配斗拱的各个分件后即可开始下一步的操作。利用 Revit 软件创建的清式柱头科“一斗三升”斗拱的几何模型如图 2-28 所示。

木材的本构模型选取 Orthotropic 模型（图 2-29），这种三维正交各向异性材料的 3 个对称面，可以直接指定弹性矩阵，共 9 个独立弹性系数，在 ANSYS 中填写弹性矩阵系数即可定义材料模型。在 ANSYS 软件中打开模型数据库文件，将 Orthotropic 模型（木材正交各向异性模型）拷贝入数据库文件中进行使用。

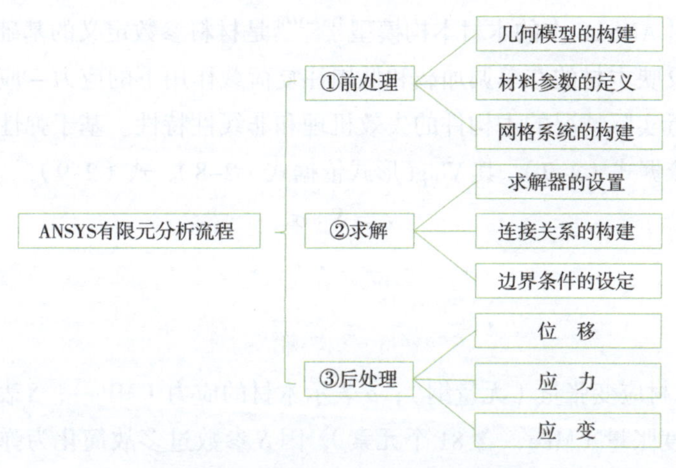

图 2-27　ANSYS 有限元分析流程

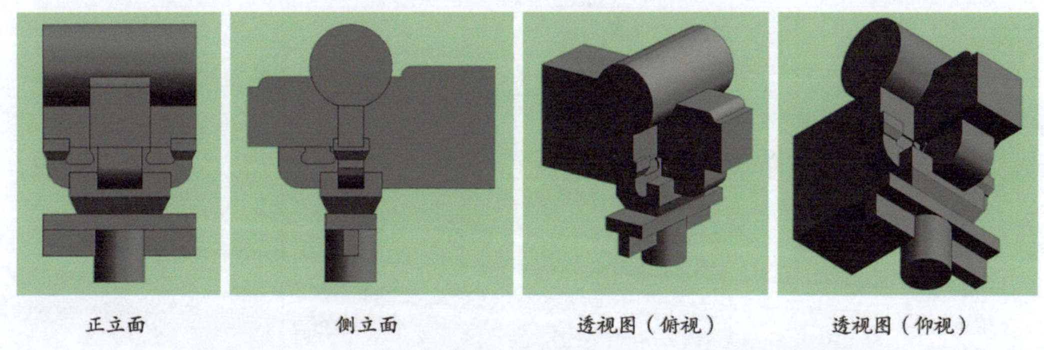

图 2-28　Revit 软件创建的清式柱头科“一斗三升”斗拱模型

$$\begin{Bmatrix} \sigma_{11} \\ \sigma_{22} \\ \sigma_{33} \\ \sigma_{12} \\ \sigma_{13} \\ \sigma_{23} \end{Bmatrix} = \begin{bmatrix} D_{1111} & D_{1122} & D_{1133} & 0 & 0 & 0 \\ & D_{2222} & D_{2233} & 0 & 0 & 0 \\ & & D_{3333} & 0 & 0 & 0 \\ & & & D_{1212} & 0 & 0 \\ & sym & & & D_{1313} & 0 \\ & & & & & D_{2323} \end{bmatrix} \begin{Bmatrix} \varepsilon_{11} \\ \varepsilon_{22} \\ \varepsilon_{33} \\ \gamma_{12} \\ \gamma_{13} \\ \gamma_{23} \end{Bmatrix} = \left[D^{el} \right] \begin{Bmatrix} \varepsilon_{11} \\ \varepsilon_{22} \\ \varepsilon_{33} \\ \gamma_{12} \\ \gamma_{13} \\ \gamma_{23} \end{Bmatrix}$$

其中，$D_{1111} = E_1(1 - v_{23}v_{32})r$，$D_{1212} = G_{12}$，

$D_{2222} = E_2(1 - v_{13}v_{31})r$，$D_{1313} = G_{13}$，

$D_{3333} = E_3(1 - v_{12}v_{21})r$，$D_{2323} = G_{23}$，

$D_{1122} = E_1(v_{21} + v_{31}v_{23})r = E_2(v_{12} + v_{32}v_{13})r$，$r = \dfrac{1}{1 - v_{12}v_{21} - v_{23}v_{32} - v_{31}v_{13} - 2v_{21}v_{32}v_{13}}$

$D_{1133} = E_1(v_{31} + v_{21}v_{32})r = E_3(v_{13} + v_{12}v_{23})r$，

$D_{2233} = E_2(v_{32} + v_{12}v_{31})r = E_3(v_{23} + v_{21}v_{13})r$，

图 2-29　木材正交各向异性材料模型

仿真模拟时 ANSYS 中的木材本构模型 [157-160] 是材料参数定义的基础，合理的本构模型可以有效反映木材的在单调加载和低周往复荷载作用下的应力－应变关系，从而模拟出更加接近实际情况的木构件的失效机理和非线性特性。基于弹性力学的木材线弹性本构模型依据式（2-7），其 Voigt 形式依据式（2-8）、式（2-9）。

$$\varepsilon = S : \sigma \tag{2-7}$$

$$\sigma = \left\{ \sigma_{11}\sigma_{22}\sigma_{33}\tau_{12}\tau_{13}\tau_{23} \right\}^T \tag{2-8}$$

$$\varepsilon = \left\{ \varepsilon_{11}\varepsilon_{22}\varepsilon_{33}\gamma_{12}\gamma_{13}\gamma_{23} \right\}^T \tag{2-9}$$

式中，ε 表示木材应变张量（无量纲）；σ 表示木材的应力（MPa）；S 表示木材四阶各向异性弹性柔度张量（MPa，含 81 个元素），因 S 参数过多故简化为弹性柔度矩阵以便应用，其 Voigt 形式依据式（2-10）。

$$S = \begin{bmatrix} \dfrac{1}{E_L} & \dfrac{-V_{LR}}{E_R} & \dfrac{-V_{LT}}{E_T} & & & \\ \dfrac{-V_{RL}}{E_L} & \dfrac{1}{E_R} & \dfrac{-V_{RT}}{E_T} & & & \\ \dfrac{-V_{TL}}{E_L} & \dfrac{-V_{TR}}{E_R} & \dfrac{1}{E_T} & & & \\ & & & G_{LR} & & \\ & & & & G_{LT} & \\ & & & & & G_{RT} \end{bmatrix} \tag{2-10}$$

式中，E_L 表示纵向弹性模量（MPa）；E_R 表示径向弹性模量（MPa）；E_T 表示弦向剪切

模量（MPa）；G_{LR} 表示顺纹径向剪切模量（MPa）；G_{LT} 表示顺纹弦向剪切模量（MPa）；G_{RT} 表示横纹弦向剪切模量（MPa）；V_{LR} 表示顺纹径向泊松比（无量纲）；V_{RT} 表示横纹弦向泊松比（无量纲）；V_{LT} 表示顺纹弦向泊松比（无量纲）；V_{TL} 表示弦切面纵向泊松比（无量纲）；V_{TR} 表示弦切面弦向泊松比（无量纲）。

木材的弹塑性本构模型是基于塑性力学理论的，材料的总应变量（$d\varepsilon_{ij}$）等于弹性应变总量（$d\varepsilon_{ij}^{e}$）和塑性应变的总量（$d\varepsilon_{ij}^{P}$）之和，见式（2-11），其本构方程见式（2-12）。

$$d\varepsilon_{ij}=d\varepsilon_{ij}^{e}+d\varepsilon_{ij}^{P} \tag{2-11}$$

$$d\sigma_{ij}=C_{ijkl}\left(d\varepsilon_{kl}-d\varepsilon_{kl}^{P}\right) \tag{2-12}$$

木材的弹性和塑性应变增量确定后，需要进一步确定材料的屈服阶段和屈服后的发展中应力强化的问题，即给出木材的屈服函数、强化法则和流动法则。根据模型屈服面的数量，模型又分为单屈服面模型和多屈服面模型，其中单屈服面模型在仿真模拟中更常用，而多屈服面模型需要在特征弹性域的角点处进行特殊的数值处理。单屈服面模型的屈服函数见式（2-13），其中木材强度准则 $F(\sigma)$ 在本研究中选取 Hill 准则，其表达式见式（2-14）、式（2-15）。

$$f(\sigma,k)=\left[F(\sigma)\right]^{2}-\left[c(k)\right]^{2}=0 \tag{2-13}$$

式中，$F(\sigma)$ 为木材强度准则；$c(k)$ 为木材的强化法则。

$$F\left(\sigma_{22}-\sigma_{33}\right)^{2}+G\left(\sigma_{33}-\sigma_{11}\right)^{2}+H\left(\sigma_{11}-\sigma_{22}\right)^{2}+2L\sigma_{23}^{2}+2M\sigma_{13}^{2}+2N\sigma_{12}^{2}=1 \tag{2-14}$$

$$R_{11}=\frac{\bar{\sigma}_{11}}{\sigma^{0}};R_{22}=\frac{\bar{\sigma}_{22}}{\sigma^{0}};R_{33}=\frac{\bar{\sigma}_{33}}{\sigma^{0}};R_{12}=\frac{\bar{\sigma}_{12}}{\tau^{0}};R_{13}=\frac{\bar{\sigma}_{13}}{\tau^{0}};R_{23}=\frac{\bar{\sigma}_{23}}{\tau^{0}} \tag{2-15}$$

式中，$R_{11}\cdots R_{23}$ 为各向异性应力屈服比；σ^{0} 为参考屈服应力（MPa）；$\tau^{0}=\sigma^{0}/\sqrt{3}$（MPa）；$\bar{\sigma}_{11}\cdots\bar{\sigma}_{23}$ 为材料各项屈服强度值（MPa）。

强化法则用于表达木材屈服后的屈服面在应力空间中的演变情况 [158]，其函数表达式见式（2-16）。

$$K\left(\bar{\varepsilon}^{P}\right)=Q\left[1-\exp\left(-B\bar{\varepsilon}^{P}\right)\right] \tag{2-16}$$

式中，$\bar{\varepsilon}^{P}$ 为累积塑性应变（无量纲）；Q、B 为硬化模型的系数。

流动法则用于表达塑性应变的变化规律 [158]，其函数表达式见式（2-17）。

$$d\varepsilon_{ij}^{P}=d\lambda^{P}\frac{\partial F^{P}}{\partial\sigma} \tag{2-17}$$

式中，$d\varepsilon_{ij}^{P}$ 为塑性应变增量张量的分量；$d\lambda^{P}$ 为塑性乘子；F^{P} 为塑性势函数（MPa）；σ 为应力张量（MPa）。

本研究仿真模拟时，ANSYS 中采用的 Orthotropic 木材本构模型，是一种基于 Hill 强度准则的单屈服面弹塑性模型，这种本构模型可以有效反映木材的正交各向异性，详细信息参照第二章中的论述。

ANSYS 中材料参数的定义：首先需要定义材料的名称，本研究中按照 3 种木材：樟子松、花旗松和云杉 – 松木 – 冷杉（SPF）来定义材料的名称。随后通过设置含材料名称的截面属性，可以将材料与模型中的所有区域产生关联。木材在小应变时表现出近似线性的弹性性质，材料的刚度用弹性模量表示，并且是一个常数。木材的弹性变形本质上是分子内变形和分子间键距的伸缩，只是木材分子相邻微纤丝的滑移和细胞壁层的变形，但细胞壁层之间没有发生不可逆变形。木材的塑性行为用屈服点和屈服后的变化来描述，从弹性到塑性行为的转变发生在木材的应力 – 应变曲线上的屈服点，屈服点上的应力即屈服应力。木材的塑性变形本质上是分子间相对位置的改变，此时微纤丝已经发生破坏，共价键开始断裂，木材细胞壁变形，细胞之间出现不可逆的错移。当木材开始发生塑性变形时其纤维素的结构已经开始破坏，破坏的程度取决于荷载超出木材持久度的当量，因为木材是一种弹 – 塑性材料，其应力 – 应变关系复杂，木材在荷载作用下不到明显的屈服点就开始破坏，所以木材的塑性性能不足。

在 ANSYS 中定义塑性参数时，必须输入材料真实的应力和应变，从而可以正确地换算数据[161]。在极限 $\Delta L \rightarrow \mathrm{d}l \rightarrow 0$ 的条件下，材料拉伸和压缩的应变相同，其表达式见式（2–18）、式（2–19）。

$$\mathrm{d}\varepsilon = \frac{\mathrm{d}l}{l} \tag{2–18}$$

$$\varepsilon = \int_{l_0}^{l} \frac{\mathrm{d}l}{l} = \ln\left(\frac{l}{l_0}\right) \tag{2–19}$$

式中，l 是材料当前长度（mm）；l_0 是材料初始长度（mm）；ε 是真实应变（无量纲）。

与真实应变共轭的应力称为真实应力，其定义见式（2–20）。

$$\sigma = \frac{F}{A} \tag{2–20}$$

式中，F 是施加在材料上的力（N），A 是材料当前的面积（m^2）。

ANSYS 中需要将材料试验中提供的名义应力 – 应变转化为真实应力 – 应变值，名义应变的数学表达式为式（2–21）；在表达式两边同时加 1 并取自然对数得到真实应变与名义应变之间的关系，见式（2–22）；真实应力和名义应力之间的关系见式（2–23），当前面积与初始面积的关系见式（2–24），代入式（2–20）得到式（2–25），将 $\frac{l}{l_0}$ 改写为 $1+\varepsilon_{\mathrm{nom}}$ 即可得到真实应力、名义应力和名义应变之间的关系式（2–26）。

$$\varepsilon_{\text{nom}} = \frac{l - l_0}{l_0} = \frac{l}{l_0} - \frac{l_0}{l_0} = \frac{l}{l_0} - 1 \tag{2-21}$$

$$\varepsilon = \ln\left(1 + \varepsilon_{\text{nom}}\right) \tag{2-22}$$

$$l_0 A_0 = lA \tag{2-23}$$

$$A = A_0 \frac{l_0}{l} \tag{2-24}$$

$$\sigma = \frac{F}{A} = \frac{F}{A_0}\frac{l}{l_0} = \sigma_{\text{nom}}\left(\frac{l}{l_0}\right) \tag{2-25}$$

$$\sigma = \sigma_{\text{nom}}\left(1 + \varepsilon_{\text{nom}}\right) \tag{2-26}$$

真实塑性应变（ε^{Pl}）、真实弹性应变（ε^{el}）、真实总应变（ε^{t}）、真实应力（σ）和弹性模量（E）之间的关系见式（2–27）。

$$\varepsilon^{Pl} = \varepsilon^{t} - \varepsilon^{el} = \varepsilon^{t} - \sigma / E \tag{2-27}$$

将材料试验数据转换为 ANSYS 的输入数据，把名义应力－应变的数值点利用式（2–17）、式（2–21）转换为真实应力－应变值，然后应用式（2–22）确定每个屈服应力值的塑性应变，转换后的数据作为最终的输入数据[161]。小应变时真实值与名义值差别不大，但大应变时差别显著，因此准确的应力－应变输入数据对计算的准确性至关重要。用户自定义材料数据时，ANSYS 会将表格形式的材料数据自动规则化，利用由等距分布的点组成的曲线来拟合曲线，因此拟合曲线与用户给定的曲线之间存在差别。足够多的间隔可以保证规则化的曲线与用户定义曲线之间的最大误差小于 3%，误差容限可以修改，但过多的间隔可能导致分析中系统报错。ANSYS 会自动在用户提供的数据点之间提供线性的插入值，或者采用 ANSYS 中的规则化数据，如果在输入的定义数据之外，ANSYS 会自动假设响应为常数直至低于该设定值。本研究仿真模拟时材料参数的定义参照第二章的论述。

在模拟弹－塑性问题时，某些附加的不可压缩单元会在积分点处保持常数从而对单元的运动产生过多的约束，如果不能消除这些单元就会在模拟时产生材料的体积自锁，从而导致响应不准确。判断体积自锁的产生可以通过分析单元到单元、积分点到积分点之间的静水压应力情况，如果迅速变化说明产生了体积自锁现象。ANSYS 中的完全二次实体单元经常产生体积自锁，因此不能用于弹－塑性问题的模拟，完全一次实体单元不会产生体积自锁从而可以应用于塑性问题的模拟，减缩积分的实体单元被大量应用于弹－塑性问题的模拟，但是减缩积分的实体单元不适用于应变量超过 20% ～ 40% 的情况，同时加密网格可以有效避免体积自锁的发生。ANSYS 中减少体积自锁的技术分为两种，一是将模型底部角区域的网格细化从而减少这些区域网格的畸变；二是在材料模型中加入少量的可压缩性，这种加入对计算结果只有细微的影响

却可以有效缓解体积自锁的发生[161]。

对斗拱进行竖向单调加载时分件以横纹受压、顺纹受压为主，施加水平低周往复荷载时分件以顺纹受剪、横纹受剪为主，ANSYS 中每一斗拱分部件材料方向的设置均需要参照实际的构造形式。

仿真模拟采用的木材是樟子松，材料参数的设定参照第二章中的测定结果，定义材料塑性依据试验获得的应力 – 应变曲线和 Hill 屈服准则，试验数据拟合后的平滑应力 – 应变曲线参照图 2–30 ～图 2–32。

网格系统的构建采用二阶网格单元，布置方式为六面体结合四面体，规则的分件采用六面体网格，复杂的分件采用四面体网格，划分并装配后的网格系统如图 2–33 所示。

求解器的设置、连接关系的构建和边界条件的设定模拟结构试验的工况，Z 轴方向模拟试验模型的竖向单调加载静力试验，Y、Z 轴方向模拟试验模型的水平低周往复

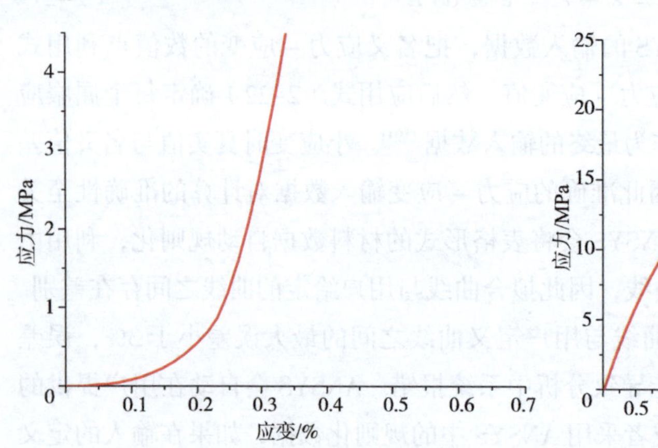

图 2–30　樟子松顺纹应力 – 应变曲线

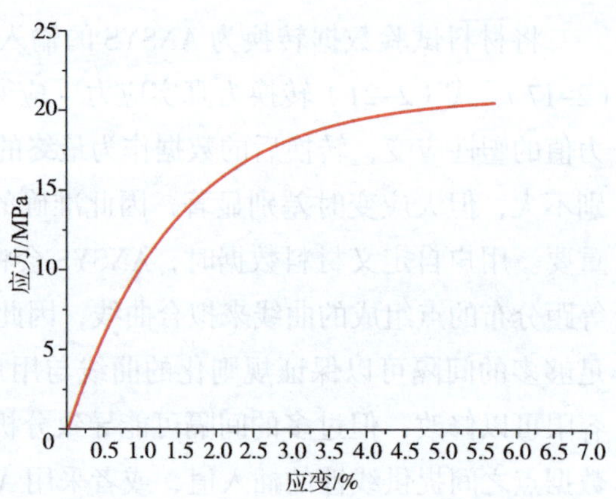

图 2–31　樟子松横纹弦向应力 – 应变曲线

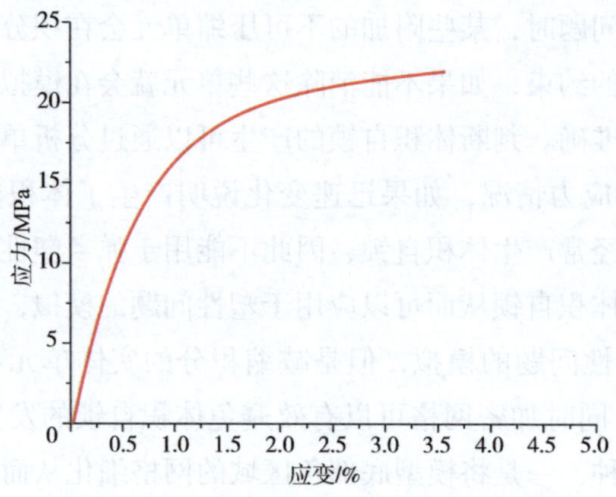

图 2–32　樟子松横纹径向应力 – 应变曲线

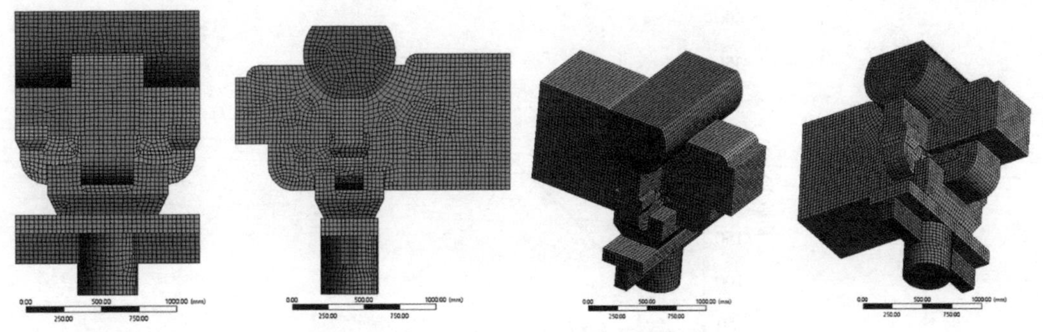

图 2-33 清式柱头科“一斗三升”斗拱的网格系统

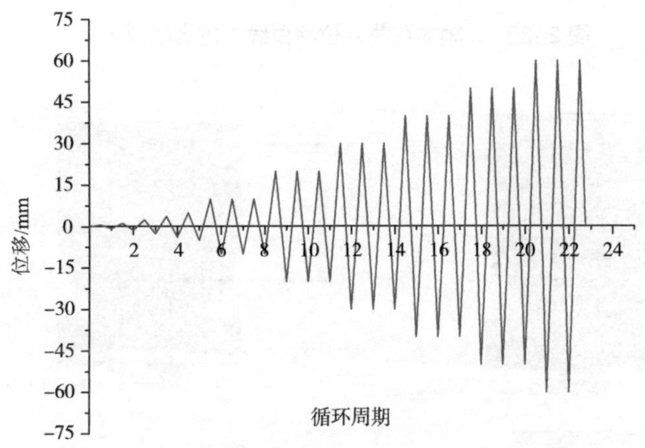

图 2-34 仿真模拟中拟静力试验的加载制度

荷载作用下的拟静力试验，仿真模拟中的试验模型为 1∶1 的足尺模型，仿真模拟中参照结构试验输入的 *Y*、*Z* 轴方向的水平滞回加载制度如图 2-34 所示。

（一）整体构件的静力结构行为

Z 轴方向的竖向单调加载仿真模拟获得的荷载 - 位移曲线如图 2-35 所示，仿真模拟获得的斗拱模型承载力在 337.52kN 后结果不收敛。

清式柱头科“一斗三升”斗拱在 *Z* 轴方向上竖向单调加载的等效应力（图 2-36A）主要分布在正心的榫卯节点处和分件的中部，最大应力点为 8.903MPa，位于左侧额枋与柱头的燕尾榫节点处。等效弹性应变（图 2-36B）与应力云图分布情况相似，最大点为 0.014，位于左侧额枋与柱头的燕尾榫节点处。应变能（图 2-36C）分布于正心的榫卯节点和柱头处，说明斗拱构件有效地将上部能量传递到了柱上，最大点为 245.33MJ，位于左侧额枋与柱头的燕尾榫节点处。整体变形（图 2-36D）从正心桁向下逐渐减少，最大点为 3.041mm，位于正心桁的顶端。

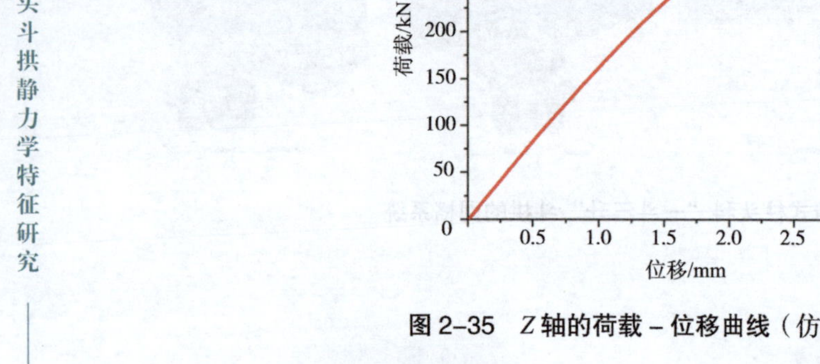

图 2–35 *Z* 轴的荷载 – 位移曲线（仿真模拟）

图 2–36 等效应力、等效弹性应变、应变能、整体变形云图（一斗三升 –*Z* 轴）

Y 轴、*X* 轴方向上的水平低周往复荷载作用下的拟静力加载的荷载 – 位移滞回曲线的仿真结果如图 2–37 所示。试验模型沿 *Y* 轴的最大水平推力为 243.62kN；试验模型沿 *X* 轴的最大水平推力为 189.43kN。

依据滞回曲线可以获得其荷载 – 位移骨架曲线（图 2–38），提取骨架曲线中每一段的刚度获得了试件的刚度退化曲线（图 2–39）。

仿真模型在 *Y* 轴方向上水平低周往复荷载作用下的拟静力加载的等效应力（图 2–40A）主要分布在抱头梁与正心瓜拱十字交叉的榫卯节点处和柱头，最大应力值

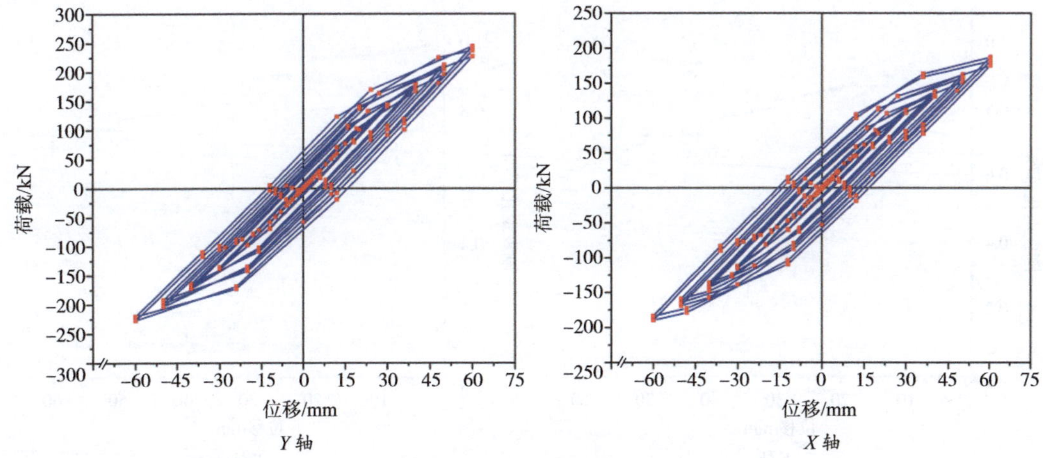

图 2-37 “一斗三升”斗拱的荷载-位移滞回曲线（仿真模拟）

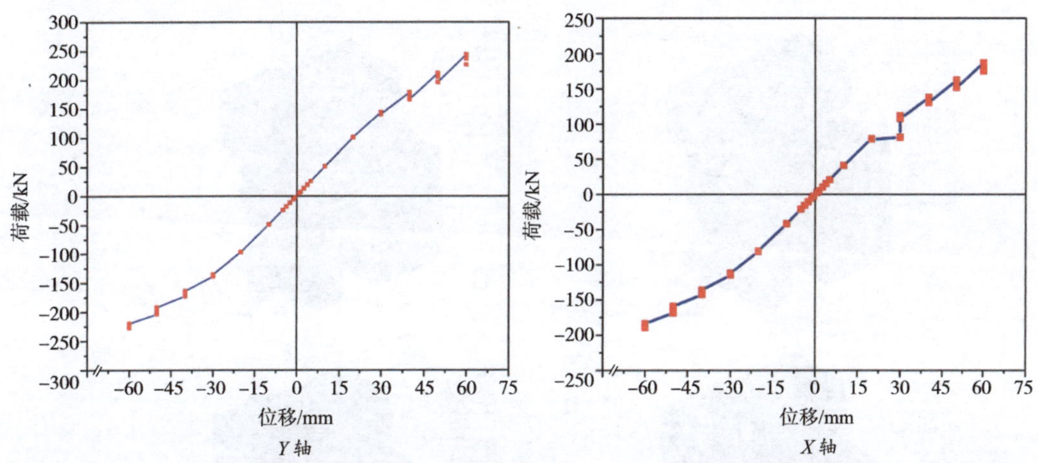

图 2-38 荷载-位移骨架曲线（一斗三升-仿真模拟）

为 39.161MPa，位于抱头梁与正心瓜拱十字交叉的榫卯节点处。等效弹性应变（图 2-40B）与应力云图分布情况相似，最大值为 0.0488，位于抱头梁与正心瓜拱十字交叉的榫卯节点处。应变能（图 2-40C）与应力云图分布情况相似，说明斗拱构件将上部能量有效地传递到了柱上，最大值为 8.8176×10^5MJ，位于柱头上。整体变形（图 2-40D）主要分布在抱头梁与正心瓜拱十字交叉的榫卯节点处和柱头，最大值为 31.925mm，位于柱头上。

仿真模型在 X 轴方向上水平低周往复荷载作用下的拟静力加载的等效应力（图 2-41A）主要分布在正心枋与槽升子交接的榫卯节点处、正心瓜拱和柱头，最大应力值为 60.652MPa，位于正心枋与槽升子交接的榫卯节点处。等效弹性应变（图 2-41B）与应力云图分布情况相似，最大值为 0.0624，位于正心枋与槽升子交接的榫卯节点处。

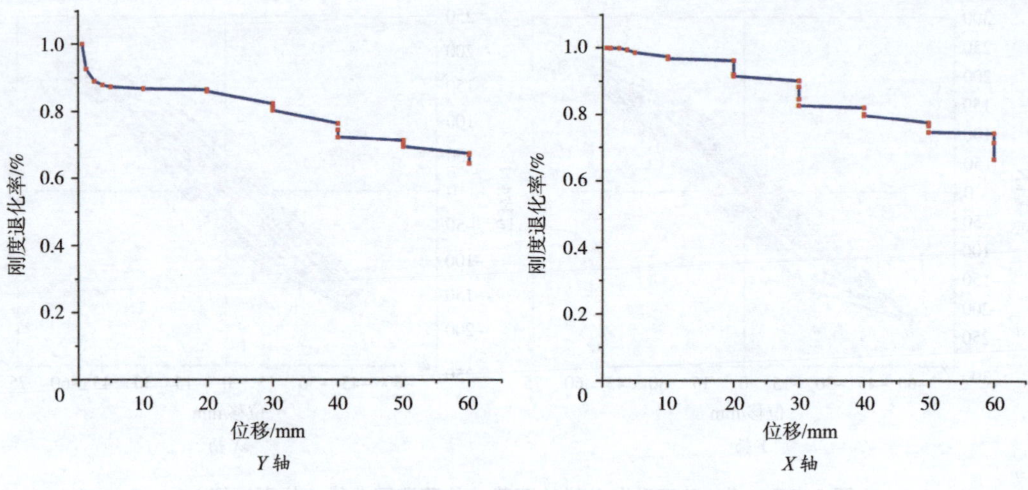

图 2–39　刚度退化曲线（一斗三升 – 仿真模拟）

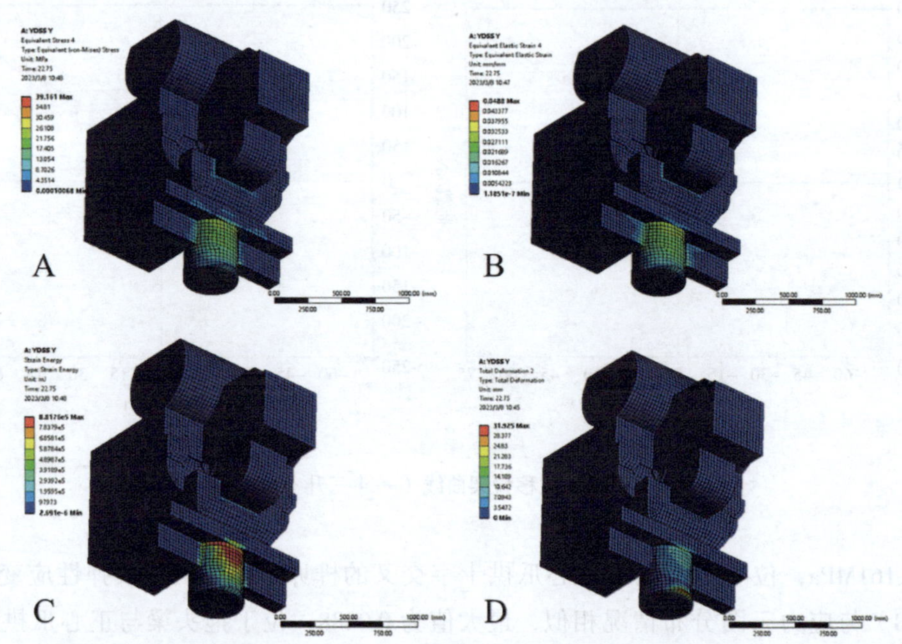

图 2–40　等效应力、等效弹性应变、应变能、整体变形云图（一斗三升 –Y 轴）

应变能（图 2–41C）与应力云图分布情况相似，最大值为 2.4362×10^{6}MJ，位于正心枋与槽升子交接的榫卯节点处。整体变形（图 2–41D）广泛分布在整体构件的中部，最大值为 9.779mm，位于正心枋与槽升子交接的榫卯节点处。X 轴方向上水平低周往复荷载作用下的拟静力加载对正心枋与槽升子交接的榫卯节点可能产生最大的变形甚至是破坏。

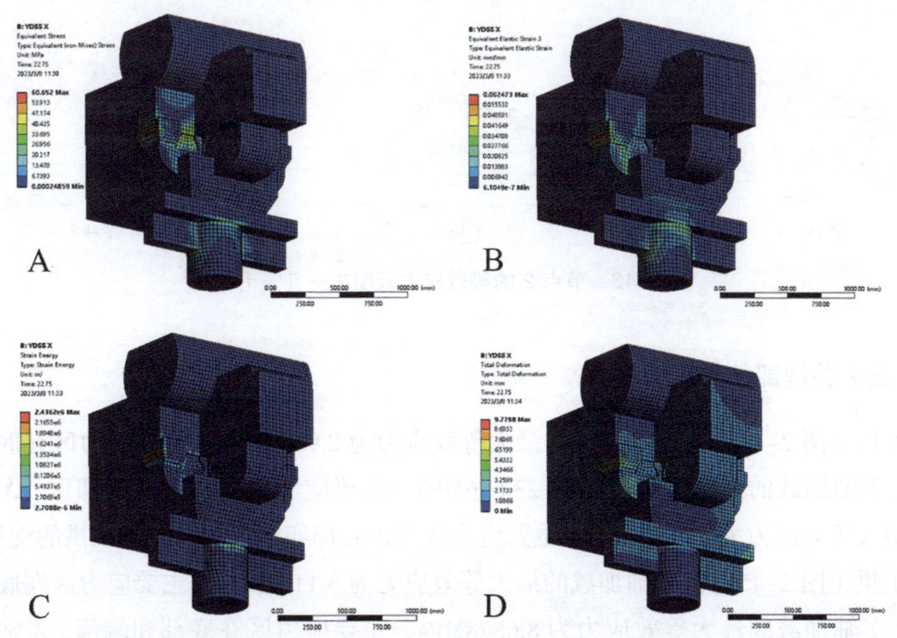

图 2-41 等效应力、等效弹性应变、应变能、整体变形云图（一斗三升 -*X* 轴）

（二）关键节点的内力变化

节点 1 沿着 *Z* 轴、*Y* 轴、*X* 轴的应力云图参照图 2-42。*Z* 轴方向上竖向单调加载的最大等效应力为 1.0537MPa，*Y* 轴方向上水平低周往复荷载作用下的拟静力加载的最大等效应力为 1.9411MPa，*X* 轴方向上水平低周往复荷载作用下的拟静力加载的最大等效应力为 2.4117MPa。

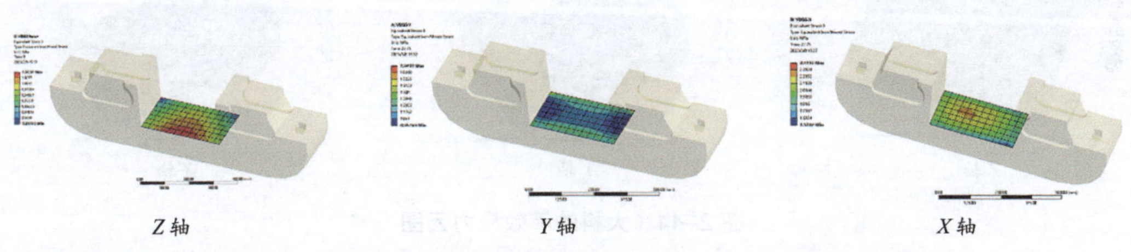

图 2-42 节点 1 的等效应力云图（一斗三升）

节点 2 沿着 *Z* 轴、*Y* 轴、*X* 轴的应力云图参照图 2-43。*Z* 轴方向上竖向单调加载的最大等效应力为 2.7323MPa，*Y* 轴方向上水平低周往复荷载作用下的拟静力加载的最大等效应力为 11.375MPa，*X* 轴方向上水平低周往复荷载作用下的拟静力加载的最大等效应力为 26.867MPa。

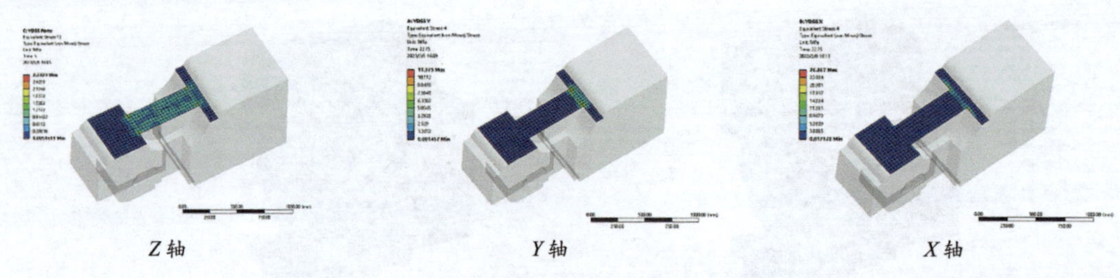
Z 轴　　　　Y 轴　　　　X 轴

图 2-43　节点 2 的等效应力云图（一斗三升）

（三）关键部件的内力变化

大料（图 2-44）在 Z 轴加载的最大等效应力为 2.9406MPa，主要应力区在底部和端部；Y 轴加载的最大等效应力为 23.656MPa，主要应力区在长边的榫卯区；X 轴加载的最大等效应力为 16.197MPa，主要应力区在正心榫卯区，即与正心瓜拱的交接处。正心瓜拱（图 2-45）在 Z 轴加载的最大等效应力为 3.1118MPa，主要应力区在底部和端部；Y 轴加载的最大等效应力为 8.6878MPa，主要应力区在底部和端部；X 轴加载的最大等效应力为 60.652MPa，主要应力区在上部左侧与正心枋交接处。槽升子（左侧，图 2-46）在 Z 轴加载的最大等效应力为 1.0654MPa，主要应力区在与正心枋的交接处和端部；Y 轴加载的最大等效应力为 0.6871MPa，主要应力区在底部和端部；X 轴加载的最大等效应力为 59.659MPa，主要应力区在与正心枋的交接处。槽升子（右侧，图 2-47）在 Z 轴加载的最大等效应力为 1.0073MPa，主要应力区在与正心枋的交接处和端部；Y 轴加载的最大等效应力为 0.6956MPa，主要应力区在底部和端部；X 轴加载

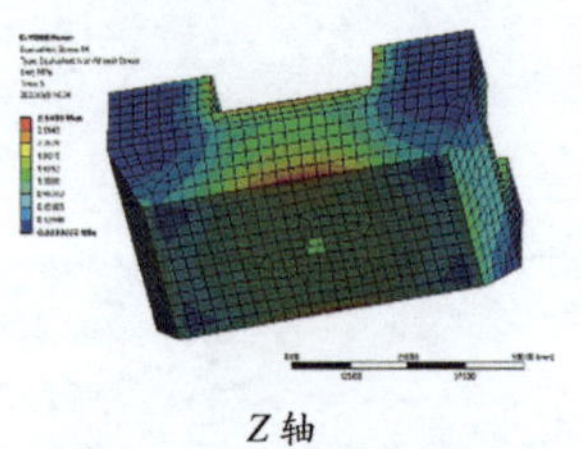
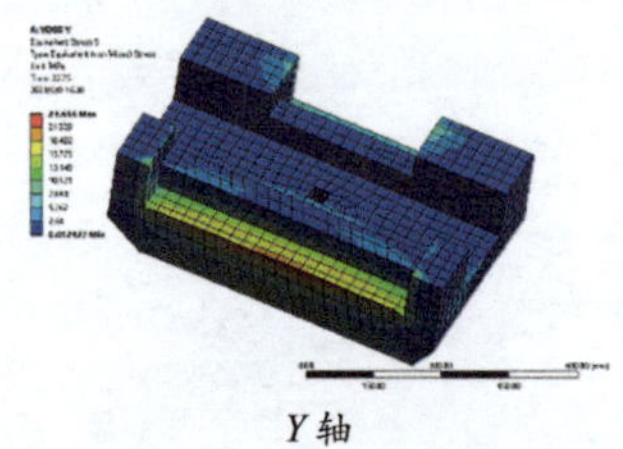
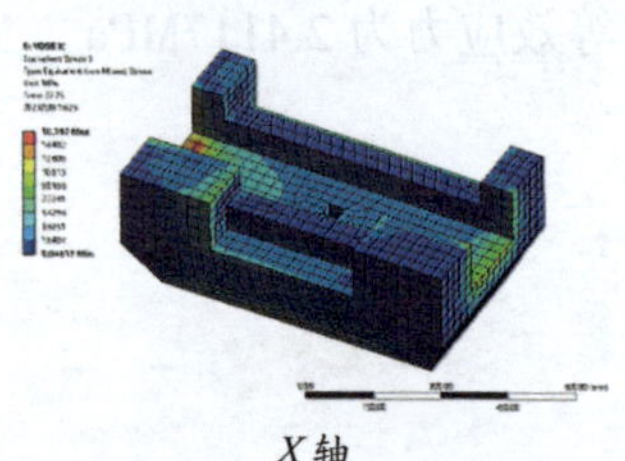
Z 轴　　　　Y 轴　　　　X 轴

图 2-44　大料的等效应力云图

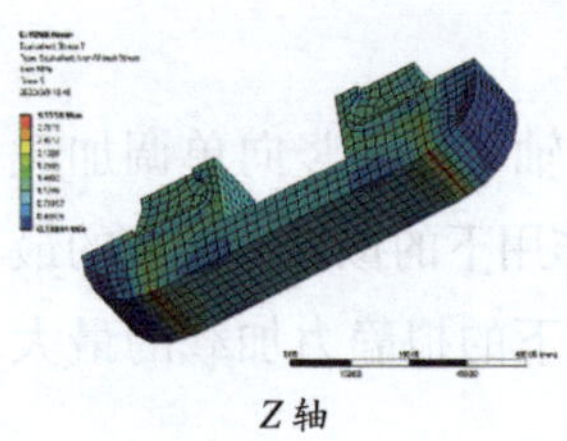
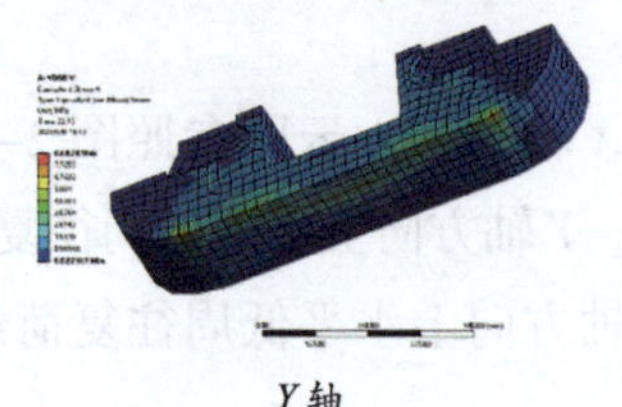
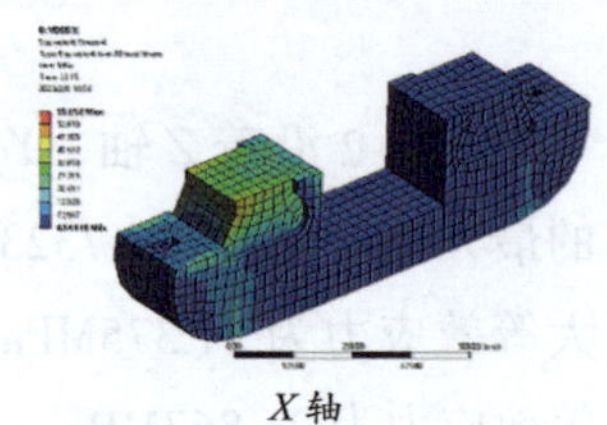
Z 轴　　　　Y 轴　　　　X 轴

图 2-45　正心瓜拱的等效应力云图

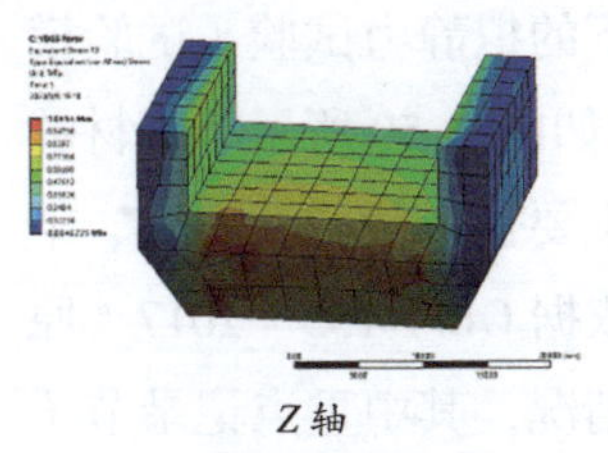
Z 轴

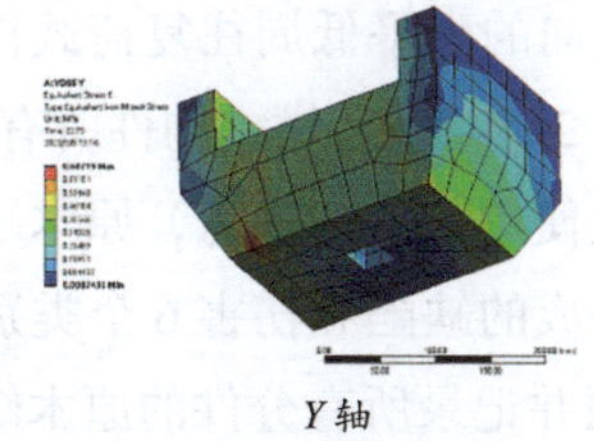
Y 轴

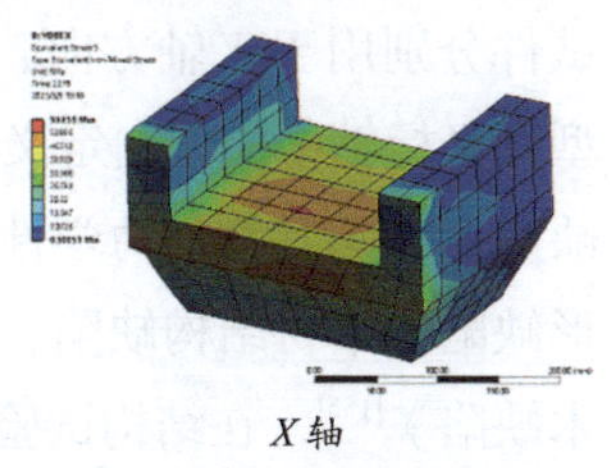
X 轴

图 2-46 槽升子（左侧）的等效应力云图

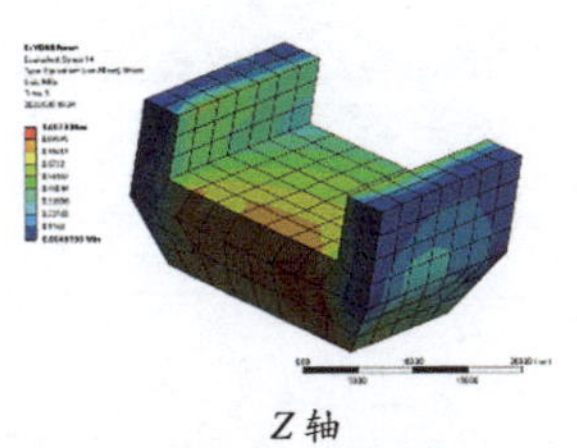
Z 轴

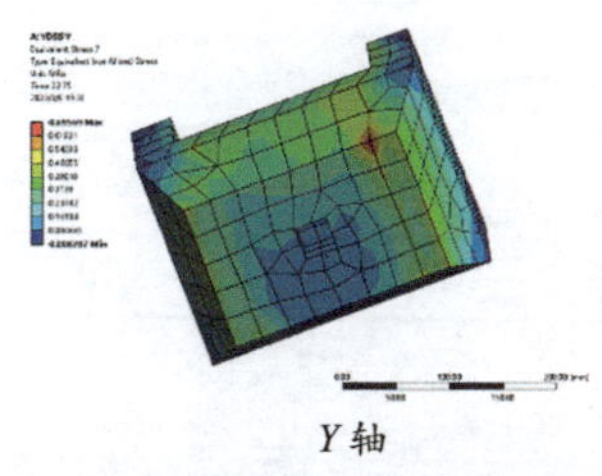
Y 轴

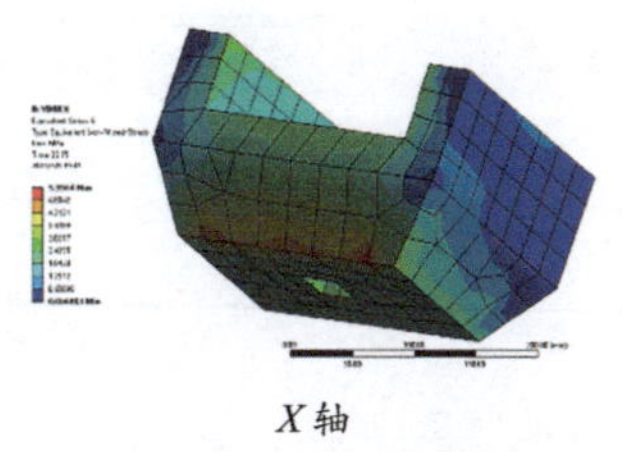
X 轴

图 2-47 槽升子（右侧）的等效应力云图

的最大等效应力为 5.3964MPa，主要应力区在底部和端部。

四、结构试验

（一）试验模型

试验模型是缩尺比为 1∶2.67 的缩尺模型，完整拼装后的清式柱头科“一斗三升”斗拱木构件（图 2-48）的整体尺寸是 719mm（长）× 455mm（宽）× 733mm（高）。试验模型所用的木材是樟子松，其各项物理力学参数可参照本章的试验测定结果。结构试验中共测试了 3 个试件，1 个试件用于竖向单调加载静力试验（Z 轴方向），2 个

图 2-48 清式柱头科“一斗三升”斗拱的结构试验模型

试件分别用于 X 轴方向、Y 轴方向的水平低周往复荷载作用下的拟静力试验（试验模型在坐标轴中的方向定义参照图 2-49）。斗拱木构件所有分件如图 2-50 所示。木材的缺陷会影响其物理力学性能导致使用价值的降低，原木缺陷主要包括节子、裂纹、干形缺陷、木材结构缺陷、真菌造成的缺陷和伤害 6 个类别，依据 GB/T 155—2017《原木缺陷》[155]，在结构试验前拍照并记录所有分件的原木缺陷情况，其中重点记录节子和裂纹两类对斗拱静力性能影响最大的缺陷。

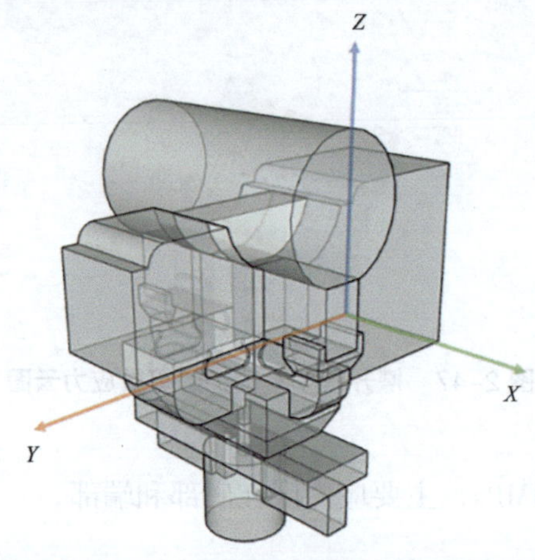

图 2-49　清式柱头科“一斗三升”斗拱试验模型在坐标轴中的方向

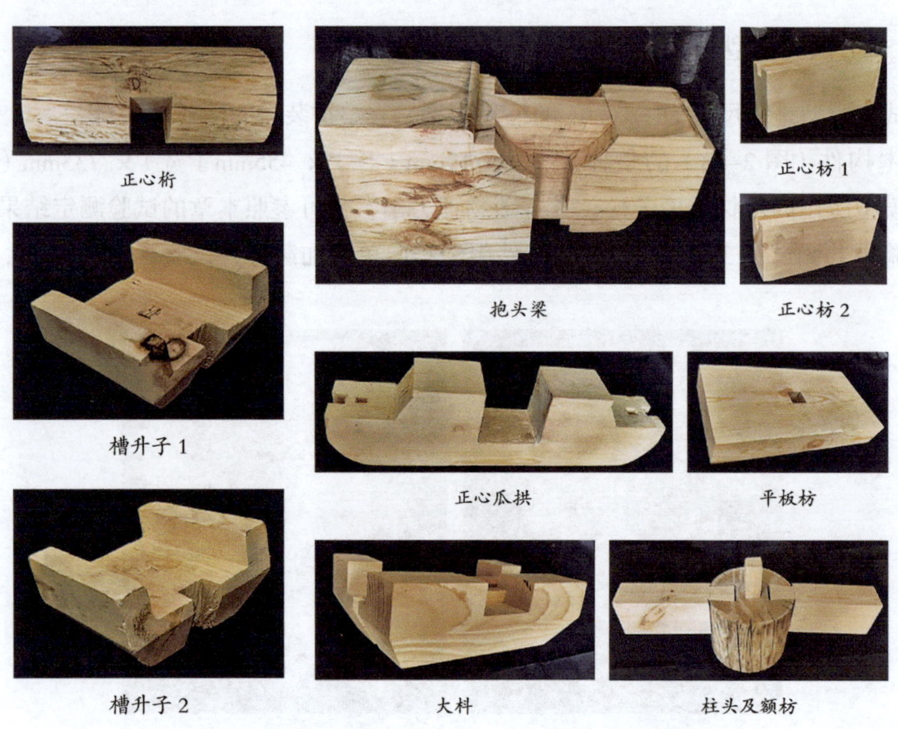

图 2-50　清式柱头科“一斗三升”斗拱结构试验模型的分件

（二）试验设备

1. 荷载输出设备

试验采用液压（油压）加载法，利用油压可以使液压加载器产生较大的荷载，适合于荷载点多、吨位大的结构试验。液压加载系统由液压加载器、油泵、油箱、阀门等通过油管连接并配以支撑装置和测量装置组成[156]。试验中采用的是电液伺服液压加载系统，由液压源、控制系统和执行系统三部分组成，系统可以将应变、位移、荷载等物理量直接转化为参数进行控制，从而模拟静力荷载的输出。液压源（图 2–51 左上）是带有蓄能器的高压输出油泵，通过伺服阀控制加载器的两个油腔，稳定地产生推拉荷载。控制系统由计算机（图 2–51 左下）连接静态伺服液压控制台（图 2–51 中）组成，静态伺服液压控制台（型号 JSF– Ⅲ /31.5–4，功率 3kW，流量 4L/min，压力 31.5MPa，动态精度 ±2%，成都市伺服液压设备有限公司）可以实现电 – 液信号的转换和控制，使得高压油随输入信号的指令和闭环回路的控制，变化出油量和方向使加载器产生荷载。执行系统（图 2–51 右）由液压作动器和支撑装置组成，液压作动器为单缸双油腔结构，尾座内腔和活塞前端分别装有位移和荷载传感器。

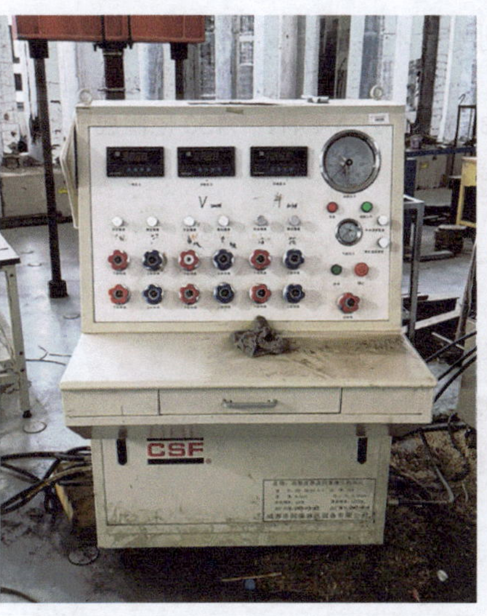

图 2–51 电液伺服液压加载系统

2. 结构试验台座及支撑装置

结构试验台座为地脚螺栓式试验台座，用套筒螺母与加载架的立柱连接，平时用圆形盖板保护孔穴。支撑装置是根据试验情况设计并焊制的专用支撑钢架，底部与地脚螺栓式试验台连接固定。如图 2–52 所示。

图 2–52 结构试验台座及支撑装置

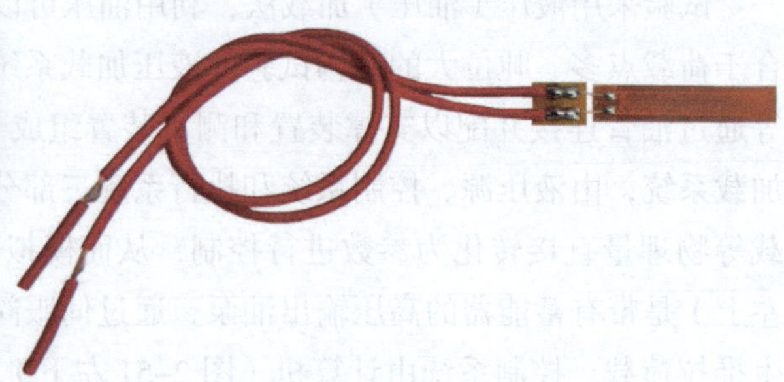

图 2–53 BFH120–20AA–R1–D150 电阻应变片

3. 结构试验的测量装置

应变测量采用电测法，即通过电阻应变片将信号传入静态电阻应变仪进行测量和鉴别，显示并输出的信号作为测量值。电阻应变片采用的是益阳市赫山区广测电子有限公司生产的 BFH120–20AA–R1–D150 电阻应变片（图 2–53），这种应变片敏感栅的金属丝具有足够的长度以确保达到测量木材所需要的电阻值，应变片的详细信息见表 2–2。

表 2–2 BFH120–20AA–R1–D150 电阻应变片的详细信息

指标名称		具体参数
尺寸	基长 × 基宽	24.5mm × 5.0mm
	栅长 × 栅宽	20.0mm × 4.0mm
基底材料		酚醛 – 环氧
敏感栅材料		康铜
引线材料（漆包线）		30mm ± 2mm（镀银或漆包线）
电阻	对标称值的公差	120Ω ± 1Ω
	对平均值的偏差	≤ 0.5Ω
适用温度		常温（–20 ～ 80℃）
灵敏系数及分散		2.0 ± 0.01
热输出	热输出系数	≤ 2μm/m/℃
	对平均热输出的分散	≤ ± 30μm/m
室温绝缘电阻		10000MΩ
室温应变极限		20000μm/m
机械滞后		1.2μm/m

力的测量主要指荷载和支座反力，测量方法为电测法，采用空心圆柱状荷载传感器（图 2–51 右，液压作动器的端头），在其筒壁的内部粘贴应变片，作用在空心圆柱状荷载传感器上的荷载（P）依据式（2–28）计算。

$$P = E\varepsilon A = \frac{E\pi\left(D^2 - d^2\right)}{4}\varepsilon = \frac{E\pi\left(D^2 - d^2\right)}{8\left(1+\mu\right)}\varepsilon_0 \tag{2-28}$$

式中，E 为弹性模量；d 为圆筒内径；D 为圆筒外径；μ 为泊松比；ε 为传感器轴向应变值；ε_0 为电桥的实测应变读数值。

位移与变形的测量采用溧阳市超源仪器厂生产的 YWC–30 型位移传感器（图 2–54 左），测量时需要配合专用的支架以固定位移传感器（图 2–54 右）。

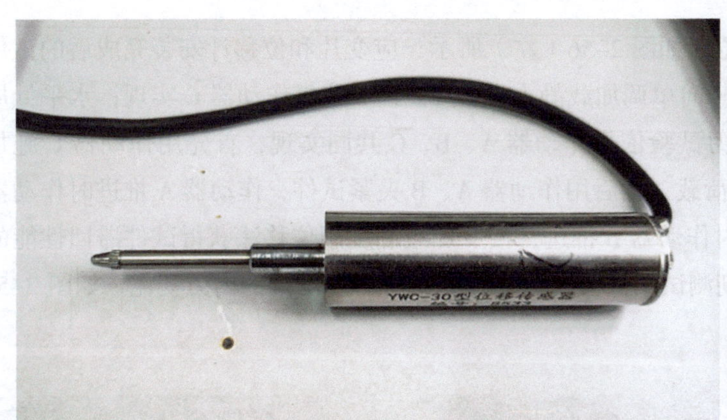

图 2–54 YWC–30 型位移传感器

（三）加载制度

1. 竖向单调加载静力试验

初始荷载为 20kN，目的是模拟斗拱木构件受到的屋顶永久竖向荷载，斗拱受到的屋顶永久竖向荷载值计算参考文献获得 [87,157]。加载过程采用力 – 位移混合加载法，第一阶段采用力控制加载，加载速率为 5kN/min 直至构件屈服；第二阶段采用位移控制加载，以恒定的 2mm/min 的速率进行加载，直至施加的荷载减小到最大荷载的 80%，或者构件产生严重的破坏，加载停止。

2. 水平低周往复荷载作用下的拟静力试验

采用位移法控制加载，第一阶段分为 5 个单次的往复加载且振幅逐渐增大，振幅分别为 0.0125Δ、0.025Δ、0.05Δ、0.075Δ 和 0.1Δ，其中 Δ=50mm；第二阶段从 0.2Δ 开始，每个给定的振幅执行 3 次往复加载循环，且给定振幅每次增加 0.2Δ，加载过程如图 2–55 所示 [140]。

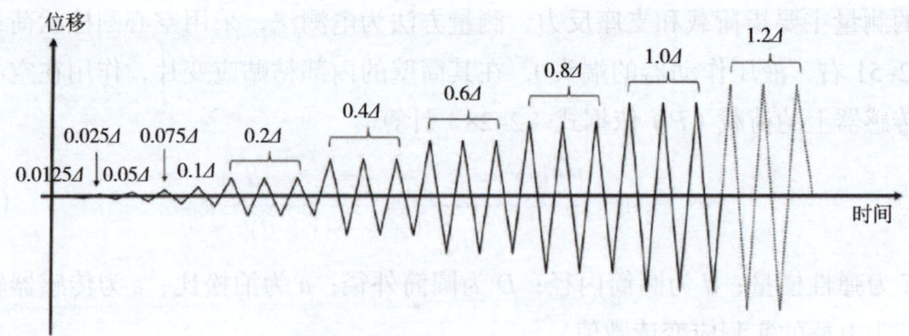

图 2–55　拟静力试验的加载方案

（四）试验描述

应变片和位移计的位置如图 2–56（左）所示，应变片和位移计安装完成后的试件如图 2–56（中）所示。竖向单调加载静力试验（*Z* 轴）依靠作动器 C 实现；水平低周往复荷载作用下的拟静力试验依靠作动器 A、B、C 共同实现，首先用作动器 C 施加 20kN 的力模拟屋顶永久荷载，然后用作动器 A、B 夹紧试件，作动器 A 推进时作动器 B 收回，作动器 A 收回时作动器 B 推进，按照加载制度用位移法获得试件滞回性能的测试数据，水平方向分别测试了试验模型 *X* 轴和 *Y* 轴各应变片的内力变化，如图 2–56（右）所示。

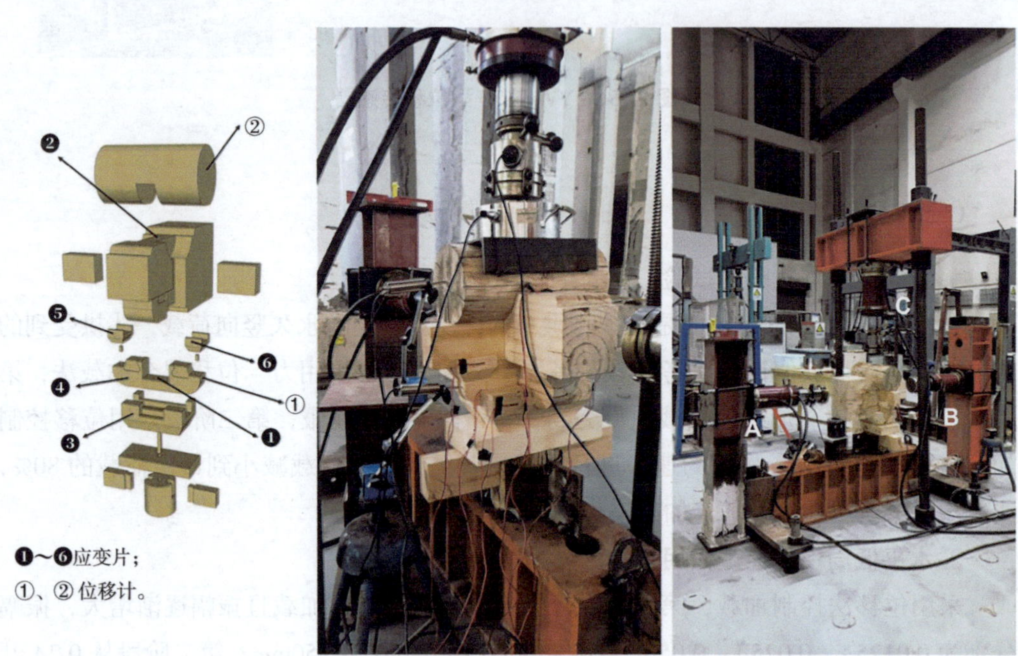

图 2–56　清式柱头科“一斗三升”斗拱的静力试验

1. 整体构件的静力结构行为

Z轴方向的竖向单调加载静力试验获得的荷载－位移曲线如图2-57所示（Y轴、X轴的荷载－位移曲线参照附录）。试验模型的破坏机制：当荷载增至约30kN时，斗拱持续发出劈裂声响；当荷载增至约35kN时正心瓜拱底部产生横向裂纹［图2-58（a）］；当荷载增至约40kN时结构出现偏心，偏向图2-56左侧；当荷载增至约45kN时大料端面产生放射状裂纹［图2-58（b）］；当荷载增至约50kN时大料端面产生横向裂纹［图2-58（c）］，抱头梁产生横向裂纹［图2-58（d）］；当荷载增至约55kN时大料劈裂［图2-58（e）］，平板枋产生严重裂纹［图2-58（f）］，各分件均发生严重塑性变形，整体结构破坏，试验获得的斗拱极限承载力为55.63kN。

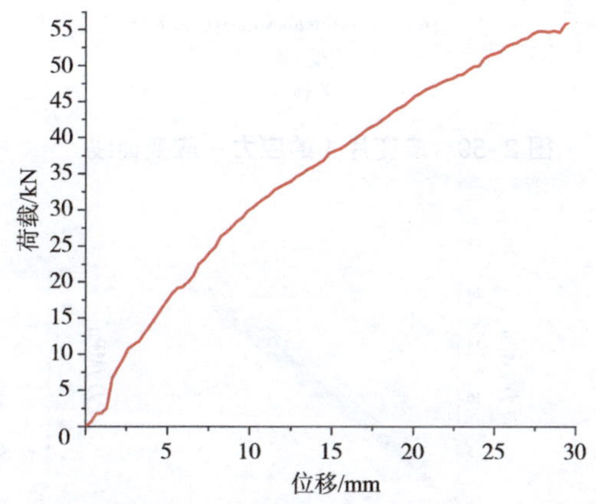

图2-57 清式柱头科“一斗三升”斗拱的荷载－位移曲线（Z轴）

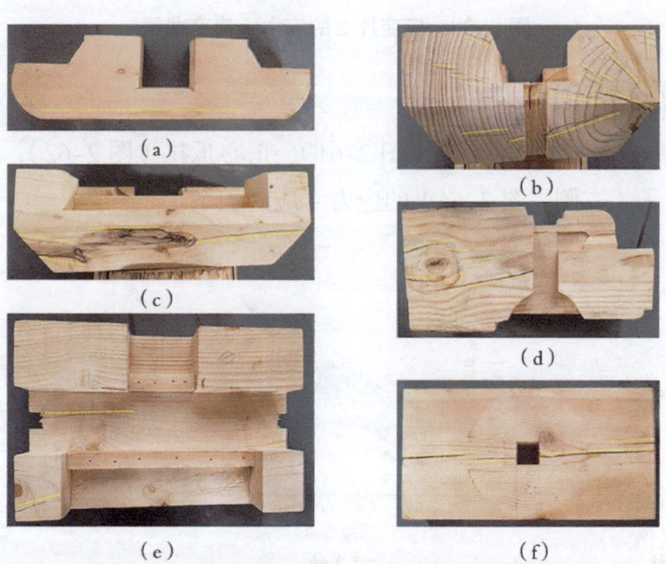

图2-58 清式柱头科“一斗三升”斗拱的破坏机制

2. 关键节点的内力变化

应变片 1 处于正心瓜拱与抱头梁的十字榫卯交接处，其沿着 *Z* 轴、*Y* 轴、*X* 轴的应力 – 应变曲线如图 2–59 所示。应变片 2 处于抱头梁与正心桁的榫卯交接处，其沿着 *Z* 轴、*Y* 轴、*X* 轴的应力 – 应变曲线如图 2–60 所示。

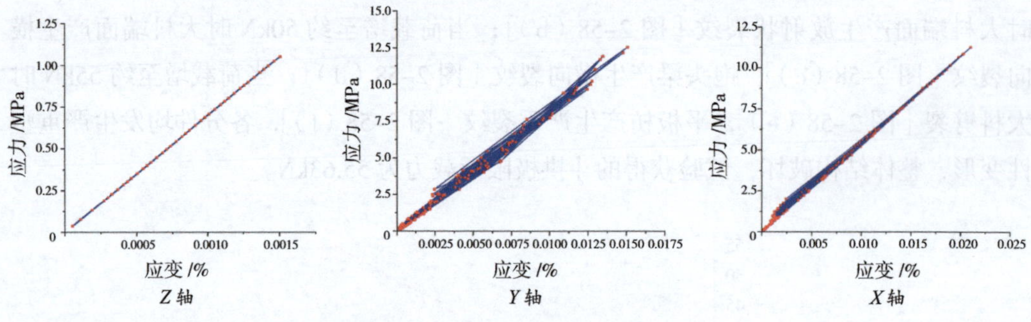

图 2–59　应变片 1 的应力 – 应变曲线

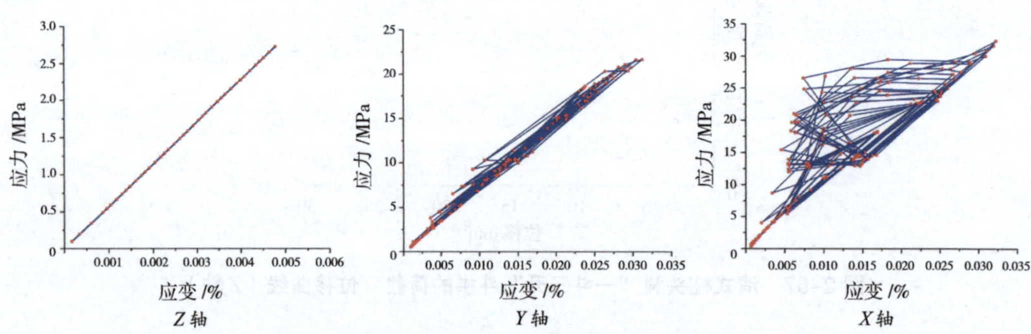

图 2–60　应变片 2 的应力 – 应变曲线

3. 关键部件的内力变化

应变片 3 ～ 6 分别测量了大料（图 2–61）、正心瓜拱（图 2–62）、槽升子（左侧，图 2–63）、槽升子（右侧，图 2–64）的应力 – 应变关系。

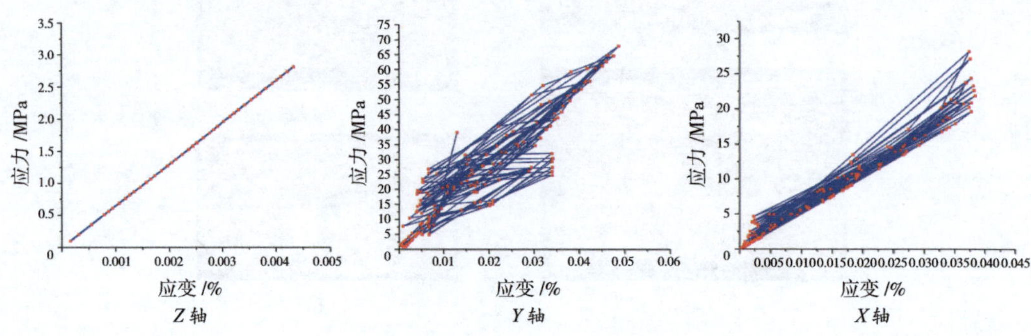

图 2–61　大料的应力 – 应变曲线

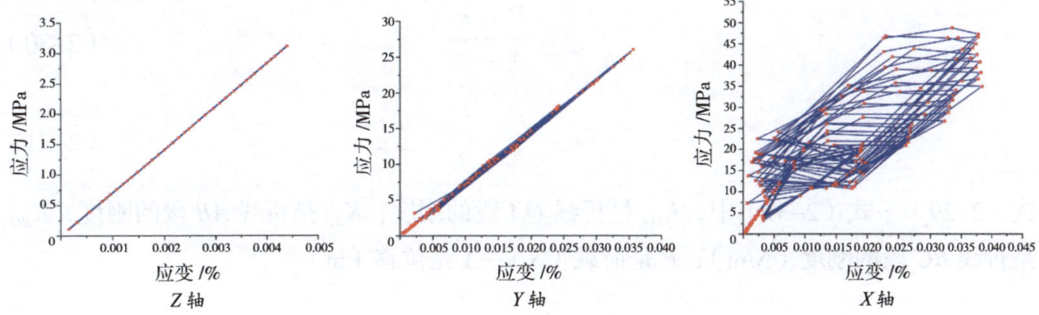

图 2-62　正心瓜拱的应力 - 应变曲线

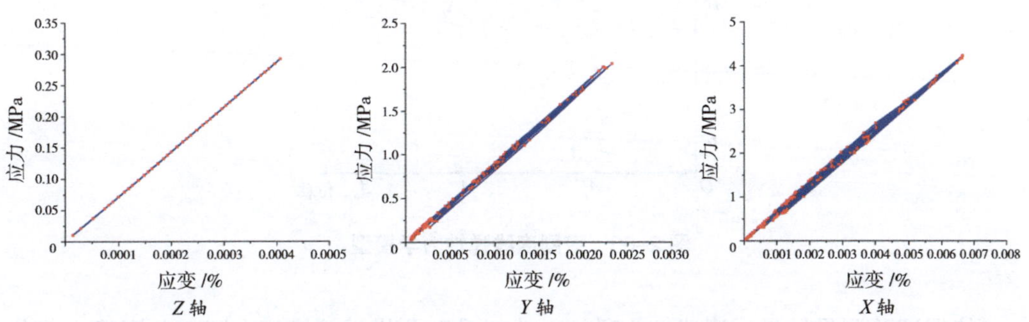

图 2-63　槽升子（左侧）的应力 - 应变曲线

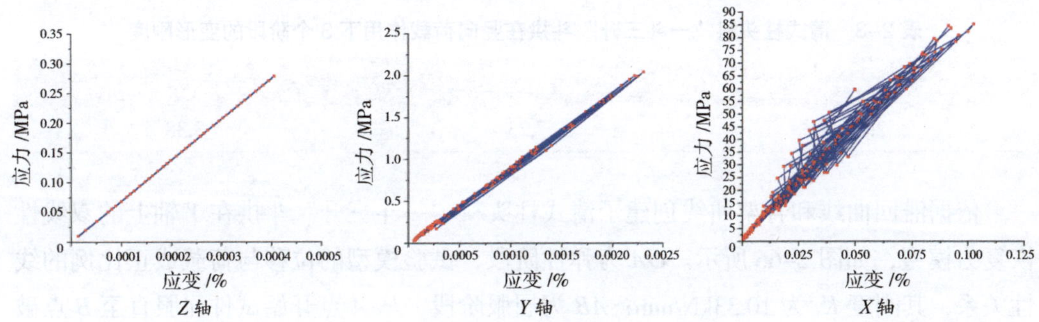

图 2-64　槽升子（右侧）的应力 - 应变曲线

清式柱头科“一斗三升”斗拱试验模型在竖向单调静力荷载下的力学行为符合变刚度线弹性力学模型（图 2-65），在 *OA* 阶段斗拱各分件之间的空隙被挤紧，构件整体承受少量荷载；*AB* 阶段中力与位移之间呈线性关系；*BC* 阶段中结构屈服，刚度退化，特征点 *A*、*B*、*C* 分别对应斗拱分件挤紧，屈服点和极限承载力点。*OA* 阶段、*AB* 阶段、*BC* 阶段的变形刚度依据式（2-29）～式（2-31）。

$$K_{OA}=\frac{P_x}{\varDelta_x} \tag{2-29}$$

$$K_{AB}=\frac{P_y-P_x}{\Delta_y-\Delta_x} \tag{2-30}$$

$$K_{BC}=\frac{P_b-P_y}{\Delta_b-\Delta_y} \tag{2-31}$$

式（2–29）～式（2–31）中，K_{OA} 是折线 OA 段的刚度，K_{AB} 是折线 AB 段的刚度，K_{BC} 是折线 BC 段的刚度（N/m）；P 是荷载（N）；Δ 是位移（m）。

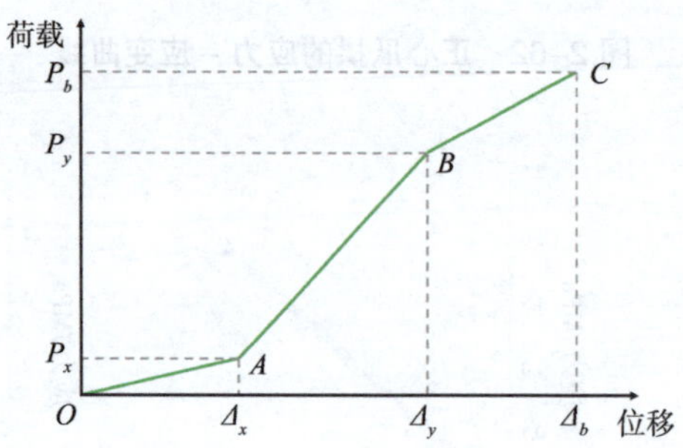

图 2–65　变刚度线弹性力学模型

依据试验测量结果，清式柱头科“一斗三升”斗拱试验模型在竖向单调静力荷载作用下 3 个阶段的变形刚度参照表 2–3。

表 2–3　清式柱头科“一斗三升”斗拱在竖向荷载作用下 3 个阶段的变形刚度

K_{OA}（kN/mm）	K_{AB}（kN/mm）	K_{BC}（kN/mm）
2.61	7.23	3.38

依据滞回曲线和骨架曲线创建了清式柱头科“一斗三升”斗拱在 Y 轴上的双线性恢复力模型，如图 2–66 所示。OA 为弹性阶段，试验模型的位移与荷载成正比例的线性关系，其刚度 K_1 为 10.33kN/mm；AB 为屈服阶段，从 A 点开始试件屈服直至 B 点破坏，试验模型在塑性阶段的刚度 K_2 为 2.58kN/mm；K_3 为恢复力模型的最大承载力与最大位移的比值，称为斗拱的有效刚度，试验模型的有效刚度 K_3 为 4.13kN/mm。斗拱构件的极限位移和屈服位移，两者的比值为构件的延性，更大的延性反映出斗拱具有更好的变形能力，清式柱头科“一斗三升”斗拱在 Y 轴方向的延性为 5.23。

如果将斗拱木构件看作中国古代木结构建筑屋顶与立柱之间的减震器，可以引入非线性系数 NL 来定量评价斗拱木构件的减震效果，NL 等于图 2–66 中恢复力模型的面积 S_{ABCDE} 与矩形面积 S_{BGEF} 的比值，NL 可以表征斗拱木构件的耗能能力，清式柱头科“一斗三升”斗拱在 Y 轴方向的非线性系数 NL 为 0.187。等效黏滞阻尼系数越大表明斗拱构件的耗能能力越强，等效黏滞阻尼系数依据图 2–67 和式（2–32）计算，清式柱头科“一斗三升”斗拱在 Y 轴方向的等效黏滞阻尼系数为 0.104。

$$h_e = \frac{1}{2\pi} \cdot \frac{S_{ABC}}{S_{OBD}} \tag{2-32}$$

式中，h_e 表示等效黏滞阻尼系数；S_{ABC} 和 S_{OBD} 分别表示对应形状的面积。

依据滞回曲线和骨架曲线创建了清式柱头科“一斗三升”斗拱在 X 轴上的双线性恢复力模型，如图 2-68 所示。试验模型沿 X 轴方向的弹性刚度 K_1 为 7.32kN/mm，塑性刚度 K_2 为 2.22kN/mm，有效刚度 K_3 为 3.33kN/mm。试验数据计算获得的延性为 4.57，非线性系数 NL 为 0.207，等效黏滞阻尼系数为 0.121。

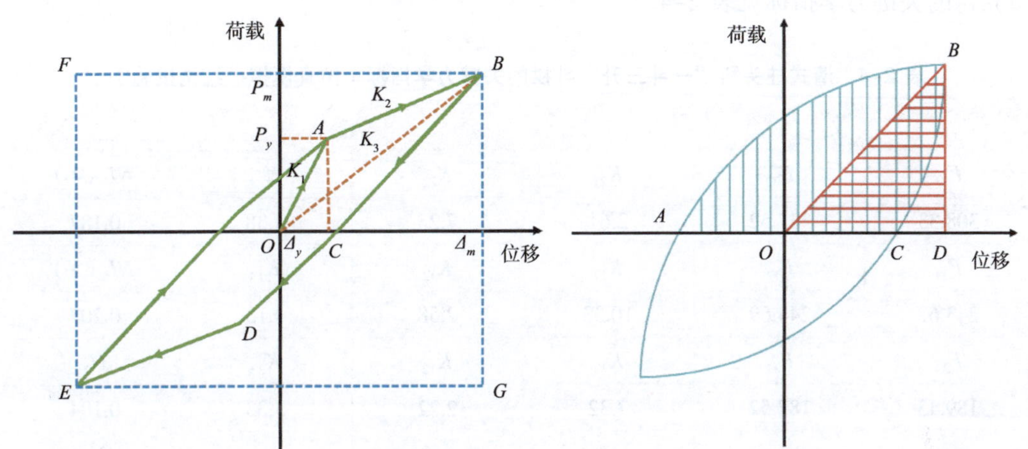

图 2-66 “一斗三升”斗拱 Y 轴方向的恢复力模型

图 2-67 等效黏滞阻尼系数的计算

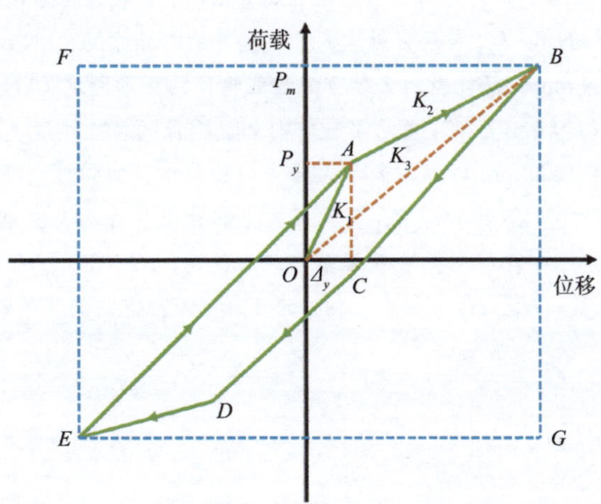

图 2-68 “一斗三升”斗拱 X 轴方向的恢复力模型

从 X、Y、Z 轴三个方向评价清式柱头科“一斗三升”斗拱的静力结构行为和受力变形特点：Z 轴方向竖向单调静力加载下的结构行为符合变刚度线弹性力学模型，其变化特征分为 3 个阶段，第一阶段各分件之间的间隙和节点挤紧，第二阶段结构处于线性阶段，荷载与位移呈线性关系变化，第三阶段结构屈服直至破坏。Y、Z 轴方向上水平低周往复荷载作用下的结构行为符合多线性恢复力模型，其变化特征分为弹性、屈服和破坏三个阶段，加载过程中斗拱的刚度逐渐降低，坐标原点附近的滞回环捏拢，表现出滑移特征，水平荷载增大到一定程度后构件发生严重塑性变形，位移急剧增长。从强度、变形和能量三个方面评价清式柱头科“一斗三升”斗拱的静力性能，仿真模拟获得的关键力学指标见表 2–4。

表 2–4　清式柱头科“一斗三升”斗拱的关键力学指标（仿真模拟、结构试验）

强度		变形			能量
F_{Z1}	F_{Z2}	K_{Z1}	K_{Z2}	K_{Z3}	$NL(Y)$
308.33	337.52	2.61	7.23	3.38	0.187
F_{Y1}	F_{Y2}	K_{Y1}	K_{Y2}	K_{Y3}	$NL(X)$
243.62	244.69	10.33	2.58	4.13	0.207
F_{X1}	F_{X2}	K_{X1}	K_{X2}	K_{X3}	H_Y
189.43	187.52	7.32	2.22	3.33	0.104
		μ_Y	μ_X		H_X
		5.23	4.57		0.121

注：F_{Z1} 表示 Z 轴方向加载的屈服承载力（kN），F_{Z2} 表示 Z 轴方向加载的极限承载力（kN）；F_{Y1}、F_{Y2} 分别表示 Y 轴方向加载的正向、负向最大水平推力（kN）；F_{X1}、F_{X2} 分别表示 X 轴方向加载的正向、负向最大水平推力（kN）；K_{Z1} 表示 Z 轴方向加载构件的初始刚度（kN/mm），K_{Z2} 表示 Z 轴方向加载构件的屈服刚度（kN/mm），K_{Z3} 表示 Z 轴方向加载构件的变形刚度（kN/mm）；K_{Y1} 表示 Y 轴方向加载构件的弹性刚度（kN/mm），K_{Y2} 表示 Y 轴方向加载构件的塑性刚度（kN/mm），K_{Y3} 表示 Y 轴方向加载构件的有效刚度（kN/mm）；K_{X1} 表示 X 轴方向加载构件的弹性刚度（kN/mm），K_{X2} 表示 X 轴方向加载构件的塑性刚度（kN/mm），K_{X3} 表示 X 轴方向加载构件的有效刚度（kN/mm）；μ_Y 表示构件沿着 Y 轴方向的延性，μ_X 表示构件沿着 X 轴方向的延性；$NL(Y)$、$NL(X)$ 分别表示构件沿 Y 轴、X 轴方向的非线性系数；H_Y、H_X 分别表示构件沿 Y 轴、X 轴方向的等效黏滞阻尼系数。

第三章 唐代南禅寺大殿柱头斗拱的静力学特征研究

第一节 唐代南禅寺大殿柱头斗拱的构造形式

一、南禅寺大殿及其柱头斗拱概况

南禅寺大殿（图 3–1）位于山西省五台县（全国重点文物保护单位），建于唐建中三年（782 年），是现存最早的中国古代木结构建筑之一，其建筑风格壮丽简洁，实现了力学与美学的高度结合，唐代作风显著。南禅寺大殿的柱头斗拱（图 3–2）为五铺作斗拱，从栌斗口内出两跳，第一跳为偷心造，第二跳为计心造，第二跳从令拱出批竹昂。南禅寺大殿柱头斗拱的宋式命名法为“五铺作重拱出双抄，里转五铺作出单抄，并偷心，柱头铺作”。

图 3–1 南禅寺大殿

图 3–2　南禅寺大殿柱头斗拱

二、原型提取及试验模型的构建

试验模型的原型选自南禅寺大殿的柱头斗拱（图 3–3），研究对象是撩檐枋以下，柱头以上的斗拱木构造部分。

试验模型组合后的正立面、侧立面、仰视图、俯视图、透视图和整体构件的组合尺寸如图 3–4 所示，其中令拱上的替木和撩檐枋（圆形）简化为截面 170mm × 170mm 的枋，目的是在不改变斗拱构件整体性能的前提下便于分析和后期的试验加载。

试验模型的爆炸图（图 3–5）中标注了各分件的名称，其中主要分件 24 个，木销分为 3 种类型共 16 个，总计 40 个分件。

图 3–3　南禅寺大殿柱头斗拱的原型提取

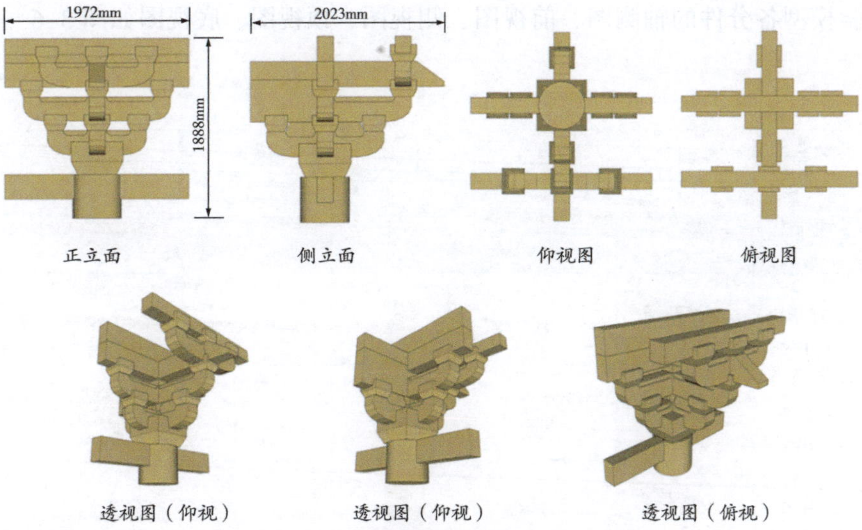

图 3-4　南禅寺大殿柱头斗拱的试验模型

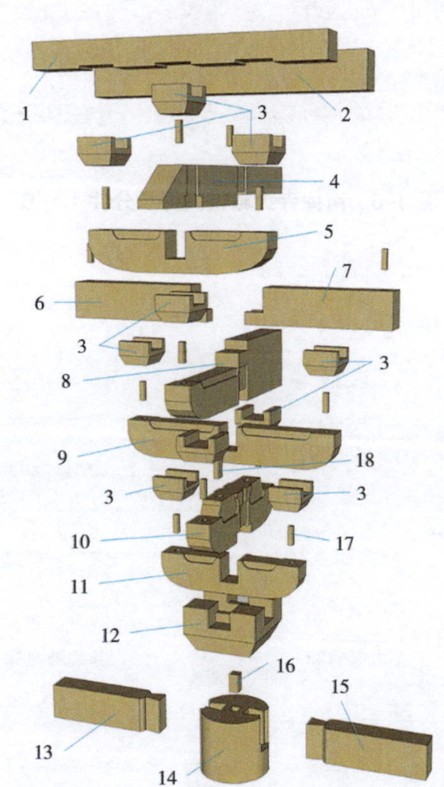

1—撩檐枋；2—压槽枋；3—散斗；4—缴背；5—令拱；
6—柱头枋 1；7—柱头枋 2；8—四椽栿；9—慢拱；10—华拱；
11—泥道拱；12—栌斗；13—阑额 1；14—柱头；15—阑额 2；
16—木销 1；17—木销 2；18—木销 3。

图 3-5　南禅寺大殿柱头斗拱试验模型的爆炸图

试验模型各分件的轴测图、前视图、侧视图、顶视图、底视图如图 3-6 ～图 3-8 所示。

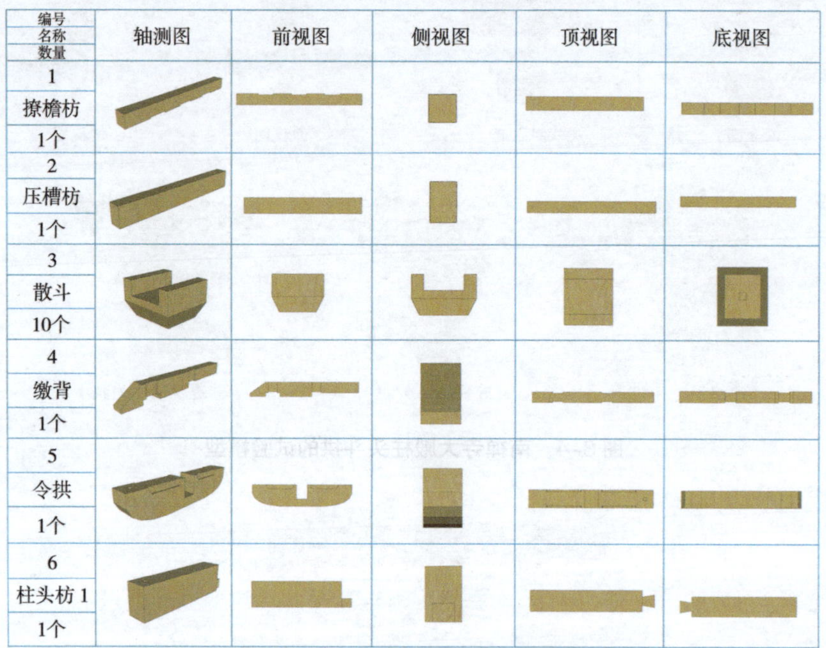

编号 名称 数量	轴测图	前视图	侧视图	顶视图	底视图
1 撩檐枋 1个					
2 压槽枋 1个					
3 散斗 10个					
4 缴背 1个					
5 令拱 1个					
6 柱头枋 1 1个					

图 3-6　南禅寺大殿柱头斗拱分件 1 ～ 6

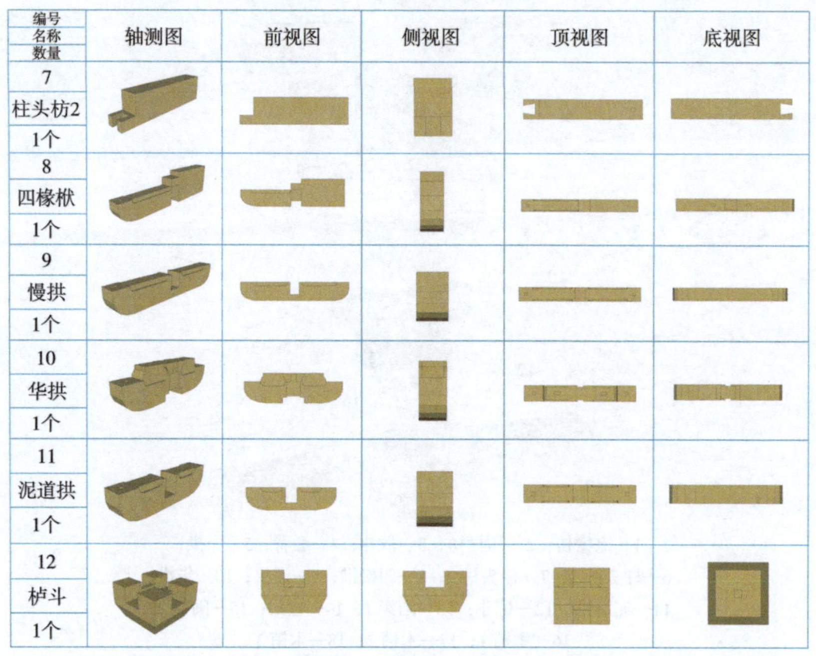

编号 名称 数量	轴测图	前视图	侧视图	顶视图	底视图
7 柱头枋2 1个					
8 四椽栿 1个					
9 慢拱 1个					
10 华拱 1个					
11 泥道拱 1个					
12 栌斗 1个					

图 3-7　南禅寺大殿柱头斗拱分件 7 ～ 12

编号 名称 数量	轴测图	前视图	侧视图	顶视图	底视图
13 阑额1 1个					
14 柱头 1个					
15 阑额2 1个					
16 木销1 1个					
17 木销2 13个					
18 木销3 2个					

图 3-8　南禅寺大殿柱头斗拱分件 13 ～ 18

第二节　唐代南禅寺大殿柱头斗拱的仿真模拟

采用 Revit 软件建模的唐代南禅寺大殿柱头斗拱模型如图 3-9 所示，将 Revit 构建完成的模型导出为 ACIS（SAT）格式，随后将 Revit 的导出文件导入 ANSYS。

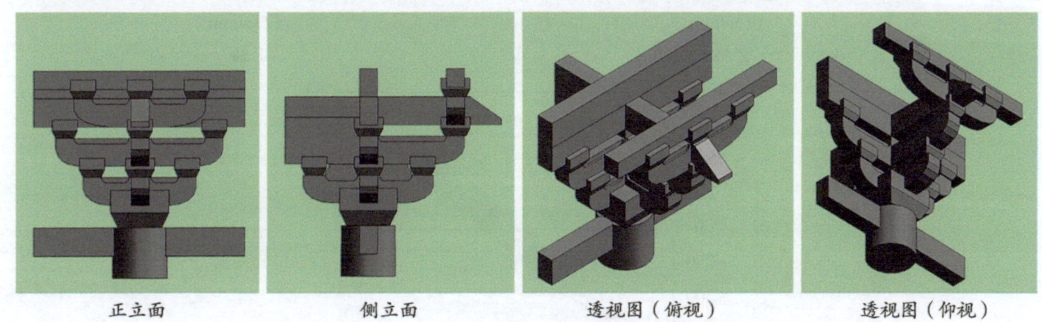

图 3-9　Revit 软件创建的唐代斗拱模型

仿真模拟中的试验模型为 1：1 的足尺模型，划分并装配后的唐代斗拱的网格系统如图 3-10 所示。

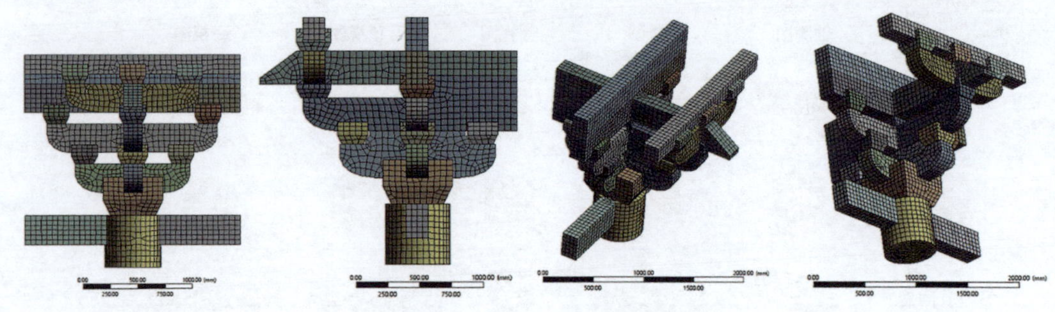

图 3-10　唐代斗拱的网格系统

一、整体构件的静力结构行为

Z 轴方向的竖向单调加载仿真模拟获得的荷载 – 位移曲线如图 3-11 所示，仿真模拟加载至 337.56kN 后结果不收敛。Y 轴、X 轴方向上的水平低周往复荷载作用下的拟静力加载的荷载 – 位移滞回曲线的仿真结果如图 3-11 所示。试验模型沿 Y 轴的最大水平推力为 1416.87kN；试验模型沿 X 轴的最大水平推力为 746.52kN。

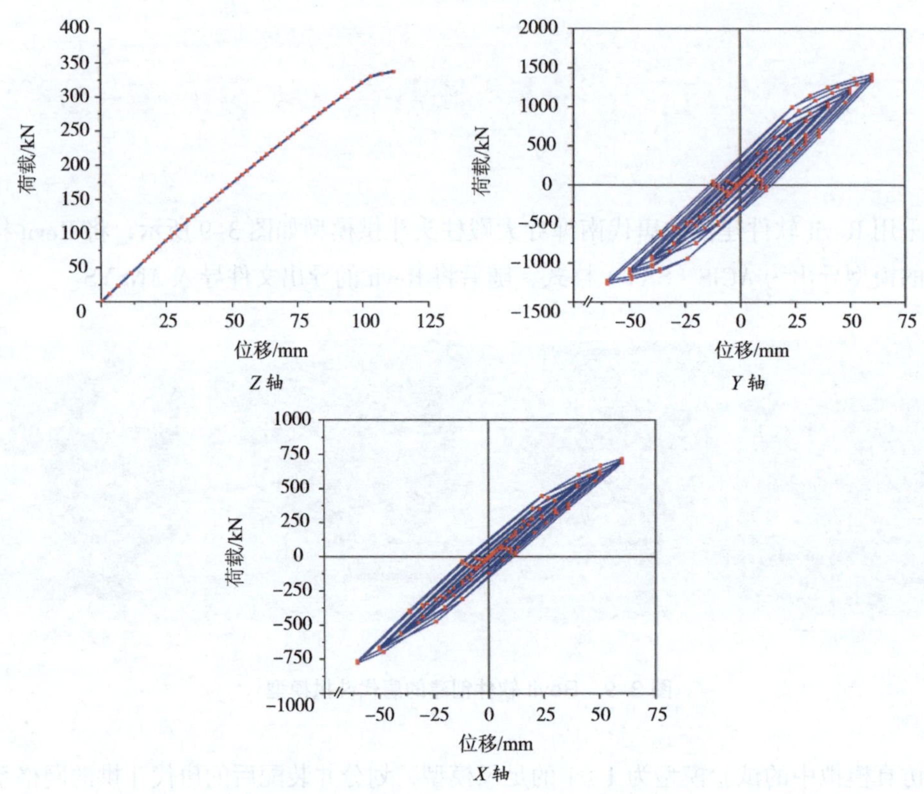

图 3-11　唐代斗拱在 Z 轴、Y 轴、X 轴上的荷载位移曲线（仿真模拟）

依据滞回曲线获得的 Y 轴、X 轴的荷载 – 位移骨架曲线如图 3–12 所示，提取骨架曲线中每一段的刚度获得了试件的刚度退化曲线（图 3–13）。

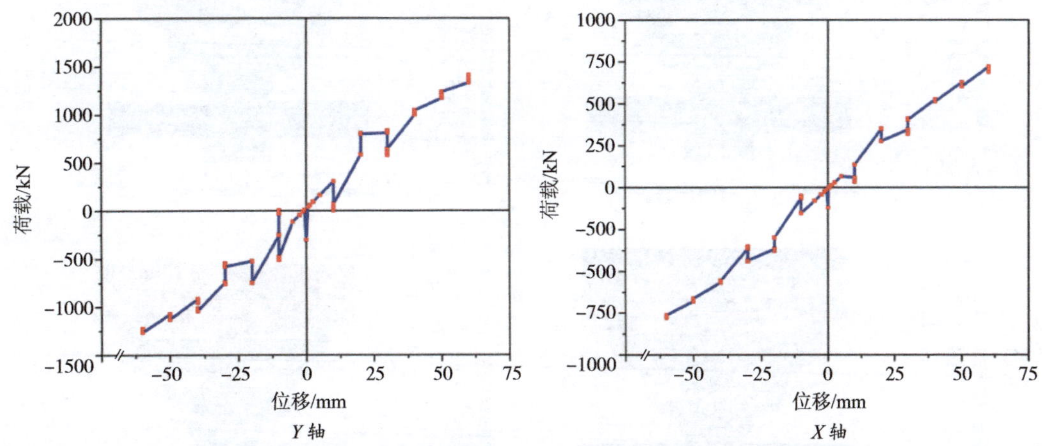

图 3–12 唐代斗拱在 Y 轴、X 轴上的骨架曲线（仿真模拟）

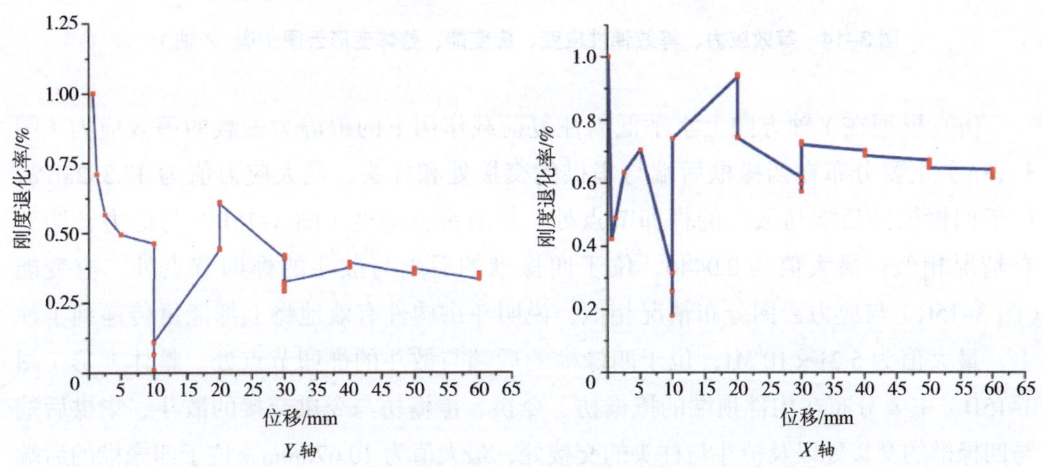

图 3–13 唐代斗拱在 Y 轴、X 轴上的刚度退化曲线（仿真模拟）

唐代斗拱在 Z 轴方向上竖向单调加载的等效应力（图 3–14A）主要分布在正心的榫卯节点处和分件的中部，最大应力点为 21.747MPa，位于栌斗与柱头的交接处。等效弹性应变（图 3–14B）与应力云图分布情况相似，最大点为 0.0347，位于栌斗与柱头的交接处。应变能（图 3–14C）主要分布于正心的栌斗和柱头处，说明斗拱构件有效地将上部能量传递到了柱上，最大点为 18664MJ，位于栌斗与柱头的交接处。整体变形（图 3–14D）从撩檐枋向下逐渐减少，最大点为 103.39mm，位于撩檐枋的顶端。

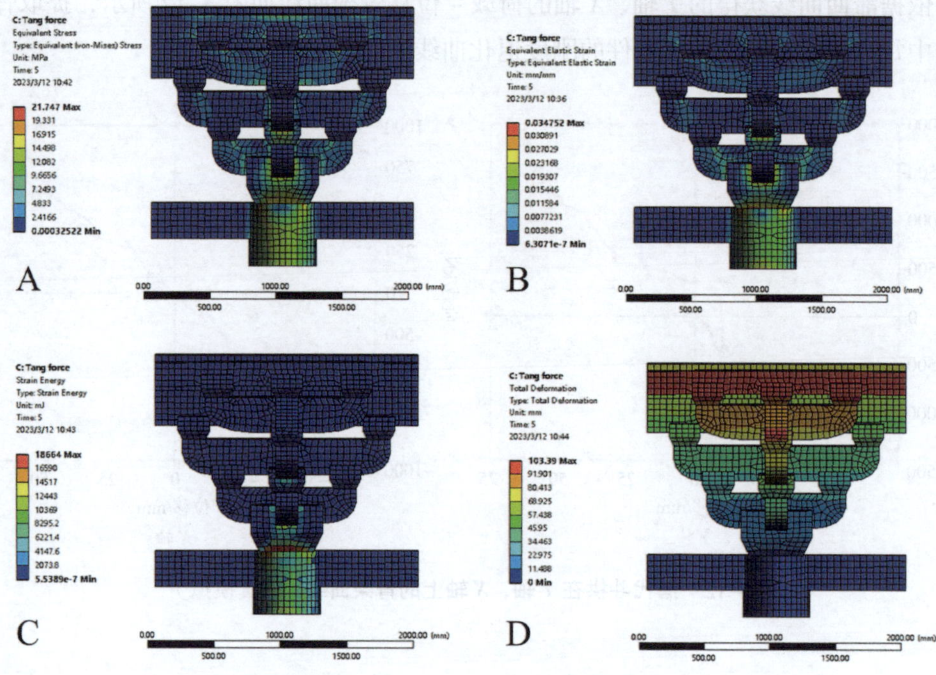

图 3-14　等效应力、等效弹性应变、应变能、整体变形云图（唐 -Z 轴）

仿真模型在 Y 轴方向上水平低周往复荷载作用下的拟静力加载的等效应力（图 3-15A）主要分布在四椽栿后端与华拱的交接处和柱头，最大应力值为 37.252MPa，位于四椽栿的后端与散斗的榫卯节点处。等效弹性应变（图 3-15B）与应力云图分布情况相似，最大值为 0.0446，位于四椽栿的后端与散斗的榫卯节点处。应变能（图 3-15C）与应力云图分布情况相似，说明斗拱构件有效地将上部能量传递到了柱上，最大值为 5.21×10^6MJ，位于四椽栿的后端与散斗的榫卯节点处。整体变形（图 3-15D）主要分布在构件顶端的撩檐枋、令拱、撩檐枋与令拱交接的散斗、华拱后端与四椽栿的交接处以及栌斗与柱头的交接处，最大值为 10.678mm，位于四椽栿的后端与散斗的榫卯节点处。

仿真模型在 X 轴方向上水平低周往复荷载作用下的拟静力加载的等效应力（图 3-16A）主要分布在左侧柱头枋与散斗交接的榫卯节点处，最大应力值为 41.159MPa，位于左侧柱头枋与散斗交接的榫卯节点处。等效弹性应变（图 3-16B）与应力云图分布情况相似，最大值为 0.0301，位于左侧散斗与慢拱交接的榫卯节点处。应变能（图 3-16C）与应力云图分布情况相似，最大值为 2.5225×10^6MJ，位于左侧柱头枋与散斗交接的榫卯节点处。整体变形（图 3-16D）广泛分布在整体构件的上部，最大值为 9.574mm，位于撩檐枋右端。X 轴方向上水平低周往复荷载作用下的拟静力加载对柱头枋与散斗交接的榫卯节点可能产生最大的变形甚至是破坏。

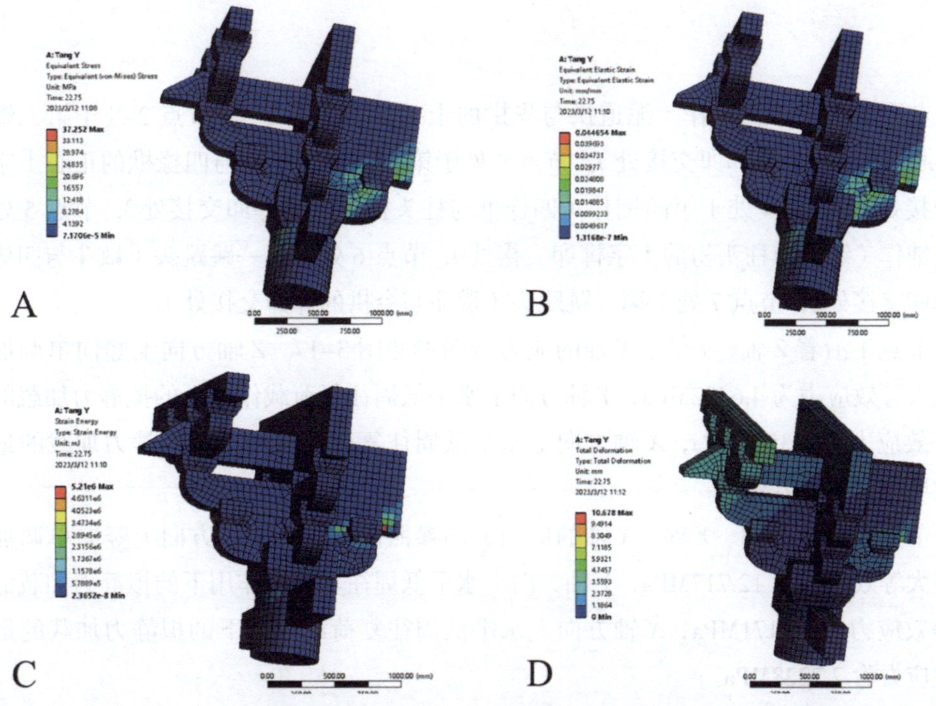

图 3–15 等效应力、等效弹性应变、应变能、整体变形云图（唐 -*Y* 轴）

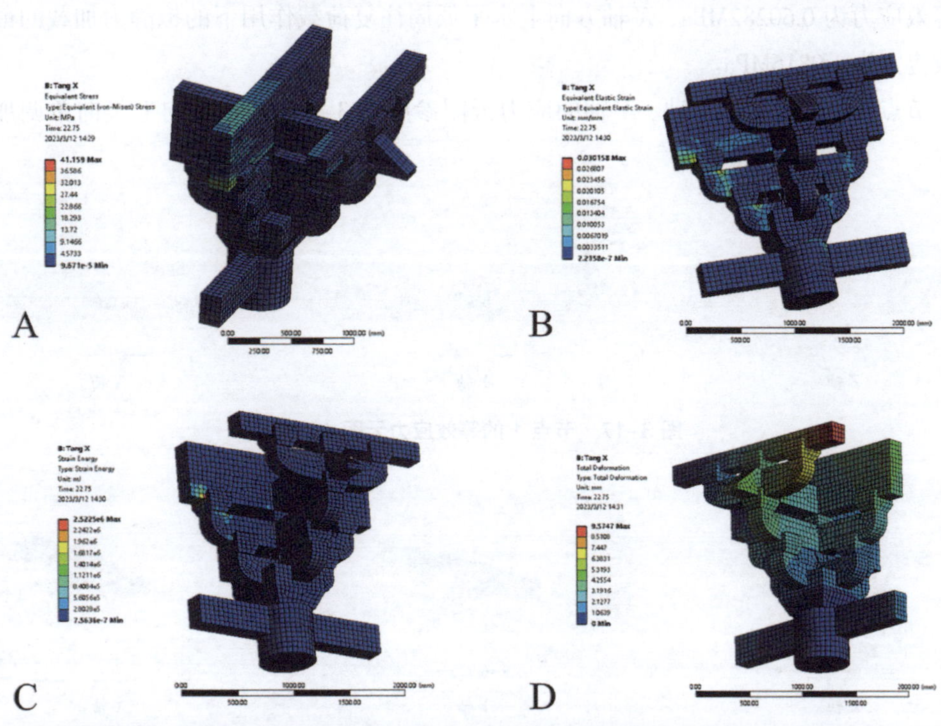

图 3–16 等效应力、等效弹性应变、应变能、整体变形云图（唐 -*X* 轴）

二、关键节点的内力变化

节点 1 处于第一铺作（泥道拱与华拱的十字榫卯交接处），节点 2 处于第二铺作（华拱与慢拱的十字榫卯交接处），节点 3 处于第三铺作（慢拱与四椽栿的正心十字榫卯交接处），节点 4 处于第四铺作（四椽栿与柱头枋的十字榫卯交接处），节点 5 处于第五铺作（缴背与柱头枋的十字榫卯交接处），节点 6 处于第一跳跳头（散斗与四椽栿的榫卯交接处），节点 7 处于第二跳跳头（散斗与令拱的榫卯交接处）。

节点 1 沿着 *Z* 轴、*Y* 轴、*X* 轴的应力云图参照图 3–17。*Z* 轴方向上竖向单调加载的最大等效应力为 4.6502MPa，*Y* 轴方向上水平低周往复荷载作用下的拟静力加载的最大等效应力为 3.3539MPa，*X* 轴方向上水平低周往复荷载作用下的拟静力加载的最大等效应力为 1.3791MPa。

节点 2 沿着 *Z* 轴、*Y* 轴、*X* 轴的应力云图参照图 3–18。*Z* 轴方向上竖向单调加载的最大等效应力为 12.717MPa，*Y* 轴方向上水平低周往复荷载作用下的拟静力加载的最大等效应力为 20.171MPa，*X* 轴方向上水平低周往复荷载作用下的拟静力加载的最大等效应力为 7.7228MPa。

节点 3 沿着 *Z* 轴、*Y* 轴、*X* 轴的应力云图参照图 3–19。*Z* 轴方向上竖向单调加载的最大等效应力为 6.9378MPa，*Y* 轴方向上水平低周往复荷载作用下的拟静力加载的最大等效应力为 0.60282MPa，*X* 轴方向上水平低周往复荷载作用下的拟静力加载的最大等效应力为 1.9816MPa。

节点 4 沿着 *Z* 轴、*Y* 轴、*X* 轴的应力云图参照图 3–20。*Z* 轴方向上竖向单调加载

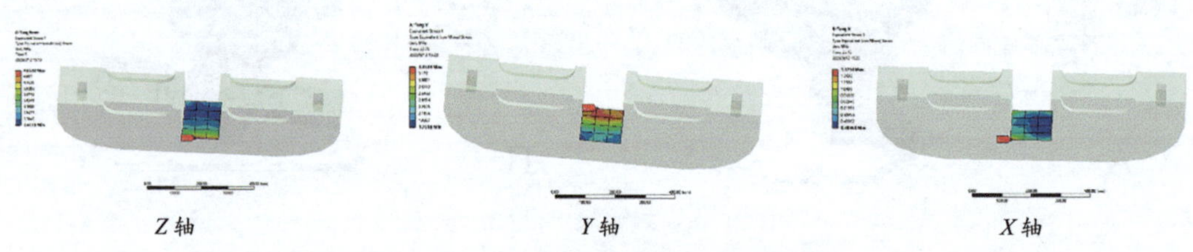

图 3–17　节点 1 的等效应力云图（唐）

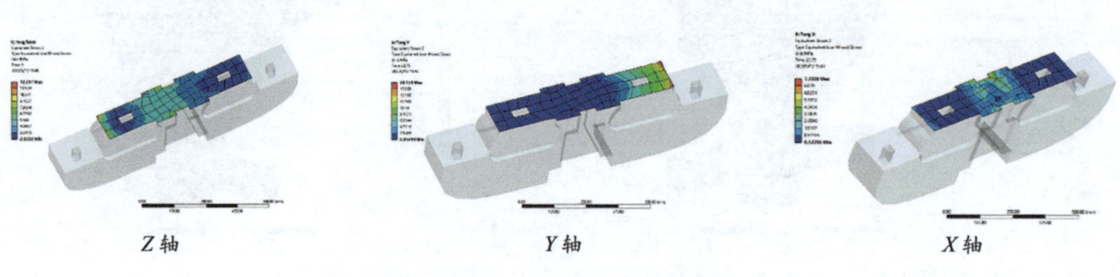

图 3–18　节点 2 的等效应力云图（唐）

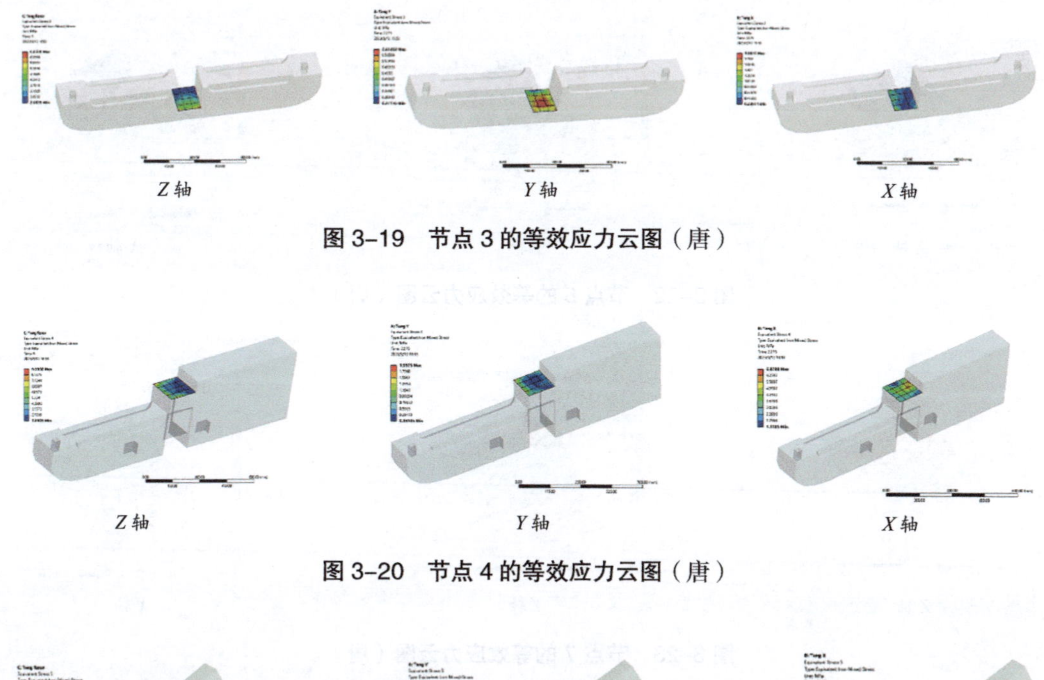

图 3-19 节点 3 的等效应力云图（唐）

图 3-20 节点 4 的等效应力云图（唐）

Z 轴　　Y 轴　　X 轴

图 3-21 节点 5 的等效应力云图（唐）

的最大等效应力为 9.3908MPa，*Y* 轴方向上水平低周往复荷载作用下的拟静力加载的最大等效应力为 1.9975MPa，*X* 轴方向上水平低周往复荷载作用下的拟静力加载的最大等效应力为 6.8788MPa。

节点 5 沿着 *Z* 轴、*Y* 轴、*X* 轴的应力云图参照图 3-21。*Z* 轴方向上竖向单调加载的最大等效应力为 3.2238MPa，*Y* 轴方向上水平低周往复荷载作用下的拟静力加载的最大等效应力为 0.67631MPa，*X* 轴方向上水平低周往复荷载作用下的拟静力加载的最大等效应力为 3.2705MPa。

节点 6 沿着 *Z* 轴、*Y* 轴、*X* 轴的应力云图参照图 3-22。*Z* 轴方向上竖向单调加载的最大等效应力为 19.228MPa，*Y* 轴方向上水平低周往复荷载作用下的拟静力加载的最大等效应力为 4.3765MPa，*X* 轴方向上水平低周往复荷载作用下的拟静力加载的最大等效应力为 2.6816MPa。

节点 7 沿着 *Z* 轴、*Y* 轴、*X* 轴的应力云图参照图 3-23。*Z* 轴方向上竖向单调加载

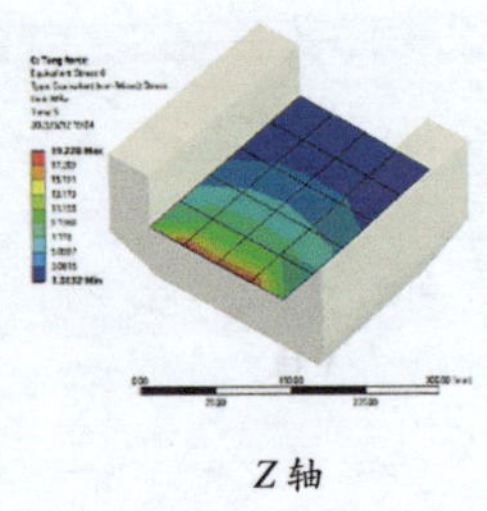
Z 轴

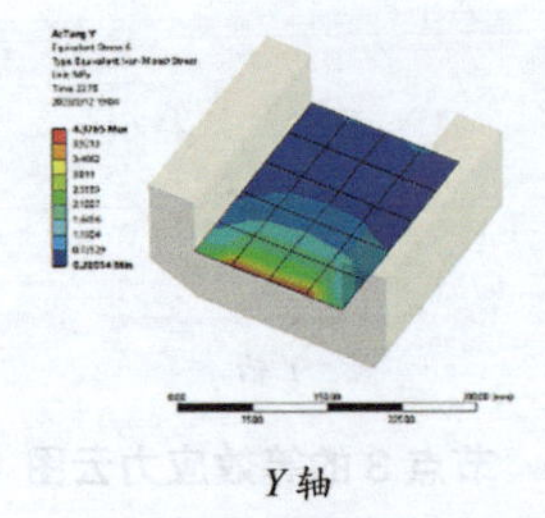
Y 轴

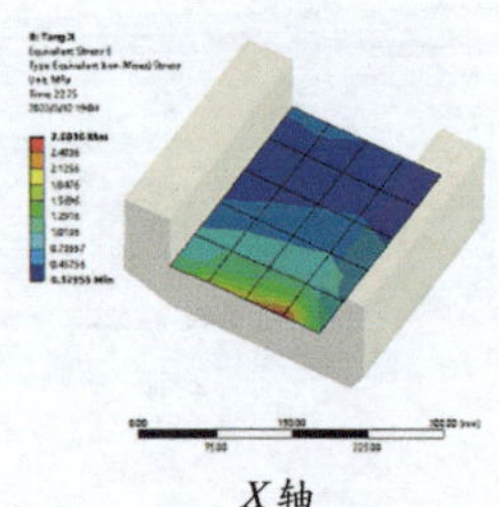
X 轴

图 3-22　节点 6 的等效应力云图（唐）

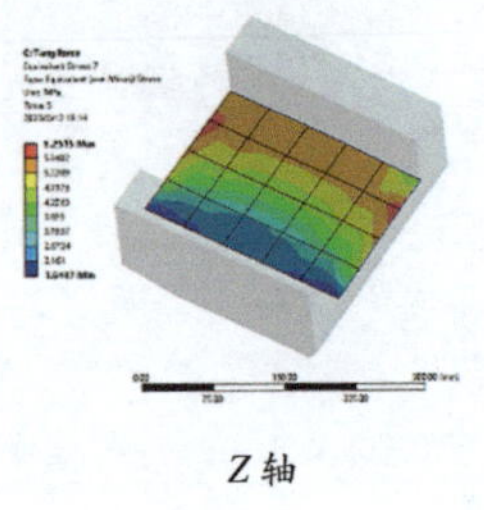
Z 轴

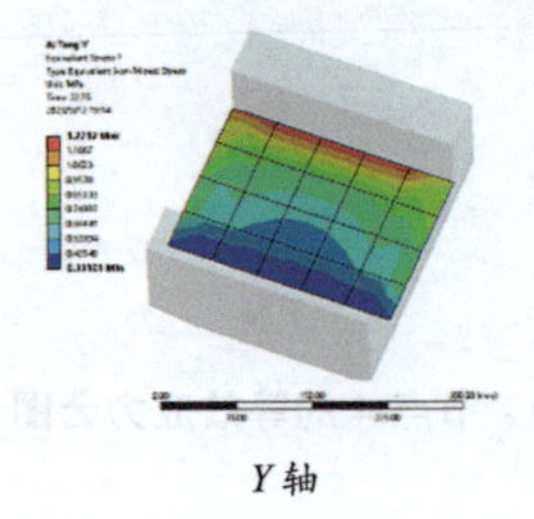
Y 轴

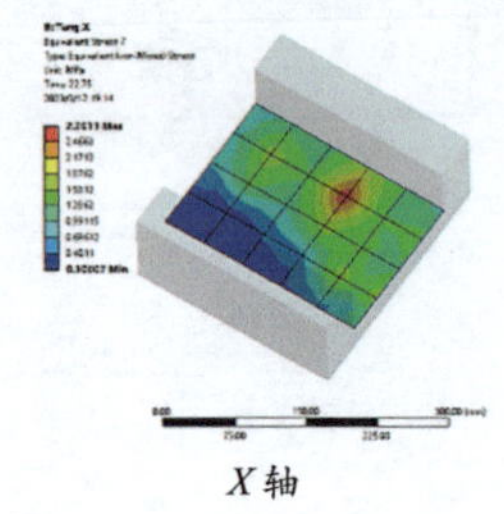
X 轴

图 3-23　节点 7 的等效应力云图（唐）

的最大等效应力为 6.2515MPa，Y 轴方向上水平低周往复荷载作用下的拟静力加载的最大等效应力为 1.2712MPa，X 轴方向上水平低周往复荷载作用下的拟静力加载的最大等效应力为 2.7613MPa。

三、关键部件的内力变化

泥道拱（图 3-24）在 Z 轴加载的最大等效应力为 21.747MPa；Y 轴加载的最大等效应力为 5.0465MPa；X 轴加载的最大等效应力为 32.531MPa。慢拱（图 3-25）在 Z 轴加载的最大等效应力为 10.884MPa；Y 轴加载的最大等效应力为 1.5371MPa；X 轴加载的最大等效应力为 38.069MPa。华拱（图 3-26）在 Z 轴加载的最大等效应力为 17.356MPa；Y 轴加载的最大等效应力为 20.171MPa；X 轴加载的最大等效应力为 7.7228MPa。四椽栿（图 3-27）在 Z 轴加载的最大等效应力为 18.964MPa；Y 轴加载的最大等效应力为 37.252MPa；X 轴加载的最大等效应力为 7.3125MPa。栌斗（图 3-28）在 Z 轴加载的最大等效应力为 20.934MPa；Y 轴加载的最大等效应力为 21.241MPa；X 轴加载的最大等效应力为 6.6537MPa。散斗（图 3-29）在 Z 轴加载的最大等效应力为 5.2088MPa；Y 轴加载的最大等效应力为 0.74105MPa；X 轴加载的最大等效应力为 16.046MPa。缴背（图 3-30）在 Z 轴加载的最大等效应力为 8.474MPa；Y 轴加载的最大等效应力为 4.0844MPa；X 轴加载的最大等效应力为 5.6788MPa。

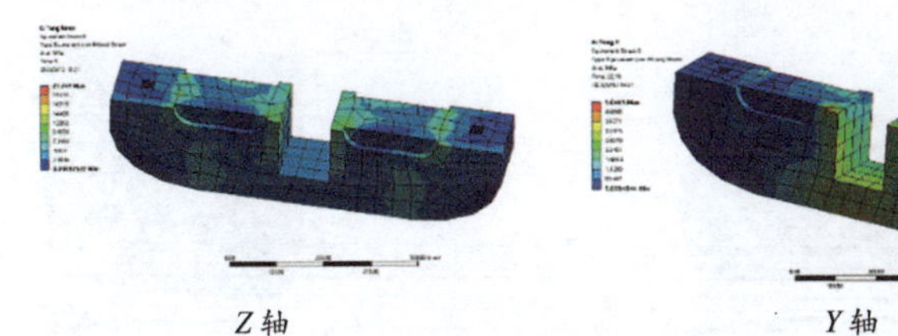
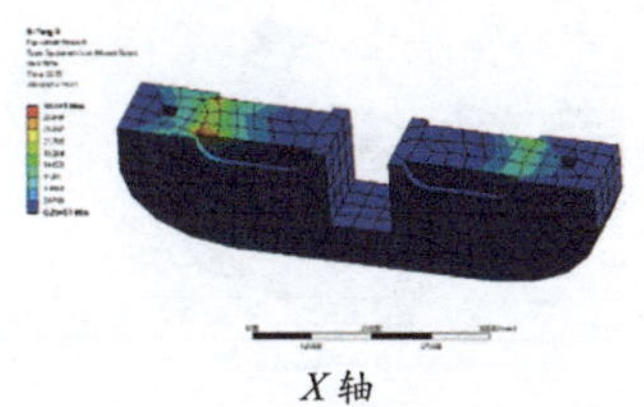

Z 轴　　*Y* 轴　　*X* 轴

图 3-24　泥道拱的等效应力云图（唐）

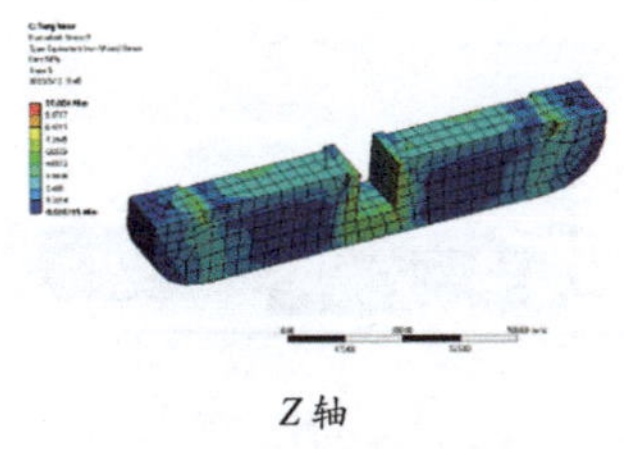
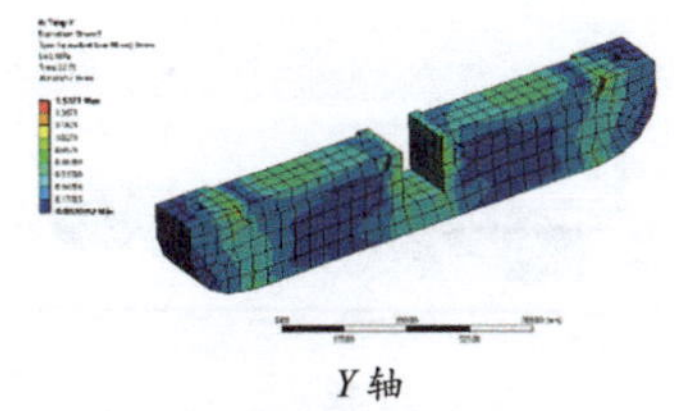
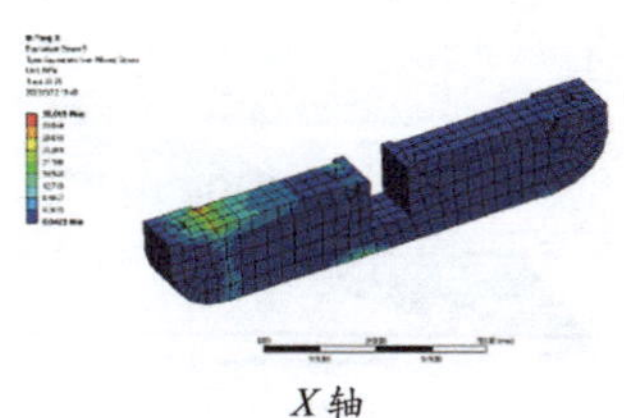

Z 轴　　*Y* 轴　　*X* 轴

图 3-25　慢拱的等效应力云图（唐）

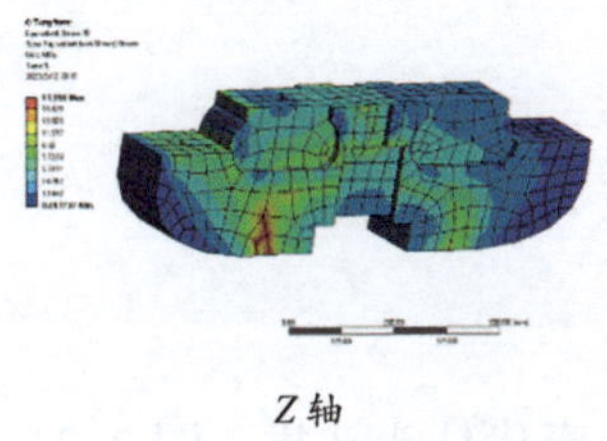
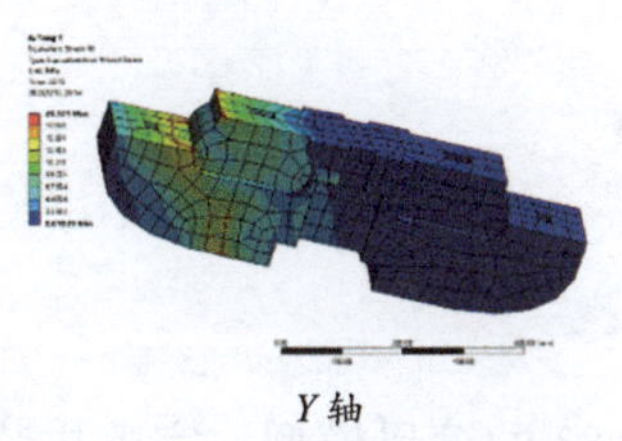
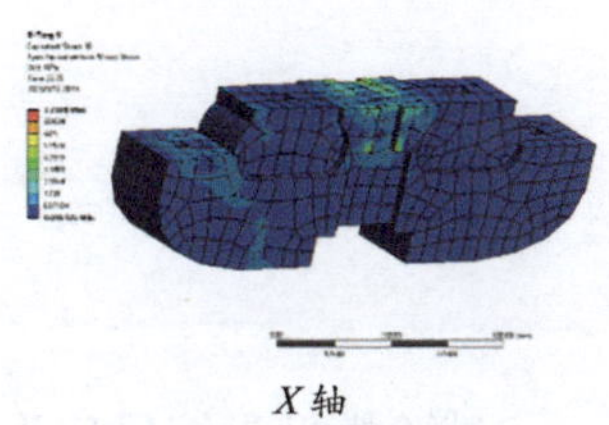

Z 轴　　*Y* 轴　　*X* 轴

图 3-26　华拱的等效应力云图（唐）

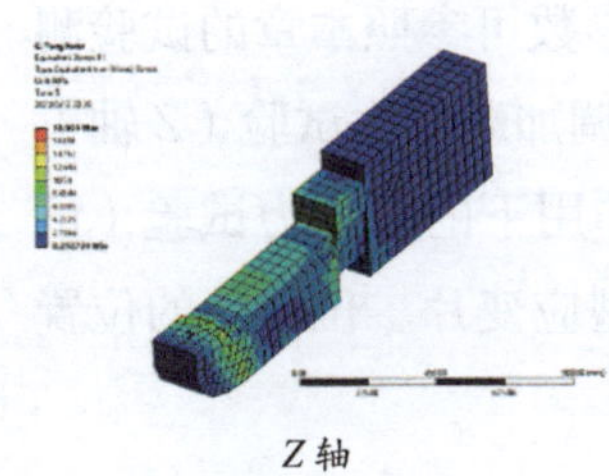
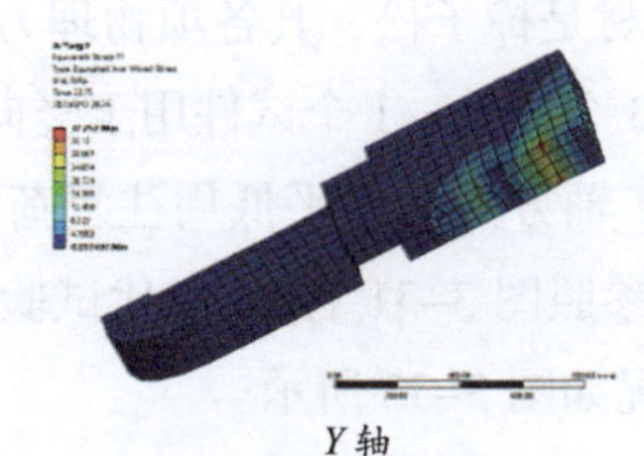
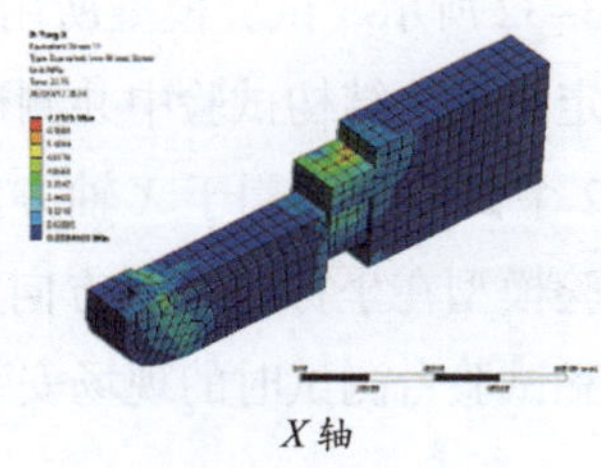

Z 轴　　*Y* 轴　　*X* 轴

图 3-27　四椽栿的等效应力云图（唐）

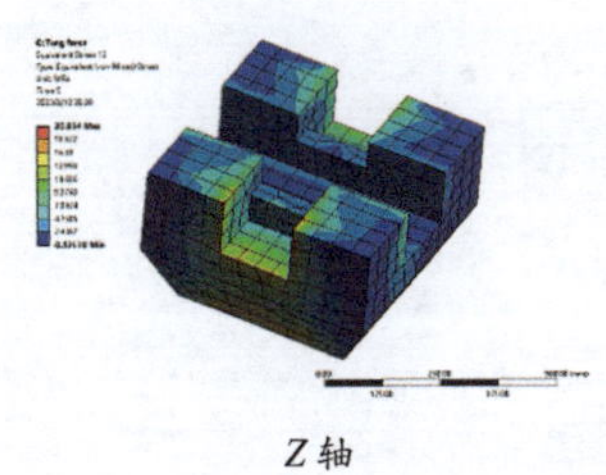
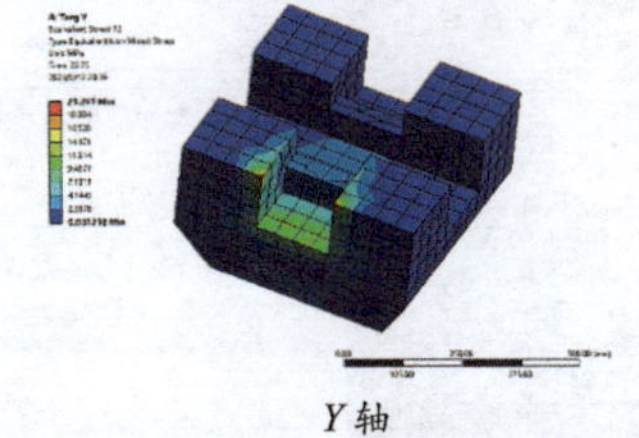
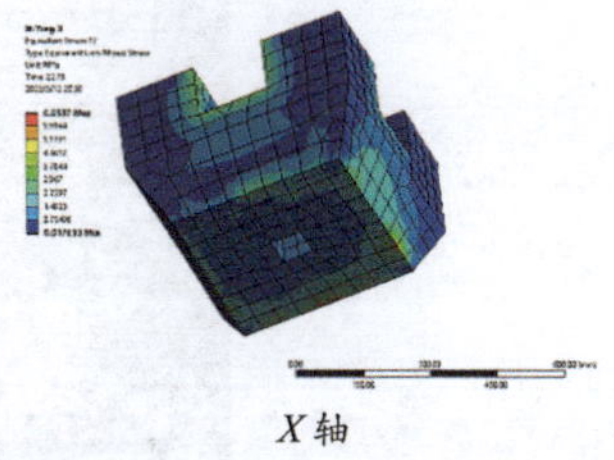

Z 轴　　*Y* 轴　　*X* 轴

图 3-28　栌斗的等效应力云图（唐）

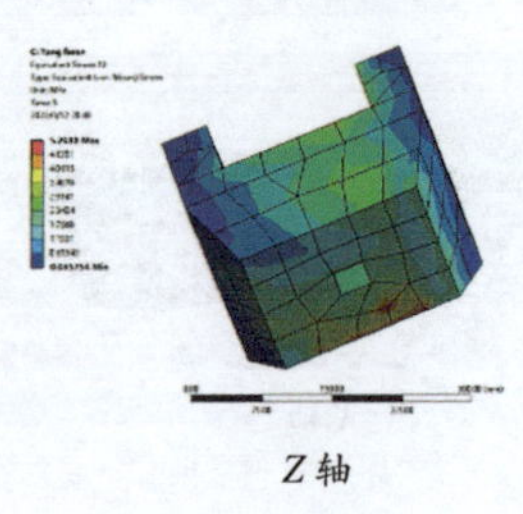

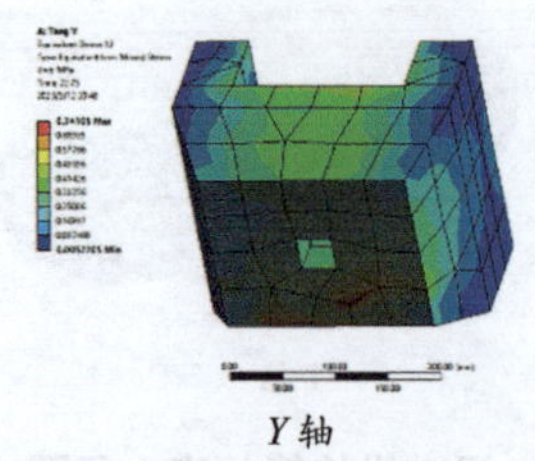

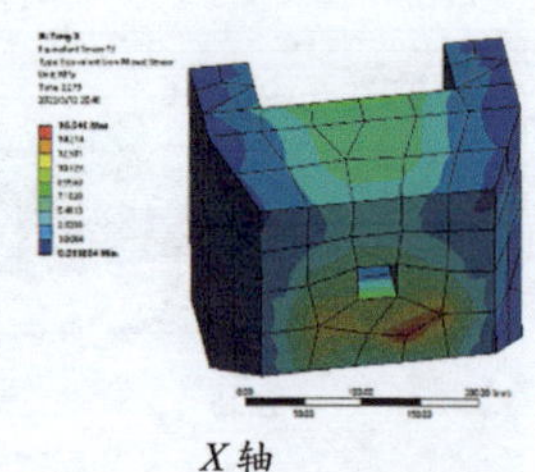

图 3–29　散斗的等效应力云图（唐）

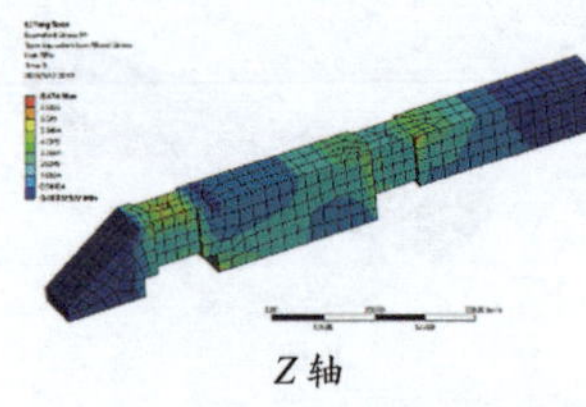

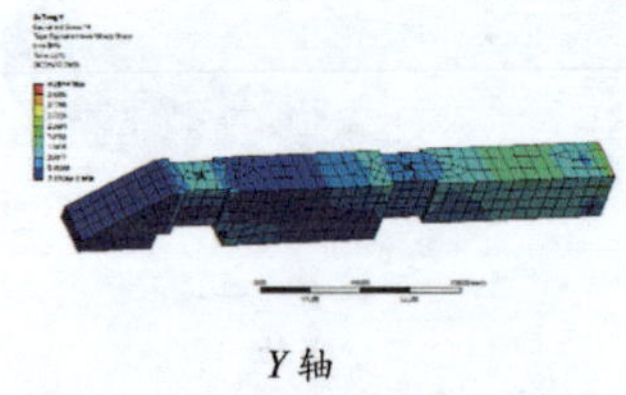

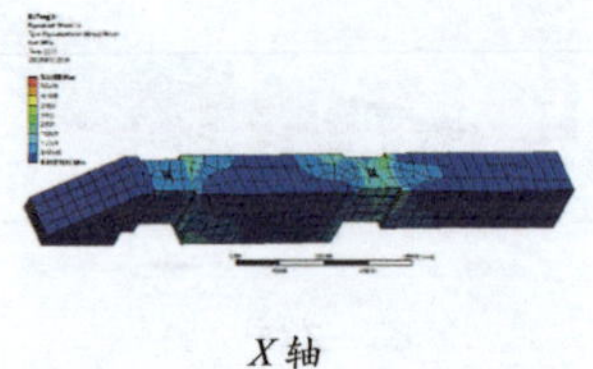

图 3–30　缴背的等效应力云图（唐）

第三节　唐代南禅寺大殿柱头斗拱的结构试验

试验模型是缩尺比为 1∶2.83 的缩尺模型，完整拼装后的唐代柱头斗拱（图 3–31 左）的整体尺寸是 740 mm（长）× 600 mm（宽）× 710 mm（高），所有分件如图 3–32 所示。试验模型所用的木材是樟子松，其各项物理力学参数可参照本章的试验测定结果。结构试验中共测试了 3 个试件，1 个试件用于竖向单调加载静力试验（*Z* 轴），2 个试件分别用于 *X* 轴方向、*Y* 轴方向的水平低周往复荷载作用下的拟静力试验（试验模型在坐标轴中的方向定义参照图 3–31 右）。唐代试验模型应变片、位移计的位置和试验台测试时的现场安装情况如图 3–33 所示。

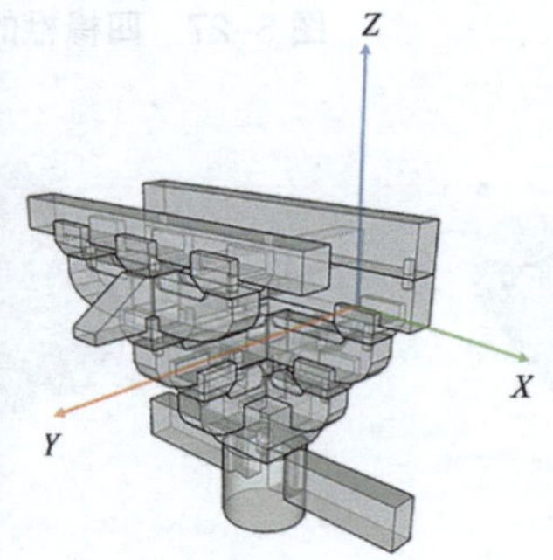

图 3–31　唐代斗拱的结构试验模型

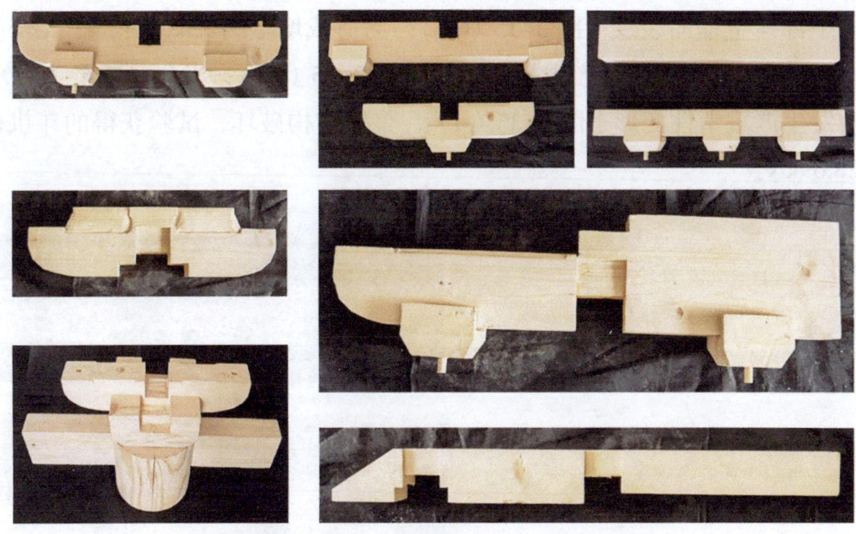

图 3-32　唐代斗拱结构试验模型的分件

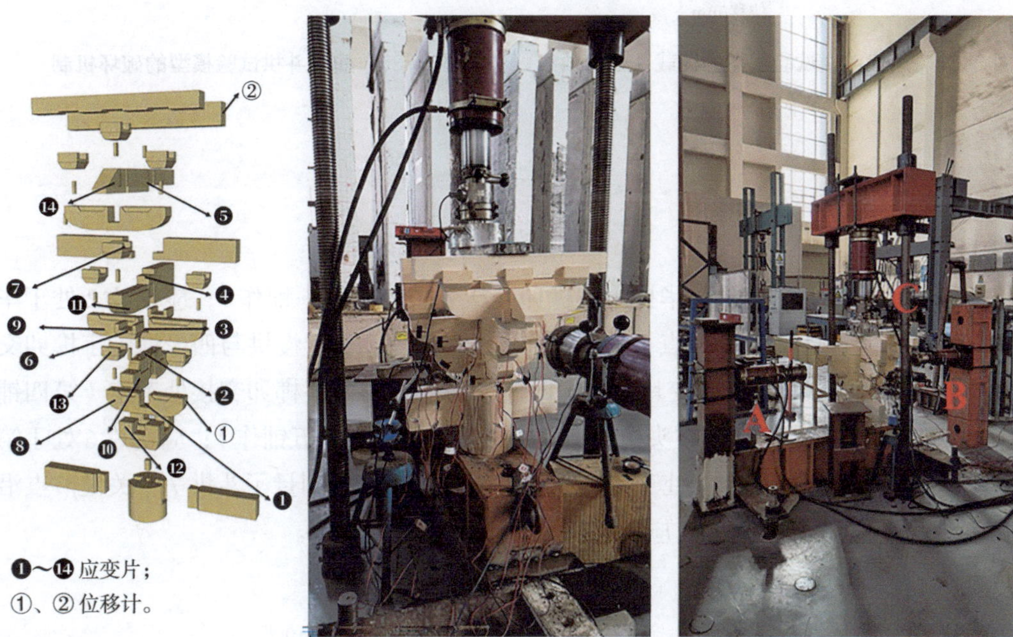

图 3-33　唐代斗拱结构试验模型的测试安装现场

一、整体构件的静力结构行为

Z 轴方向的竖向单调加载静力试验获得的荷载 - 位移曲线如图 3-34 所示。试验模型的破坏机制：当荷载增至约 20kN 时，斗拱持续发出劈裂声响；当荷载增至约 22kN

时，华拱中部产生横向裂纹［图 3–35（a）］；当荷载增至约 25kN 时，栌斗产生放射状裂纹［图 3–35（b）]，缴背产生横向裂纹［图 3–35（c）］；当荷载增至 28.69kN 时，各分件均发生严重塑性变形［图 3–35（d）]，整体结构破坏，试验获得的斗拱极限承载力为 28.69kN。

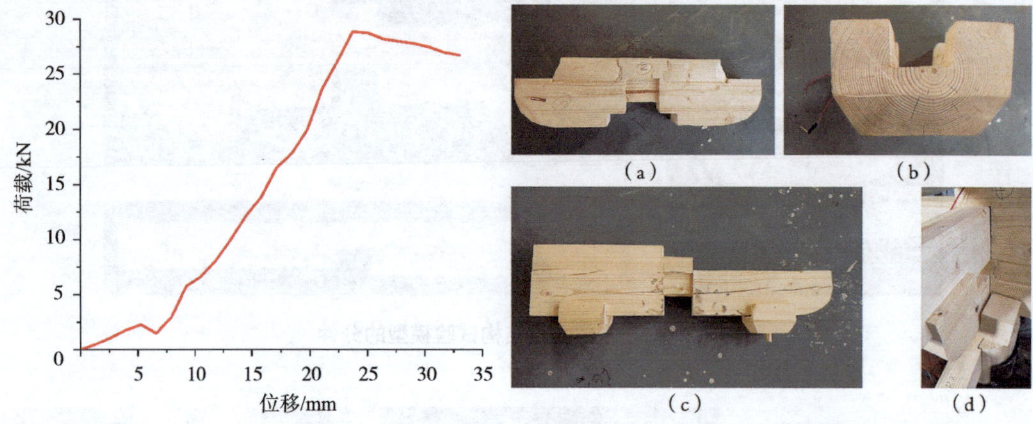

图 3–34　唐代斗拱试验模型的荷载－位移曲线（*Z* 轴）

图 3–35　唐代斗拱试验模型的破坏机制

二、关键节点的内力变化

应变片 1 处于泥道拱与华拱十字榫卯交接处节点（第一铺作）；应变片 2 处于华拱与慢拱十字榫卯交接处节点（第二铺作）；应变片 3 处于慢拱与四椽栿十字榫卯交接处节点（第三铺作）；应变片 4 处于四椽栿与柱头枋十字榫卯交接处节点（第四铺作）；应变片 5 处于缴背与柱头枋十字榫卯交接处节点（第五铺作）；应变片 6 处于第一跳跳头节点处；应变片 7 处于第二跳跳头节点处。试验测量了斗拱 7 个关键节点沿着 *Z* 轴、*Y* 轴、*X* 轴的应力－应变曲线（图 3–36 ～图 3–42）。

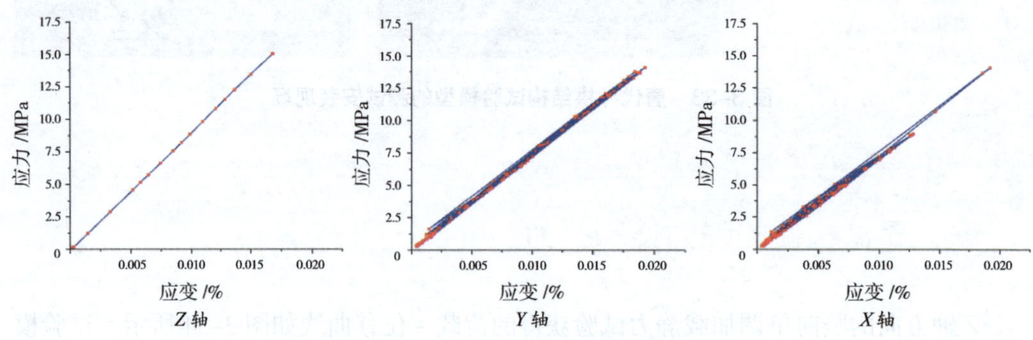

图 3–36　应变片 1 的应力－应变曲线

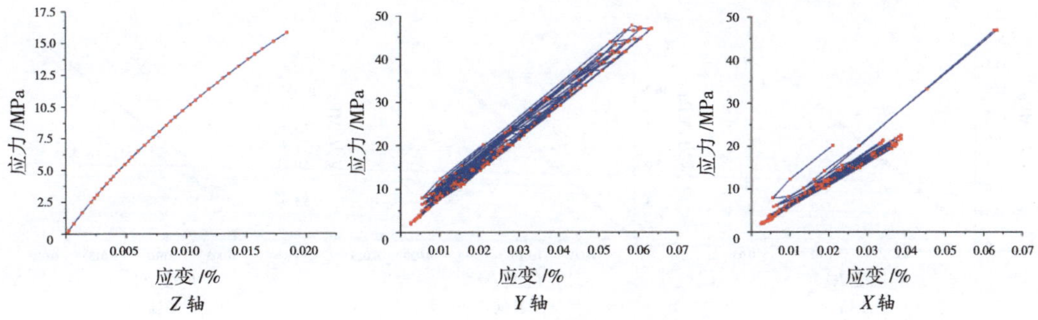

图 3–37 应变片 2 的应力 – 应变曲线

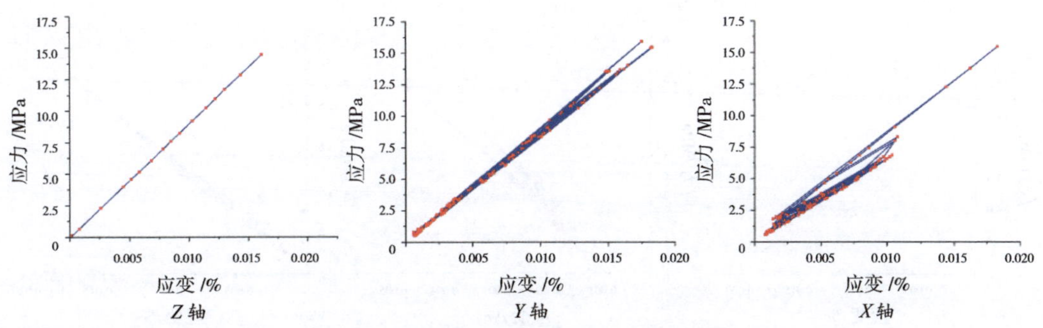

图 3–38 应变片 3 的应力 – 应变曲线

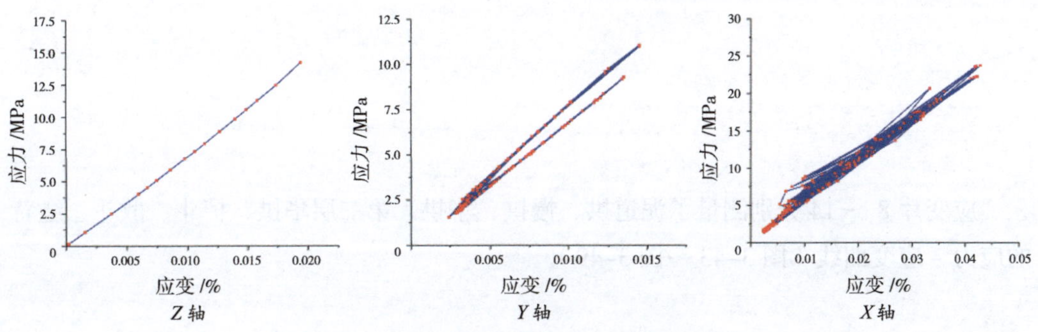

图 3–39 应变片 4 的应力 – 应变曲线

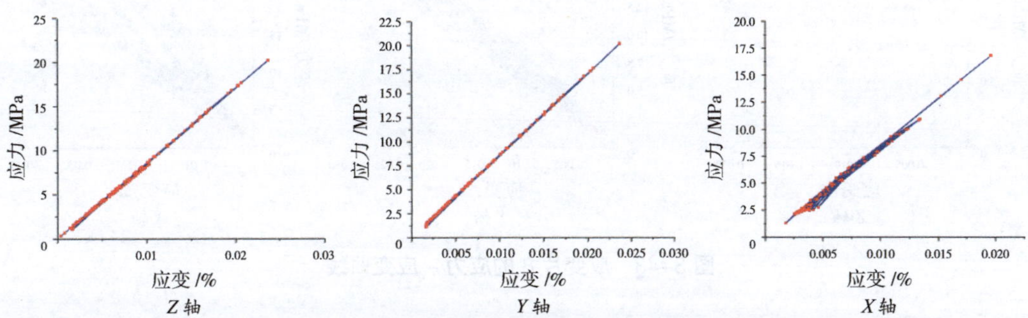

图 3–40 应变片 5 的应力 – 应变曲线

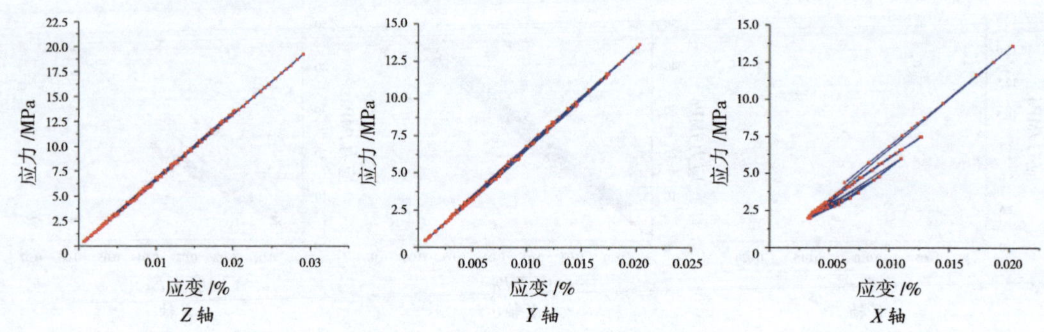

图 3-41　应变片 6 的应力 - 应变曲线

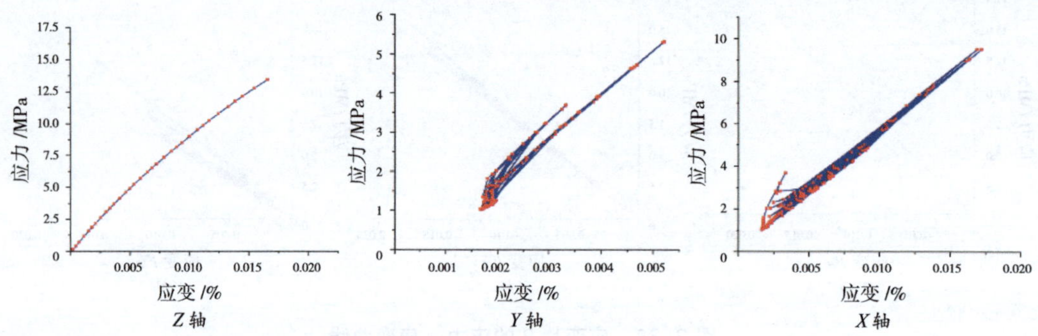

图 3-42　应变片 7 的应力 - 应变曲线

三、关键部件的内力变化

应变片 8 ～ 14 分别测量了泥道拱、慢拱、华拱、第二层华拱、栌斗、散斗、缴背的应力 - 应变曲线（图 3-43 ～图 3-49）。

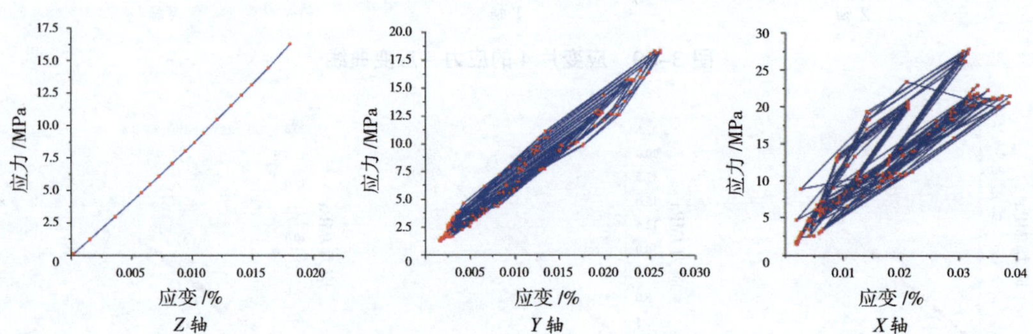

图 3-43　应变片 8 的应力 - 应变曲线

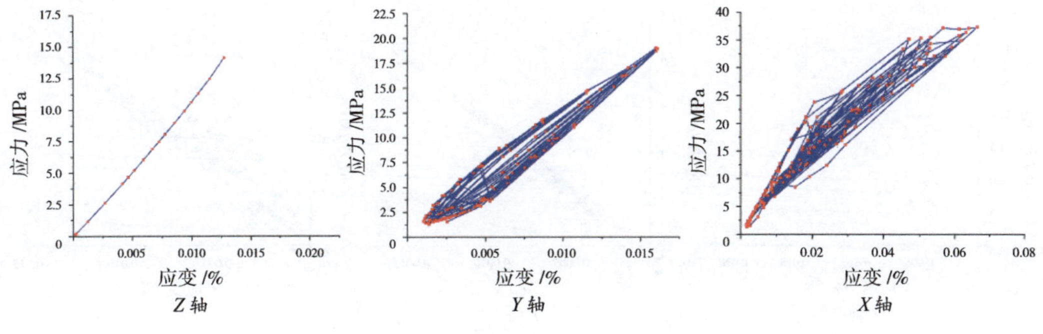

图 3–44　应变片 9 的应力 – 应变曲线

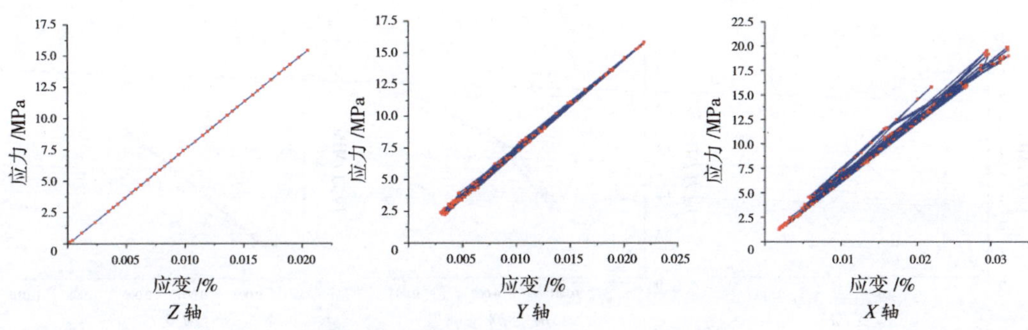

图 3–45　应变片 10 的应力 – 应变曲线

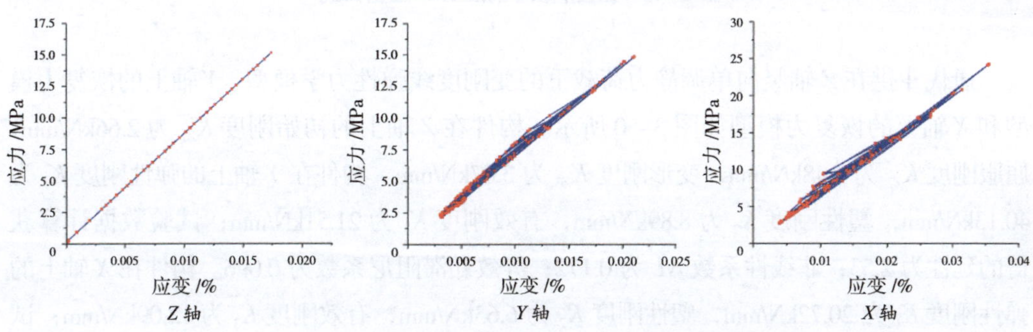

图 3–46　应变片 11 的应力 – 应变曲线

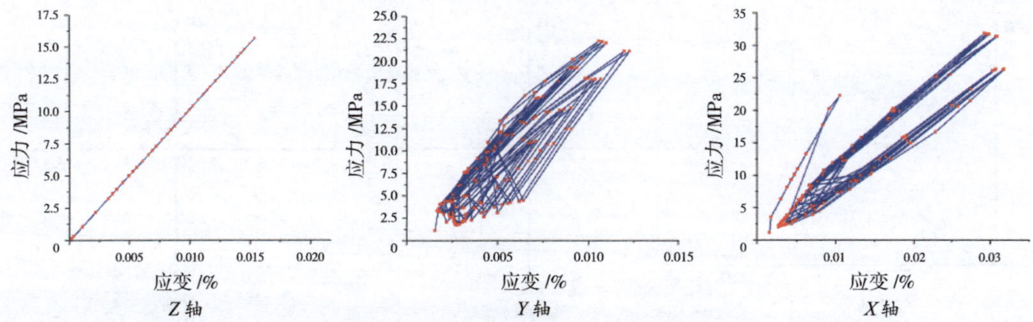

图 3–47　应变片 12 的应力 – 应变曲线

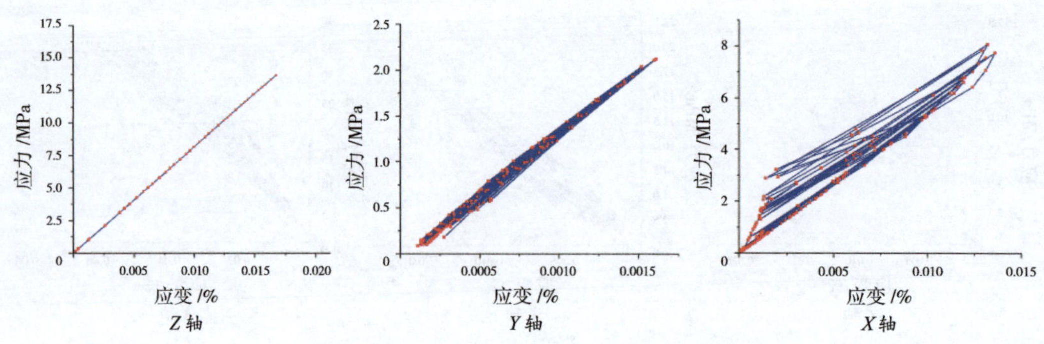

图 3–48　应变片 13 的应力 – 应变曲线

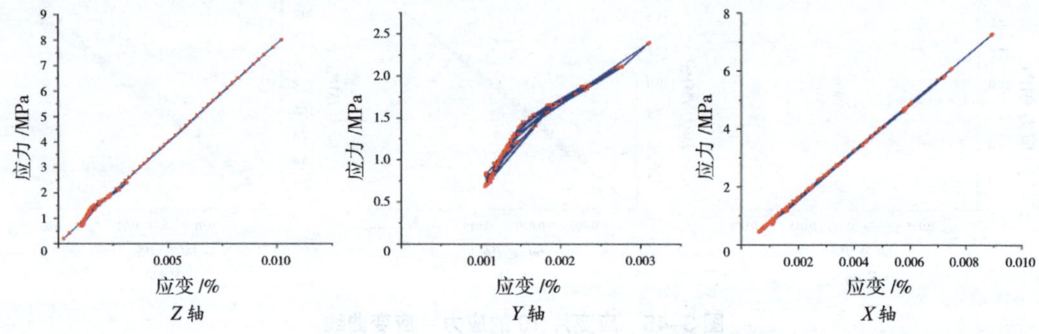

图 3–49　应变片 14 的应力 – 应变曲线

唐代斗拱在 Z 轴竖向单调静力荷载下的变刚度线弹性力学模型、Y 轴上的恢复力模型和 X 轴上的恢复力模型如图 3–50 所示。构件在 Z 轴上的初始刚度 K_{Z1} 为 2.66kN/mm，屈服刚度 K_{Z2} 为 4.48kN/mm，变形刚度 K_{Z3} 为 3.07kN/mm。构件在 Y 轴上的弹性刚度 K_1 为 40.13kN/mm，塑性刚度 K_2 为 8.89kN/mm，有效刚度 K_3 为 21.51kN/mm；试验数据计算获得的延性为 2.53；非线性系数 NL 为 0.172；等效黏滞阻尼系数为 0.096。构件在 X 轴上的弹性刚度 K_1 为 20.72kN/mm，塑性刚度 K_2 为 6.63kN/mm，有效刚度 K_3 为 12.09kN/mm；试验数据计算获得的延性为 2.53；非线性系数 NL 为 0.115；等效黏滞阻尼系数为 0.073。

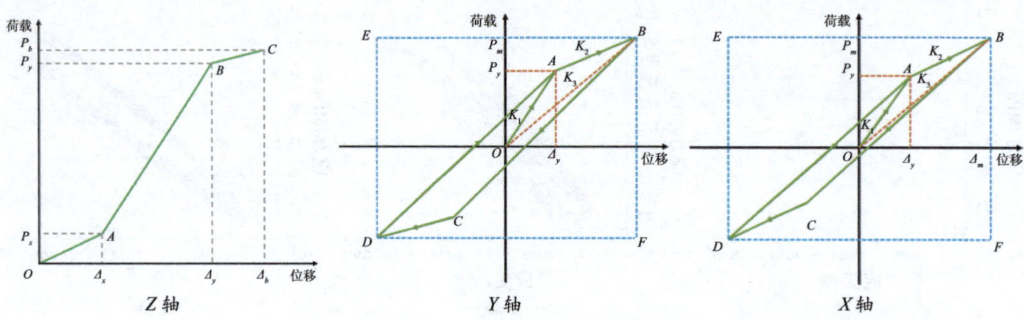

图 3–50　唐代斗拱在 Z 轴、Y 轴、X 轴上的静力行为模型

从强度、变形和能量三个方面评价唐代斗拱的静力性能，结构试验获得的关键力学指标见表 3–1。

表 3–1 唐代斗拱的关键力学指标（仿真模拟）

强度		变形			能量
F_{Z1}	F_{Z2}	K_{Z1}	K_{Z2}	K_{Z3}	$NL(Y)$
309.84	337.56	2.66	4.48	3.07	0.172
F_{Y1}	F_{Y2}	K_{Y1}	K_{Y2}	K_{Y3}	$NL(X)$
1416.87	1416.87	40.13	8.89	21.51	0.115
F_{X1}	F_{X2}	K_{X1}	K_{X2}	K_{X3}	H_Y
746.52	746.52	20.72	6.63	12.09	0.096
		μ_Y	μ_X		H_X
		2.53	2.53		0.073

注：F_{Z1} 表示 Z 轴方向加载的屈服承载力（kN），F_{Z2} 表示 Z 轴方向加载的极限承载力（kN）；F_{Y1}、F_{Y2} 分别表示 Y 轴方向加载的正向、负向最大水平推力（kN）；F_{X1}、F_{X2} 分别表示 X 轴方向加载的正向、负向最大水平推力（kN）；K_{Z1} 表示 Z 轴方向加载构件的初始刚度（kN/mm），K_{Z2} 表示 Z 轴方向加载构件的屈服刚度（kN/mm），K_{Z3} 表示 Z 轴方向加载构件的变形刚度（kN/mm）；K_{Y1} 表示 Y 轴方向加载构件的弹性刚度（kN/mm），K_{Y2} 表示 Y 轴方向加载构件的塑性刚度（kN/mm），K_{Y3} 表示 Y 轴方向加载构件的有效刚度（kN/mm）；K_{X1} 表示 X 轴方向加载构件的弹性刚度（kN/mm），K_{X2} 表示 X 轴方向加载构件的塑性刚度（kN/mm），K_{X3} 表示 X 轴方向加载构件的有效刚度（kN/mm）；μ_Y 表示构件沿着 Y 轴方向的延性，μ_X 表示构件沿着 X 轴方向的延性；$NL(Y)$、$NL(X)$ 分别表示构件沿 Y 轴、X 轴方向的非线性系数；H_Y、H_X 分别表示构件沿 Y 轴、X 轴方向的等效黏滞阻尼系数。

第四章 辽代独乐寺山门柱头斗拱的静力学特征研究

第一节 辽代独乐寺山门柱头斗拱的构造形式

一、独乐寺山门及其柱头斗拱概况

独乐寺山门（图 4–1）位于天津市蓟州区（全国重点文物保护单位），建于辽统和二年（984 年），是仅存的三大辽代寺院之一，梁思成评价其为："以时代论，则上承唐代遗风，下启宋式营造，实研究我国建筑蜕变之重要资料，罕有之宝物也"。独乐寺山门的柱头斗拱（图 4–2）为五铺作斗拱，从栌斗口内出两跳，里转亦出两跳，第一跳为偷心造，第二跳为计心造，第二跳从令拱出批竹昂。独乐寺山门柱头斗拱的宋式命名法为"五铺作重拱出双抄，里转五铺作出双抄，并偷心，柱头铺作"。

图 4–1　独乐寺山门

图 4-2 独乐寺山门柱头斗拱

二、原型提取及试验模型的构建

试验模型的原型选自独乐寺山门的柱头斗拱（图 4-3），研究对象是撩檐枋以下，柱头以上的斗拱木构造部分。

试验模型组合后的正立面、侧立面、仰视图、俯视图、透视图和整体构件的组合尺寸如图 4-4 所示，试验模型将原型中令拱分件顶部的替木、撩檐枋组合改为柱头枋，主要研究对象的构造形式保持原貌，目的是方便后期的结构试验加载。

试验模型的爆炸图（图 4-5）中标注了各分件的名称，其中主要分件 24 个，木销分为两种类型共 14 个，总计 38 个分件。

图 4-3 独乐寺山门柱头斗拱的原型提取

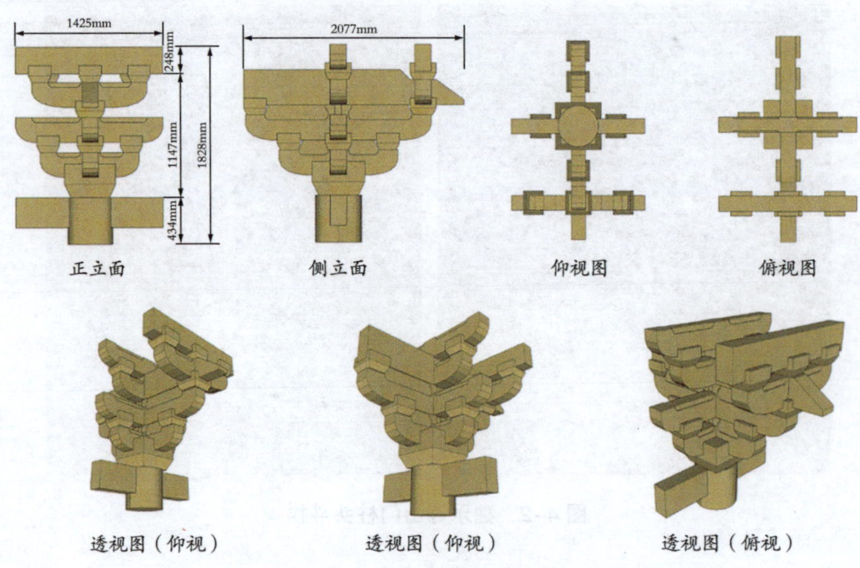

图 4-4　独乐寺山门柱头斗拱的试验模型

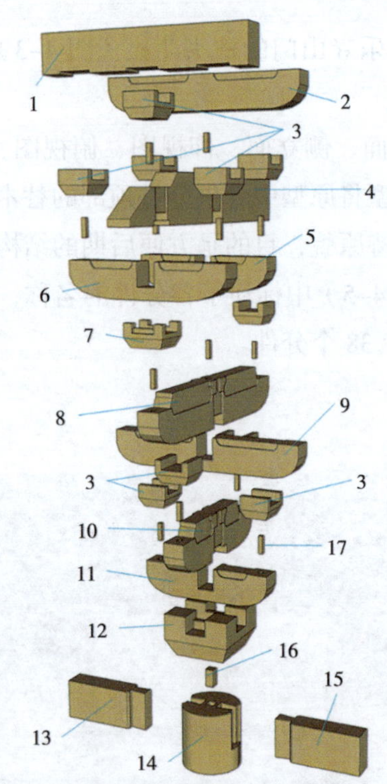

1—撩檐枋；2—慢拱 2；3—散斗；4—二椽栿；5—瓜子拱；
6—令拱；7—交互斗；8—华拱 2；9—慢拱 1；10—华拱 1；
11—泥道拱；12—栌斗；13—阑额 1；14—柱头；15—阑额 2；
16—木销 1；17—木销 2。

图 4-5　独乐寺山门柱头斗拱试验模型的爆炸图

试验模型各分件的轴测图、前视图、侧视图、顶视图、底视图如图 4-6 ～图 4-8 所示。

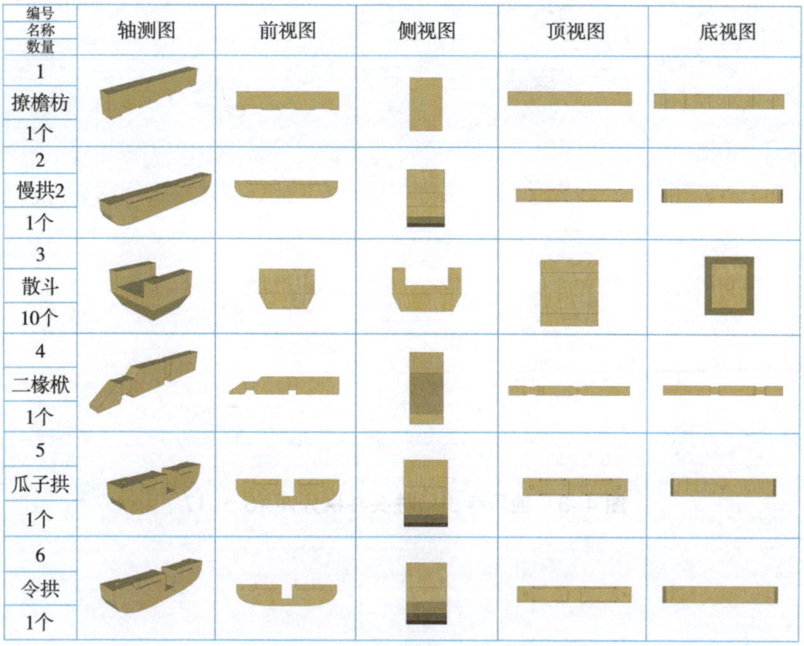

编号 名称 数量	轴测图	前视图	侧视图	顶视图	底视图
1 撩檐枋 1个					
2 慢拱2 1个					
3 散斗 10个					
4 二椽栿 1个					
5 瓜子拱 1个					
6 令拱 1个					

图 4-6　独乐寺山门柱头斗拱分件 1 ～ 6

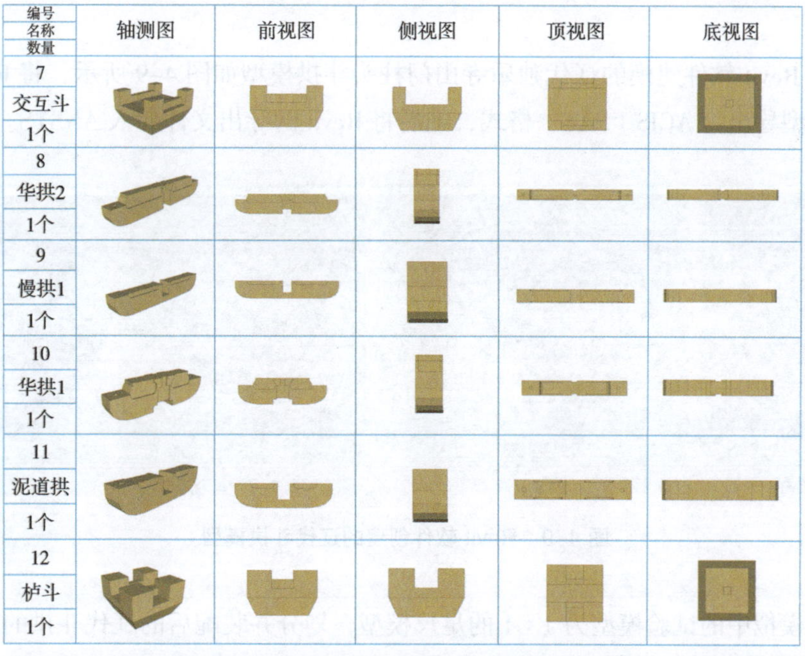

编号 名称 数量	轴测图	前视图	侧视图	顶视图	底视图
7 交互斗 1个					
8 华拱2 1个					
9 慢拱1 1个					
10 华拱1 1个					
11 泥道拱 1个					
12 栌斗 1个					

图 4-7　独乐寺山门柱头斗拱分件 7 ～ 12

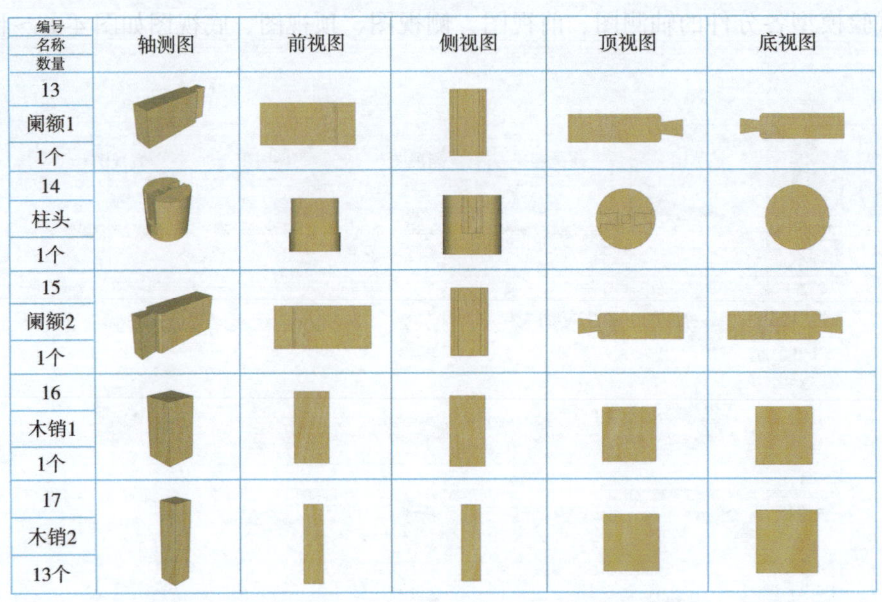

编号 名称 数量	轴测图	前视图	侧视图	顶视图	底视图
13 阑额1 1个					
14 柱头 1个					
15 阑额2 1个					
16 木销1 1个					
17 木销2 13个					

图 4–8　独乐寺山门柱头斗拱分件 13 ～ 17

第二节　辽代独乐寺山门柱头斗拱的仿真模拟

采用 Revit 软件建模的辽代独乐寺山门柱头斗拱模型如图 4–9 所示，将 Revit 构建完成的模型导出为 ACIS（SAT）格式，随后将 Revit 的导出文件导入 ANSYS。

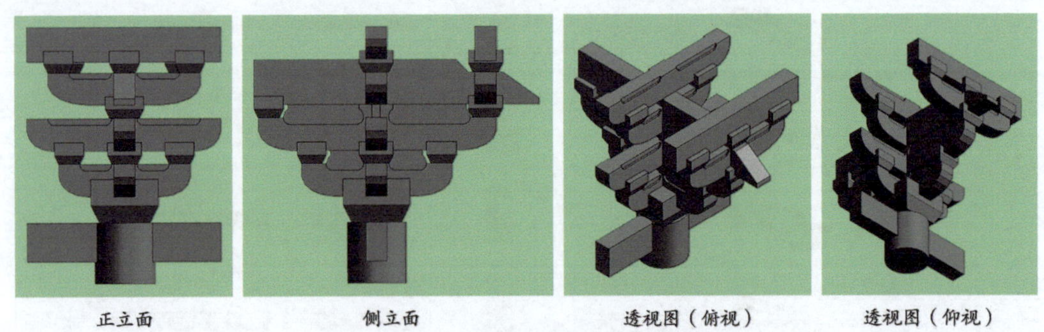

图 4–9　Revit 软件创建的辽代斗拱模型

仿真模拟中的试验模型为 1 : 1 的足尺模型，划分并装配后的辽代斗拱的网格系统如图 4–10 所示。

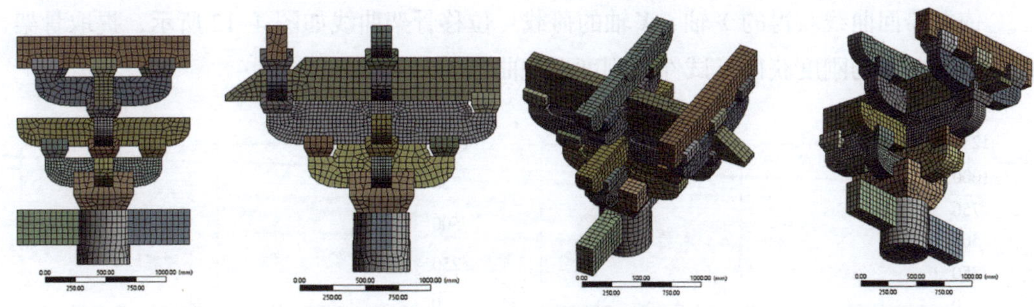

图 4–10　辽代斗拱的网格系统

一、整体构件的静力结构行为

Z 轴方向的竖向单调加载仿真模拟获得的荷载 – 位移曲线如图 4–11 所示，仿真模拟加载至 343.52kN 后结果不收敛。Y 轴、X 轴方向上的水平低周往复荷载作用下的拟静力加载的荷载 – 位移滞回曲线的仿真结果如图 4–11 所示。试验模型沿 Y 轴的最大水平推力为 998.57kN；试验模型沿 X 轴的最大水平推力为 521.56kN。

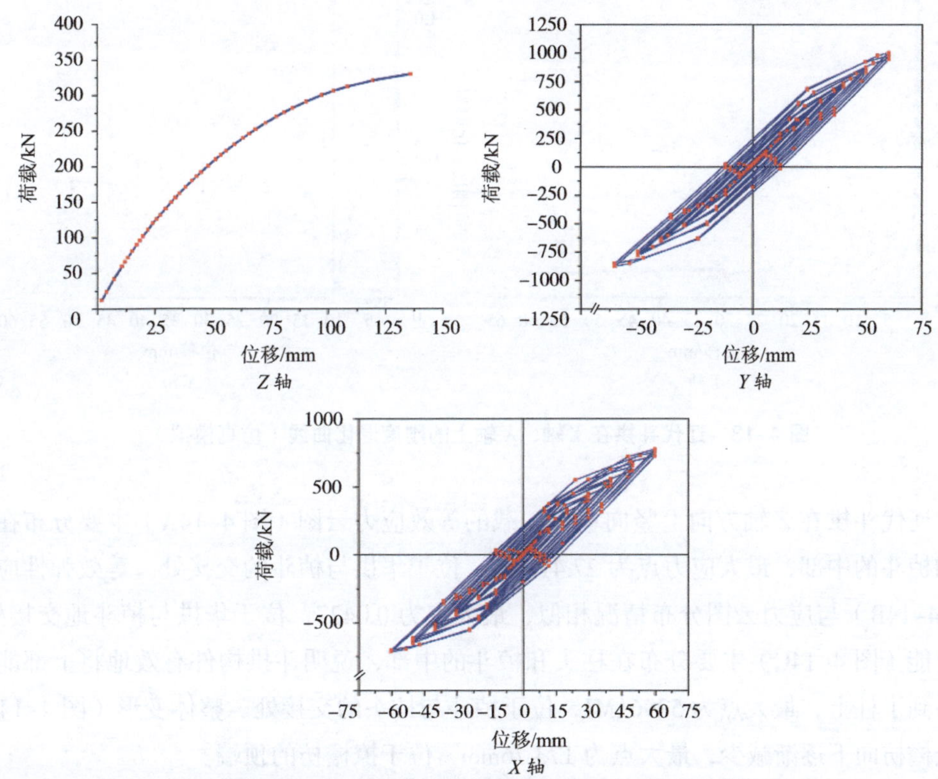

图 4–11　辽代斗拱在 Z 轴、Y 轴、X 轴上的荷载位移曲线（仿真模拟）

依据滞回曲线获得的 Y 轴、X 轴的荷载－位移骨架曲线如图 4–12 所示，提取骨架曲线中每一段的刚度获得了试件的刚度退化曲线（图 4–13）。

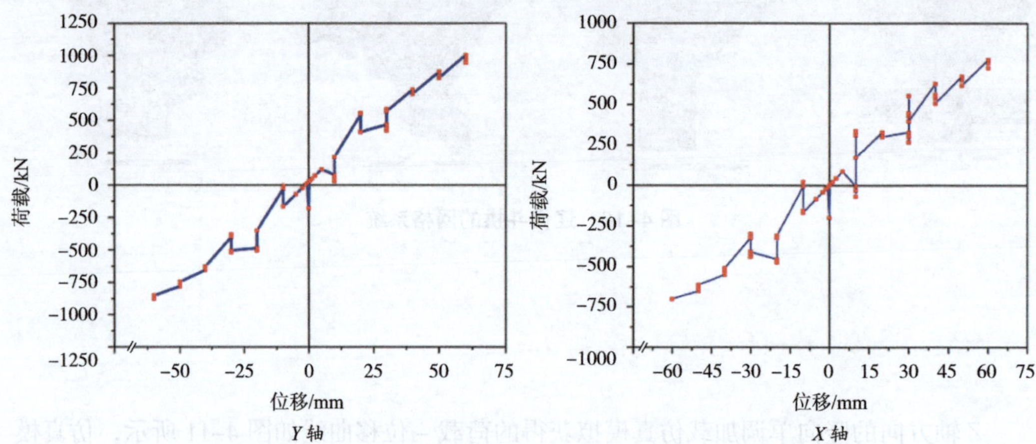

图 4–12　辽代斗拱在 Y 轴、X 轴上的骨架曲线（仿真模拟）

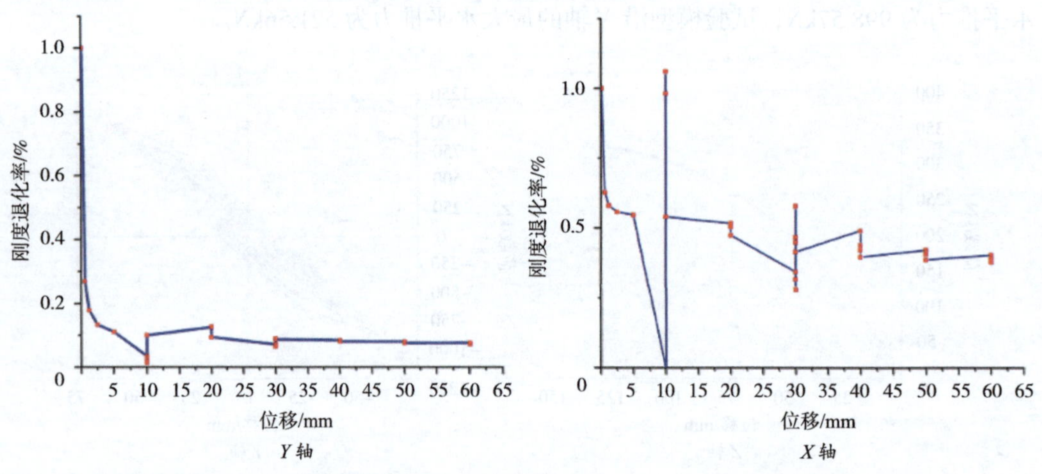

图 4–13　辽代斗拱在 Y 轴、X 轴上的刚度退化曲线（仿真模拟）

辽代斗拱在 Z 轴方向上竖向单调加载的等效应力云图（图 4–14A）主要分布在柱头和栌斗的中部，最大应力点为 27.41MPa，位于华拱与栌斗的交接处。等效弹性应变（图 4–14B）与应力云图分布情况相似，最大点为 0.0427，位于华拱与栌斗地交接处。应变能（图 4–14C）主要分布在柱头和栌斗的中部，说明斗拱构件有效地将上部能量传递到了柱上，最大点为 52961MJ，位于栌斗与柱头的交接处。整体变形（图 4–14D）从撩檐枋向下逐渐减少，最大点为 173.76mm，位于撩檐枋的顶端。

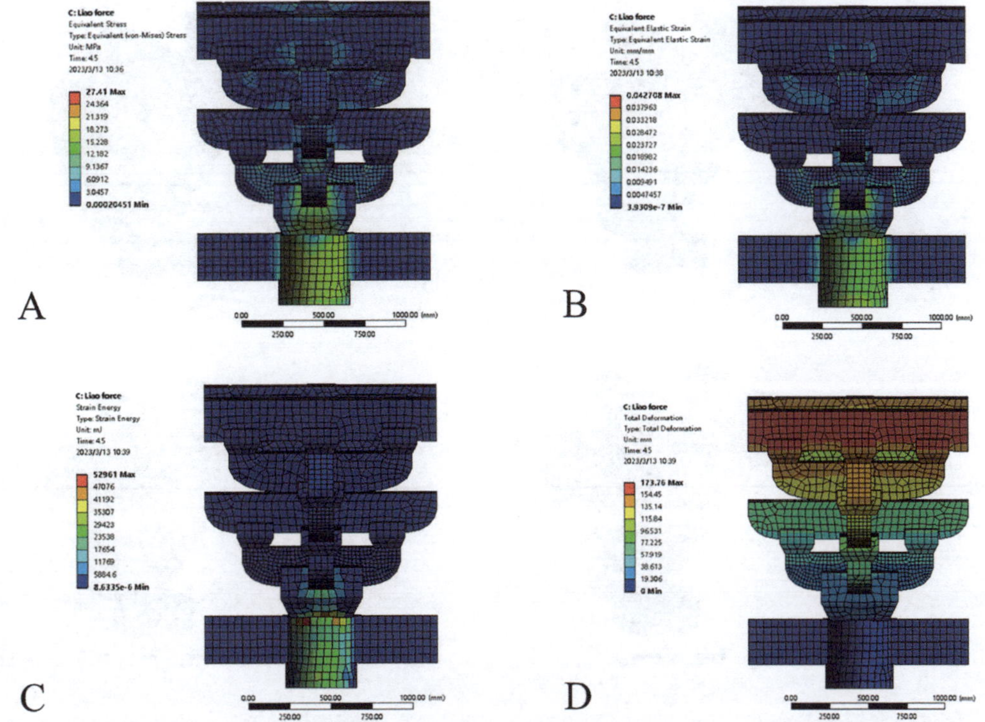

图 4–14 等效应力、等效弹性应变、应变能、整体变形云图（辽 -Z 轴）

仿真模型在 *Y* 轴方向上水平低周往复荷载作用下的拟静力加载的等效应力（图 4–15A）主要分布在华拱、二层华拱的后端和柱头，最大应力值为 30.525MPa，位于二层华拱与散斗的榫卯节点处。等效弹性应变（图 4–15B）与应力云图分布情况相似，最大值为 0.0372，位于二层华拱与散斗的榫卯节点处。应变能（图 4–15C）与应力云图分布情况相似，说明华拱、二层华拱的后端与散斗的榫卯交接处和柱头承受最大的荷载下变形，最大值为 2.3397×10^{6}MJ，位于二层华拱与散斗的榫卯节点处。整体变形（图 4–15D）主要分布在构件顶端的撩檐枋、令拱、撩檐枋与令拱交接的散斗、二层华拱后端与散斗的交接处，最大值为 10.089mm，位于二层华拱的后端与散斗的榫卯节点处。

仿真模型在 *X* 轴方向上水平低周往复荷载作用下的拟静力加载的等效应力（图 4–16A）主要分布在右侧慢拱与散斗交接的榫卯节点处、泥道拱右侧和柱头，最大应力值为 52.557MPa，位于右侧泥道拱与散斗交接的榫卯节点处。等效弹性应变（图 4–16B）与应力云图分布情况相似，最大值为 0.0540，位于慢拱右端。应变能（图 4–16C）的最大值为 6.1742×10^{6}MJ，位于慢拱右端。整体变形（图 4–16D）广泛分布在整体构件的后端，最大值为 25.918mm，位于慢拱右端。*X* 轴方向上水平低周往复荷载作用下的拟静力加载对慢拱与散斗交接的榫卯节点可能产生最大的变形甚至是破坏。

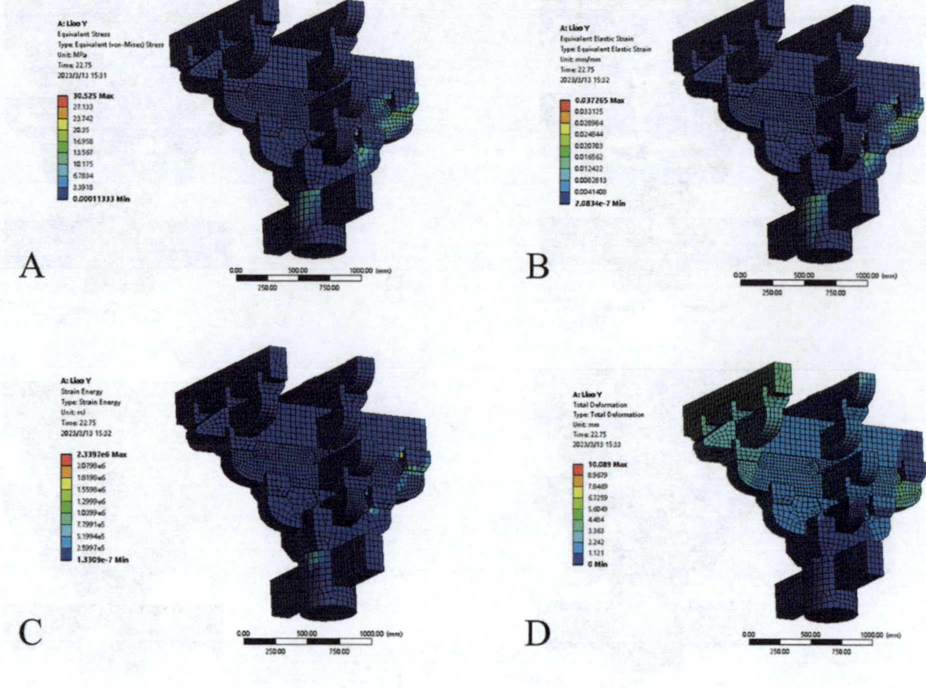

图 4-15　等效应力、等效弹性应变、应变能、整体变形云图（辽 -*Y* 轴）

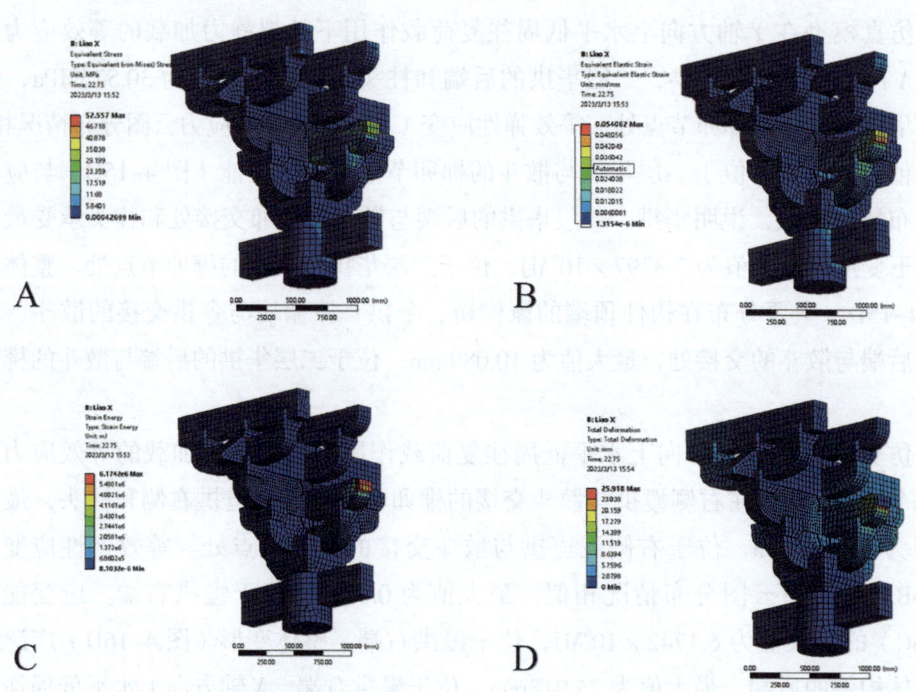

图 4-16　等效应力、等效弹性应变、应变能、整体变形云图（辽 -*X* 轴）

二、关键节点的内力变化

节点 1 处于第一铺作（泥道拱与华拱的十字榫卯交接处），节点 2 处于第二铺作（华拱与慢拱的十字榫卯交接处），节点 3 处于第三铺作（慢拱与二层华拱的正心十字榫卯交接处），节点 4 处于第四铺作（二层华拱与瓜子拱的十字榫卯交接处），节点 5 处于第五铺作（瓜子拱与二椽栿的十字榫卯交接处），节点 6 处于第一跳跳头（散斗与二层华拱的榫卯交接处），节点 7 处于第二跳跳头（交互斗与令拱的榫卯交接处）。

节点 1 沿着 *Z* 轴、*Y* 轴、*X* 轴的应力云图参照图 4–17。*Z* 轴方向上竖向单调加载的最大等效应力为 5.7762MPa，*Y* 轴方向上水平低周往复荷载作用下的拟静力加载的最大等效应力为 3.4176MPa，*X* 轴方向上水平低周往复荷载作用下的拟静力加载的最大等效应力为 1.9769MPa。

节点 2 沿着 *Z* 轴、*Y* 轴、*X* 轴的应力云图参照图 4–18。*Z* 轴方向上竖向单调加载的最大等效应力为 17.952MPa，*Y* 轴方向上水平低周往复荷载作用下的拟静力加载的最大等效应力为 17.955MPa，*X* 轴方向上水平低周往复荷载作用下的拟静力加载的最大等效应力为 14.444MPa。

节点 3 沿着 *Z* 轴、*Y* 轴、*X* 轴的应力云图参照图 4–19。*Z* 轴方向上竖向单调加载的最大等效应力为 6.7995MPa，*Y* 轴方向上水平低周往复荷载作用下的拟静力加载的最大等效应力为 1.1603MPa，*X* 轴方向上水平低周往复荷载作用下的拟静力加载的最大等效应力为 5.3006MPa。

节点 4 沿着 *Z* 轴、*Y* 轴、*X* 轴的应力云图参照图 4–20。*Z* 轴方向上竖向单调加载

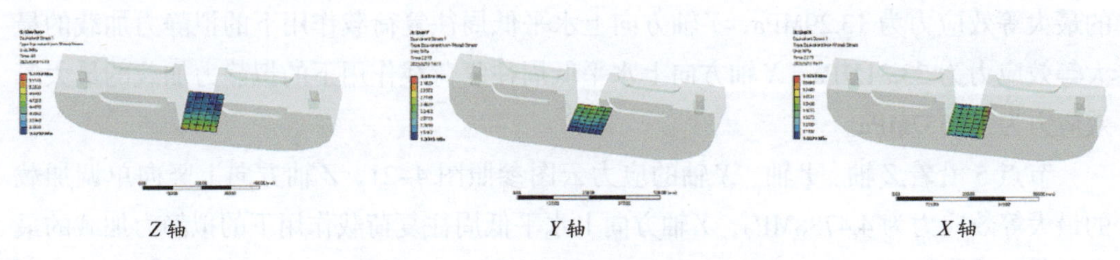

图 4–17　节点 1 的等效应力云图（辽）

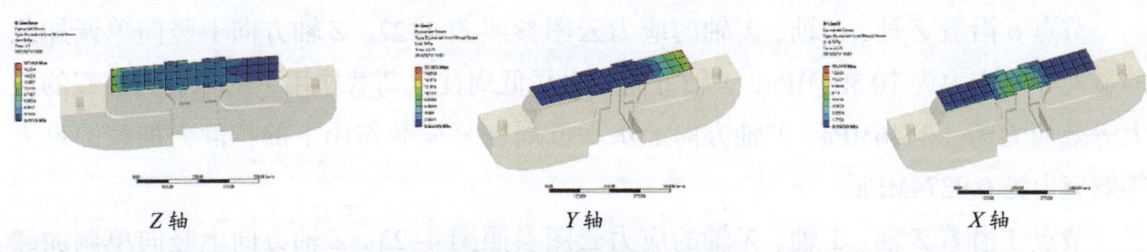

图 4–18　节点 2 的等效应力云图（辽）

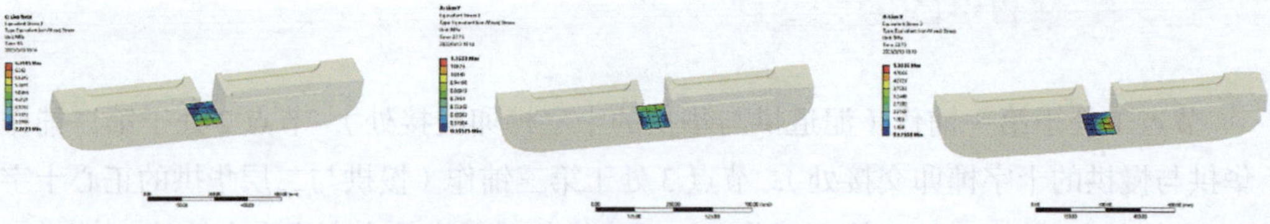

Z 轴　　　　Y 轴　　　　X 轴

图 4-19　节点 3 的等效应力云图（辽）

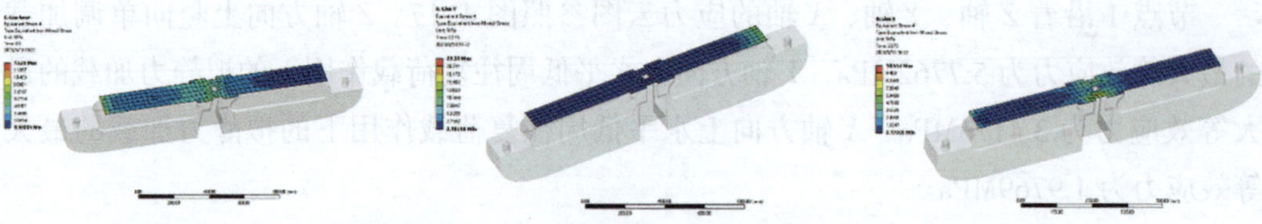

Z 轴　　　　Y 轴　　　　X 轴

图 4-20　节点 4 的等效应力云图（辽）

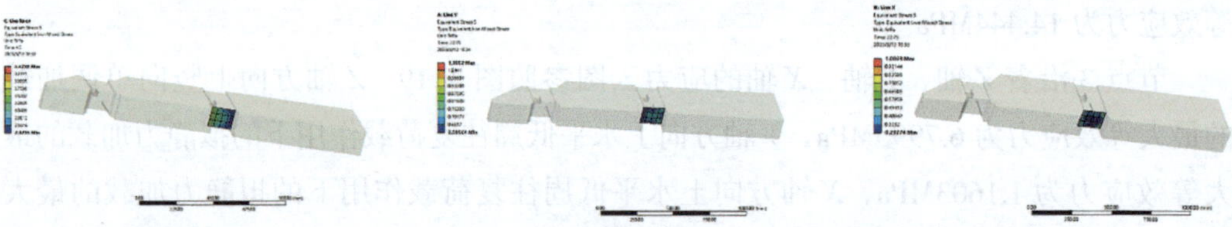

Z 轴　　　　Y 轴　　　　X 轴

图 4-21　节点 5 的等效应力云图（辽）

的最大等效应力为 13.29MPa，*Y* 轴方向上水平低周往复荷载作用下的拟静力加载的最大等效应力为 23.31MPa，*X* 轴方向上水平低周往复荷载作用下的拟静力加载的最大等效应力为 10.557MPa。

节点 5 沿着 *Z* 轴、*Y* 轴、*X* 轴的应力云图参照图 4-21。*Z* 轴方向上竖向单调加载的最大等效应力为 4.4788MPa，*Y* 轴方向上水平低周往复荷载作用下的拟静力加载的最大等效应力为 1.1002MPa，*X* 轴方向上水平低周往复荷载作用下的拟静力加载的最大等效应力为 1.0069MPa。

节点 6 沿着 *Z* 轴、*Y* 轴、*X* 轴的应力云图参照图 4-22。*Z* 轴方向上竖向单调加载的最大等效应力为 10.301MPa，*Y* 轴方向上水平低周往复荷载作用下的拟静力加载的最大等效应力为 1.3446MPa，*X* 轴方向上水平低周往复荷载作用下的拟静力加载的最大等效应力为 0.9274MPa。

节点 7 沿着 *Z* 轴、*Y* 轴、*X* 轴的应力云图参照图 4-23。*Z* 轴方向上竖向单调加载的最大等效应力为 4.0596MPa，*Y* 轴方向上水平低周往复荷载作用下的拟静力加载的最

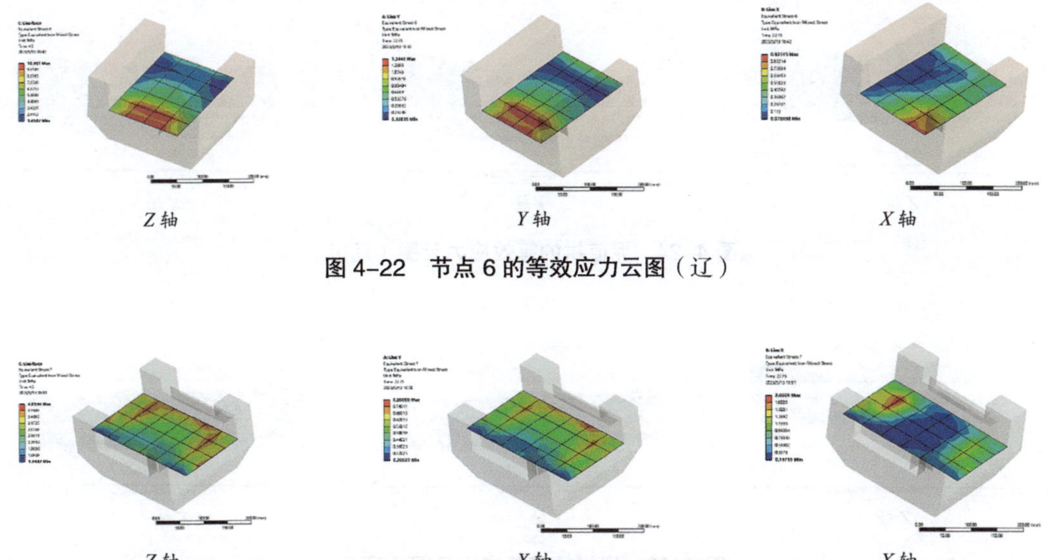

Z 轴　　Y 轴　　X 轴

图 4-22　节点 6 的等效应力云图（辽）

Z 轴　　Y 轴　　X 轴

图 4-23　节点 7 的等效应力云图（辽）

大等效应力为 0.8001MPa，X 轴方向上水平低周往复荷载作用下的拟静力加载的最大等效应力为 2.001MPa。

三、关键部件的内力变化

泥道拱（图 4-24）在 Z 轴加载的最大等效应力为 18.831MPa；Y 轴加载的最大等效应力为 5.076MPa；X 轴加载的最大等效应力为 52.557MPa。慢拱（图 4-25）在 Z 轴加载的最大等效应力为 12.041MPa；Y 轴加载的最大等效应力为 2.315MPa；X 轴加载的最大等效应力为 43.646MPa。华拱（图 4-26）在 Z 轴加载的最大等效应力为 23.381MPa；Y 轴加载的最大等效应力为 19.331MPa；X 轴加载的最大等效应力为 14.444MPa。二层华拱（图 4-27）在 Z 轴加载的最大等效应力为 16.755MPa；Y 轴加载的最大等效应力为 30.525MPa；X 轴加载的最大等效应力为 17.724MPa。栌斗（图 4-28）在 Z 轴加载的最大等效应力为 21.655MPa；Y 轴加载的最大等效应力为 17.226MPa；X 轴加载的最大等效应力为 13.442MPa。散斗（图 4-29）在 Z 轴加载的最大等效应力为 7.3102MPa；Y 轴加载的最大等效应力为 1.2327MPa；X 轴加载的最大等效应力为 2.5307MPa。二椽栿的耍头（图 4-30）在 Z 轴加载的最大等效应力为 19.512MPa；Y 轴加载的最大等效应力为 10.131MPa；X 轴加载的最大等效应力为 6.4519MPa。

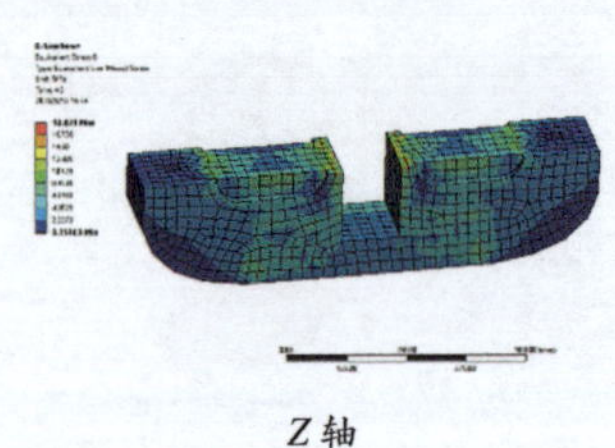

Z 轴

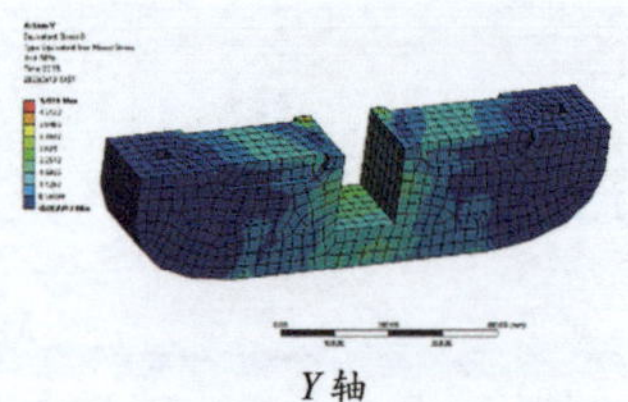

Y 轴

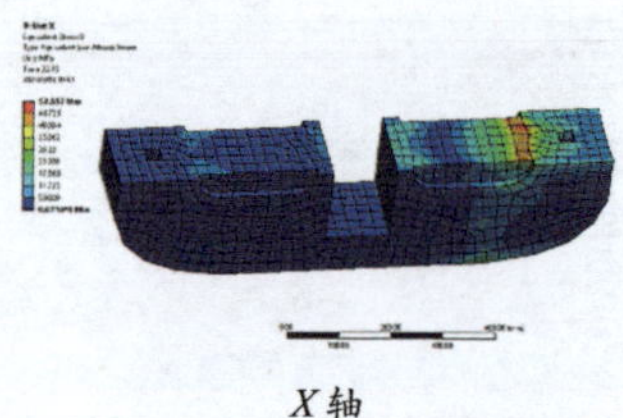

X 轴

图 4–24　泥道拱的等效应力云图（辽）

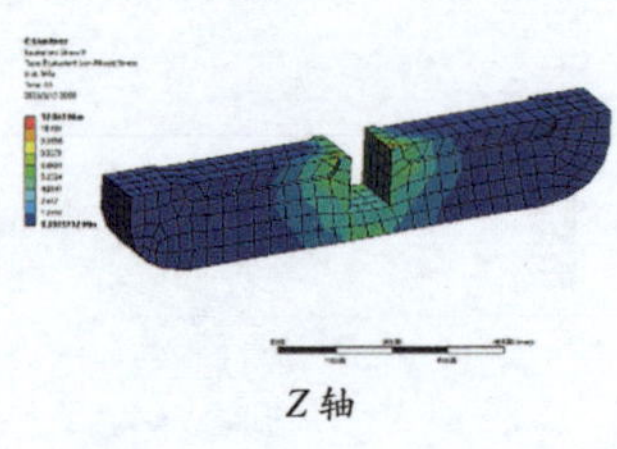

Z 轴

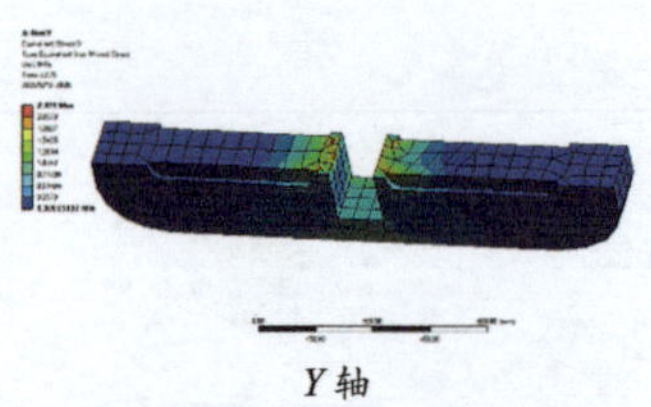

Y 轴

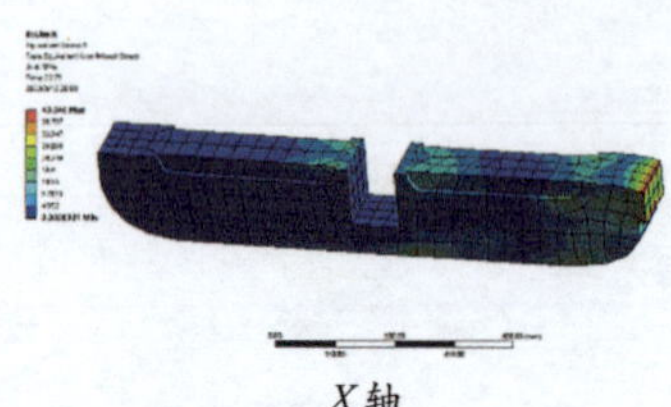

X 轴

图 4–25　慢拱的等效应力云图（辽）

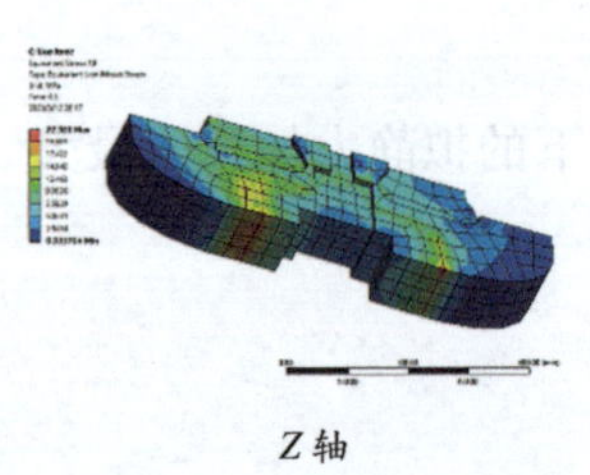

Z 轴

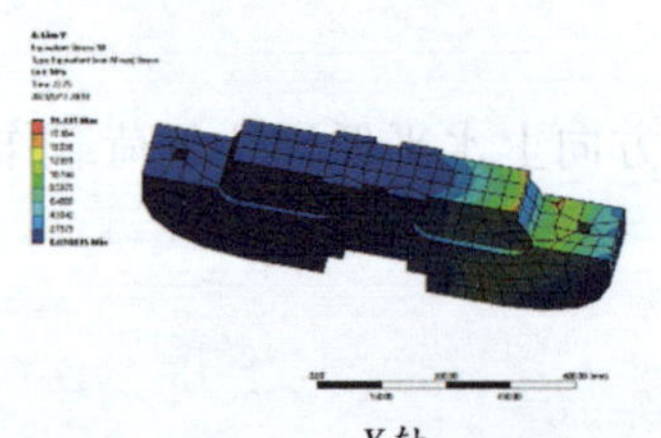

Y 轴

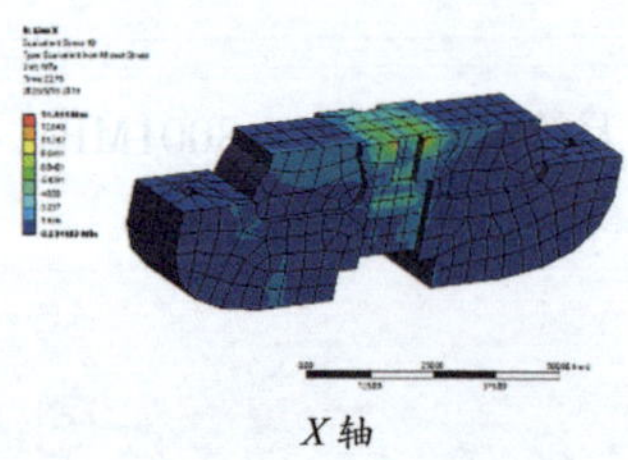

X 轴

图 4–26　华拱的等效应力云图（辽）

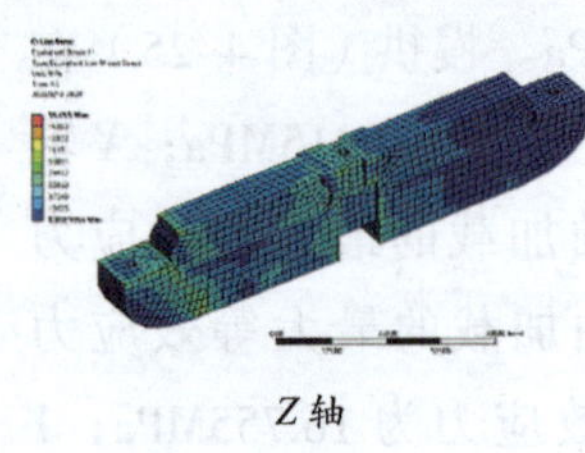

Z 轴

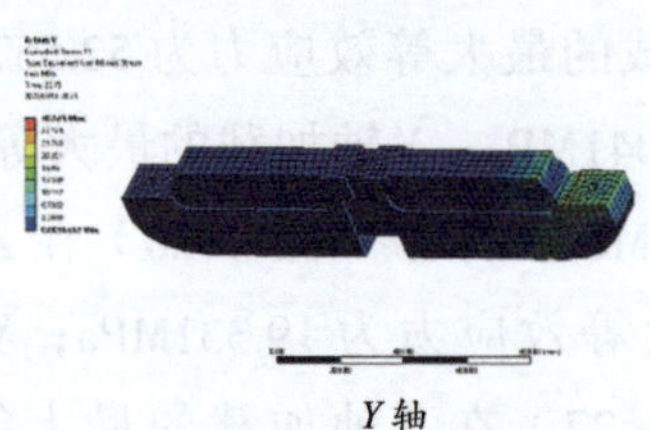

Y 轴

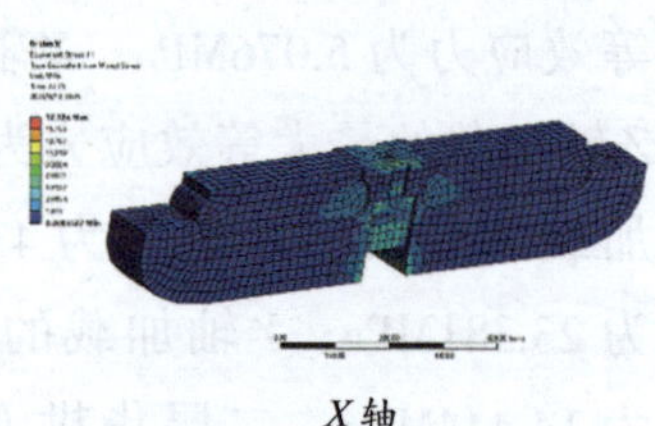

X 轴

图 4–27　二层华拱的等效应力云图（辽）

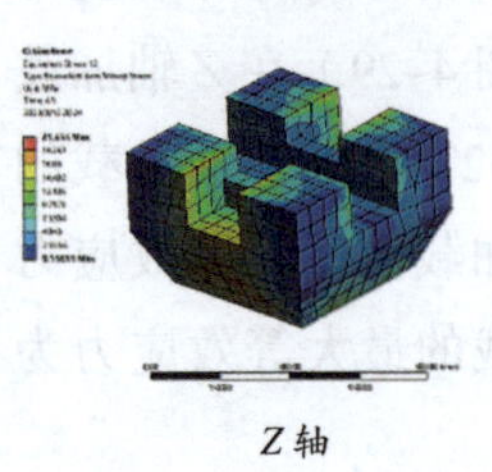

Z 轴

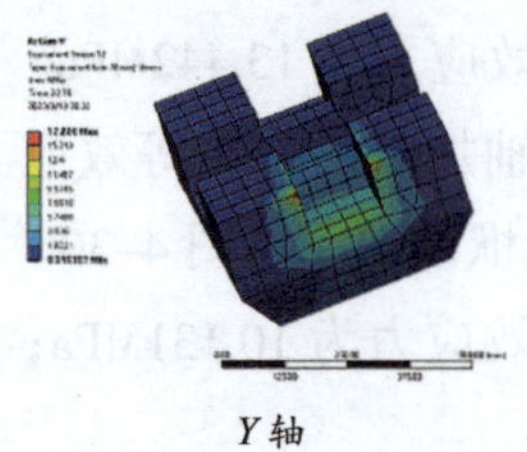

Y 轴

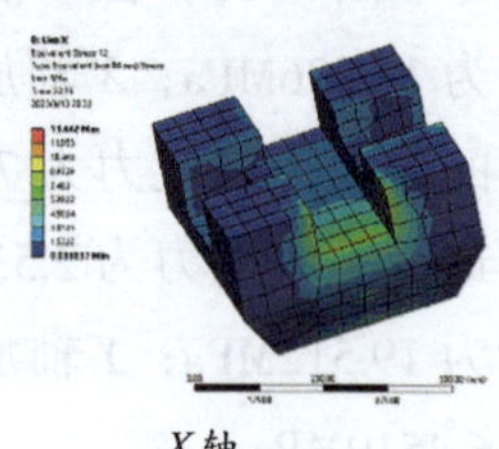

X 轴

图 4–28　栌斗的等效应力云图（辽）

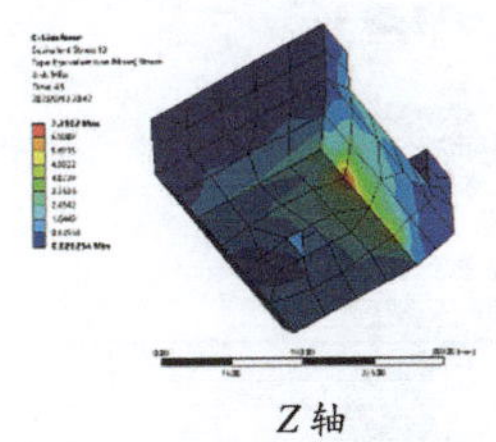

Z 轴

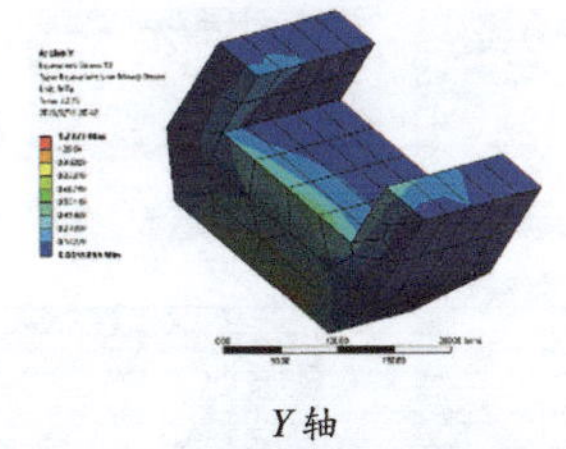

Y 轴

X 轴

图 4–29 散斗的等效应力云图（辽）

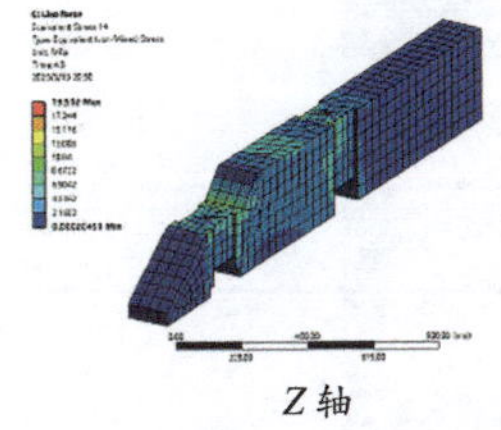

Z 轴

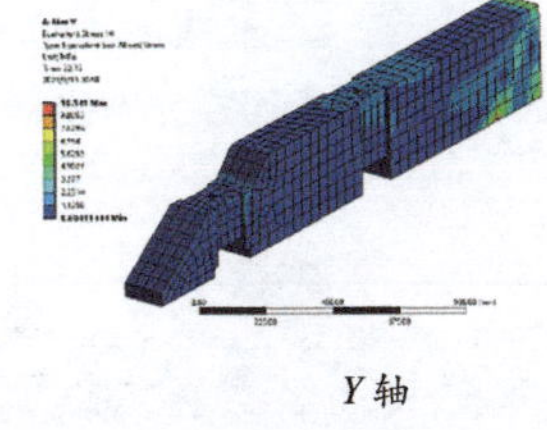

Y 轴

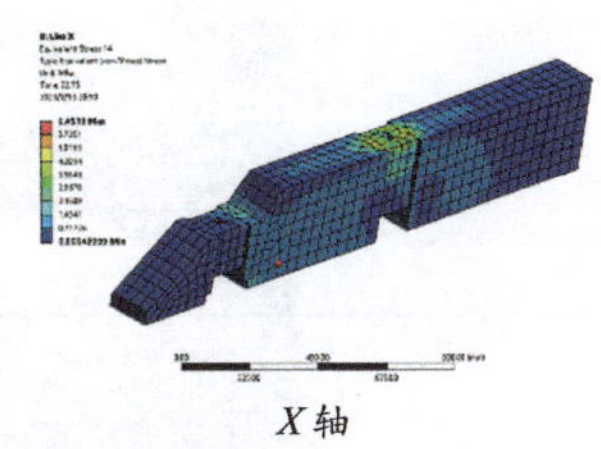

X 轴

图 4–30 二椽栿的等效应力云图（辽）

第三节 辽代独乐寺山门柱头斗拱的结构试验

试验模型是缩尺比为 1∶2.58 的缩尺模型，完整拼装后的辽代柱头斗拱（图 4–31）的整体尺寸是 805mm（长）×552mm（宽）×708mm（高），所有分件如图 4–32 所示。试验模型所用的木材是樟子松，其各项物理力学参数可参照第二章的试验测定结果。结构试验中共测试了 3 个试件，1 个试件用于竖向单调加载静力试验，2 个试件分别用于 *X* 轴方向、*Y* 轴方向的水平低周往复荷载作用下的拟静力试验（试验模型在坐标轴中的方向定义参照图 4–31 右）。辽代试验模型应变片、位移计的位置和试验台测试时的现场安装情况如图 4–33 所示。

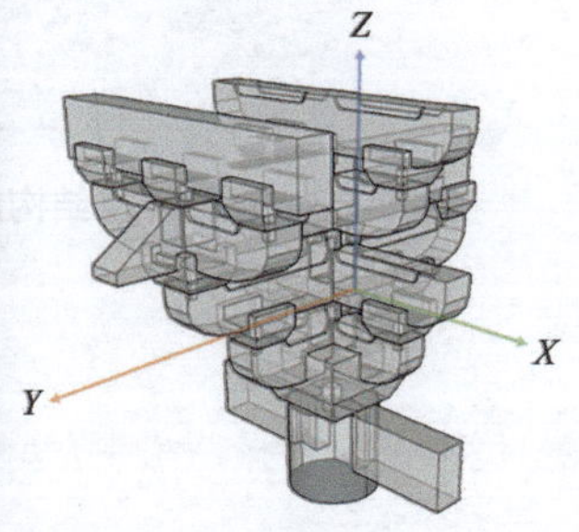

图 4–31 辽代斗拱的结构试验模型

图 4-32　辽代斗拱结构试验模型的分件

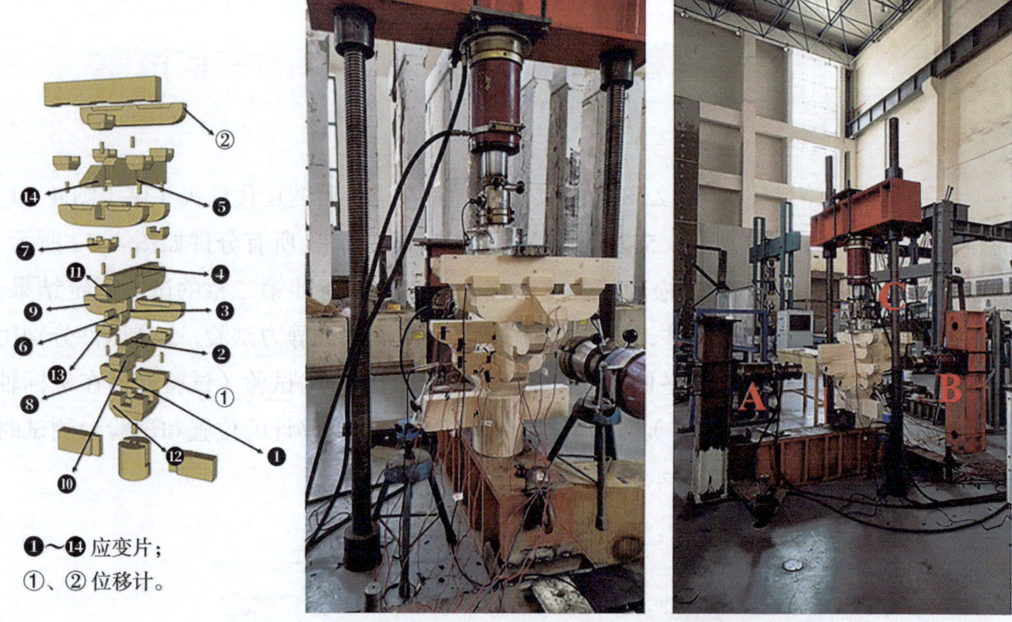

图 4-33　辽代斗拱结构试验模型的测试安装现场

一、整体构件的静力结构行为

Z 轴方向的竖向单调加载静力试验获得的荷载－位移曲线如图 4-34 所示。试验模

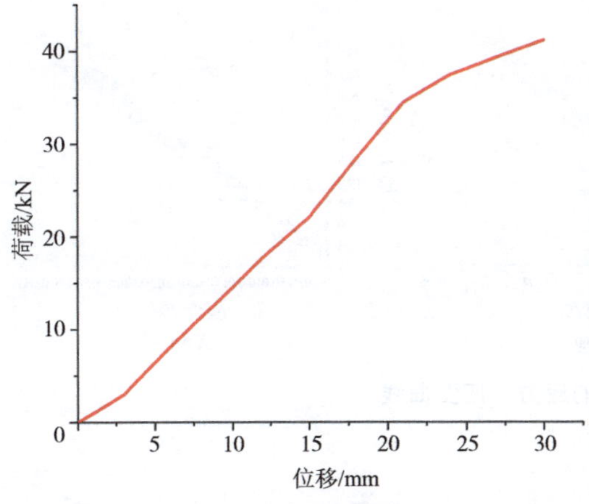

图 4-34　辽代斗拱试验模型的荷载 - 位移曲线（Z 轴）

图 4-35　辽代斗拱试验模型的破坏机制

型的破坏机制：当荷载增至约 25kN 时，斗拱持续发出劈裂声响；当荷载增至约 30kN 时，栌斗产生放射状裂纹（图 4-35）；当荷载增至 34.51kN 时，各分件均发生严重塑性变形，整体结构破坏，试验获得的斗拱极限承载力为 34.51kN。

二、关键节点的内力变化

应变片 1 处于泥道拱与华拱十字榫卯交接处节点（第一铺作）；应变片 2 处于华拱与慢拱十字榫卯交接处节点（第二铺作）；应变片 3 处于慢拱与瓜子拱十字榫卯交接处节点（第三铺作）；应变片 4 处于瓜子拱与二椽栿十字榫卯交接处节点（第四铺作）；应变片 5 处于二椽栿与慢拱（顶部）十字榫卯交接处节点（第五铺作）；应变片 6 处于第一跳跳头节点处；应变片 7 处于第二跳跳头节点处。试验测量了斗拱 7 个关键节点沿着 Z 轴、Y 轴、X 轴的应力 - 应变曲线（图 4-36 ～图 4-42）。

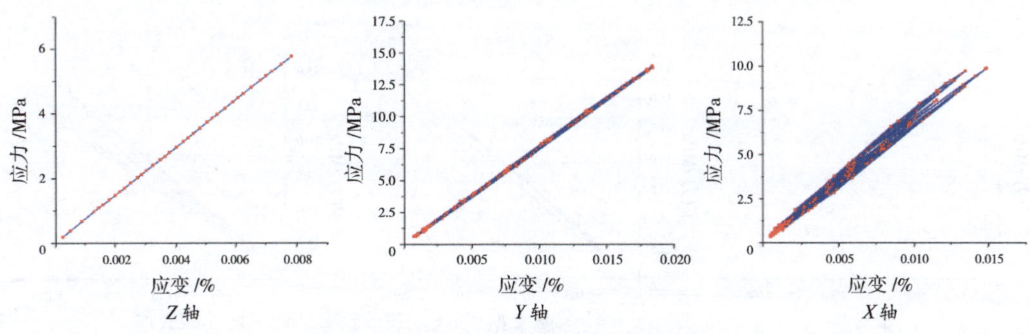

图 4-36　应变片 1 的应力 - 应变曲线

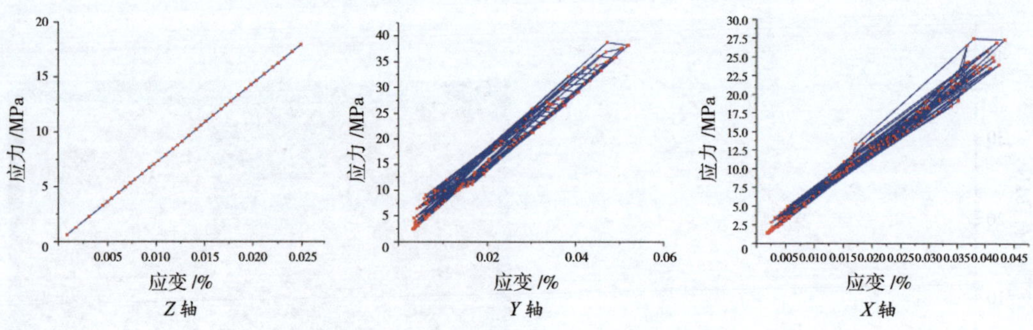

图 4-37　应变片 2 的应力 – 应变曲线

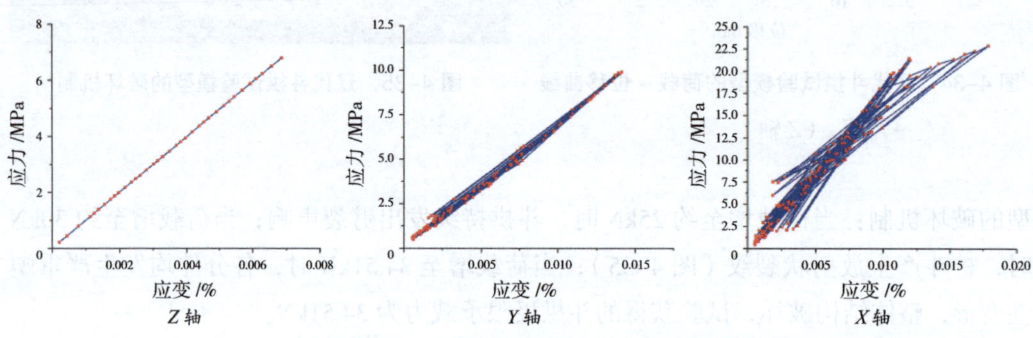

图 4-38　应变片 3 的应力 – 应变曲线

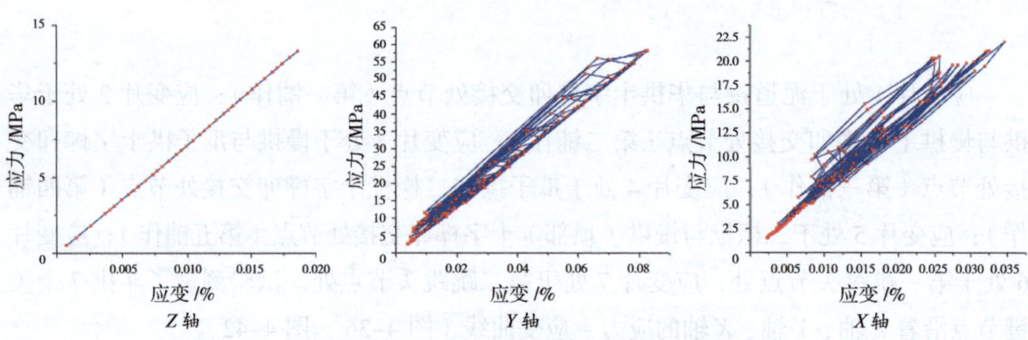

图 4-39　应变片 4 的应力 – 应变曲线

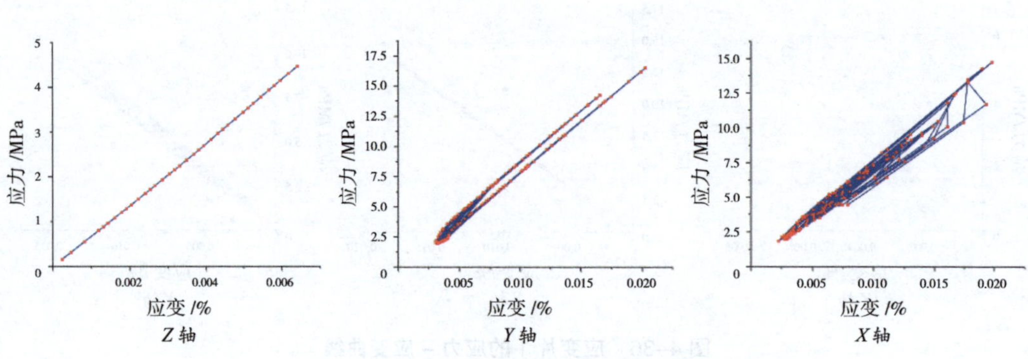

图 4-40　应变片 5 的应力 – 应变曲线

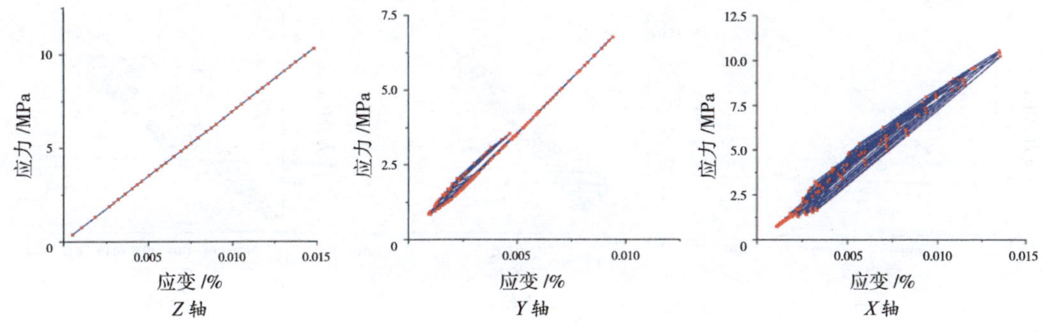

图 4–41 应变片 6 的应力 – 应变曲线

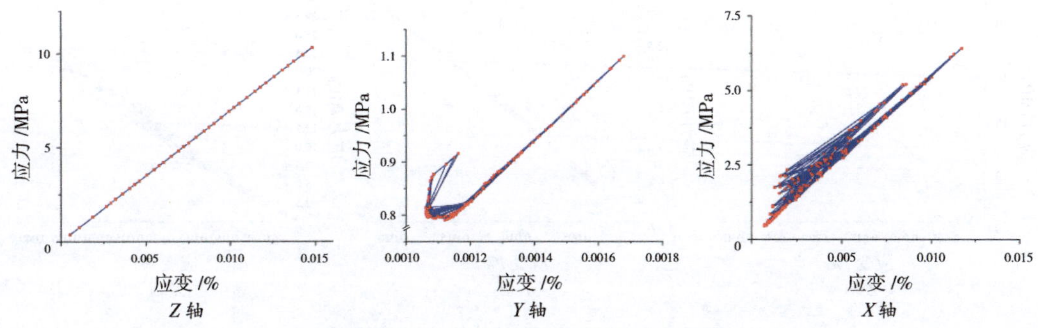

图 4–42 应变片 7 的应力 – 应变曲线

三、关键部件的内力变化

应变片 8 ～ 14 分别测量了泥道拱、慢拱、华拱、第二层华拱、栌斗、散斗、耍头的应力 – 应变曲线（图 4–43 ～图 4–49）。

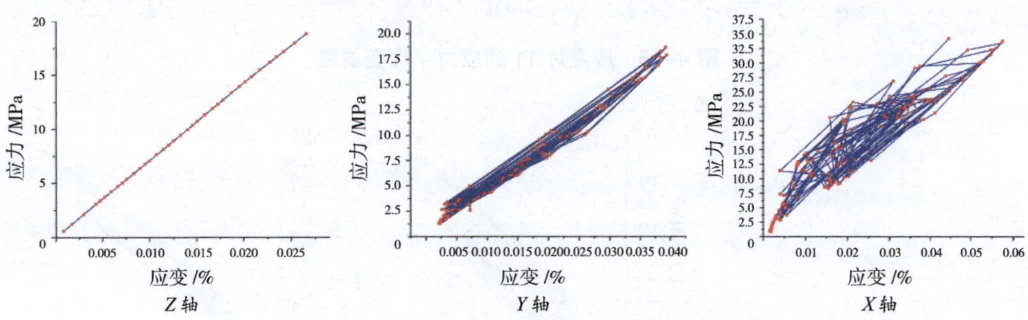

图 4–43 应变片 8 的应力 – 应变曲线

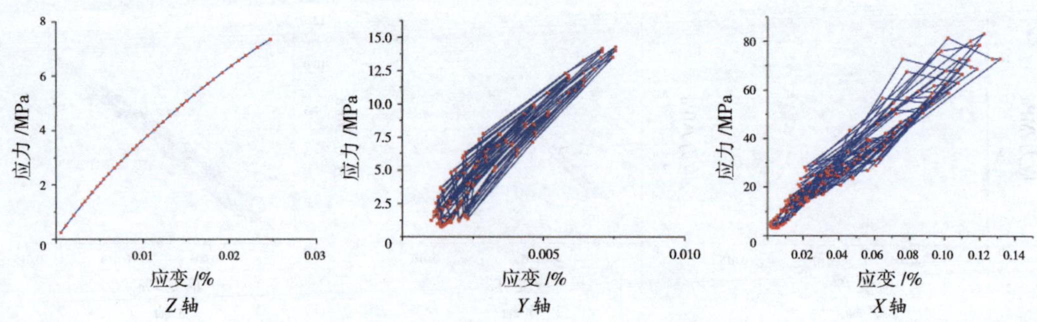

图 4-44　应变片 9 的应力 – 应变曲线

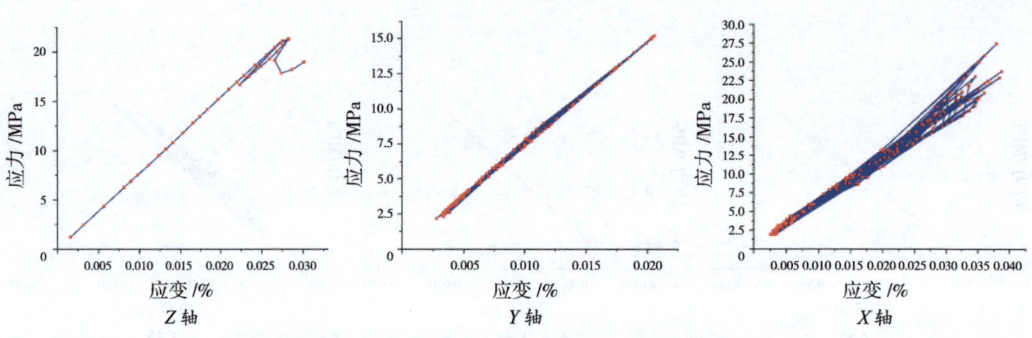

图 4-45　应变片 10 的应力 – 应变曲线

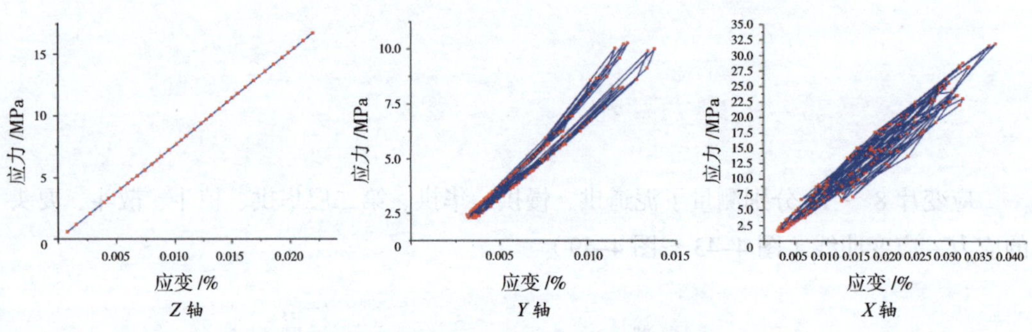

图 4-46　应变片 11 的应力 – 应变曲线

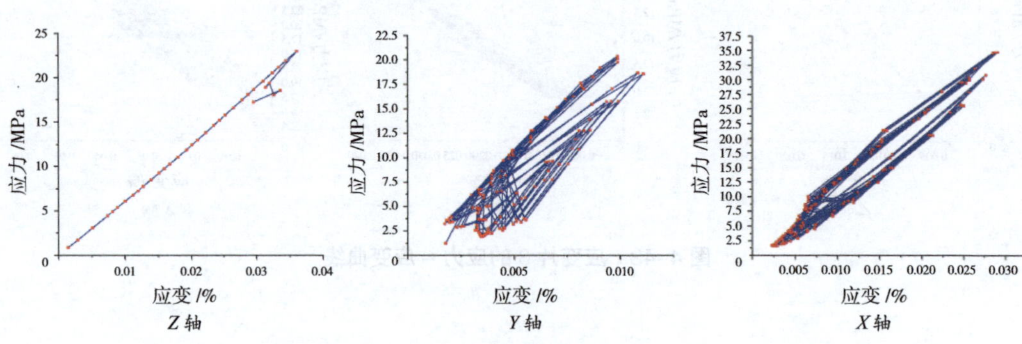

图 4-47　应变片 12 的应力 – 应变曲线

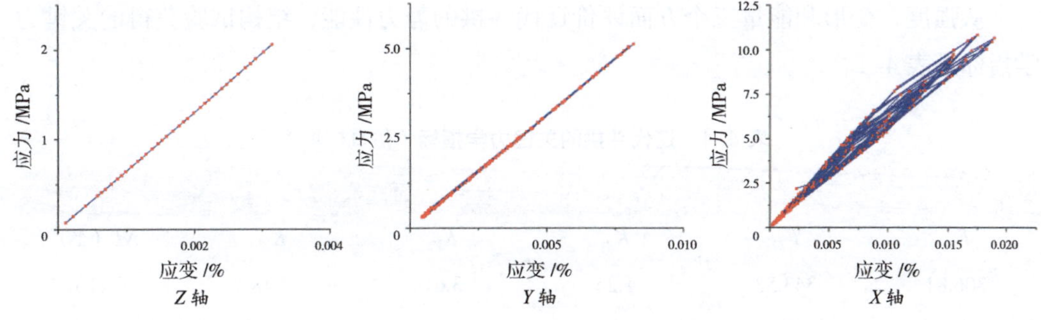

图 4–48　应变片 13 的应力 – 应变曲线

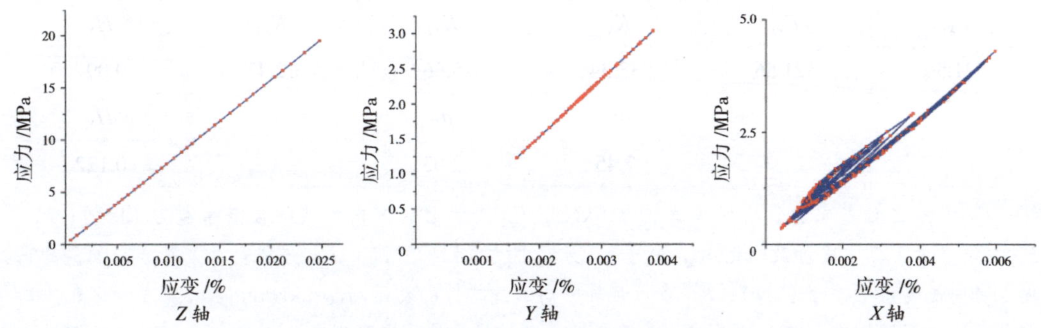

图 4–49　应变片 14 的应力 – 应变曲线

辽代斗拱在 Z 轴竖向单调静力荷载下的变刚度线弹性力学模型、Y 轴上的恢复力模型和 X 轴上的恢复力模型如图 4–50 所示。构件在 Z 轴上的初始刚度 K_{Z1} 为 1.25kN/mm，屈服刚度 K_{Z2} 为 3.61kN/mm，变形刚度 K_{Z3} 为 2.48kN/mm。构件在 Y 轴上的弹性刚度 K_1 为 29.98kN/mm，塑性刚度 K_2 为 6.95kN/mm，有效刚度 K_3 为 17.09kN/mm；试验数据计算获得的延性为 2.45；非线性系数 NL 为 0.173；等效黏滞阻尼系数为 0.097。构件在 X 轴上的弹性刚度 K_1 为 33.34kN/mm，塑性刚度 K_2 为 5.66kN/mm，有效刚度 K_3 为 12.43kN/mm；试验数据计算获得的延性为 3.63；非线性系数 NL 为 0.203；等效黏滞阻尼系数为 0.122。

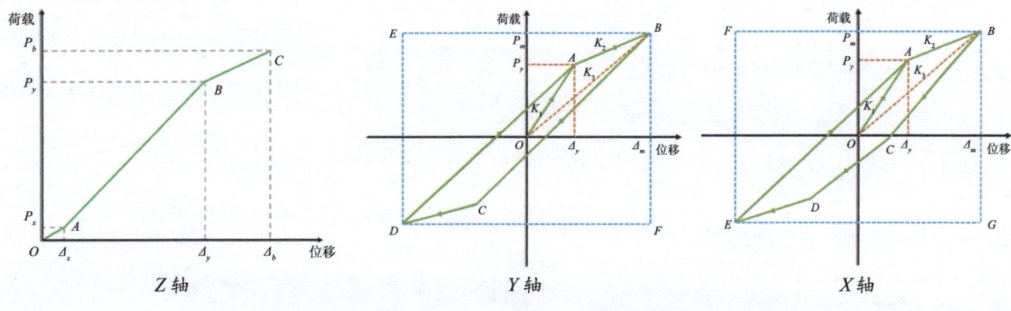

图 4–50　辽代斗拱在 Z 轴、Y 轴、X 轴上的静力行为模型

从强度、变形和能量三个方面评价辽代斗拱的静力性能，结构试验获得的关键力学指标见表 4–1。

表 4–1　辽代斗拱的关键力学指标（仿真模拟）

强度		变形			能量
F_{Z1}	F_{Z2}	K_{Z1}	K_{Z2}	K_{Z3}	$NL(Y)$
306.81	343.52	1.25	3.61	2.48	0.173
F_{Y1}	F_{Y2}	K_{Y1}	K_{Y2}	K_{Y3}	$NL(X)$
998.57	998.57	29.98	6.95	17.09	0.203
F_{X1}	F_{X2}	K_{X1}	K_{X2}	K_{X3}	H_Y
521.56	521.56	33.34	5.66	12.43	0.097
		μ_Y	μ_X		H_X
		2.45	3.63		0.122

注：F_{Z1} 表示 Z 轴方向加载的屈服承载力（kN），F_{Z2} 表示 Z 轴方向加载的极限承载力（kN）；F_{Y1}、F_{Y2} 分别表示 Y 轴方向加载的正向、负向最大水平推力（kN）；F_{X1}、F_{X2} 分别表示 X 轴方向加载的正向、负向最大水平推力（kN）；K_{Z1} 表示 Z 轴方向加载构件的初始刚度（kN/mm），K_{Z2} 表示 Z 轴方向加载构件的屈服刚度（kN/mm），K_{Z3} 表示 Z 轴方向加载构件的变形刚度（kN/mm）；K_{Y1} 表示 Y 轴方向加载构件的弹性刚度（kN/mm），K_{Y2} 表示 Y 轴方向加载构件的塑性刚度（kN/mm），K_{Y3} 表示 Y 轴方向加载构件的有效刚度（kN/mm）；K_{X1} 表示 X 轴方向加载构件的弹性刚度（kN/mm），K_{X2} 表示 X 轴方向加载构件的塑性刚度（kN/mm），K_{X3} 表示 X 轴方向加载构件的有效刚度（kN/mm）；μ_Y 表示构件沿着 Y 轴方向的延性，μ_X 表示构件沿着 X 轴方向的延性；NL（Y）、NL（X）分别表示构件沿 Y 轴、X 轴方向的非线性系数；H_Y、H_X 分别表示构件沿 Y 轴、X 轴方向的等效黏滞阻尼系数。

第五章 宋代初祖庵大殿柱头斗拱的静力学特征研究

第一节 宋代初祖庵大殿柱头斗拱的构造形式

一、初祖庵大殿及其柱头斗拱概况

初祖庵大殿（图 5–1）位于河南省登封市（全国重点文物保护单位），建于北宋宣和七年（1125 年），是河南省现存最早的中国古代木结构建筑之一，中国营造学社评价初祖庵大殿是反映宋代建筑技术的重要例证，其建筑做法非常接近《营造法式》的规定。初祖庵大殿的柱头斗拱（图 5–2）为五铺作斗拱，从栌斗口内出一拱一昂，里转出单抄，采用重拱计心造做法。按照《营造法式》规定的标准命名法，初祖庵大殿柱头斗拱的完整命名为“五铺作重拱出单抄单下昂（插昂），里转五铺作出单抄，计外心，柱头铺作”。

图 5–1 初祖庵大殿

图 5-2　初祖庵大殿柱头斗拱

二、原型提取及试验模型的构建

试验模型的原型选自初祖庵大殿的柱头斗拱（图 5-3），研究对象是撩檐枋以下，柱头以上的斗拱木构造部分。

试验模型组合后的正立面、侧立面、仰视图、俯视图、透视图和整体构件的组合尺寸如图 5-4 所示。

试验模型的爆炸图（图 5-5）中标注了各分件的名称，其中主要分件 33 个，木销分为 3 种类型共 20 个，总计 53 个分件。

图 5-3　初祖庵大殿柱头斗拱的原型提取

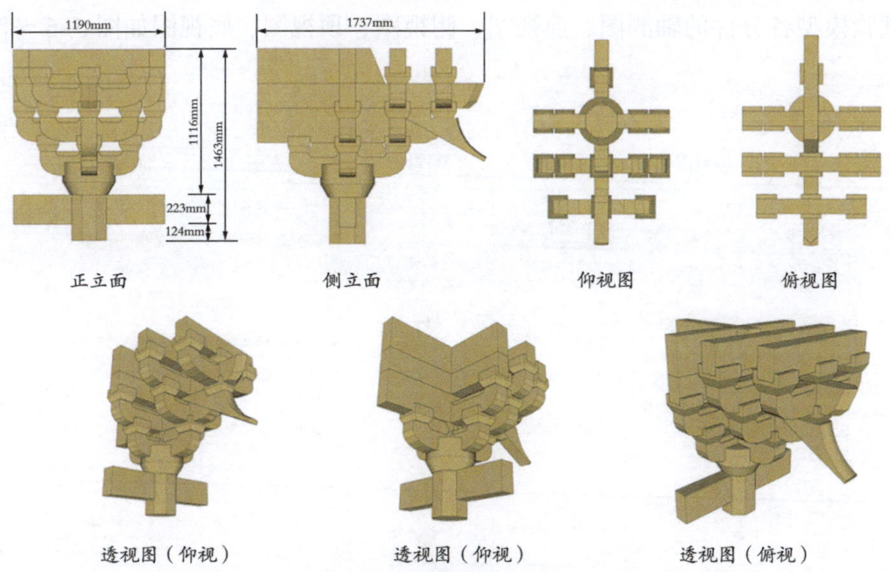

图 5-4 初祖庵大殿柱头斗拱的试验模型

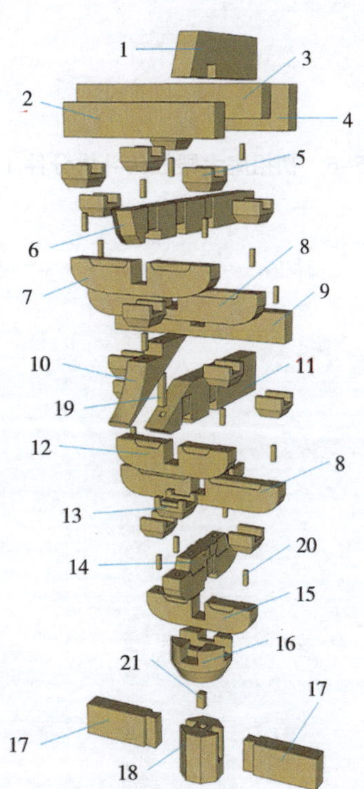

1—衬枋头；2—撩檐枋；3—罗汉枋；4—柱头枋 1；5—散斗；
6—乳栿；7—令拱；8—慢拱；9—柱头枋 2；10—昂；11—梁栿；
12—瓜子拱；13—交互斗；14—华拱；15—泥道拱；16—栌斗；
17—额枋；18—柱头；19—木销 1；20—木销 2；21—木销 3。

图 5-5 初祖庵大殿柱头斗拱试验模型的爆炸图

试验模型各分件的轴测图、前视图、侧视图、顶视图、底视图如图 5-6 ～图 5-9 所示。

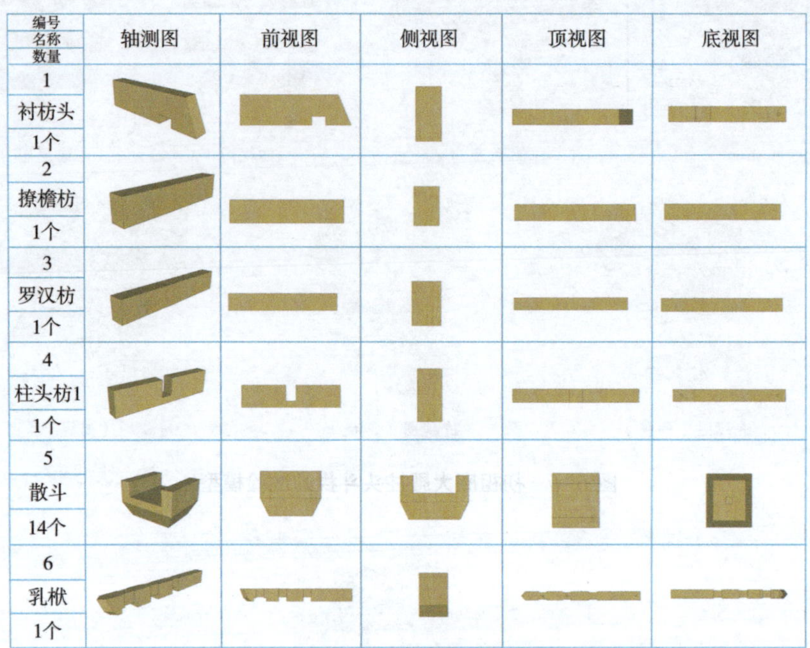

编号 名称 数量	轴测图	前视图	侧视图	顶视图	底视图
1 衬枋头 1个					
2 撩檐枋 1个					
3 罗汉枋 1个					
4 柱头枋1 1个					
5 散斗 14个					
6 乳栿 1个					

图 5-6　初祖庵大殿柱头斗拱分件 1 ～ 6

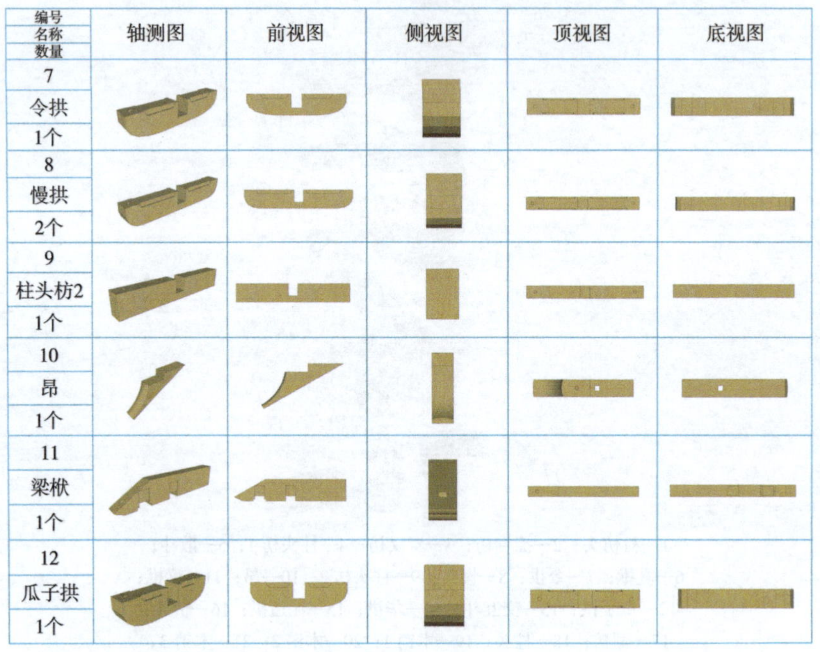

编号 名称 数量	轴测图	前视图	侧视图	顶视图	底视图
7 令拱 1个					
8 慢拱 2个					
9 柱头枋2 1个					
10 昂 1个					
11 梁栿 1个					
12 瓜子拱 1个					

图 5-7　初祖庵大殿柱头斗拱分件 7 ～ 12

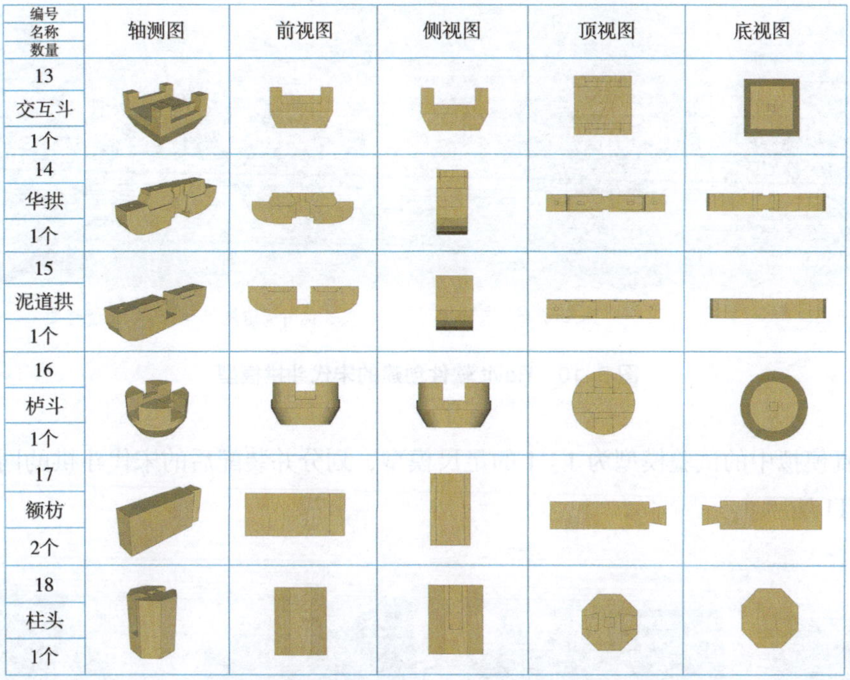

编号 名称 数量	轴测图	前视图	侧视图	顶视图	底视图
13 交互斗 1个					
14 华拱 1个					
15 泥道拱 1个					
16 栌斗 1个					
17 额枋 2个					
18 柱头 1个					

图 5-8　初祖庵大殿柱头斗拱分件 13 ～ 18

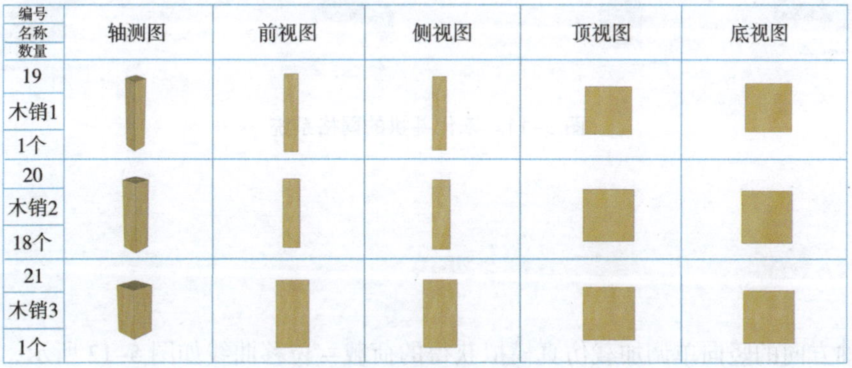

编号 名称 数量	轴测图	前视图	侧视图	顶视图	底视图
19 木销1 1个					
20 木销2 18个					
21 木销3 1个					

图 5-9　初祖庵大殿柱头斗拱分件 19 ～ 21

第二节　宋代初祖庵大殿柱头斗拱的仿真模拟

采用 Revit 软件建模的宋代初祖庵大殿柱头斗拱模型如图 5-10 所示，将 Revit 构建完成的模型导出为 ACIS（SAT）格式，随后将 Revit 的导出文件导入 ANSYS。

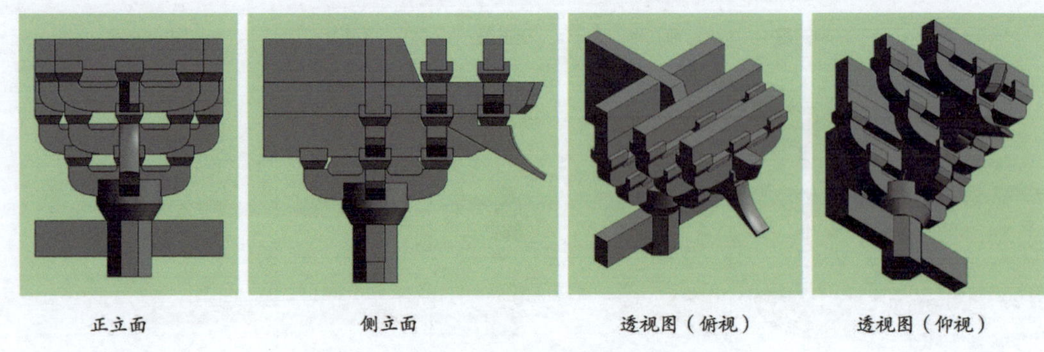

图 5–10　Revit 软件创建的宋代斗拱模型

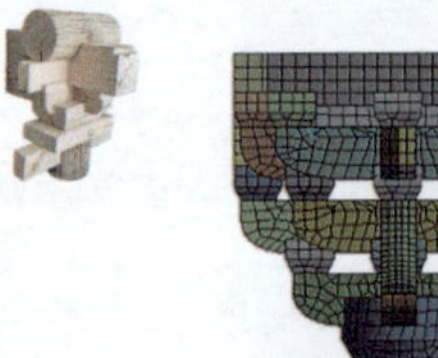

仿真模拟中的试验模型为 1∶1 的足尺模型，划分并装配后的宋代斗拱的网格系统如图 5–11 所示。

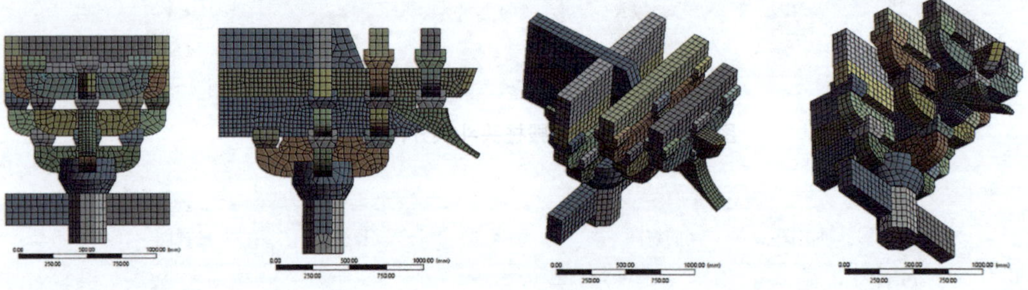

图 5–11　宋代斗拱的网格系统

一、整体构件的静力结构行为

Z 轴方向的竖向单调加载仿真模拟获得的荷载－位移曲线如图 5–12 所示，仿真模拟加载至 342.36kN 后结果不收敛。Y 轴、X 轴方向上的水平低周往复荷载作用下的拟静力加载的荷载－位移滞回曲线的仿真结果如图 5–12 所示。试验模型沿 Y 轴的最大水平推力为 749.88kN；试验模型沿 X 轴的最大水平推力为 597.31kN。

依据滞回曲线获得的 Y 轴、X 轴的荷载－位移骨架曲线如图 5–13 所示，提取骨架曲线中每一段的刚度获得了试件的刚度退化曲线（图 5–14）。

宋代斗拱在 Z 轴方向上竖向单调加载的等效应力（图 5–15A）主要分布在正心的栌斗和柱头，最大应力点为 18.826MPa，位于栌斗与柱头的交接处。等效弹性应变（图 5–15B）与应力云图分布情况相似，最大点为 0.043，位于栌斗与柱头的交接处。应变能（图 5–15C）主要分布于正心的栌斗和柱头处，说明斗拱构件有效地将上部能量传递到了柱上，最大点为 25881MJ，位于柱头上。整体变形（图 5-15D）从撩檐枋向下逐渐减少，最大点为 163.31mm，位于撩檐枋的顶端。

仿真模型在 *Y* 轴方向上水平低周往复荷载作用下的拟静力加载的等效应力（图 5-16A）主要分布在梁栿后端、华拱后端和柱头，最大应力值为 50.655MPa，位于梁栿的后端与散斗的榫卯节点处。等效弹性应变（图 5-16B）与应力云图分布情况相

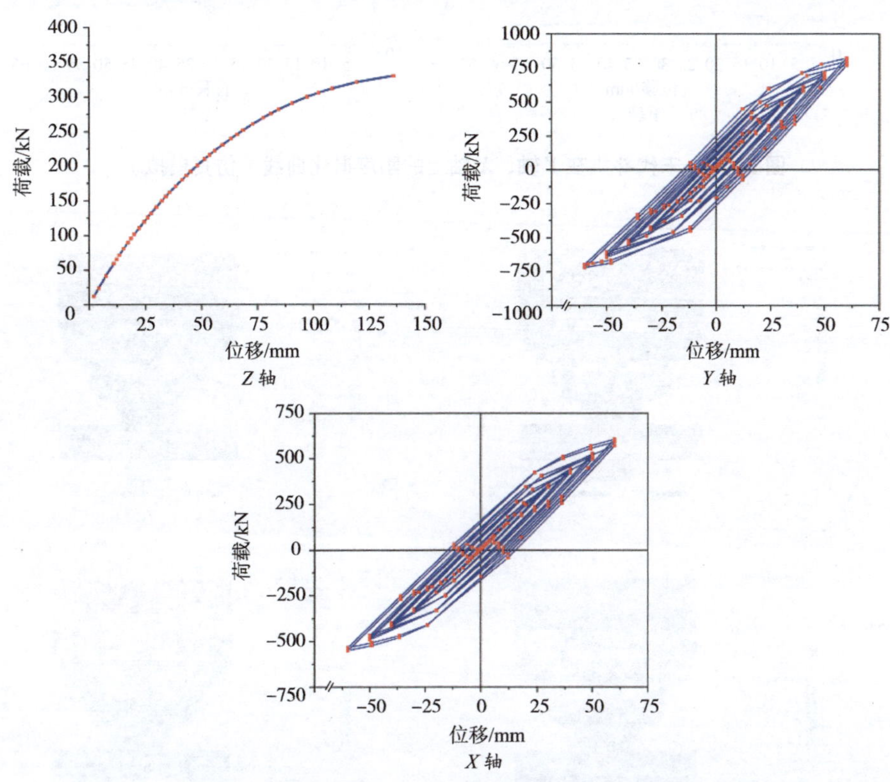

图 5-12　宋代斗拱在 *Z* 轴、*Y* 轴、*X* 轴上的荷载位移曲线（仿真模拟）

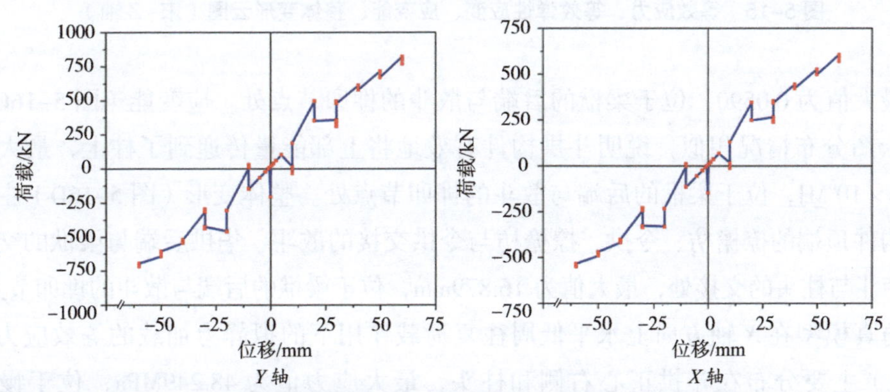

图 5-13　宋代斗拱在 *Y* 轴、*X* 轴上的骨架曲线（仿真模拟）

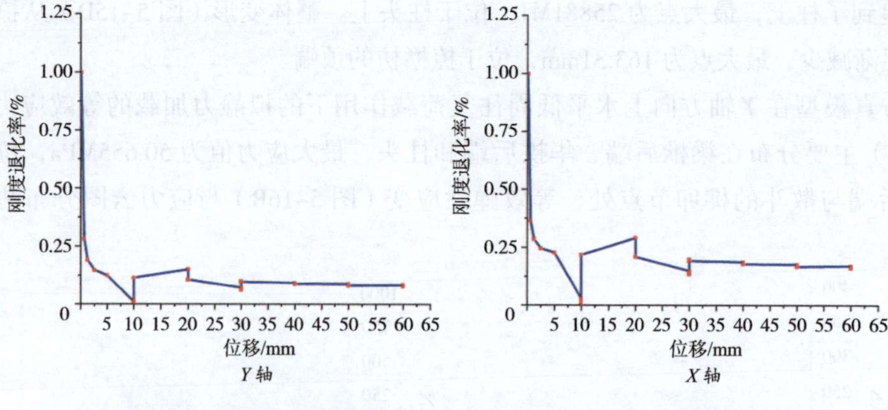

图 5-14　宋代斗拱在 Y 轴、X 轴上的刚度退化曲线（仿真模拟）

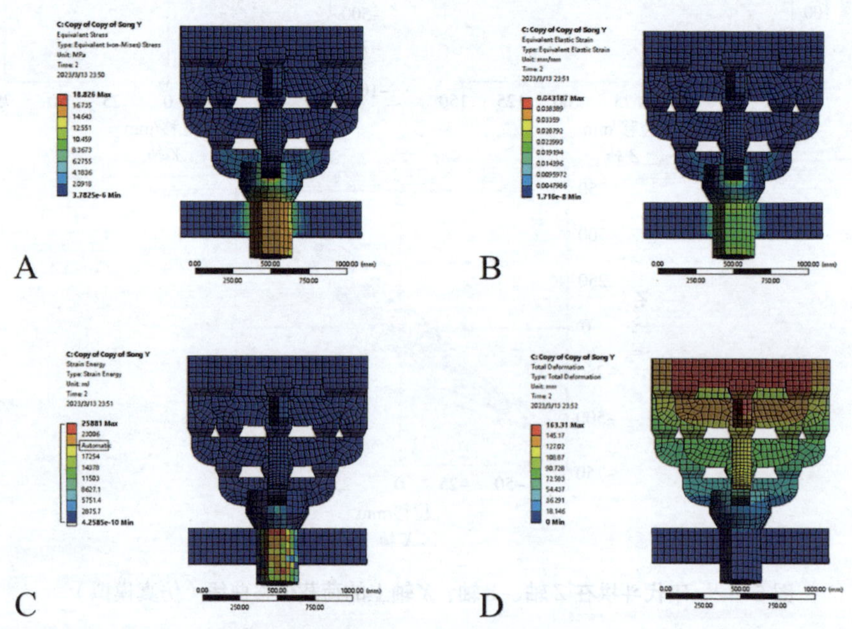

图 5-15　等效应力、等效弹性应变、应变能、整体变形云图（宋 -Z 轴）

似，最大值为 0.0590，位于梁栿的后端与散斗的榫卯节点处。应变能（图 5-16C）与应力云图分布情况相似，说明斗拱构件有效地将上部能量传递到了柱上，最大值为 2.3376×10^6MJ，位于梁栿的后端与散斗的榫卯节点处。整体变形（图 5-16D）主要分布在构件顶端的撩檐枋、令拱、撩檐枋与令拱交接的散斗、华拱后端与梁栿的交接处以及栌斗与柱头的交接处，最大值为 16.879mm，位于梁栿的后端与散斗的榫卯节点处。

仿真模型在 X 轴方向上水平低周往复荷载作用下的拟静力加载的等效应力（图 5-17A）主要分布在斗拱正心右侧和柱头，最大应力值为 48.249MPa，位于慢拱与散斗交接的榫卯节点处。等效弹性应变（图 5-17B）与应力云图分布情况相似，最大值为 0.0455，位于慢拱与散斗交接的榫卯节点处。应变能（图 5-17C），最大值为 4.5199×10^6MJ，位于慢拱与散斗交接的榫卯节点处。整体变形（图 5-17D）广泛分布在整体构件前端和后端的上部，最大值为 8.1647mm，位于慢拱与散斗交接的榫卯节点

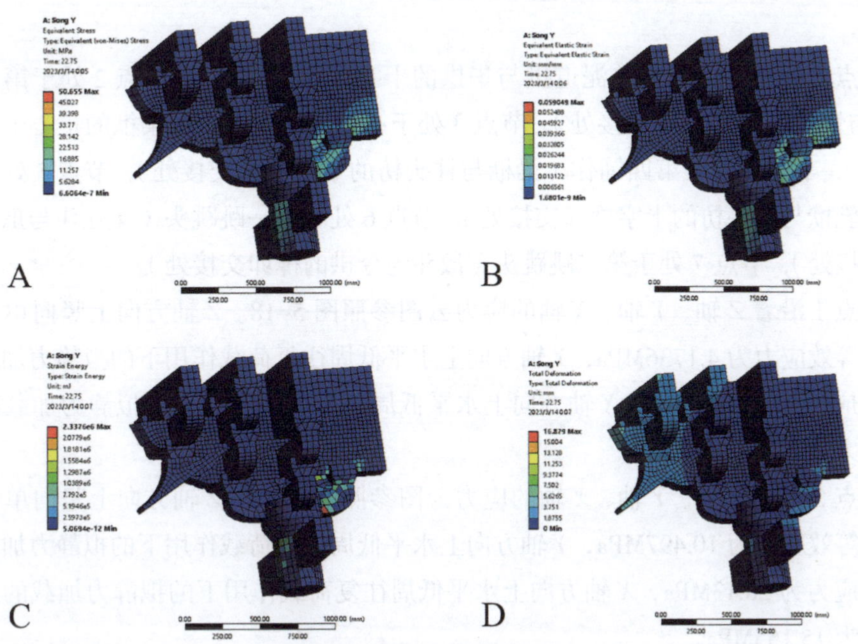

图 5-16 等效应力、等效弹性应变、应变能、整体变形云图（宋 -*Y* 轴）

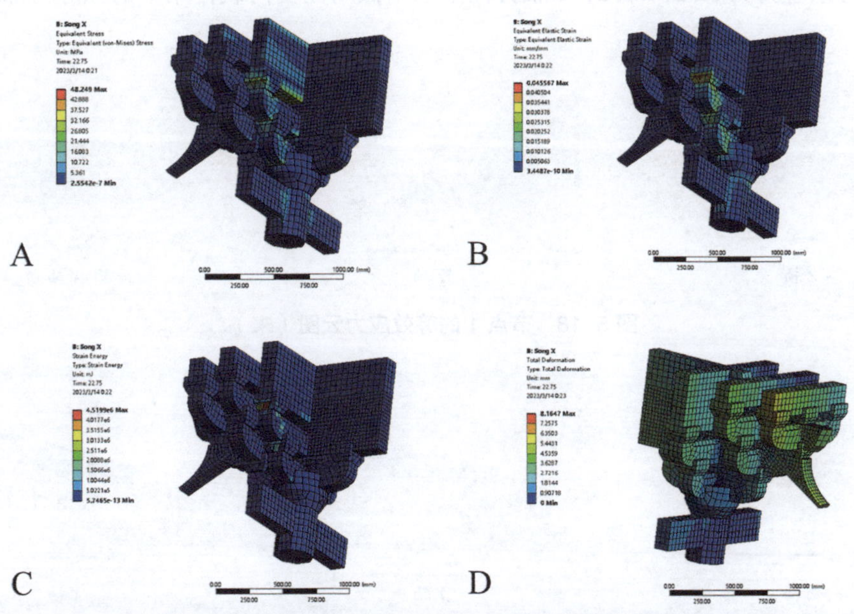

图 5-17 等效应力、等效弹性应变、应变能、整体变形云图（宋 -*X* 轴）

处。X 轴方向上水平低周往复荷载作用下的拟静力加载对慢拱与散斗交接的榫卯节点可能产生最大的变形甚至是破坏。

二、关键节点的内力变化

节点 1 处于第一铺作（泥道拱与华拱的十字榫卯交接处），节点 2 处于第二铺作（华拱与慢拱的十字榫卯交接处），节点 3 处于第三铺作（慢拱与梁栿的正心十字榫卯交接处），节点 4 处于第四铺作（梁栿与柱头枋的十字榫卯交接处），节点 5 处于第五铺作（乳栿与柱头枋的十字榫卯交接处），节点 6 处于第一跳跳头（交互斗与瓜子拱的榫卯交接处），节点 7 处于第二跳跳头（散斗与令拱的榫卯交接处）。

节点 1 沿着 Z 轴、Y 轴、X 轴的应力云图参照图 5–18。Z 轴方向上竖向单调加载的最大等效应力为 4.1736MPa，Y 轴方向上水平低周往复荷载作用下的拟静力加载的最大等效应力为 4.2937MPa，X 轴方向上水平低周往复荷载作用下的拟静力加载的最大等效应力为 2.2013MPa。

节点 2 沿着 Z 轴、Y 轴、X 轴的应力云图参照图 5–19。Z 轴方向上竖向单调加载的最大等效应力为 10.497MPa，Y 轴方向上水平低周往复荷载作用下的拟静力加载的最大等效应力为 28.13MPa，X 轴方向上水平低周往复荷载作用下的拟静力加载的最大等效应力为 15.155MPa。

节点 3 沿着 Z 轴、Y 轴、X 轴的应力云图参照图 5–20。Z 轴方向上竖向单调加载的最大等效应力为 3.5271MPa，Y 轴方向上水平低周往复荷载作用下的拟静力加载的最

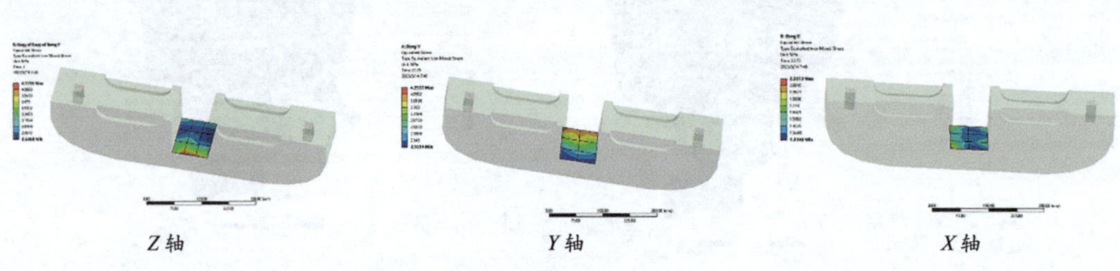

图 5–18　节点 1 的等效应力云图（宋）

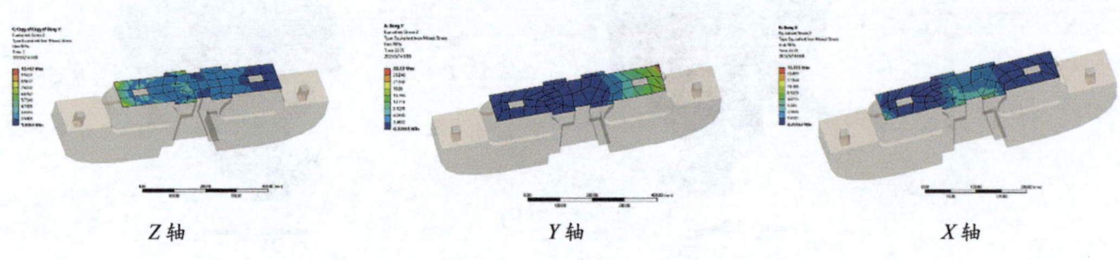

图 5–19　节点 2 的等效应力云图（宋）

大等效应力为 1.2086MPa，X 轴方向上水平低周往复荷载作用下的拟静力加载的最大等效应力为 4.7143MPa。

节点 4 沿着 Z 轴、Y 轴、X 轴的应力云图参照图 5-21。Z 轴方向上竖向单调加载的最大等效应力为 4.7429MPa，Y 轴方向上水平低周往复荷载作用下的拟静力加载的最大等效应力为 8.434MPa，X 轴方向上水平低周往复荷载作用下的拟静力加载的最大等效应力为 10.958MPa。

节点 5 沿着 Z 轴、Y 轴、X 轴的应力云图参照图 5-22。Z 轴方向上竖向单调加载的最大等效应力为 2.2697MPa，Y 轴方向上水平低周往复荷载作用下的拟静力加载的最大等效应力为 0.998MPa，X 轴方向上水平低周往复荷载作用下的拟静力加载的最大等效应力为 5.9036MPa。

节点 6 沿着 Z 轴、Y 轴、X 轴的应力云图参照图 5-23。Z 轴方向上竖向单调加载的最大等效应力为 5.3439MPa，Y 轴方向上水平低周往复荷载作用下的拟静力加载的最大等效应力为 1.751MPa，X 轴方向上水平低周往复荷载作用下的拟静力加载的最大等效应力为 2.7195MPa。

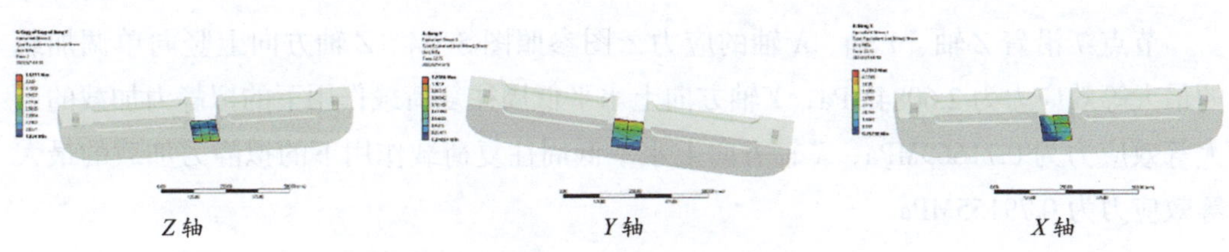

图 5-20 节点 3 的等效应力云图（宋）

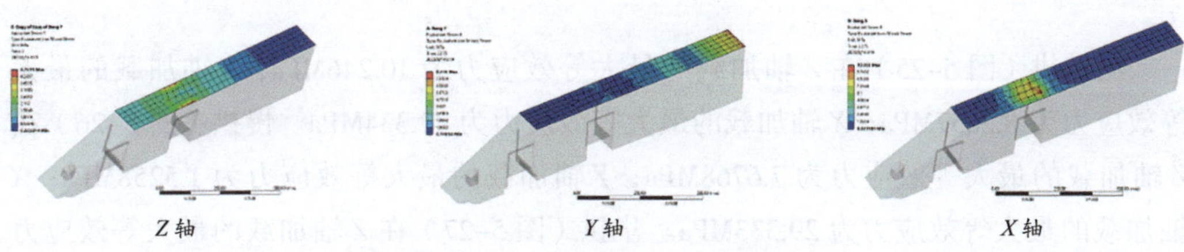

图 5-21 节点 4 的等效应力云图（宋）

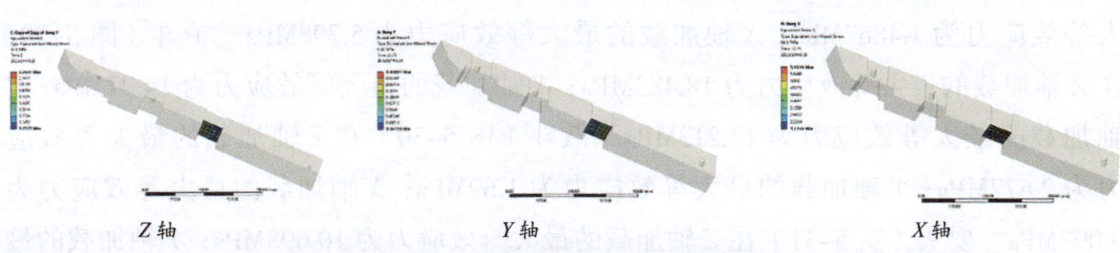

图 5-22 节点 5 的等效应力云图（宋）

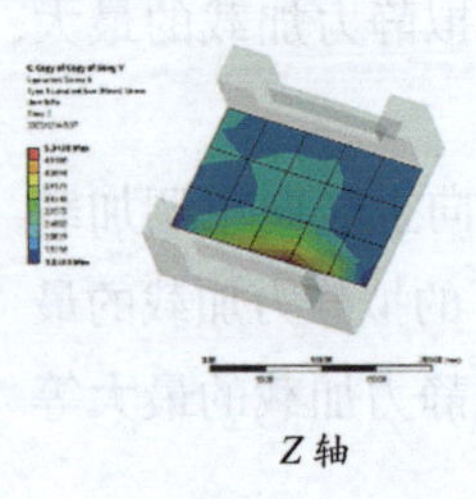

Z轴

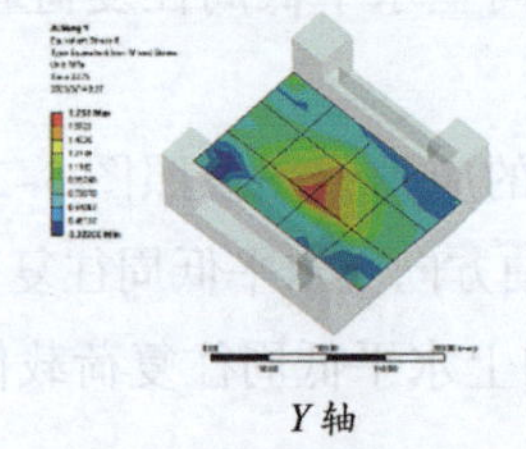

Y轴

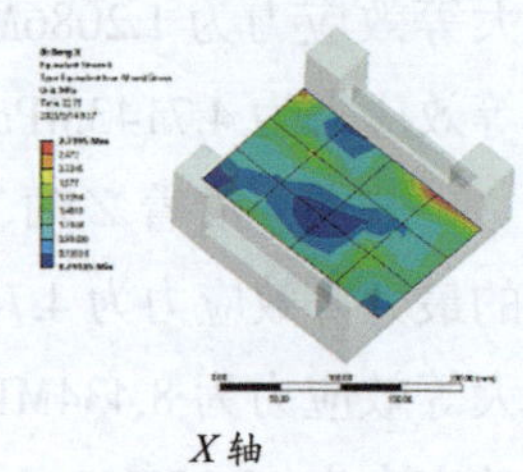

X轴

图 5-23 节点 6 的等效应力云图（宋）

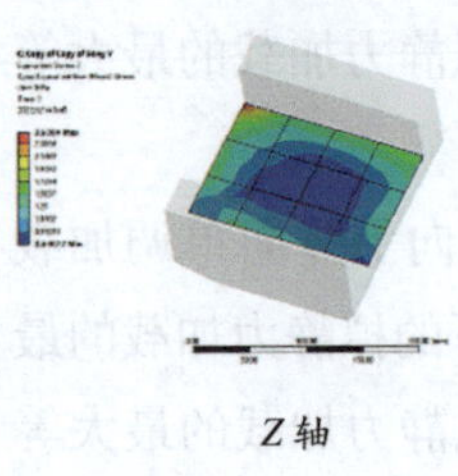

Z轴

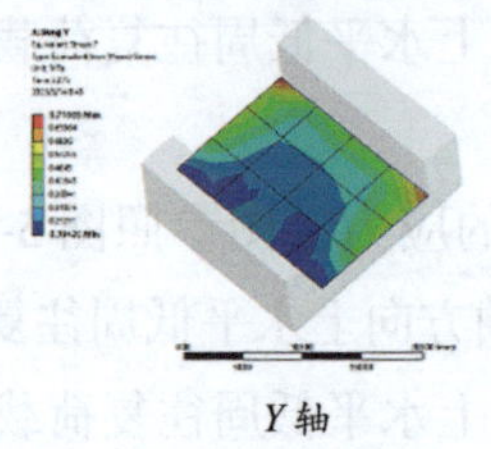

Y轴

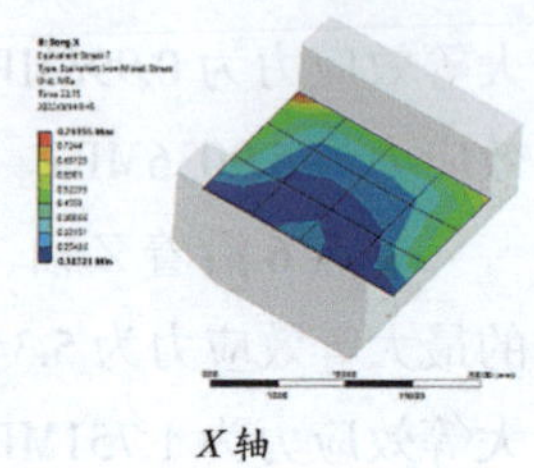

X轴

图 5-24 节点 7 的等效应力云图（宋）

节点 7 沿着 Z 轴、Y 轴、X 轴的应力云图参照图 5-24。Z 轴方向上竖向单调加载的最大等效应力为 2.6084MPa，Y 轴方向上水平低周往复荷载作用下的拟静力加载的最大等效应力为 0.71669MPa，X 轴方向上水平低周往复荷载作用下的拟静力加载的最大等效应力为 0.79155MPa。

三、关键部件的内力变化

泥道拱（图 5-25）在 Z 轴加载的最大等效应力为 10.246MPa；Y 轴加载的最大等效应力为 8.2657MPa；X 轴加载的最大等效应力为 42.334MPa。慢拱（图 5-26）在 Z 轴加载的最大等效应力为 7.6768MPa；Y 轴加载的最大等效应力为 1.5258MPa；X 轴加载的最大等效应力为 29.333MPa。华拱（图 5-27）在 Z 轴加载的最大等效应力为 18.694MPa；Y 轴加载的最大等效应力为 28.13MPa；X 轴加载的最大等效应力为 15.155MPa。昂（图 5-28）在 Z 轴加载的最大等效应力为 4.3776MPa；Y 轴加载的最大等效应力为 1.4867MPa；X 轴加载的最大等效应力为 5.798MPa。栌斗（图 5-29）在 Z 轴加载的最大等效应力为 18.483MPa；Y 轴加载的最大等效应力为 14.97MPa；X 轴加载的最大等效应力为 13.213MPa。散斗（图 5-30）在 Z 轴加载的最大等效应力为 2.677MPa；Y 轴加载的最大等效应力为 1.69MPa；X 轴加载的最大等效应力为 9.097MPa。要头（图 5-31）在 Z 轴加载的最大等效应力为 10.698MPa；Y 轴加载的最大等效应力为 3.3369MPa；X 轴加载的最大等效应力为 4.9895MPa。

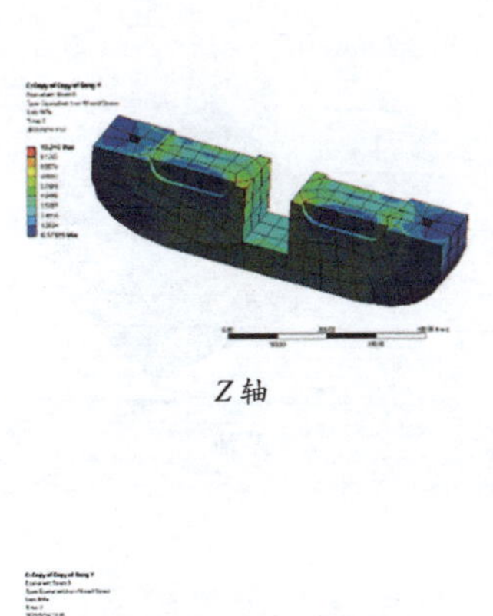
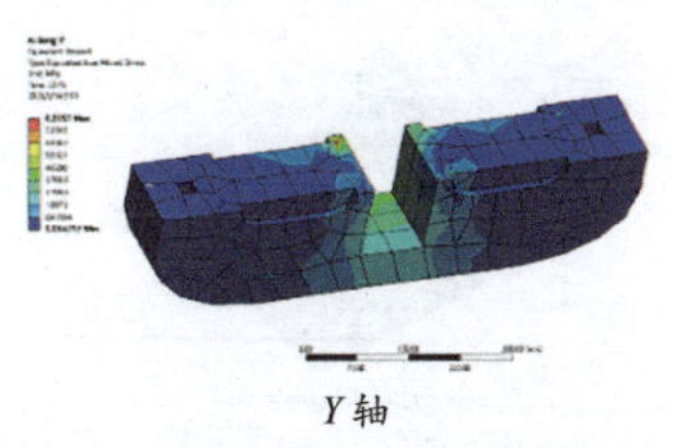
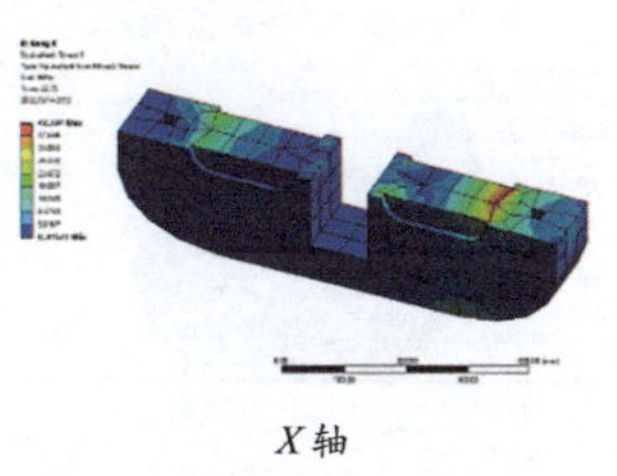

Z 轴　　*Y* 轴　　*X* 轴

图 5-25　泥道拱的等效应力云图（宋）

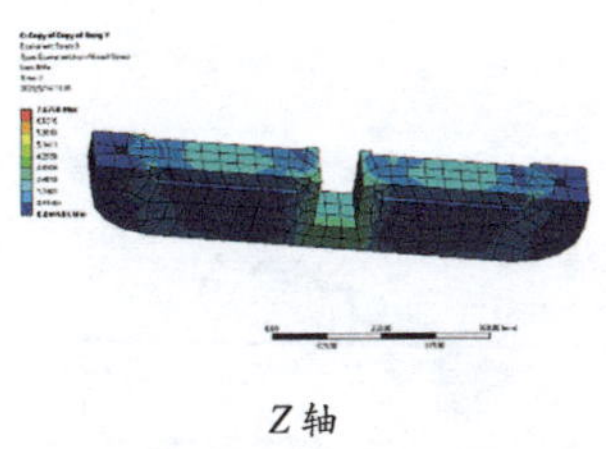
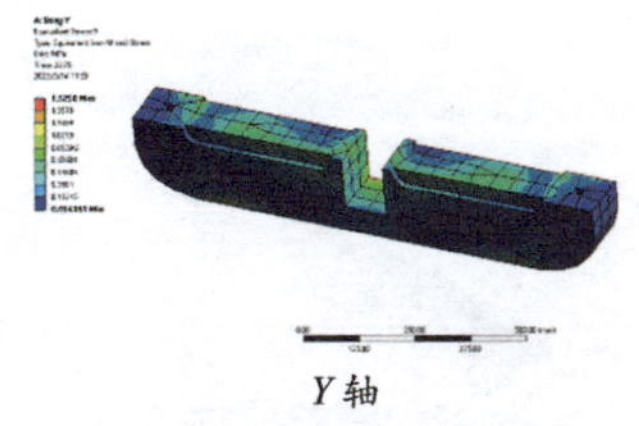
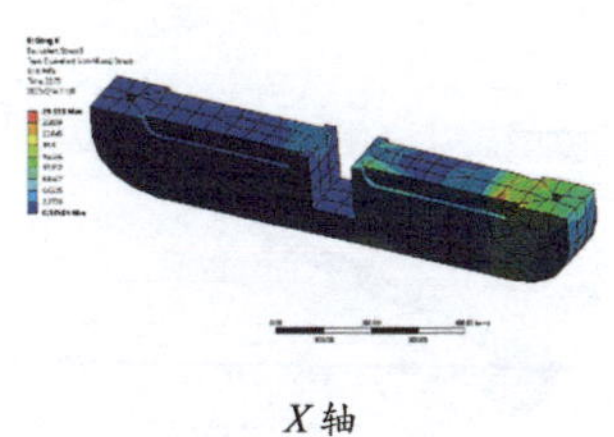

Z 轴　　*Y* 轴　　*X* 轴

图 5-26　慢拱的等效应力云图（宋）

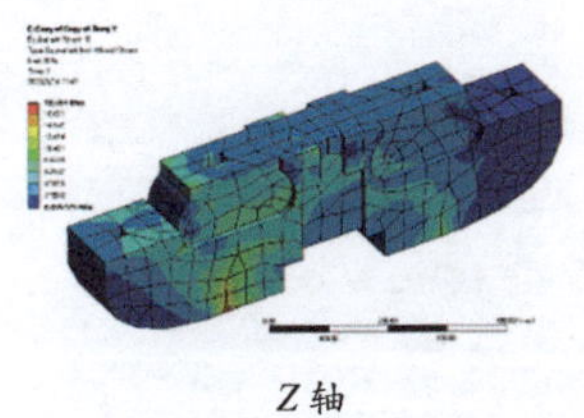
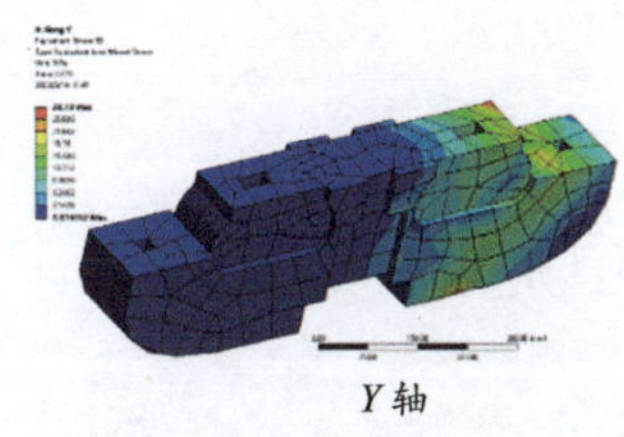
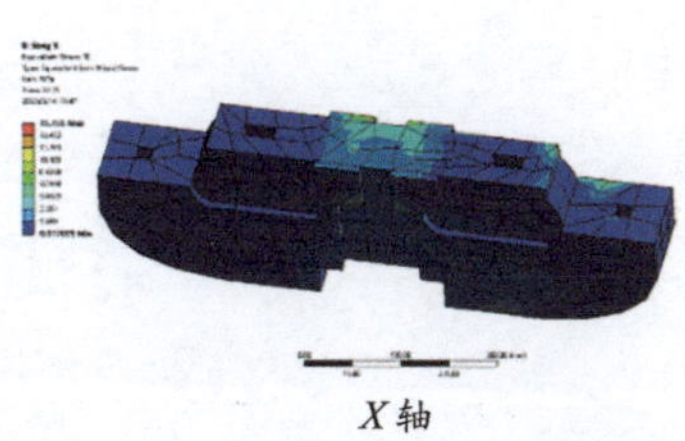

Z 轴　　*Y* 轴　　*X* 轴

图 5-27　华拱的等效应力云图（宋）

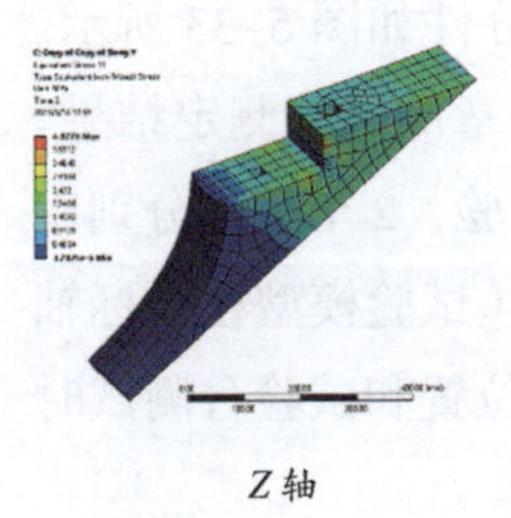
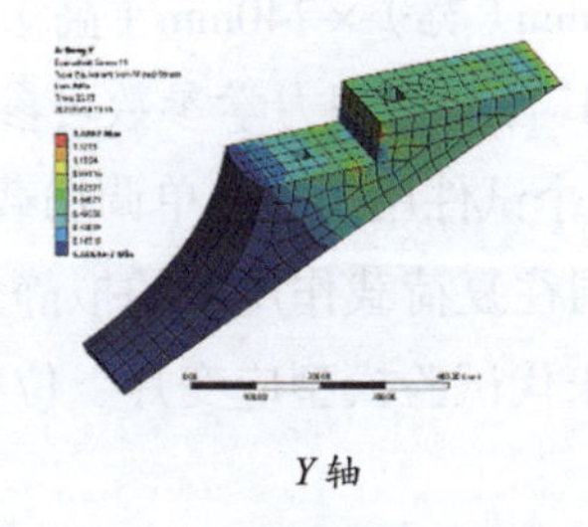
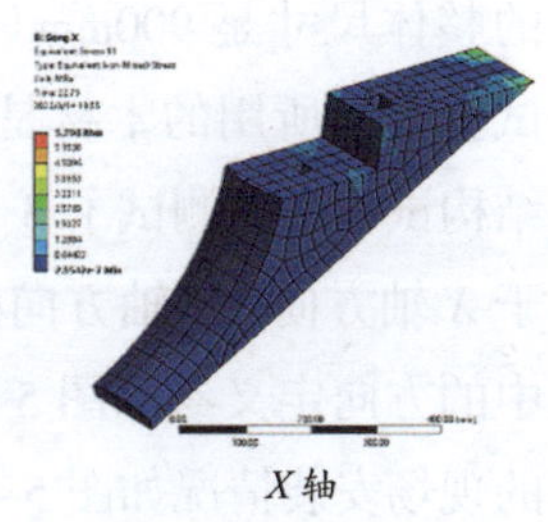

Z 轴　　*Y* 轴　　*X* 轴

图 5-28　昂的等效应力云图（宋）

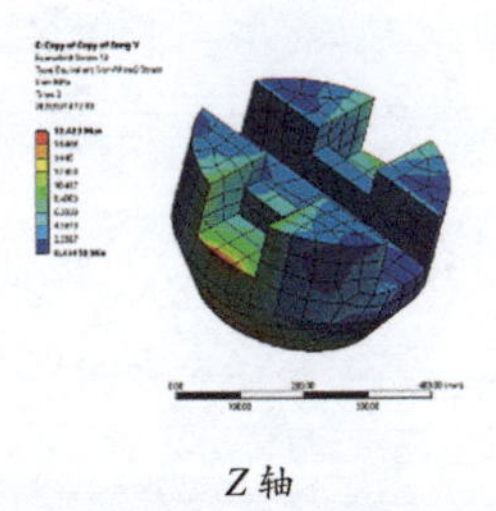
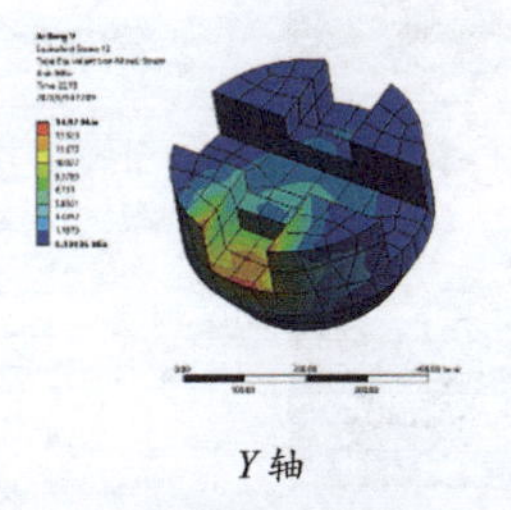

Z 轴　　*Y* 轴　　*X* 轴

图 5-29　栌斗的等效应力云图（宋）

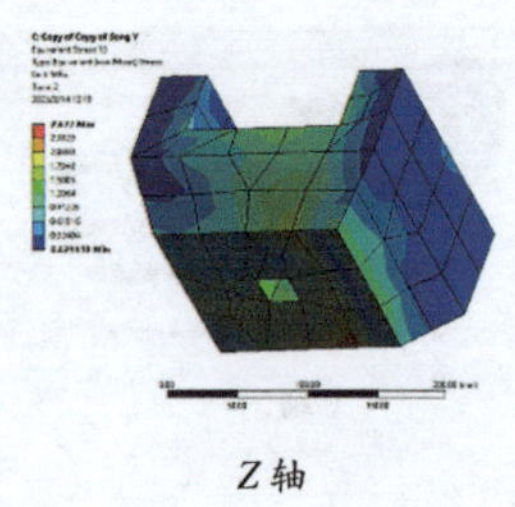

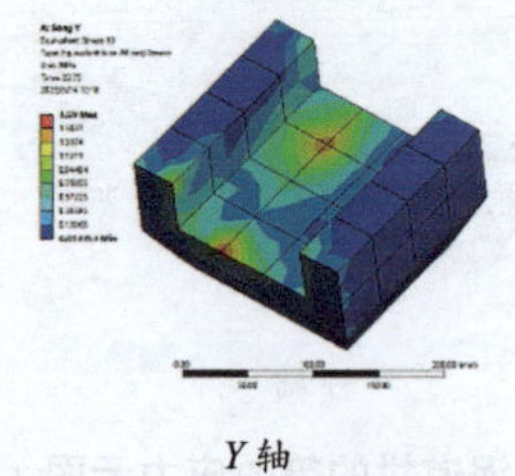

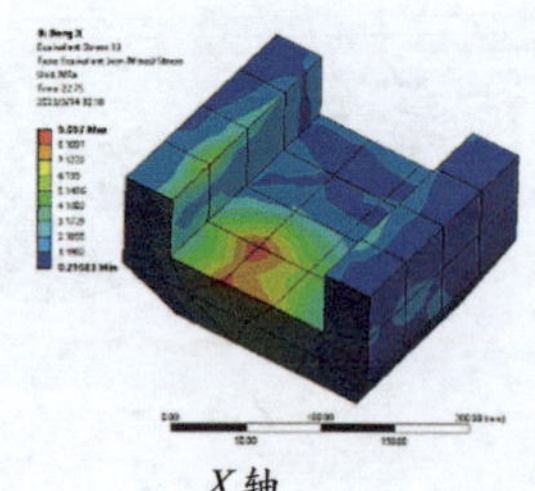

图 5–30　散斗的等效应力云图（宋）

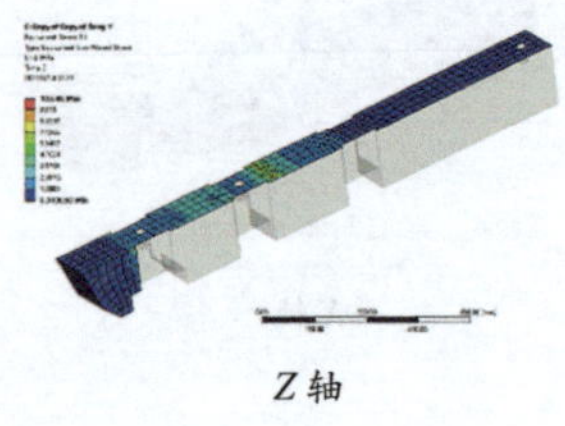

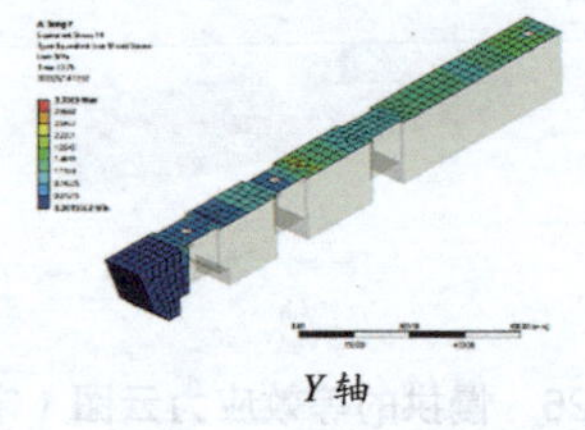

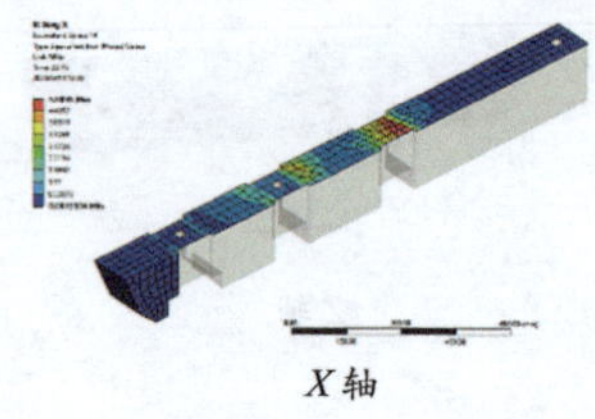

图 5–31　耍头的等效应力云图（宋）

第三节　宋代初祖庵大殿柱头斗拱的结构试验

试验模型是缩尺比为 1 : 2.07 的缩尺模型，完整拼装后的宋代柱头斗拱（图 5–32）的整体尺寸是 900mm（长）× 590mm（宽）× 740mm（高），所有分件如图 5–33 所示。试验模型所用的木材是樟子松，其各项物理力学参数可参照第二章的试验测定结果。结构试验中共测试了 3 个试件，1 个试件用于竖向单调加载静力试验，2 个试件分别用于 X 轴方向、Y 轴方向的水平低周往复荷载作用下的拟静力试验（试验模型在坐标轴中的方向定义参照图 5–32 右）。宋代试验模型应变片、位移计的位置和试验台测试时的现场安装情况如图 5–34 所示。

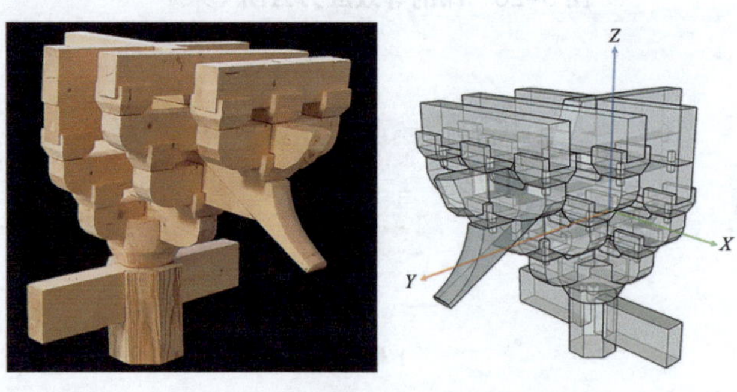

图 5–32　宋代斗拱的结构试验模型

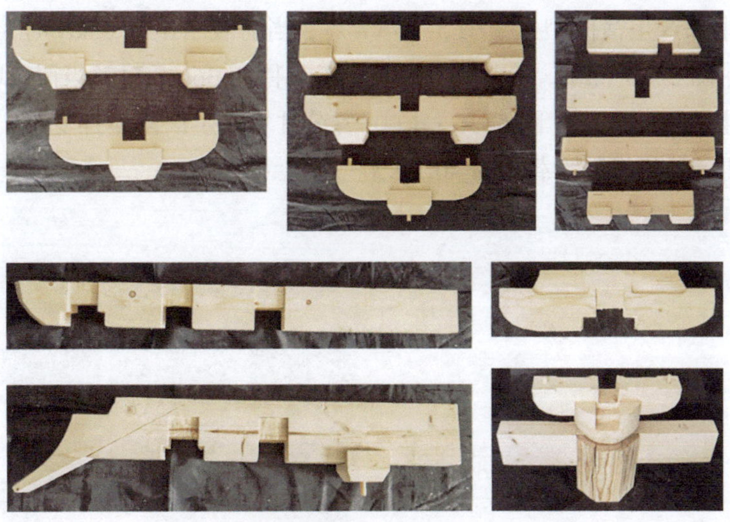

图 5-33 宋代斗拱结构试验模型的分件

图 5-34 宋代斗拱结构试验模型的测试安装现场

一、整体构件的静力结构行为

Z 轴方向的竖向单调加载静力试验获得的荷载－位移曲线如图 5-35 所示。试验模型的破坏机制：当荷载增至约 25kN 时，斗拱持续发出劈裂声响；当荷载增至约 30kN

时，罗汉枋中部产生横向裂纹［图 5-36（a）］；当荷载增至约 35kN 时，二层慢拱产生横向裂纹［图 5-36（b）］，令拱产生横向裂纹［图 5-36（c）］；当荷载增至 40.14kN 时，栌斗产生放射状裂纹［图 5-36（d）］，各分件均发生严重塑性变形，整体结构破坏，试验获得的斗拱极限承载力为 40.14kN。

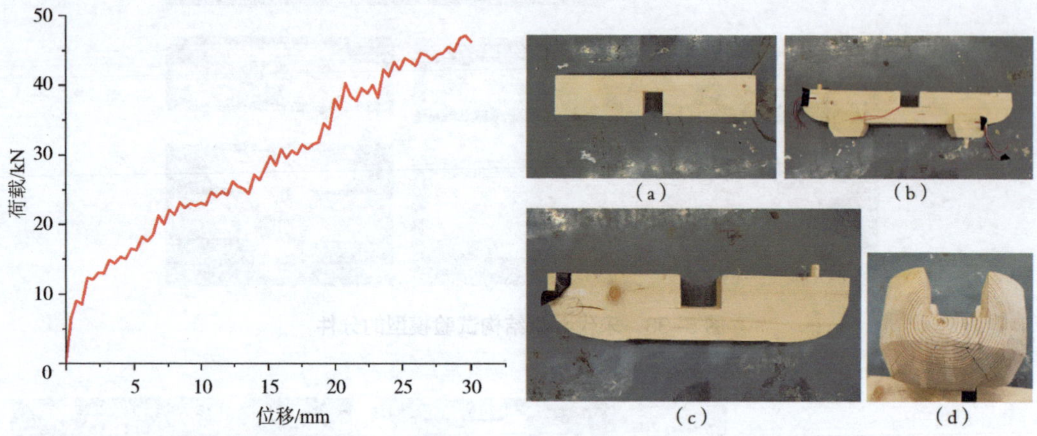

图 5-35　宋代斗拱试验模型的荷载 - 位移曲线（Z 轴）

图 5-36　宋代斗拱试验模型的破坏机制

二、关键节点的内力变化

应变片 1 处于泥道拱与华拱十字榫卯交接处节点（第一铺作）；应变片 2 处于华拱与慢拱十字榫卯交接处节点（第二铺作）；应变片 3 处于慢拱与梁栿十字榫卯交接处节点（第三铺作）；应变片 4 处于梁栿与柱头枋十字榫卯交接处节点（第四铺作）；应变片 5 处于柱头枋与乳栿十字榫卯交接处节点（第五铺作）；应变片 6 处于第一跳跳头节点处；应变片 7 处于第二跳跳头节点处。试验测量了斗拱 7 个关键节点沿着 *Z* 轴、*Y* 轴、*X* 轴的应力 - 应变曲线（图 5-37～图 5-43）。

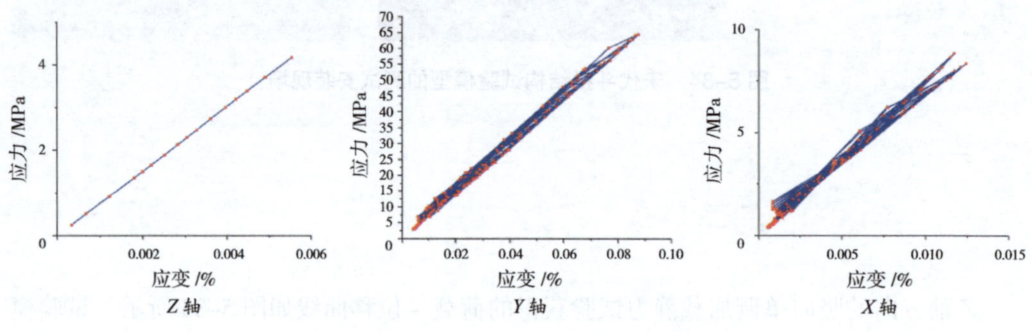

图 5-37　应变片 1 的应力 - 应变曲线

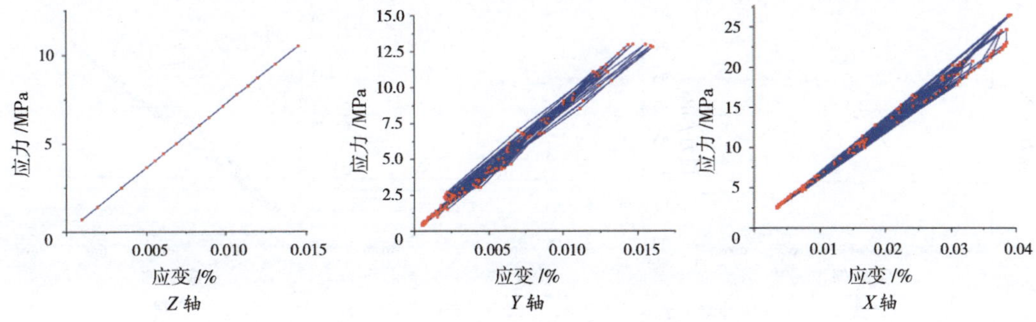

图 5-38 应变片 2 的应力 – 应变曲线

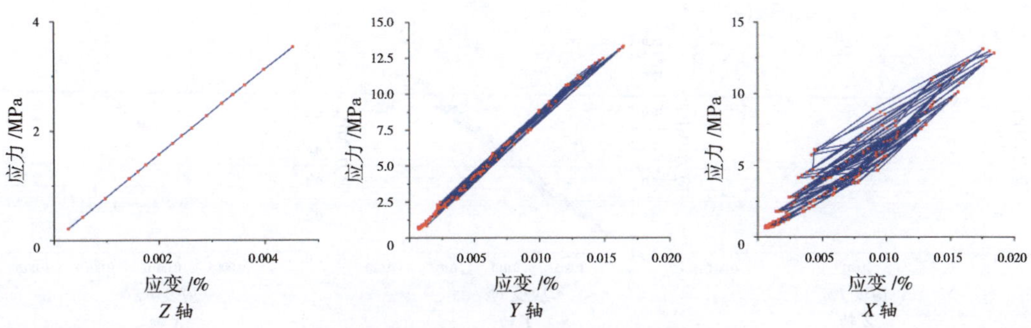

图 5-39 应变片 3 的应力 – 应变曲线

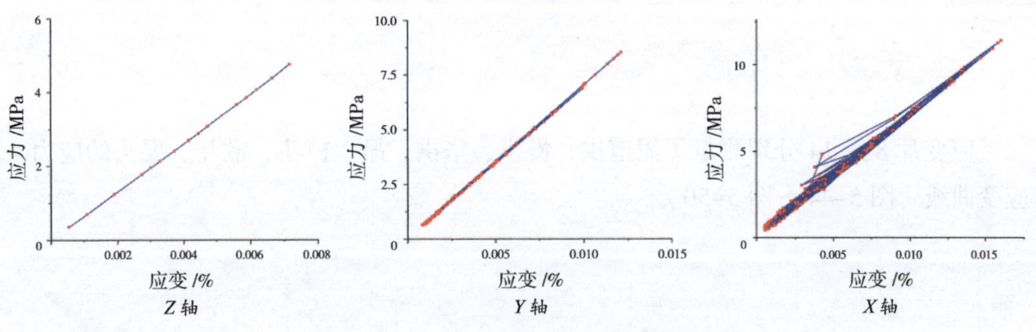

图 5-40 应变片 4 的应力 – 应变曲线

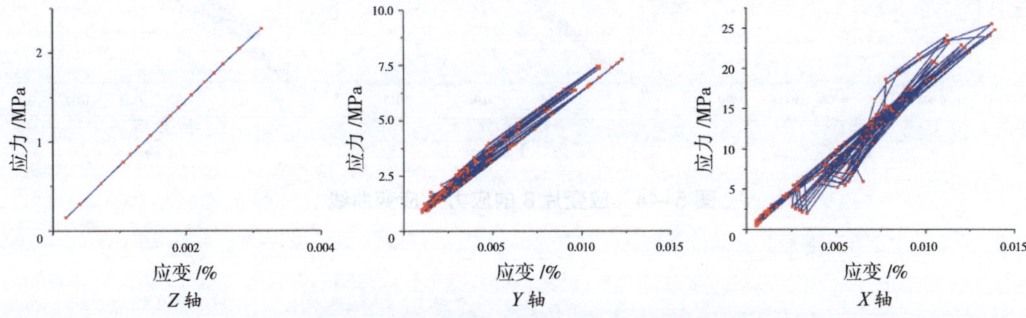

图 5-41 应变片 5 的应力 – 应变曲线

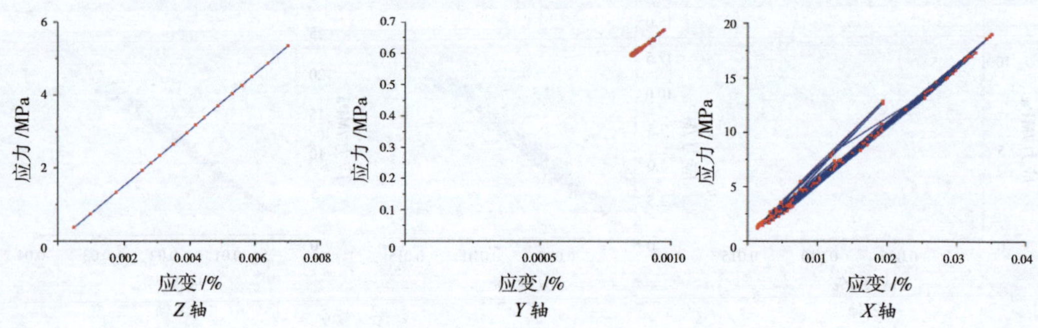

图 5-42　应变片 6 的应力 – 应变曲线

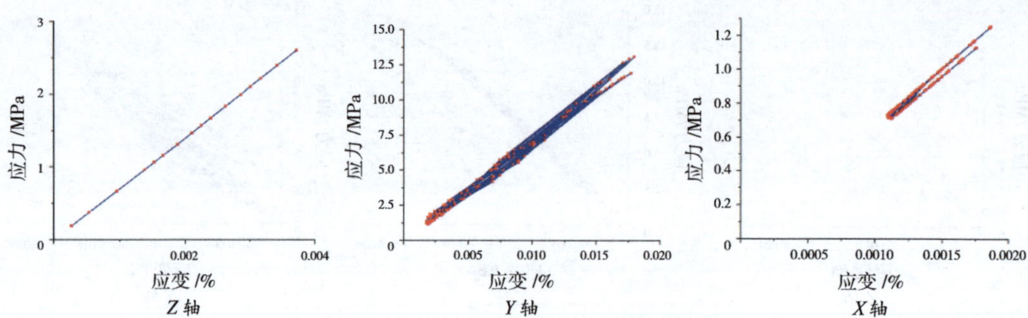

图 5-43　应变片 7 的应力 – 应变曲线

三、关键部件的内力变化

应变片 8 ～ 14 分别测量了泥道拱、慢拱、华拱、昂、栌斗、散斗、耍头的应力 – 应变曲线（图 5-44 ～图 5-50）。

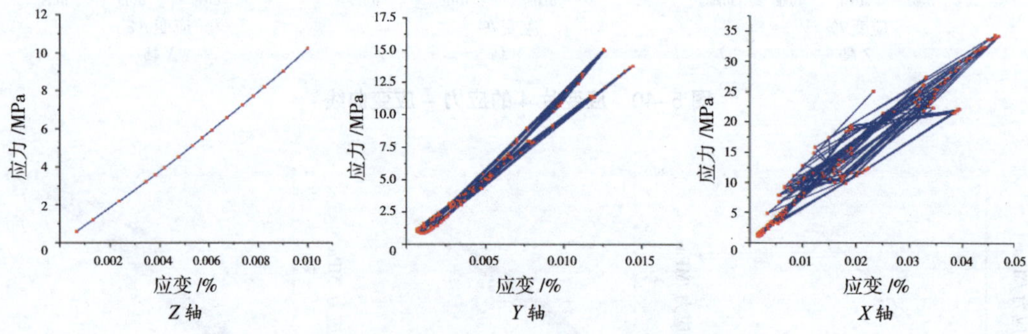

图 5-44　应变片 8 的应力 – 应变曲线

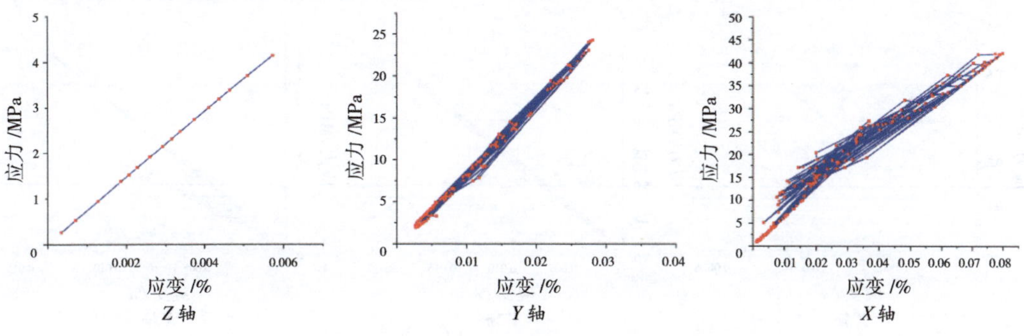

图 5-45　应变片 9 的应力 - 应变曲线

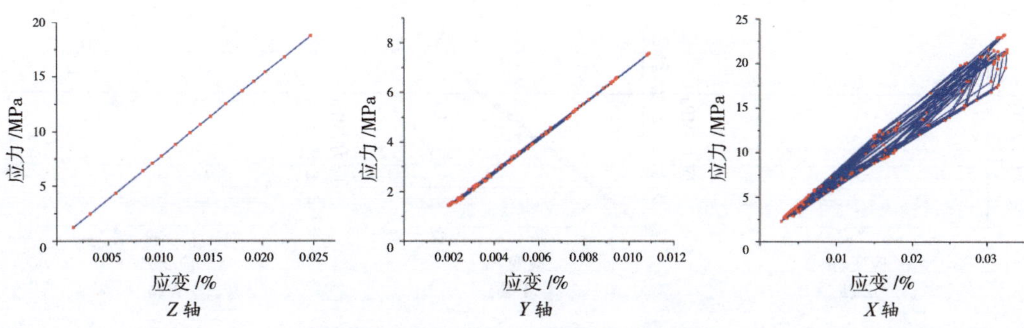

图 5-46　应变片 10 的应力 - 应变曲线

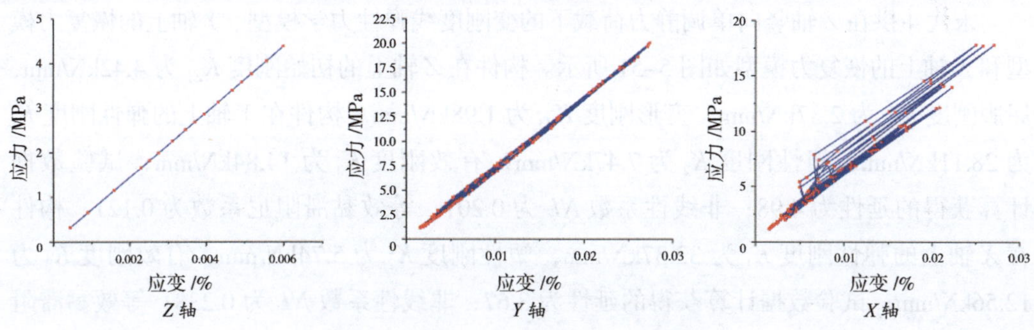

图 5-47　应变片 11 的应力 - 应变曲线

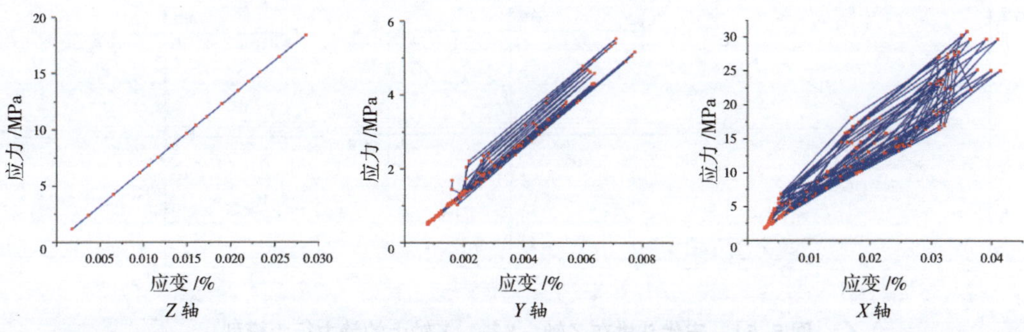

图 5-48　应变片 12 的应力 - 应变曲线

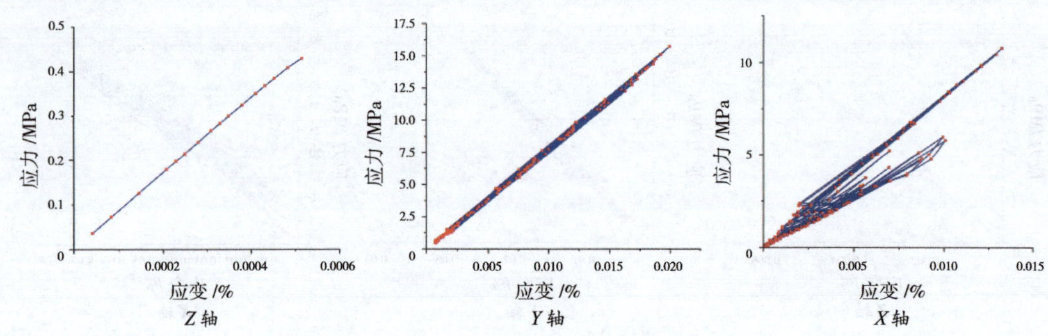

图 5–49　应变片 13 的应力 – 应变曲线

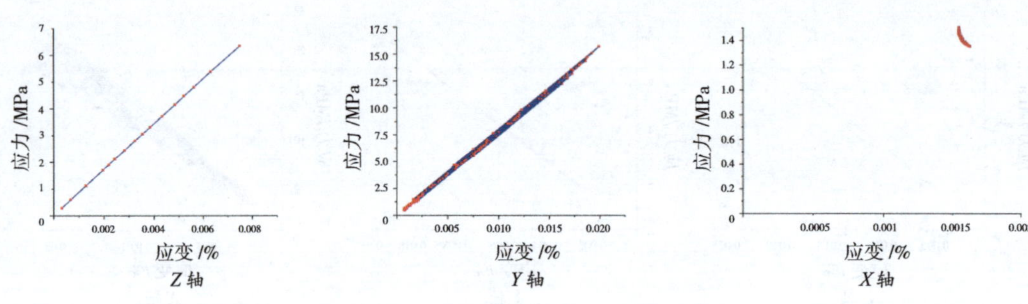

图 5–50　应变片 14 的应力 – 应变曲线

宋代斗拱在 Z 轴竖向单调静力荷载下的变刚度线弹性力学模型、Y 轴上的恢复力模型和 X 轴上的恢复力模型如图 5–51 所示。构件在 Z 轴上的初始刚度 K_{Z1} 为 4.42kN/mm，屈服刚度 K_{Z2} 为 2.37kN/mm，变形刚度 K_{Z3} 为 1.98kN/mm。构件在 Y 轴上的弹性刚度 K_1 为 28.11kN/mm，塑性刚度 K_2 为 7.47kN/mm，有效刚度 K_3 为 14.84kN/mm；试验数据计算获得的延性为 4.98；非线性系数 NL 为 0.201；等效黏滞阻尼系数为 0.121。构件在 X 轴上的弹性刚度 K_1 为 32.37kN/mm，塑性刚度 K_2 为 5.74kN/mm，有效刚度 K_3 为 12.56kN/mm；试验数据计算获得的延性为 3.67；非线性系数 NL 为 0.238；等效黏滞阻尼系数为 0.149。

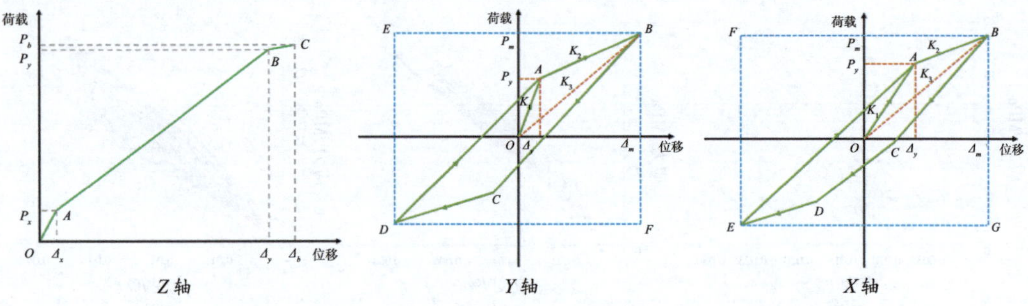

图 5–51　宋代斗拱在 Z 轴、Y 轴、X 轴上的静力行为模型

从强度、变形和能量三个方面评价宋代斗拱的静力性能，结构试验获得的关键力学指标见表 5–1。

表 5–1　宋代斗拱的关键力学指标（仿真模拟）

强度		变形			能量
F_{Z1}	F_{Z2}	K_{Z1}	K_{Z2}	K_{Z3}	$NL（Y）$
305.73	342.36	4.42	2.37	1.98	0.201
F_{Y1}	F_{Y2}	K_{Y1}	K_{Y2}	K_{Y3}	$NL（X）$
749.88	749.88	28.11	7.47	14.84	0.238
F_{X1}	F_{X2}	K_{X1}	K_{X2}	K_{X3}	H_Y
597.31	597.31	32.37	5.74	12.56	0.121
		μ_Y	μ_X		H_X
		4.98	3.67		0.149

注：F_{Z1} 表示 Z 轴方向加载的屈服承载力（kN），F_{Z2} 表示 Z 轴方向加载的极限承载力（kN）；F_{Y1}、F_{Y2} 分别表示 Y 轴方向加载的正向、负向最大水平推力（kN）；F_{X1}、F_{X2} 分别表示 X 轴方向加载的正向、负向最大水平推力（kN）；K_{Z1} 表示 Z 轴方向加载构件的初始刚度（kN/mm），K_{Z2} 表示 Z 轴方向加载构件的屈服刚度（kN/mm），K_{Z3} 表示 Z 轴方向加载构件的变形刚度（kN/mm）；K_{Y1} 表示 Y 轴方向加载构件的弹性刚度（kN/mm），K_{Y2} 表示 Y 轴方向加载构件的塑性刚度（kN/mm），K_{Y3} 表示 Y 轴方向加载构件的有效刚度（kN/mm）；K_{X1} 表示 X 轴方向加载构件的弹性刚度（kN/mm），K_{X2} 表示 X 轴方向加载构件的塑性刚度（kN/mm），K_{X3} 表示 X 轴方向加载构件的有效刚度（kN/mm）；μ_Y 表示构件沿着 Y 轴方向的延性，μ_X 表示构件沿着 X 轴方向的延性；$NL（Y）$、$NL（X）$ 分别表示构件沿 Y 轴、X 轴方向的非线性系数；H_Y、H_X 分别表示构件沿 Y 轴、X 轴方向的等效黏滞阻尼系数。

第六章 元代阳和楼柱头斗拱的静力学特征研究

第一节 元代阳和楼柱头斗拱的构造形式

一、阳和楼及其柱头斗拱概况

阳和楼（图 6–1）位于河北省正定县，建于元初（约 1250 年），于二十世纪六十年代被拆毁后又修复，梁思成评价阳和楼的庄严犹似罗马君士坦丁堡的凯旋门，其斗拱特征罕见，上承宋志而下启明风，是元代斗拱构造的杰出代表。阳和楼的柱头斗拱（图 6–2）为五铺作斗拱，从栌斗口内出双下昂，下层昂为假昂而上层为真昂，里转出双抄，采用重拱计心造做法。按照《营造法式》规定的标准命名法，阳和楼柱头斗拱的完整命名为“五铺作重拱出双下昂，里转五铺作出双抄，并计心，柱头铺作”。

图 6–1 阳和楼

图 6-2　阳和楼柱头斗拱

二、原型提取及试验模型的构建

试验模型的原型选自阳和楼的柱头斗拱（图 6-3），研究对象是撩檐枋以下，柱头以上的斗拱木构造部分。

试验模型组合后的正立面、侧立面、仰视图、俯视图、透视图和整体构件的组合尺寸如图 6-4 所示。

试验模型的爆炸图（图 6-5）中标注了各分件的名称，其中主要分件 36 个，木销分为 3 种类型共 18 个，总计 54 个分件。

图 6-3　阳和楼柱头斗拱的原型提取

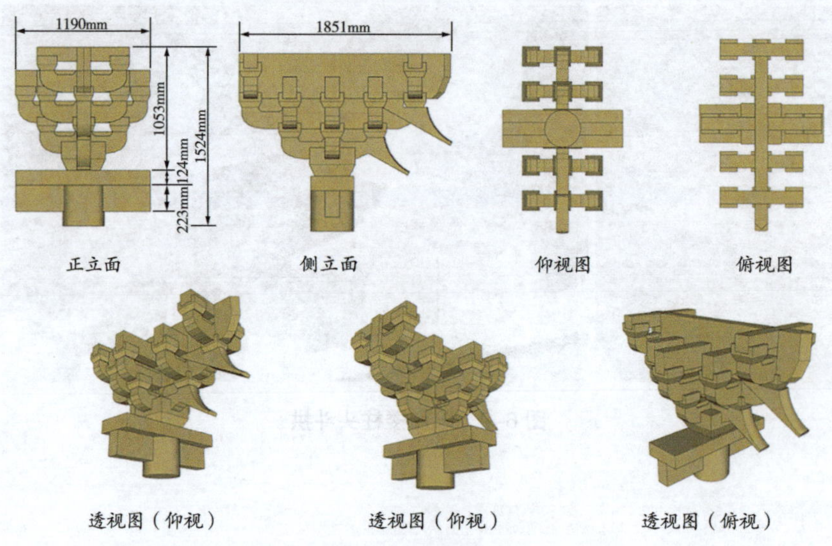

图 6–4　阳和楼柱头斗拱的试验模型

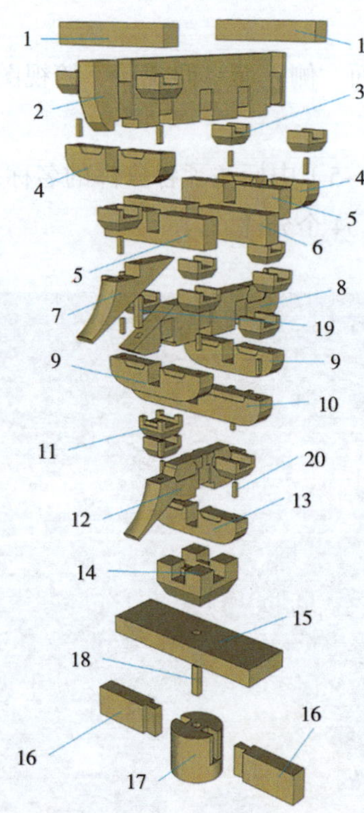

1—撩檐枋；2—乳栿；3—散斗；4—令拱；5—柱头枋；6—罗汉枋；
7—昂；8—梁栿；9—瓜子拱；10—慢拱；11—交互斗；12—华拱；
13—泥道拱；14—栌头；15—平板枋；16—额枋；17—柱头；
18—木销 1；19—木销 2；20—木销 3。

图 6–5　阳和楼柱头斗拱试验模型的爆炸图

试验模型各分件的轴测图、前视图、侧视图、顶视图、底视图如图 6-6 ～图 6-9 所示。

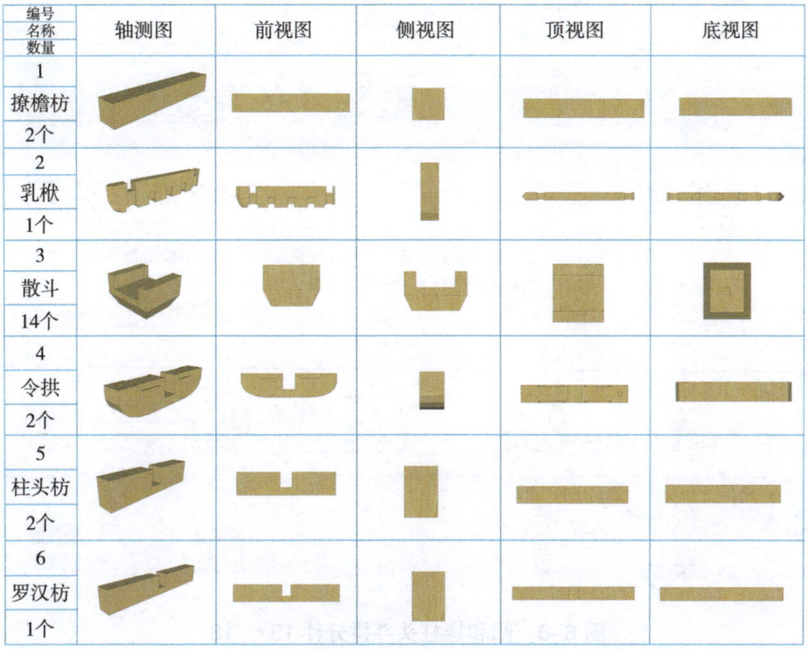

编号 名称 数量	轴测图	前视图	侧视图	顶视图	底视图
1 橑檐枋 2个					
2 乳栿 1个					
3 散斗 14个					
4 令拱 2个					
5 柱头枋 2个					
6 罗汉枋 1个					

图 6-6　阳和楼柱头斗拱分件 1 ～ 6

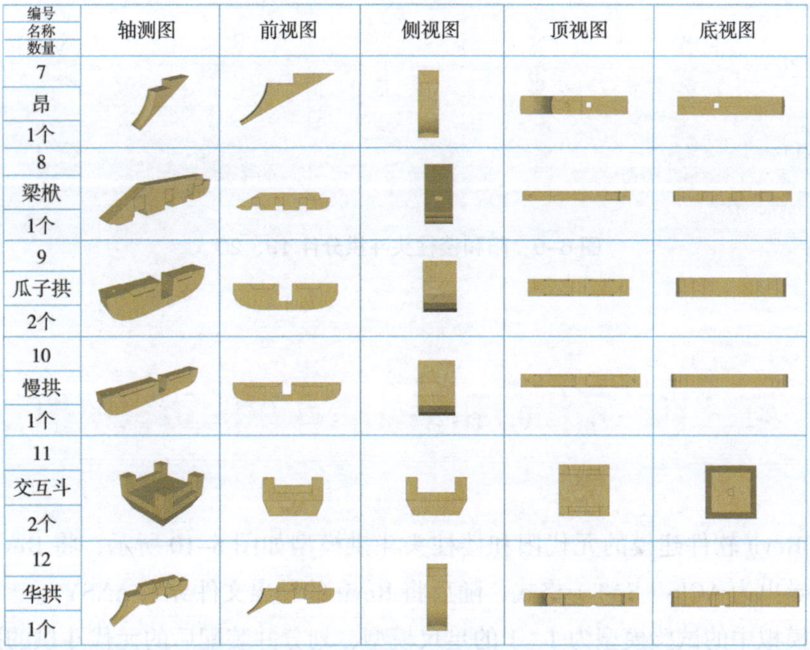

编号 名称 数量	轴测图	前视图	侧视图	顶视图	底视图
7 昂 1个					
8 梁栿 1个					
9 瓜子拱 2个					
10 慢拱 1个					
11 交互斗 2个					
12 华拱 1个					

图 6-7　阳和楼柱头斗拱分件 7 ～ 12

编号 名称 数量	轴测图	前视图	侧视图	顶视图	底视图
13 泥道拱 1个					
14 栌斗 1个					
15 平板枋 1个					
16 额枋 2个					
17 柱头 1个					
18 木销1 1个					

图 6-8　阳和楼柱头斗拱分件 13 ～ 18

编号 名称 数量	轴测图	前视图	侧视图	顶视图	底视图
19 木销2 1个					
20 木销3 16个					

图 6-9　阳和楼柱头斗拱分件 19、20

第二节　元代阳和楼柱头斗拱的仿真模拟

采用 Revit 软件建模的元代阳和楼柱头斗拱模型如图 6-10 所示，将 Revit 构建完成的模型导出为 ACIS（SAT）格式，随后将 Revit 的导出文件导入 ANSYS。

仿真模拟中的试验模型为 1 : 1 的足尺模型，划分并装配后的元代斗拱的网格系统如图 6-11 所示。

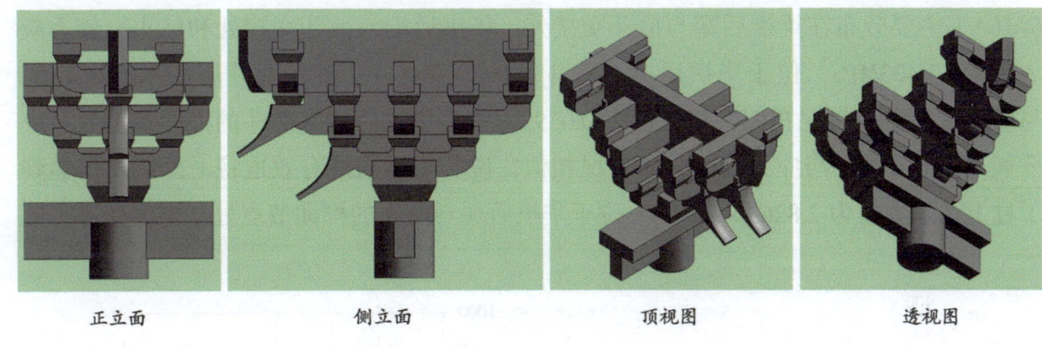

图 6-10 Revit 软件创建的元代斗拱模型

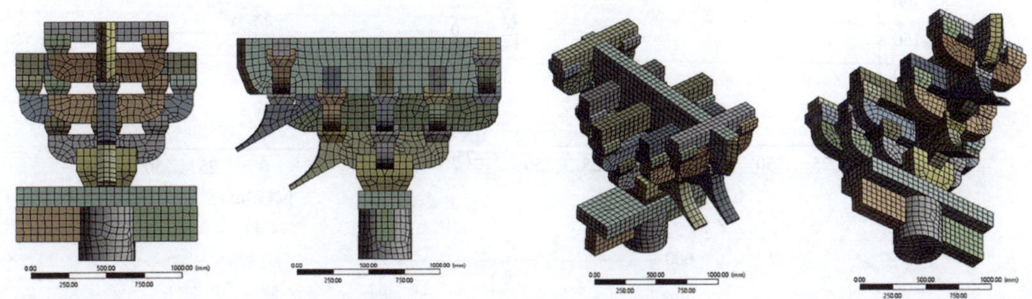

图 6-11 元代斗拱的网格系统

一、整体构件的静力结构行为

Z 轴方向的竖向单调加载仿真模拟获得的荷载 - 位移曲线如图 6-12 所示，仿真模拟加载至 342.91kN 后结果不收敛。*Y* 轴、*X* 轴方向上的水平低周往复荷载作用下的拟静力加载的荷载 - 位移滞回曲线的仿真结果如图 6-12 所示。试验模型沿 *Y* 轴的最大水平推力为 736.85kN；试验模型沿 *X* 轴的最大水平推力为 523.47kN。

依据滞回曲线获得的 *Y* 轴、*X* 轴的荷载 - 位移骨架曲线如图 6-13 所示，提取骨架曲线中每一段的刚度获得了试件的刚度退化曲线（图 6-14）。

元代斗拱在 *Z* 轴方向上竖向单调加载的等效应力（图 6-15A）主要分布在正心的榫卯节点处和分件的中部，最大应力点为 16.859MPa，位于华拱后端与散斗的交接处。等效弹性应变（图 6-15B）与应力云图分布情况相似，最大点为 0.039，位于华拱后端与散斗的交接处。应变能（图 6-15C）主要分布于正心的栌斗和柱头处，说明斗拱构件有效地将上部能量传递到了柱上，最大点为 2752.6MJ，位于栌斗与华拱的交接处。整体变形（图 6-15D）从撩檐枋向下逐渐减少，最大点为 10.269mm，位于撩檐枋的顶端。

仿真模型在 *Y* 轴方向上水平低周往复荷载作用下的拟静力加载的等效应力（图

6–16A）主要分布在梁栿后端与散斗交接处、华拱后端与散斗交接处和柱头，最大应力值为 33.403MPa，位于华拱后端与散斗的榫卯节点处。等效弹性应变（图 6–16B）与应力云图分布情况相似，最大值为 0.0393，位于华拱后端与散斗的榫卯节点处。应变能（图 6–16C）与应力云图分布情况相似，说明斗拱构件有效地将上部能量传递到了柱上，最大值为 2.8265×10^{6}MJ，位于华拱后端与散斗的榫卯节点处。整体变形（图

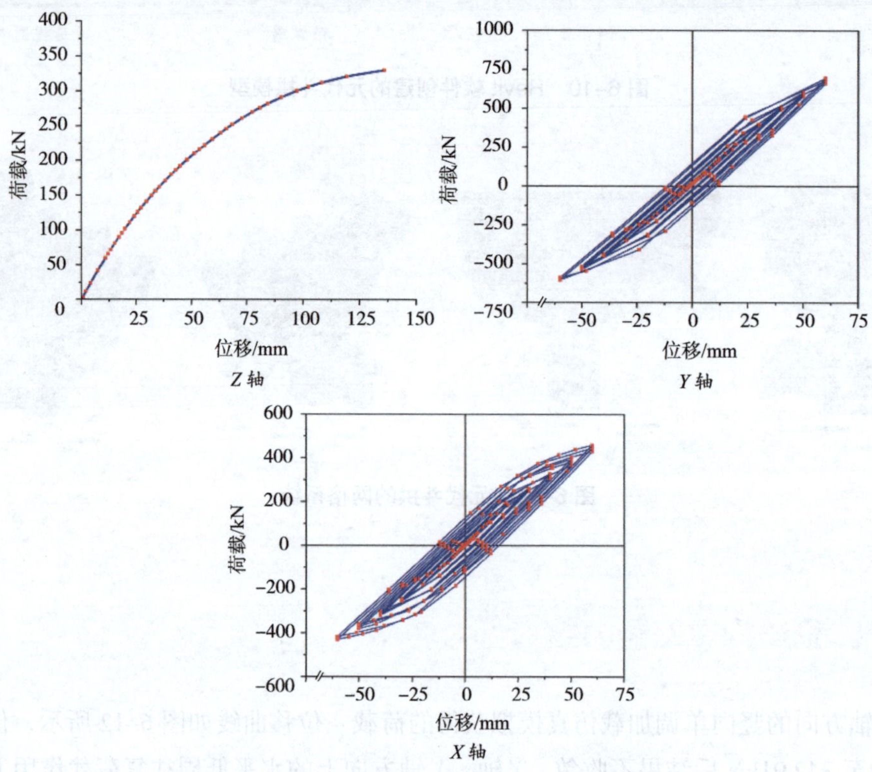

图 6–12　元代斗拱在 Z 轴、Y 轴、X 轴上的荷载位移曲线（仿真模拟）

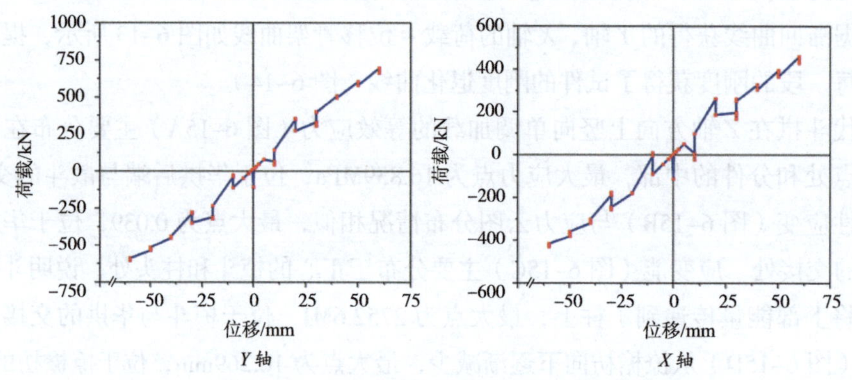

图 6–13　元代斗拱在 Y 轴、X 轴上的骨架曲线（仿真模拟）

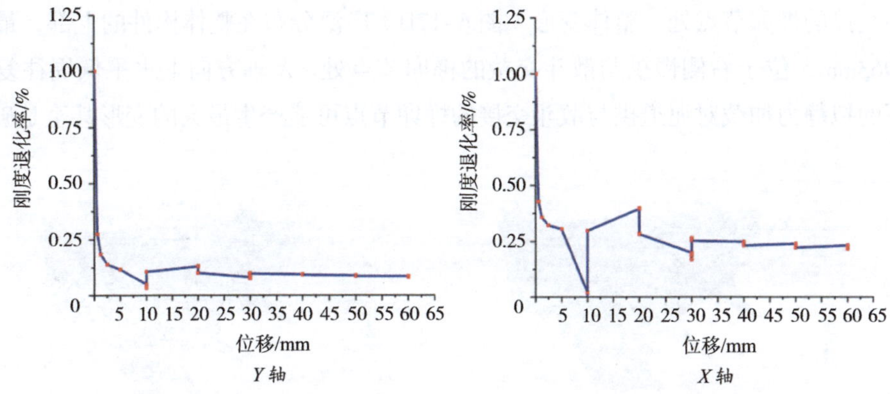

图 6-14　元代斗拱在 Y 轴、X 轴上的刚度退化曲线（仿真模拟）

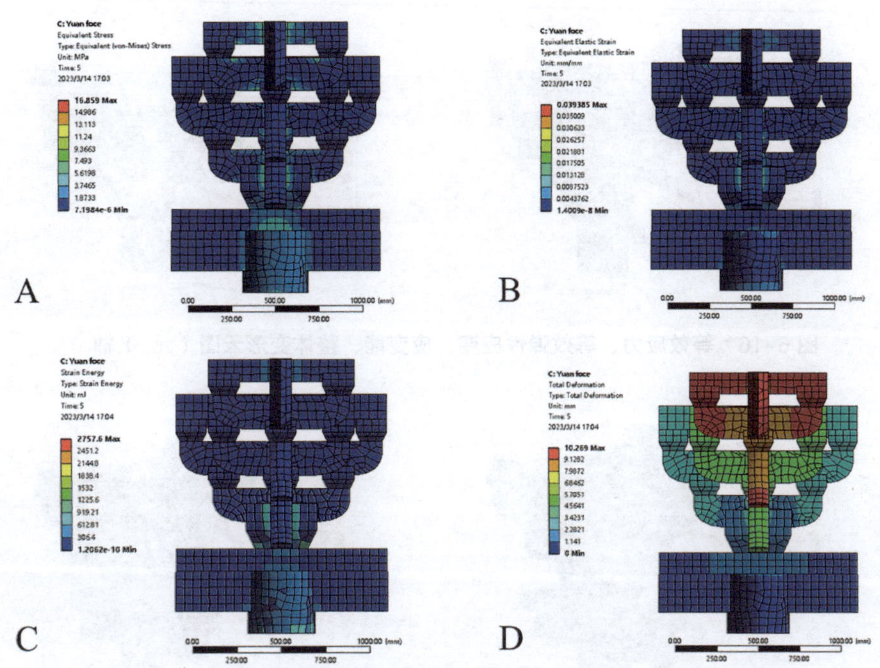

图 6-15　等效应力、等效弹性应变、应变能、整体变形云图（元 -Z 轴）

6-16D）主要分布在构件顶端的撩檐枋、令拱、撩檐枋与令拱交接的散斗以及栌斗与柱头的交接处，最大值为 3.4116mm，位于华拱后端与散斗的榫卯节点处。

仿真模型在 X 轴方向上水平低周往复荷载作用下的拟静力加载的等效应力（图 6-17A）主要分布在正心的泥道拱、慢拱和罗汉枋与散斗的榫卯交接处，最大应力值为 40.75MPa，位于右侧泥道拱与散斗交接的榫卯节点处。等效弹性应变（图 6-17B）与应力云图分布情况相似，最大值为 0.0417，位于右侧泥道拱与散斗交接的榫卯节点处。应变能（图 6-17C）与应力云图分布情况相似，最大值为 5.6416×10^{6}MJ，位于右侧慢拱

与散斗交接的榫卯节点处。整体变形（图 6-17D）广泛分布在整体构件的上部，最大值为 8.4963mm，位于右侧慢拱与散斗交接的榫卯节点处。*X* 轴方向上水平低周往复荷载作用下的拟静力加载对泥道拱与散斗交接的榫卯节点可能产生最大的变形甚至是破坏。

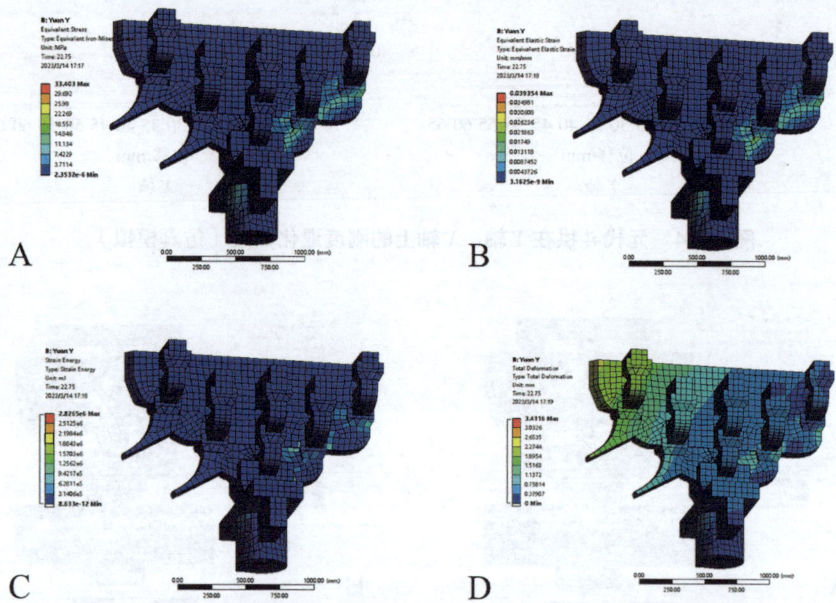

图 6-16　等效应力、等效弹性应变、应变能、整体变形云图（元 -*Y* 轴）

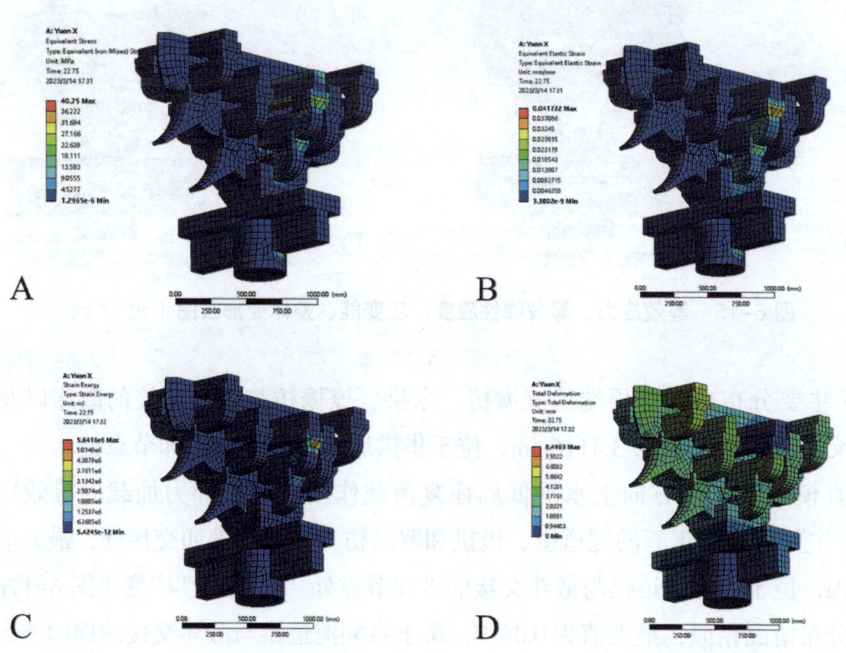

图 6-17　等效应力、等效弹性应变、应变能、整体变形云图（元 -*X* 轴）

二、关键节点的内力变化

节点 1 处于第一铺作（泥道拱与华拱的十字榫卯交接处），节点 2 处于第二铺作（华拱与慢拱的十字榫卯交接处），节点 3 处于第三铺作（慢拱与梁栿的正心十字榫卯交接处），节点 4 处于第四铺作（梁栿与罗汉枋的十字榫卯交接处），节点 5 处于第五铺作（罗汉枋与乳栿的十字榫卯交接处），节点 6 处于第一跳跳头（交互斗与瓜子拱的榫卯交接处），节点 7 处于第二跳跳头（散斗与令拱的榫卯交接处）。

节点 1 沿着 *Z* 轴、*Y* 轴、*X* 轴的应力云图参照图 6–18。*Z* 轴方向上竖向单调加载的最大等效应力为 3.3221MPa，*Y* 轴方向上水平低周往复荷载作用下的拟静力加载的最大等效应力为 2.4798MPa，*X* 轴方向上水平低周往复荷载作用下的拟静力加载的最大等效应力为 1.3656MPa。

节点 2 沿着 *Z* 轴、*Y* 轴、*X* 轴的应力云图参照图 6–19。*Z* 轴方向上竖向单调加载的最大等效应力为 10.519MPa，*Y* 轴方向上水平低周往复荷载作用下的拟静力加载的最大等效应力为 13.154MPa，*X* 轴方向上水平低周往复荷载作用下的拟静力加载的最大等效应力为 10.927MPa。

节点 3 沿着 *Z* 轴、*Y* 轴、*X* 轴的应力云图参照图 6–20。*Z* 轴方向上竖向单调加载的最大等效应力为 3.3601MPa，*Y* 轴方向上水平低周往复荷载作用下的拟静力加载的最大等效应力为 0.694MPa，*X* 轴方向上水平低周往复荷载作用下的拟静力加载的最大等效应力为 9.111MPa。

节点 4 沿着 *Z* 轴、*Y* 轴、*X* 轴的应力云图参照图 6–21。*Z* 轴方向上竖向单调加载

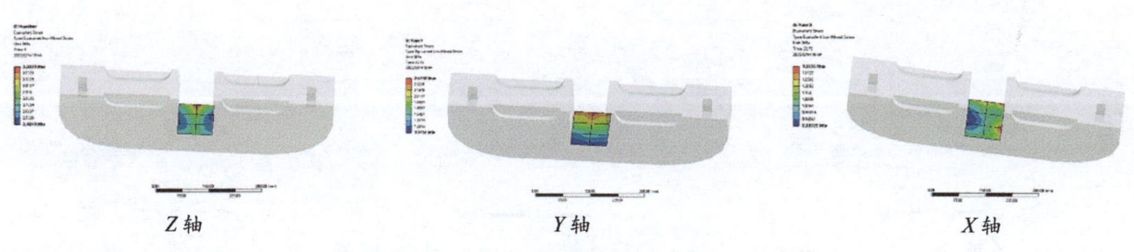

图 6–18 节点 1 的等效应力云图（元）

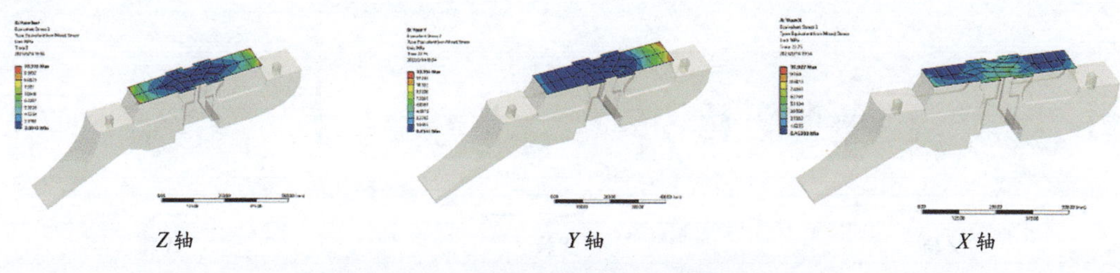

图 6–19 节点 2 的等效应力云图（元）

的最大等效应力为 2.9924MPa，*Y* 轴方向上水平低周往复荷载作用下的拟静力加载的最大等效应力为 0.718MPa，*X* 轴方向上水平低周往复荷载作用下的拟静力加载的最大等效应力为 4.231MPa。

节点 5 沿着 *Z* 轴、*Y* 轴、*X* 轴的应力云图参照图 6–22。*Z* 轴方向上竖向单调加载的最大等效应力为 2.7167MPa，*Y* 轴方向上水平低周往复荷载作用下的拟静力加载的最大等效应力为 0.566MPa，*X* 轴方向上水平低周往复荷载作用下的拟静力加载的最大等效应力为 5.835MPa。

节点 6 沿着 *Z* 轴、*Y* 轴、*X* 轴的应力云图参照图 6–23。*Z* 轴方向上竖向单调加载的最大等效应力为 3.6375MPa，*Y* 轴方向上水平低周往复荷载作用下的拟静力加载的最大等效应力为 1.3153MPa，*X* 轴方向上水平低周往复荷载作用下的拟静力加载的最大等效应力为 1.6575MPa。

节点 7 沿着 *Z* 轴、*Y* 轴、*X* 轴的应力云图参照图 6–24。*Z* 轴方向上竖向单调加载的最大等效应力为 4.108MPa，*Y* 轴方向上水平低周往复荷载作用下的拟静力加载的最

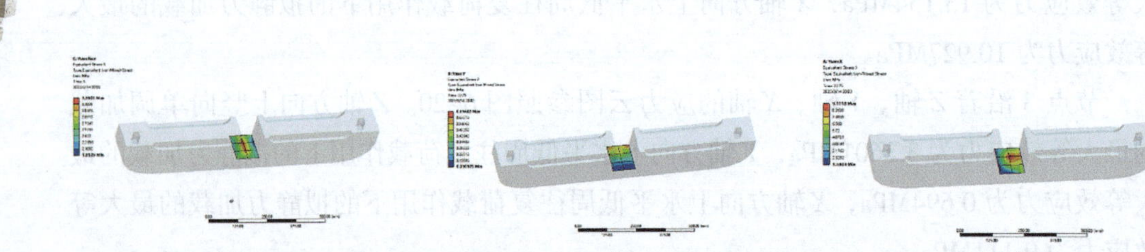

图 6–20　节点 3 的等效应力云图（元）

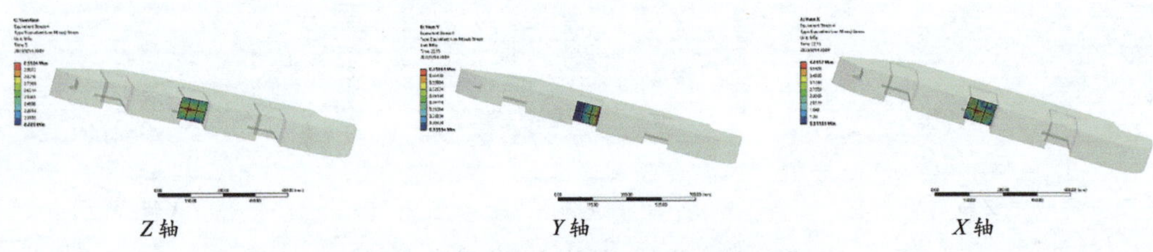

图 6–21　节点 4 的等效应力云图（元）

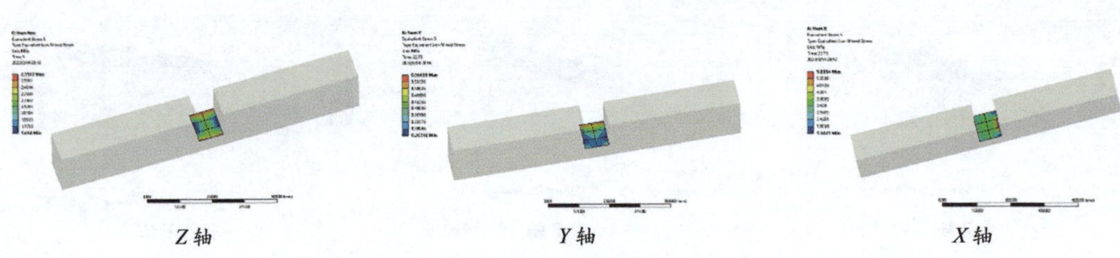

图 6–22　节点 5 的等效应力云图（元）

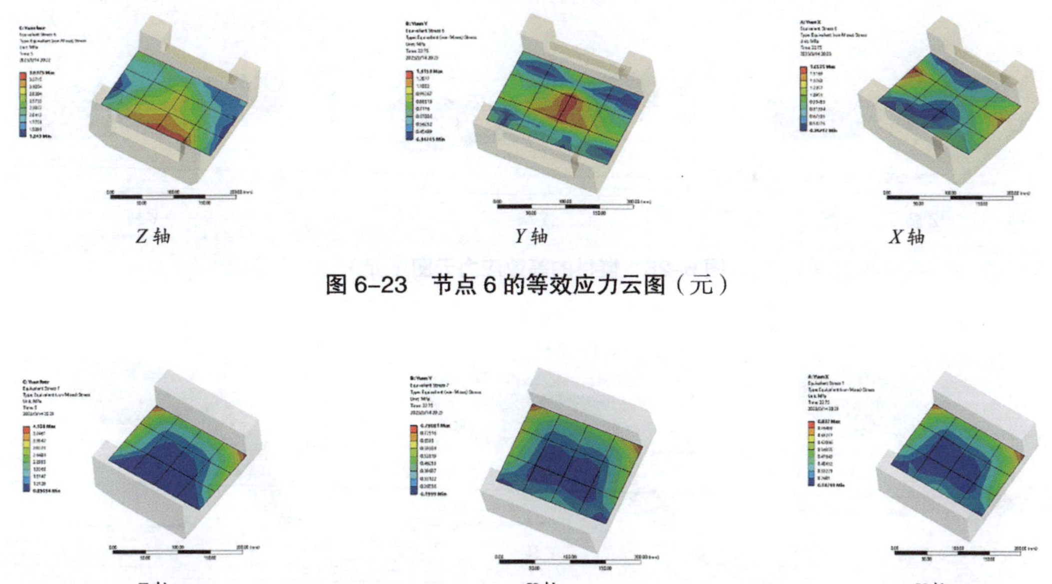

图 6-23　节点 6 的等效应力云图（元）

图 6-24　节点 7 的等效应力云图（元）

大等效应力为 0.7908MPa，*X* 轴方向上水平低周往复荷载作用下的拟静力加载的最大等效应力为 0.837MPa。

三、关键部件的内力变化

泥道拱（图 6-25）在 *Z* 轴加载的最大等效应力为 7.351MPa；*Y* 轴加载的最大等效应力为 4.7813MPa；*X* 轴加载的最大等效应力为 40.75MPa。慢拱（图 6-26）在 *Z* 轴加载的最大等效应力为 4.4381MPa；*Y* 轴加载的最大等效应力为 1.0625MPa；*X* 轴加载的最大等效应力为 30.454MPa。华拱（图 6-27）在 *Z* 轴加载的最大等效应力为 16.859MPa；*Y* 轴加载的最大等效应力为 19.149MPa；*X* 轴加载的最大等效应力为 10.927MPa。昂（图 6-28）在 *Z* 轴加载的最大等效应力为 5.0786MPa；*Y* 轴加载的最大等效应力为 1.0649MPa；*X* 轴加载的最大等效应力为 1.0663MPa。栌斗（图 6-29）

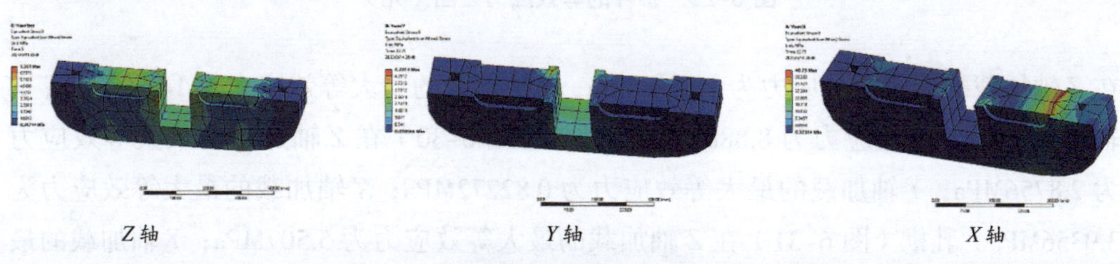

图 6-25　泥道拱的等效应力云图（元）

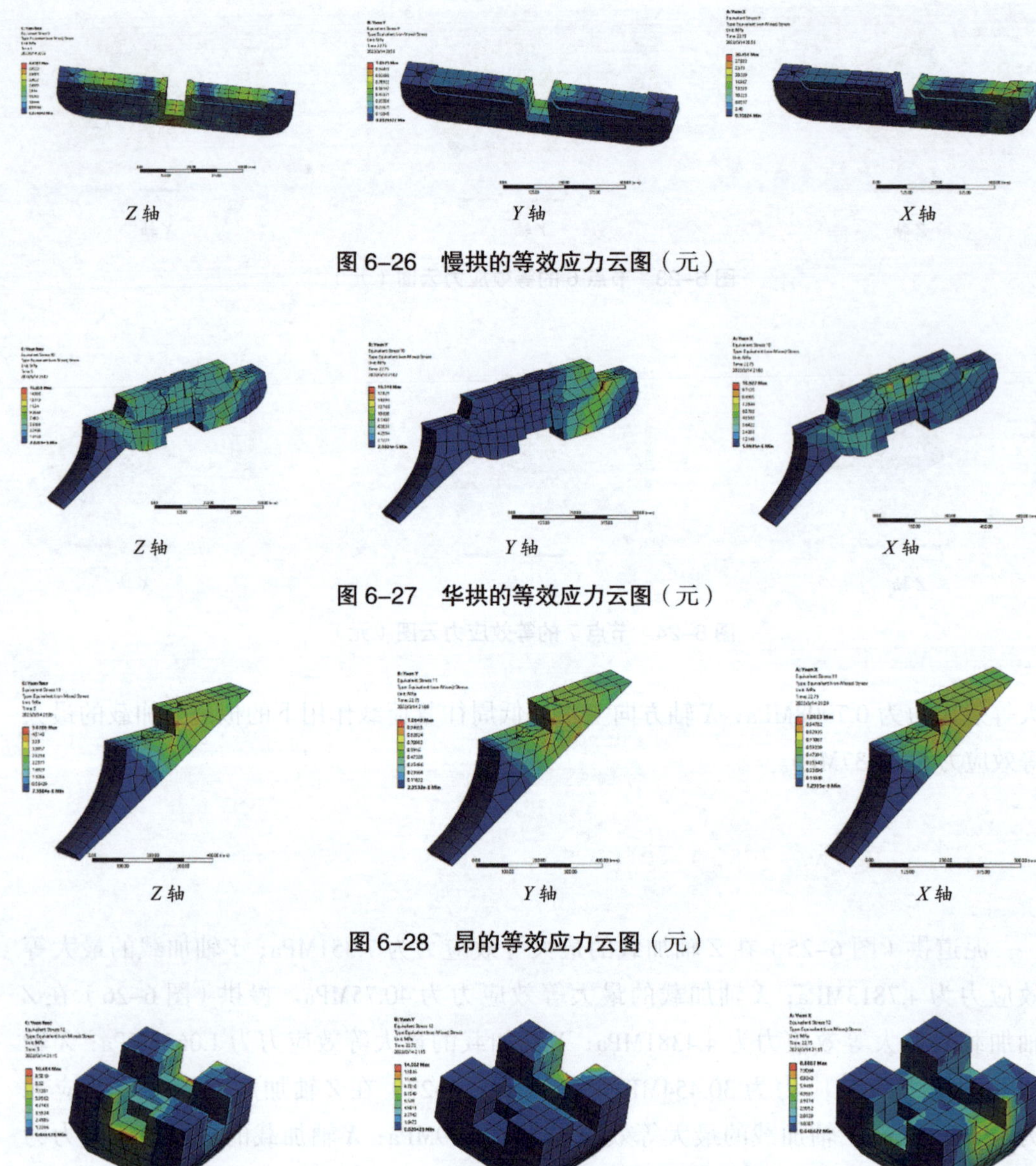

图 6–26　慢拱的等效应力云图（元）

图 6–27　华拱的等效应力云图（元）

图 6–28　昂的等效应力云图（元）

图 6–29　栌斗的等效应力云图（元）

在 *Z* 轴加载的最大等效应力为 10.684MPa；*Y* 轴加载的最大等效应力为 14.662MPa；*X* 轴加载的最大等效应力为 8.8887MPa。散斗（图 6–30）在 *Z* 轴加载的最大等效应力为 2.8756MPa；*Y* 轴加载的最大等效应力为 0.82272MPa；*X* 轴加载的最大等效应力为 3.9356MPa。乳栿（图 6–31）在 *Z* 轴加载的最大等效应力为 5.507MPa；*Y* 轴加载的最大等效应力为 9.6743MPa；*X* 轴加载的最大等效应力为 6.827MPa。

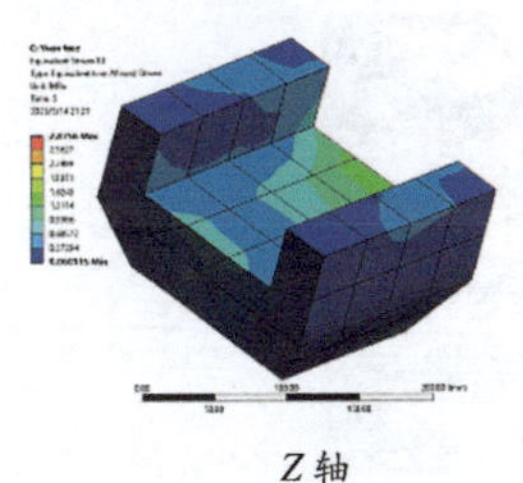
Z 轴

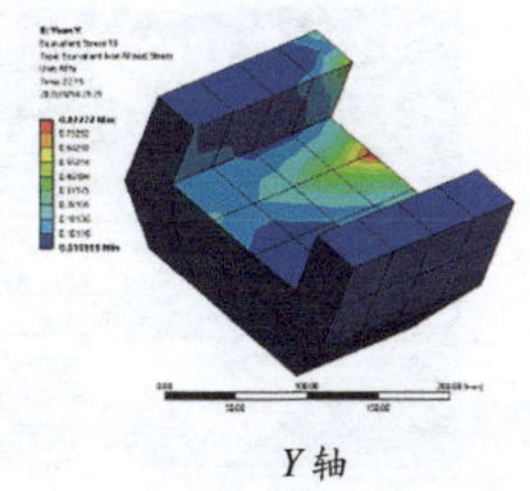
Y 轴

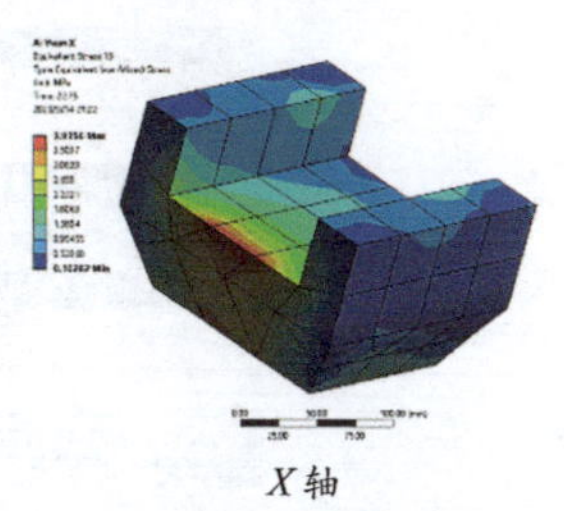
X 轴

图 6-30　散斗的等效应力云图（元）

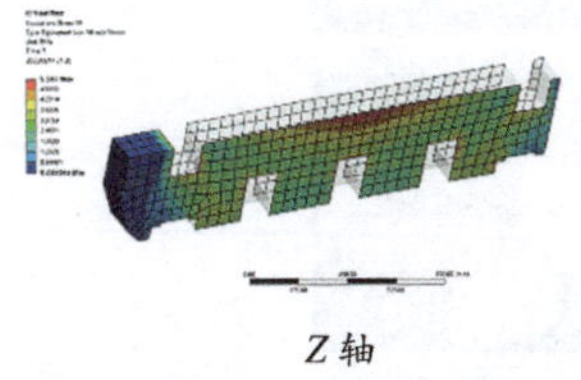
Z 轴

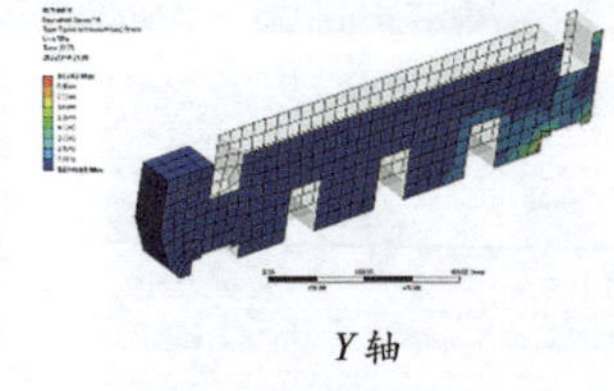
Y 轴

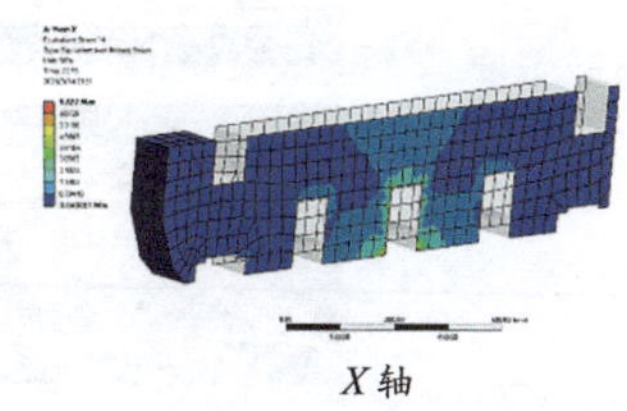
X 轴

图 6-31　乳栿的等效应力云图（元）

第三节　元代阳和楼柱头斗拱的结构试验

试验模型是缩尺比为 1∶2.07 的缩尺模型，完整拼装后的元代柱头斗拱（图 6-32）的整体尺寸是 950mm（长）×590mm（宽）×806mm（高），所有分件如图 6-33 所示。试验模型所用的木材是樟子松，其各项物理力学参数可参照第二章的试验测定结果。结构试验中共测试了 3 个试件，1 个试件用于竖向单调加载静力试验，2 个试件分别用于 X 轴方向、Y 轴方向的水平低周往复荷载作用下的拟静力试验（试验模型在坐标轴中的方向定义参照图 6-32 右）。元代试验模型应变片、位移计的位置和试验台测试时的现场安装情况如图 6-34 所示。

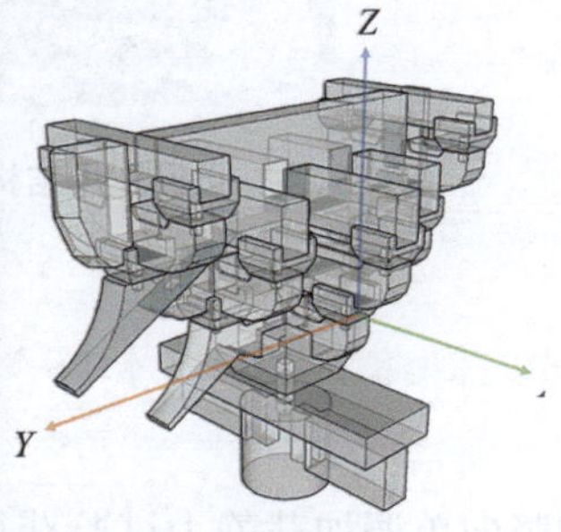

图 6-32　元代斗拱的结构试验模型

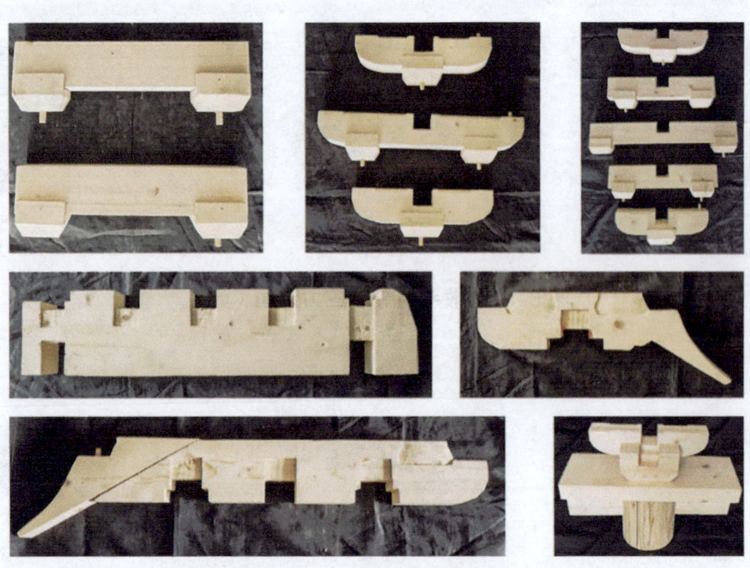

图 6-33　元代斗拱结构试验模型的分件

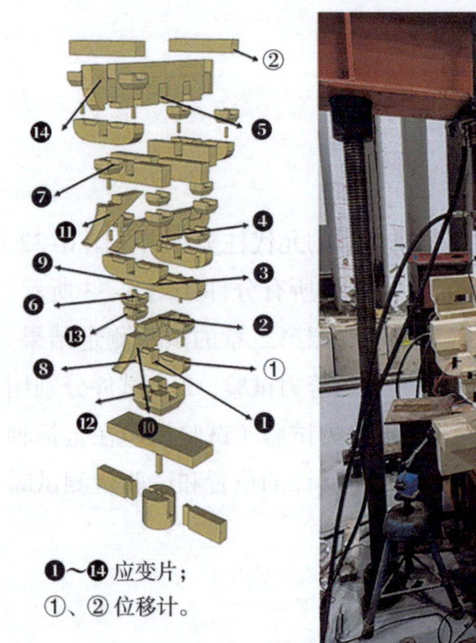

图 6-34　元代斗拱结构试验模型的测试安装现场

一、整体构件的静力结构行为

Z 轴方向的竖向单调加载静力试验获得的荷载 – 位移曲线如图 6-35 所示。试验模型的破坏机制：当荷载增至约 25kN 时，斗拱持续发出劈裂声响；当荷载增至约 30kN

时，与柱头枋连接的散斗产生横向裂纹（图 6–35 右）；当荷载增至 42.58kN 时，各分件均发生严重塑性变形，整体结构破坏，试验获得的斗拱极限承载力为 42.58kN。

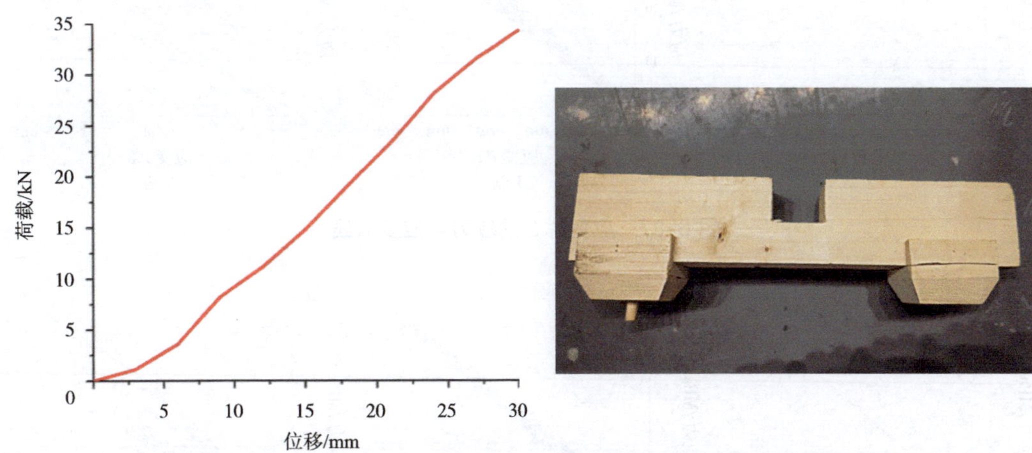

图 6–35 元代斗拱试验模型的荷载 – 位移曲线（*Z* 轴）和破坏机制

二、关键节点的内力变化

应变片 1 处于泥道拱与华拱十字榫卯交接处节点（第一铺作）；应变片 2 处于华拱与慢拱十字榫卯交接处节点（第二铺作）；应变片 3 处于慢拱与梁栿十字榫卯交接处节点（第三铺作）；应变片 4 处于梁栿与罗汉枋十字榫卯交接处节点（第四铺作）；应变片 5 处于罗汉枋与乳栿的十字榫卯交接处节点（第五铺作）；应变片 6 处于第一跳跳头节点处；应变片 7 处于第二跳跳头节点处。试验测量了斗拱 7 个关键节点沿着 *Z* 轴、*Y* 轴、*X* 轴的应力 – 应变曲线（图 6–36 ～图 6–42）。

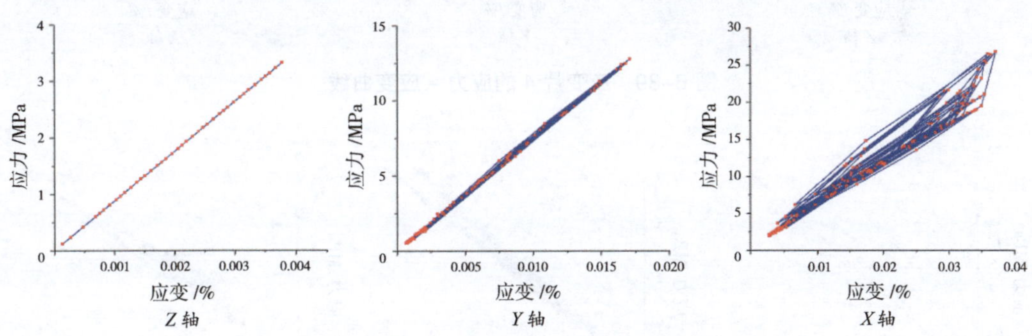

图 6–36 应变片 1 的应力 – 应变曲线

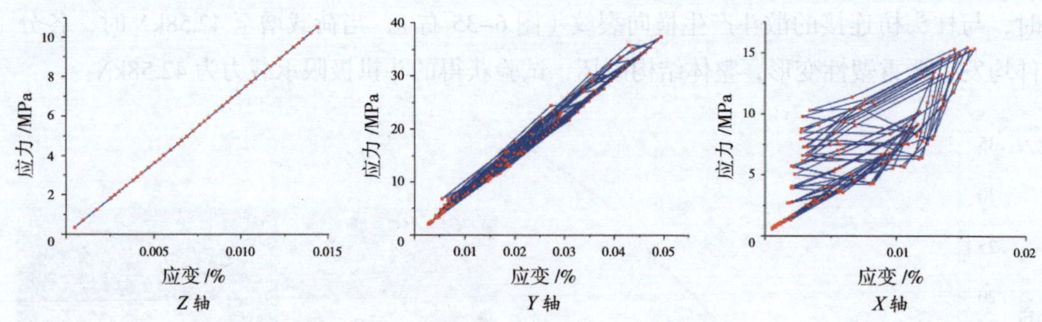

图 6–37　应变片 2 的应力 – 应变曲线

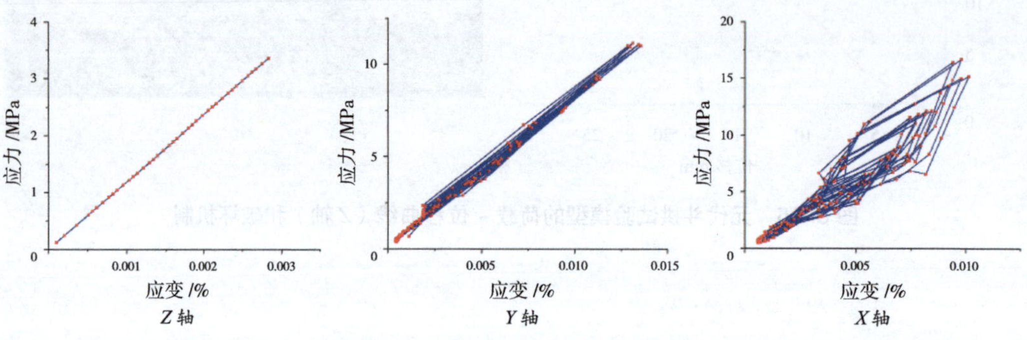

图 6–38　应变片 3 的应力 – 应变曲线

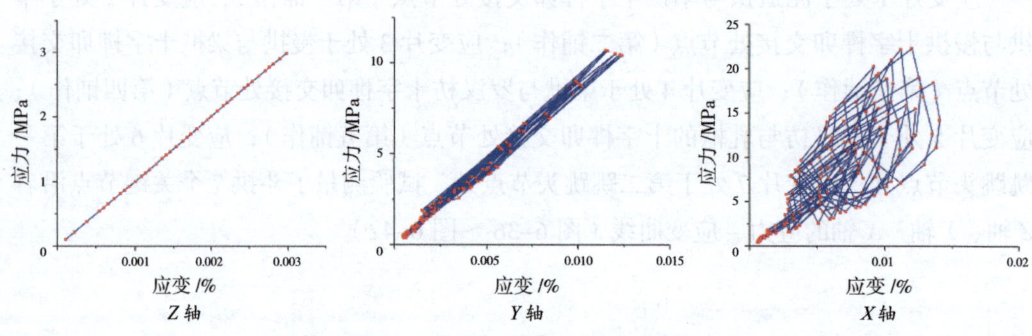

图 6–39　应变片 4 的应力 – 应变曲线

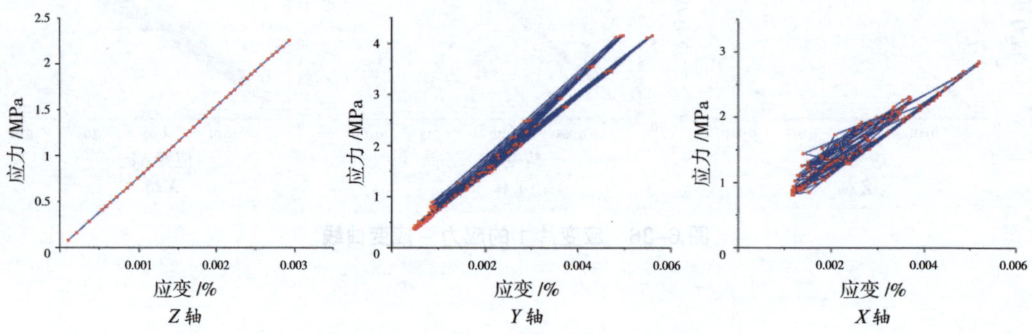

图 6–40　应变片 5 的应力 – 应变曲线

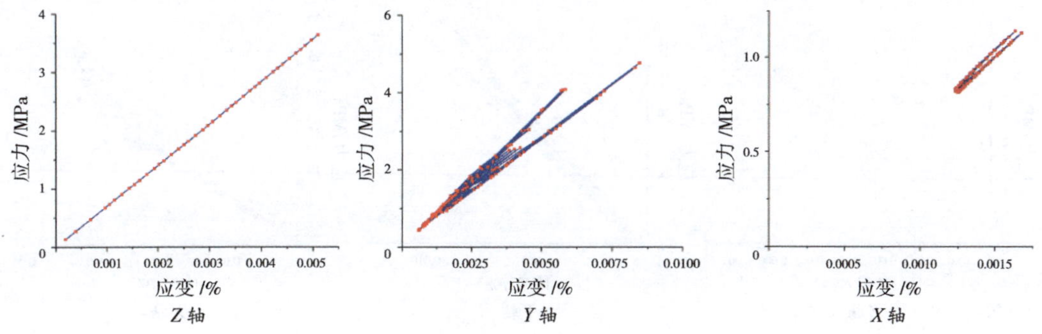

图 6–41 应变片 6 的应力 – 应变曲线

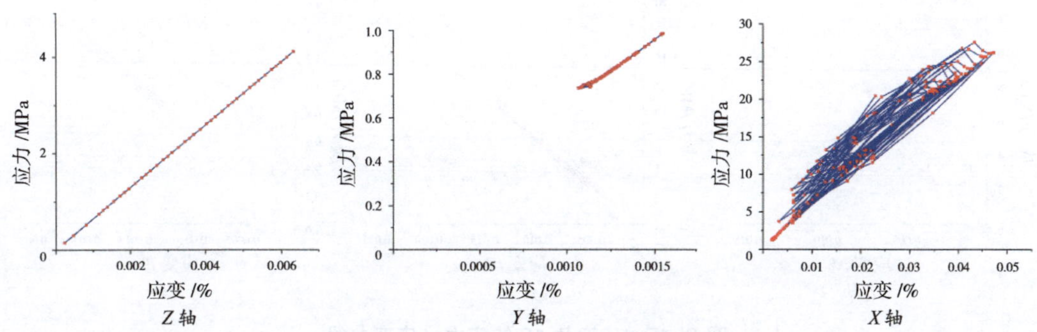

图 6–42 应变片 7 的应力 – 应变曲线

三、关键部件的内力变化

应变片 8 ～ 14 分别测量了泥道拱、慢拱、华拱、昂、栌斗、散斗、耍头的应力 – 应变曲线（图 6–43 ～图 6–49）。

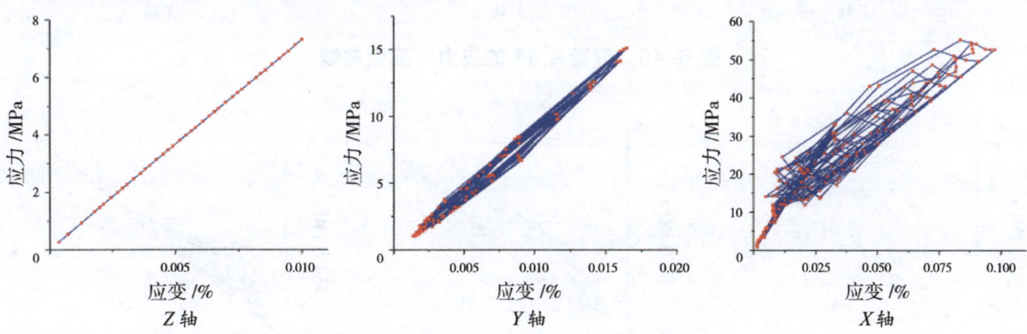

图 6–43 应变片 8 的应力 – 应变曲线

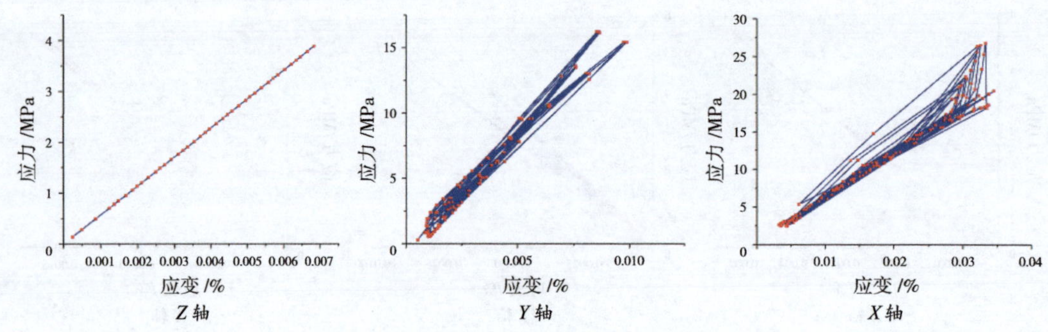

图 6–44　应变片 9 的应力 – 应变曲线

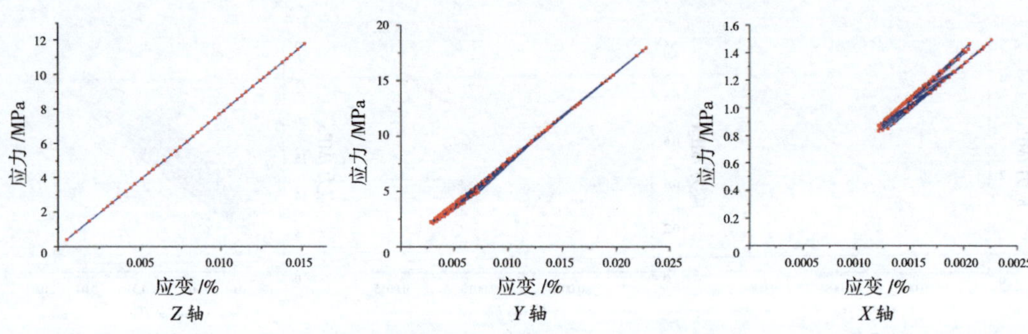

图 6–45　应变片 10 的应力 – 应变曲线

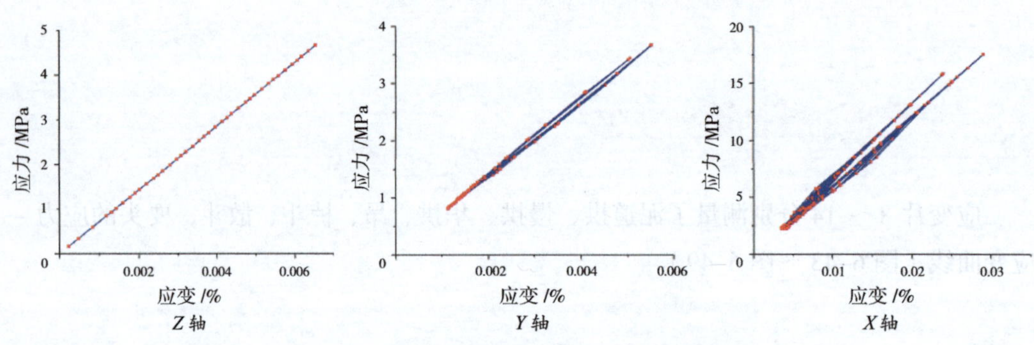

图 6–46　应变片 11 的应力 – 应变曲线

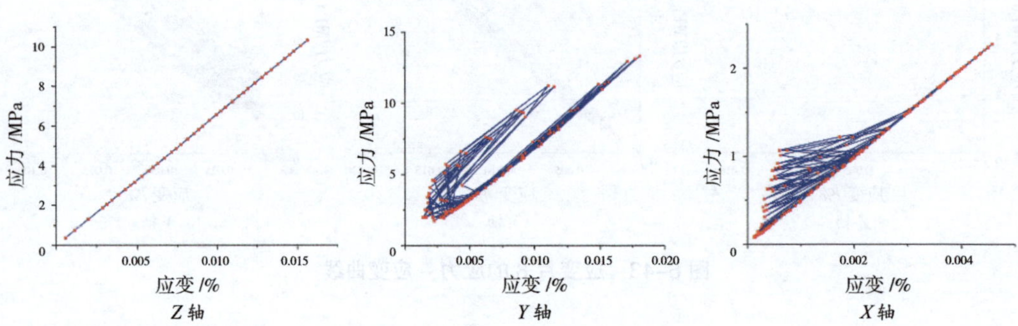

图 6–47　应变片 12 的应力 – 应变曲线

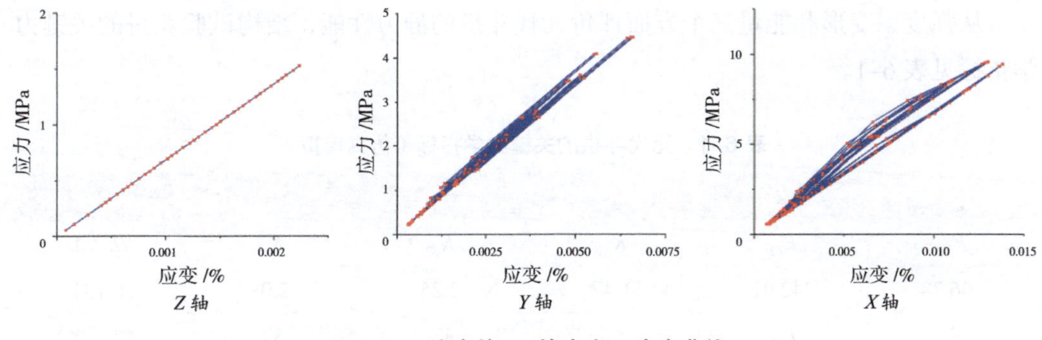

图 6-48 应变片 13 的应力 – 应变曲线

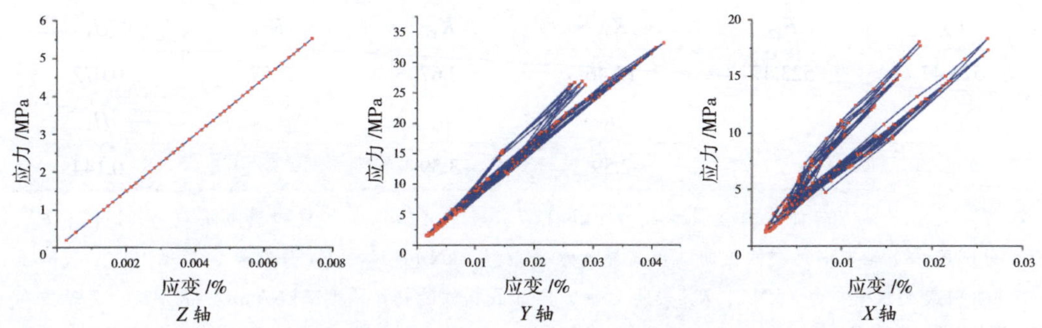

图 6-49 应变片 14 的应力 – 应变曲线

元代斗拱在 Z 轴竖向单调静力荷载下的变刚度线弹性力学模型、Y 轴上的恢复力模型和 X 轴上的恢复力模型如图 6-50 所示。构件在 Z 轴上的初始刚度 K_{Z1} 为 1.47kN/mm，屈服刚度 K_{Z2} 为 2.25kN/mm，变形刚度 K_{Z3} 为 2.08kN/mm。构件在 Y 轴上的弹性刚度 K_1 为 10.05kN/mm，塑性刚度 K_2 为 6.41kN/mm，有效刚度 K_3 为 12.03kN/mm；试验数据计算获得的延性为 2.59；非线性系数 NL 为 0.131；等效黏滞阻尼系数为 0.072。构件在 X 轴上的弹性刚度 K_1 为 13.46kN/mm，塑性刚度 K_2 为 2.67kN/mm，有效刚度 K_3 为 7.57kN/mm；试验数据计算获得的延性为 3.59；非线性系数 NL 为 0.236；等效黏滞阻尼系数为 0.144。

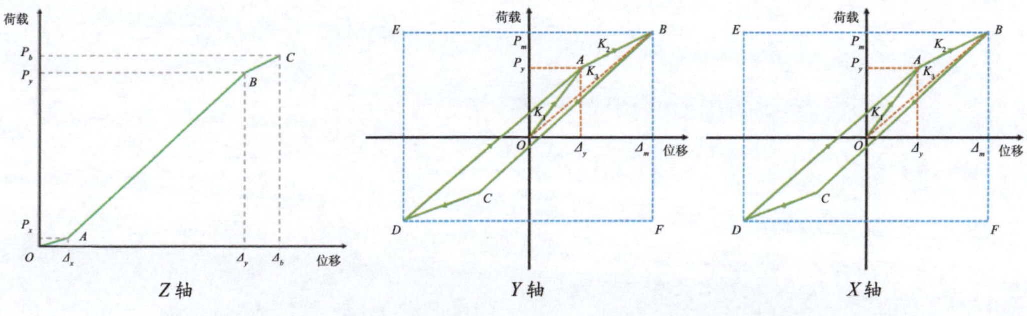

图 6-50 元代斗拱在 Z 轴、Y 轴、X 轴上的静力行为模型

从强度、变形和能量三个方面评价元代斗拱的静力性能，结构试验获得的关键力学指标见表 6–1。

表 6–1　元代斗拱的关键力学指标（仿真模拟）

强度		变形			能量
F_{Z1}	F_{Z2}	K_{Z1}	K_{Z2}	K_{Z3}	$NL\ (Y)$
306.78	342.91	1.47	2.25	2.08	0.131
F_{Y1}	F_{Y2}	K_{Y1}	K_{Y2}	K_{Y3}	$NL\ (X)$
736.85	736.85	10.05	6.41	12.03	0.236
F_{X1}	F_{X2}	K_{X1}	K_{X2}	K_{X3}	H_Y
523.47	523.47	13.46	2.67	7.57	0.072
		μ_Y	μ_X		H_X
		2.59	3.59		0.144

注：F_{Z1} 表示 Z 轴方向加载的屈服承载力（kN），F_{Z2} 表示 Z 轴方向加载的极限承载力（kN）；F_{Y1}、F_{Y2} 分别表示 Y 轴方向加载的正向、负向最大水平推力（kN）；F_{X1}、F_{X2} 分别表示 X 轴方向加载的正向、负向最大水平推力（kN）；K_{Z1} 表示 Z 轴方向加载构件的初始刚度（kN/mm），K_{Z2} 表示 Z 轴方向加载构件的屈服刚度（kN/mm），K_{Z3} 表示 Z 轴方向加载构件的变形刚度（kN/mm）；K_{Y1} 表示 Y 轴方向加载构件的弹性刚度（kN/mm），K_{Y2} 表示 Y 轴方向加载构件的塑性刚度（kN/mm），K_{Y3} 表示 Y 轴方向加载构件的有效刚度（kN/mm）；K_{X1} 表示 X 轴方向加载构件的弹性刚度（kN/mm），K_{X2} 表示 X 轴方向加载构件的塑性刚度（kN/mm），K_{X3} 表示 X 轴方向加载构件的有效刚度（kN/mm）；μ_Y 表示构件沿着 Y 轴方向的延性，μ_X 表示构件沿着 X 轴方向的延性；$NL\ (Y)$、$NL\ (X)$ 分别表示构件沿 Y 轴、X 轴方向的非线性系数；H_Y、H_X 分别表示构件沿 Y 轴、X 轴方向的等效黏滞阻尼系数。

第七章 明代孔林享殿柱头斗拱的静力学特征研究

第一节 明代孔林享殿柱头斗拱的构造形式

一、孔林享殿及其柱头斗拱概况

孔林享殿（图 7–1）位于山东省曲阜市（全国重点文物保护单位），建于明弘治七年（1494 年），是明代木结构建筑的典型代表。孔林享殿的柱头斗拱（图 7–2）为五踩昂翘斗拱，从栌斗口内出重昂，里转出两翘，采用重拱计心造做法。按照《工程做法则例》规定的标准命名法，孔林享殿柱头斗拱的完整命名为“斗口重昂，里转重翘，重拱计心造，柱头科斗拱”。

图 7–1 孔林享殿

图 7–2　孔林享殿柱头斗拱

二、原型提取及试验模型的构建

试验模型的原型选自孔林享殿的柱头科斗拱（图 7–3），研究对象是挑檐桁以下，柱头以上的斗拱木构造部分，在主要研究对象的构造形式不变的情况下，为了便于后期的模拟和试验，将挑尖梁的梁头简化为蚂蚱头。

试验模型组合后的正立面、侧立面、仰视图、俯视图、透视图和整体构件的组合尺寸如图 7–4 所示。

试验模型的爆炸图（图 7–5）中标注了各分件的名称，其中主要分件 43 个，木销分为两种类型共 21 个，总计 64 个分件。

图 7–3　孔林享殿柱头斗拱的原型提取

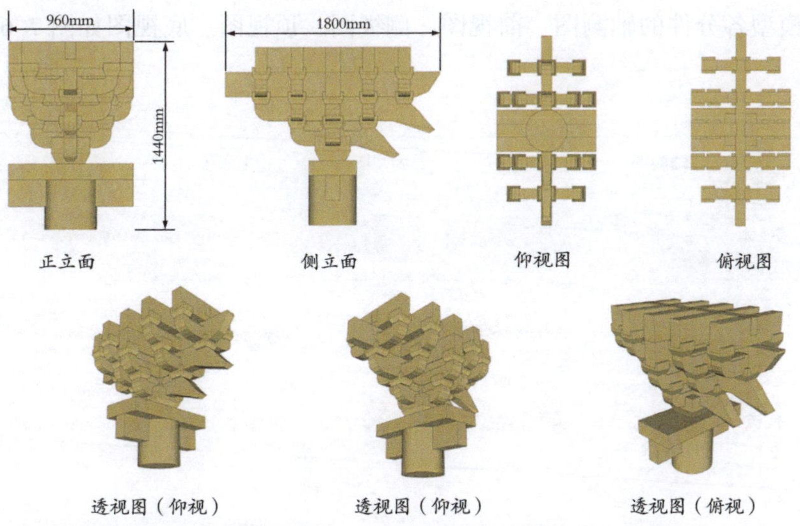

图 7-4 孔林享殿柱头斗拱的试验模型

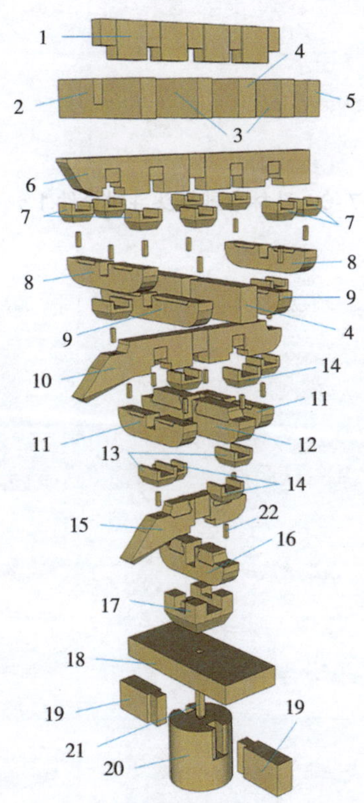

1—撑头木；2—挑檐枋；3—拽枋；4—正心枋；5—井口枋；6—蚂蚱头；7—三才升；8—厢拱；9—单材万拱；10—二昂后带翘头；11—单材瓜拱；12—正心万拱；13—十八料；14—槽升子；15—头昂后带翘头；16—正心瓜拱；17—大料；18—平板枋；19—额枋；20—柱头；21—木销 1；22—木销 2。

图 7-5 孔林享殿柱头斗拱试验模型的爆炸图

试验模型各分件的轴测图、前视图、侧视图、顶视图、底视图如图 7-6 ～图 7-9 所示。

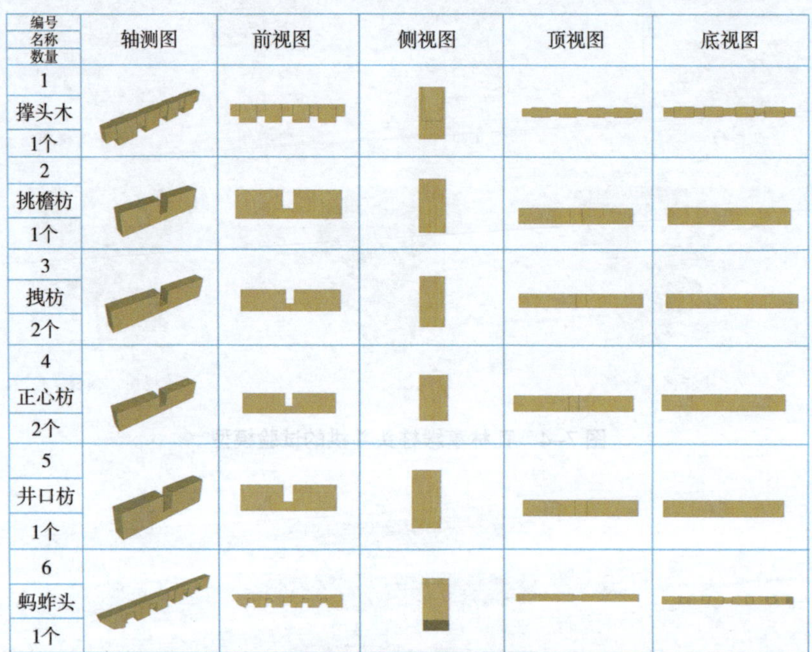

编号 名称 数量	轴测图	前视图	侧视图	顶视图	底视图
1 撑头木 1个					
2 挑檐枋 1个					
3 拽枋 2个					
4 正心枋 2个					
5 井口枋 1个					
6 蚂蚱头 1个					

图 7-6　孔林享殿柱头斗拱分件 1 ～ 6

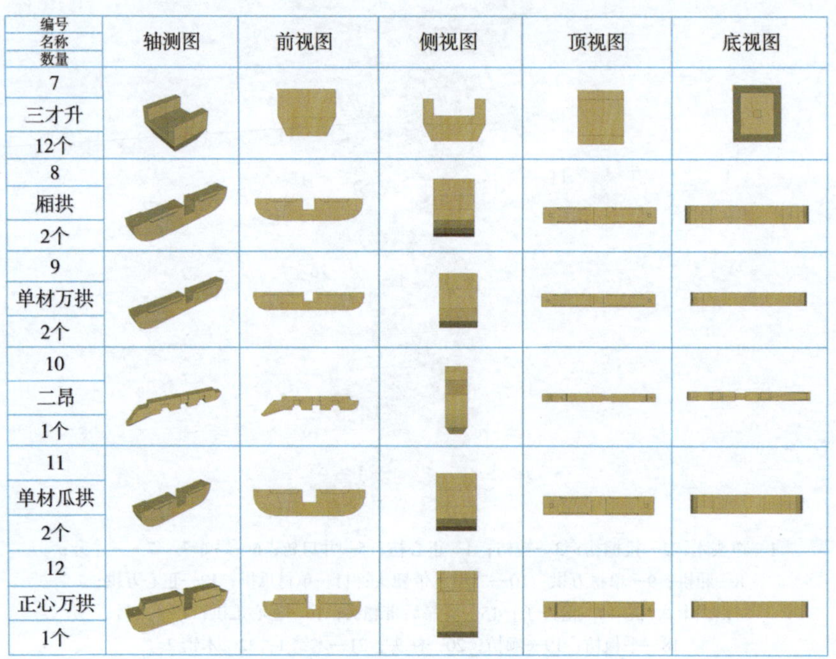

编号 名称 数量	轴测图	前视图	侧视图	顶视图	底视图
7 三才升 12个					
8 厢拱 2个					
9 单材万拱 2个					
10 二昂 1个					
11 单材瓜拱 2个					
12 正心万拱 1个					

图 7-7　孔林享殿柱头斗拱分件 7 ～ 12

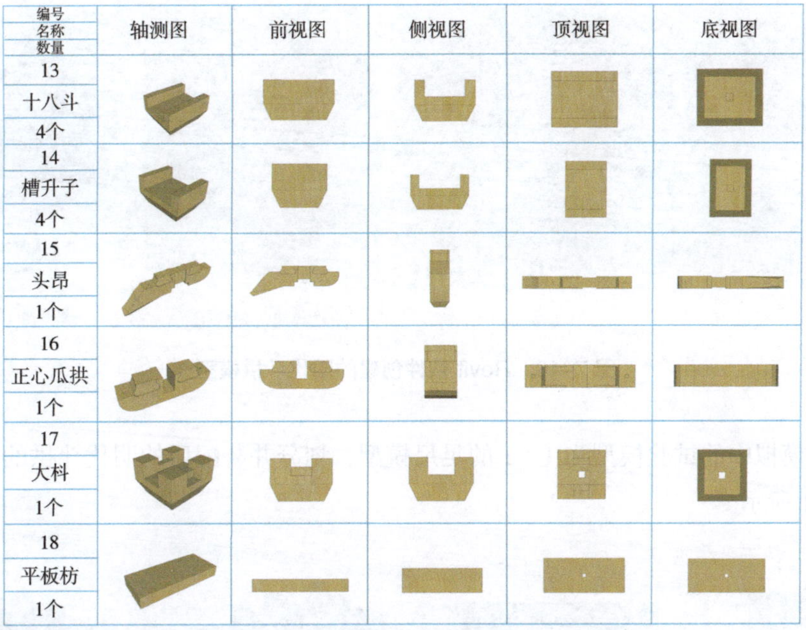

编号 名称 数量	轴测图	前视图	侧视图	顶视图	底视图
13 十八斗 4个					
14 槽升子 4个					
15 头昂 1个					
16 正心瓜拱 1个					
17 大料 1个					
18 平板枋 1个					

图 7-8 孔林享殿柱头斗拱分件 13 ～ 18

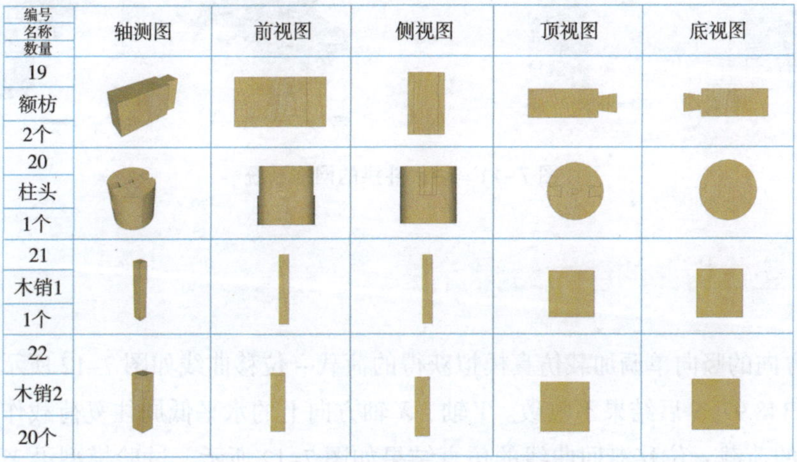

编号 名称 数量	轴测图	前视图	侧视图	顶视图	底视图
19 额枋 2个					
20 柱头 1个					
21 木销1 1个					
22 木销2 20个					

图 7-9 孔林享殿柱头斗拱分件 19 ～ 22

第二节 明代孔林享殿柱头斗拱的仿真模拟

采用 Revit 软件建模的明代孔林享殿柱头斗拱模型如图 7-10 所示，将 Revit 构建完成的模型导出为 ACIS（SAT）格式，随后将 Revit 的导出文件导入 ANSYS。

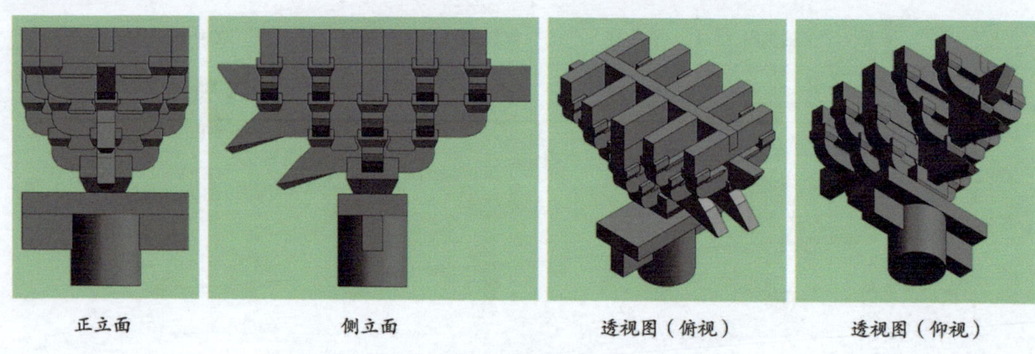

图 7–10　Revit 软件创建的明代斗拱模型

仿真模拟中的试验模型为 1 : 1 的足尺模型，划分并装配后的明代斗拱的网格系统如图 7–11 所示。

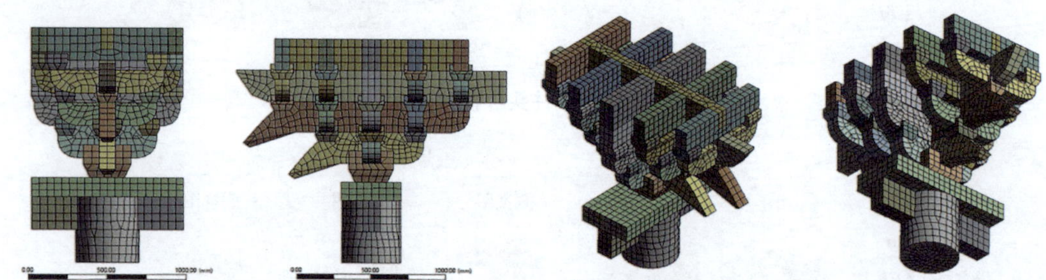

图 7–11　明代斗拱的网格系统

一、整体构件的静力结构行为

Z 轴方向的竖向单调加载仿真模拟获得的荷载 – 位移曲线如图 7–12 所示，仿真模拟加载至 348.97kN 后结果不收敛。*Y* 轴、*X* 轴方向上的水平低周往复荷载作用下的拟静力加载的荷载 – 位移滞回曲线的仿真结果如图 7–12 所示。试验模型沿 *Y* 轴的最大水平推力为 394.52kN；试验模型沿 *X* 轴的最大水平推力为 748.19kN。

依据滞回曲线获得的 *Y* 轴、*X* 轴的荷载 – 位移骨架曲线如图 7–13 所示，提取骨架曲线中每一段的刚度获得了试件的刚度退化曲线（图 7–14）。

明代斗拱在 *Z* 轴方向上竖向单调加载的等效应力（图 7–15A）主要分布在正心的榫卯节点处和分件的中部，最大应力点为 13.213MPa，位于华拱与栌斗的交接处。等效弹性应变（图 7–15B）与应力云图分布情况相似，最大点为 0.027，位于华拱与栌斗的交接处。应变能（图 7–15C）主要分布于正心的栌斗和柱头处，说明斗拱构件有效地将上部能量传递到了柱上，最大点为 2908.9MJ，位于栌斗与柱头的交接处。整体变形（图 7–15D）从撩檐枋向下逐渐减少，最大点为 7.8848mm，位于撩檐枋的顶端。

仿真模型在 Y 轴方向上水平低周往复荷载作用下的拟静力加载的等效应力（图 7–16A）主要分布在头昂、二昂、蚂蚱头的后端，以及栌斗、平板枋和柱头的交接处，最大应力值为 25.214MPa，位于蚂蚱头的后端。等效弹性应变（图 7–16B）与应力云图分布情况相似，最大值为 0.0311，位于蚂蚱头的后端。应变能（图 7–16C）与应力云图分布情况相似，说明斗拱构件整体结构性能良好，最大值为 6.3026×10^{6}MJ，位于

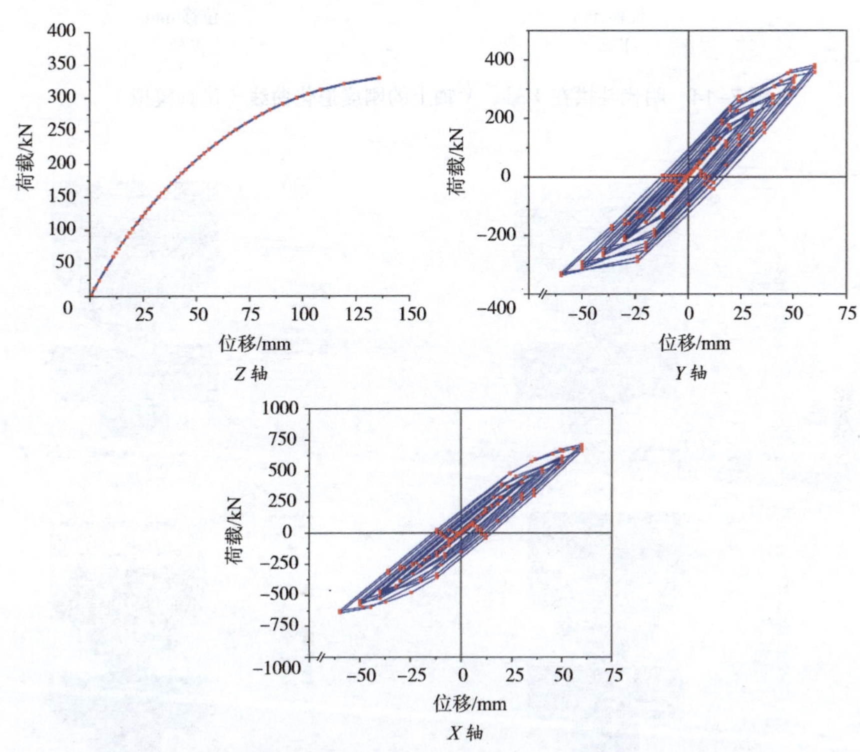

图 7–12　明代斗拱在 Z 轴、Y 轴、X 轴上的荷载位移曲线（仿真模拟）

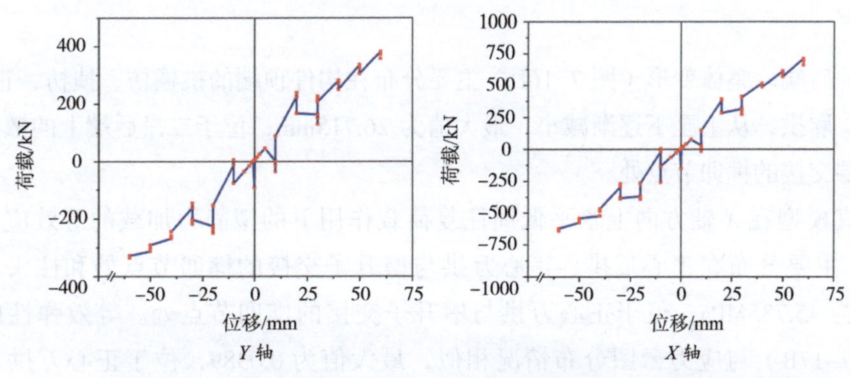

图 7–13　明代斗拱在 Y 轴、X 轴上的骨架曲线（仿真模拟）

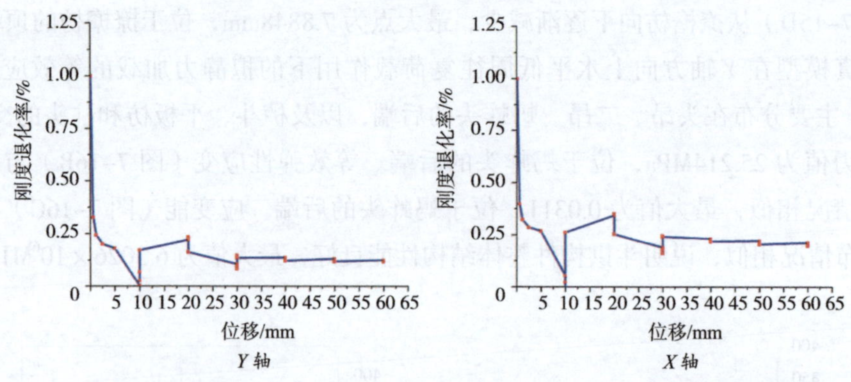

图 7–14　明代斗拱在 *Y* 轴、*X* 轴上的刚度退化曲线（仿真模拟）

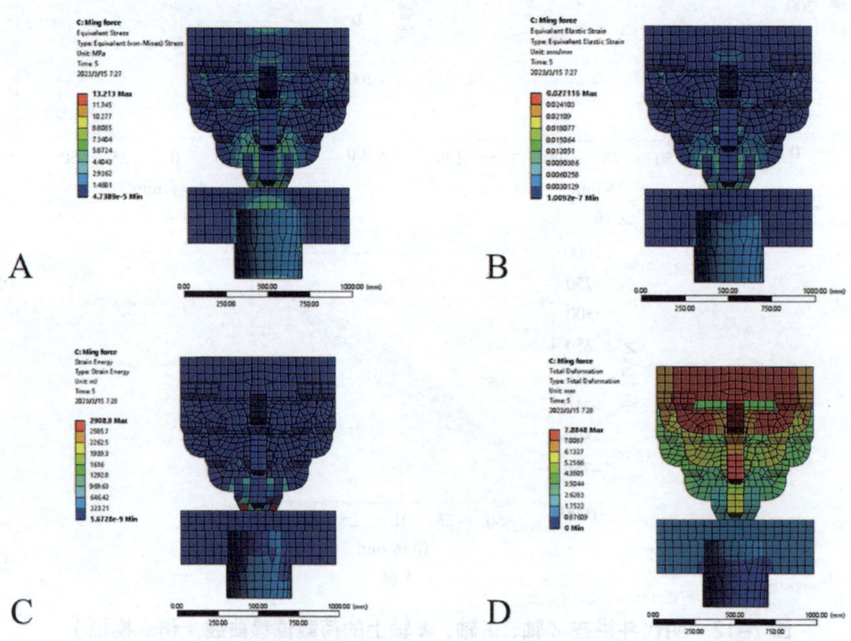

图 7–15　等效应力、等效弹性应变、应变能、整体变形云图（明 –*Z* 轴）

蚂蚱头的后端。整体变形（图 7–16D）主要分布在构件顶端的挑檐枋、拽枋、正心枋、井口枋、厢拱，从上至下逐渐减小，最大值为 26.715mm，位于二昂后端上的散斗与蚂蚱头后端交接的榫卯节点处。

仿真模型在 *X* 轴方向上水平低周往复荷载作用下的拟静力加载的等效应力（图 7–17A）主要分布在正心瓜拱、正心万拱与槽升子交接的榫卯节点处和柱头，最大应力值为 45.735MPa，位于正心万拱与槽升子交接的榫卯节点处。等效弹性应变云图（图 7–17B）与应力云图分布情况相似，最大值为 0.0389，位于正心万拱与槽升子交接的榫卯节点处。应变能（图 7–17C）与应力云图分布情况相似，最大值为

2.8236 × 10^{6}MJ，位于正心万拱与槽升子交接的榫卯节点处。整体变形（图 7–17D）广泛分布在整体构件的中部、平板枋和柱头，最大值为 4.9668mm，位于正心万拱与槽升子交接的榫卯节点处。X 轴方向上水平低周往复荷载作用下的拟静力加载对正心万拱与槽升子交接的榫卯节点处可能产生最大的变形甚至是破坏。

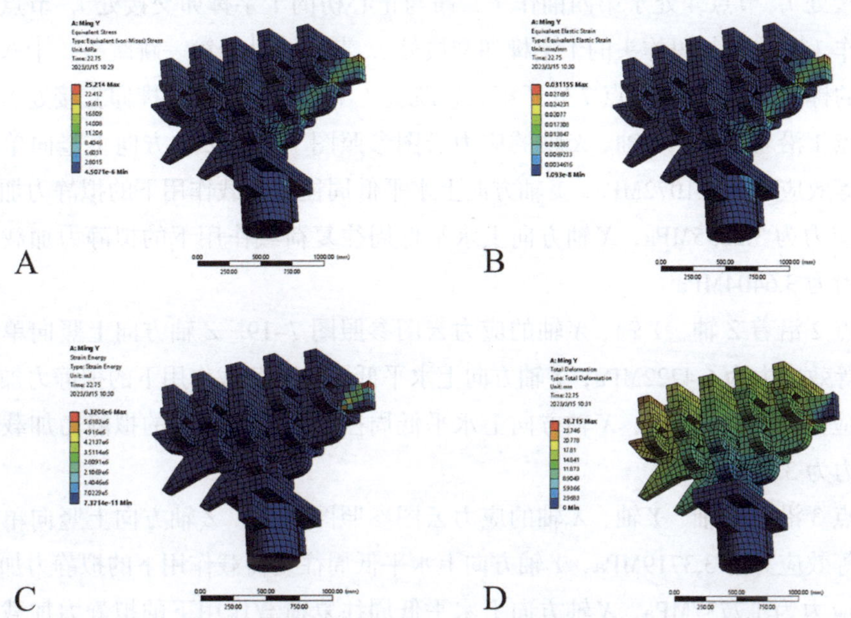

图 7–16　等效应力、等效弹性应变、应变能、整体变形云图（明 –Y 轴）

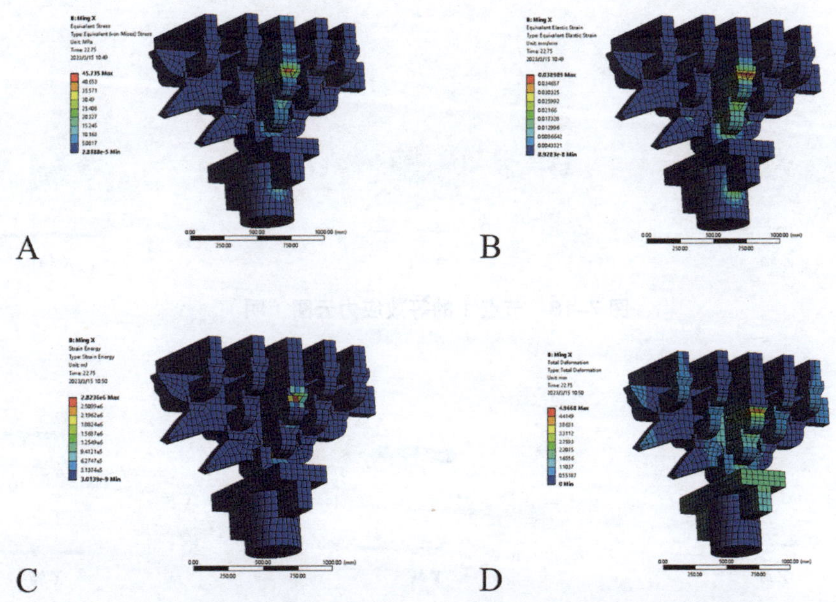

图 7–17　等效应力、等效弹性应变、应变能、整体变形云图（明 –X 轴）

二、关键节点的内力变化

节点 1 处于第一铺作（正心瓜拱与头昂的十字榫卯交接处），节点 2 处于第二铺作（头昂与正心万拱的十字榫卯交接处），节点 3 处于第三铺作（正心万拱与二昂的十字榫卯交接处），节点 4 处于第四铺作（二昂与正心枋的十字榫卯交接处），节点 5 处于第五铺作（正心枋与蚂蚱头的十字榫卯交接处），节点 6 处于第一跳跳头（十八斗与单材瓜拱的榫卯交接处），节点 7 处于第二跳跳头（十八斗与厢拱的榫卯交接处）。

节点 1 沿着 *Z* 轴、*Y* 轴、*X* 轴的应力云图参照图 7–18。*Z* 轴方向上竖向单调加载的最大等效应力为 4.1072MPa，*Y* 轴方向上水平低周往复荷载作用下的拟静力加载的最大等效应力为 3.2855MPa，*X* 轴方向上水平低周往复荷载作用下的拟静力加载的最大等效应力为 3.6404MPa。

节点 2 沿着 *Z* 轴、*Y* 轴、*X* 轴的应力云图参照图 7–19。*Z* 轴方向上竖向单调加载的最大等效应力为 6.4222MPa，*Y* 轴方向上水平低周往复荷载作用下的拟静力加载的最大等效应力为 7.2983MPa，*X* 轴方向上水平低周往复荷载作用下的拟静力加载的最大等效应力为 3.9939MPa。

节点 3 沿着 *Z* 轴、*Y* 轴、*X* 轴的应力云图参照图 7–20。*Z* 轴方向上竖向单调加载的最大等效应力为 3.3719MPa，*Y* 轴方向上水平低周往复荷载作用下的拟静力加载的最大等效应力为 1.7737MPa，*X* 轴方向上水平低周往复荷载作用下的拟静力加载的最大等效应力为 2.9655MPa。

节点 4 沿着 *Z* 轴、*Y* 轴、*X* 轴的应力云图参照图 7–21。*Z* 轴方向上竖向单调加载

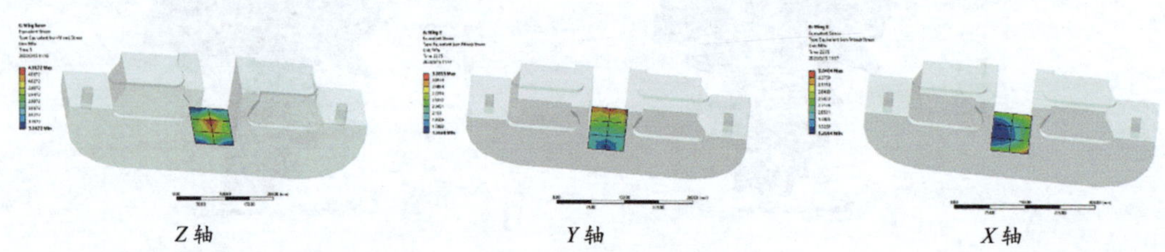

Z 轴　　*Y* 轴　　*X* 轴

图 7–18　节点 1 的等效应力云图（明）

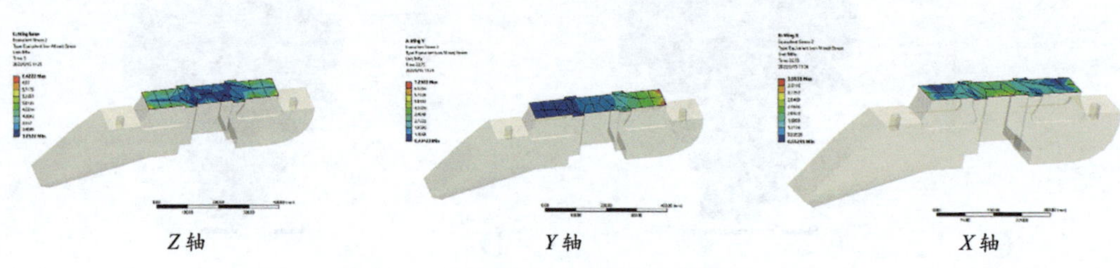

Z 轴　　*Y* 轴　　*X* 轴

图 7–19　节点 2 的等效应力云图（明）

的最大等效应力为 2.5401MPa，*Y* 轴方向上水平低周往复荷载作用下的拟静力加载的最大等效应力为 0.92466MPa，*X* 轴方向上水平低周往复荷载作用下的拟静力加载的最大等效应力为 9.9836MPa。

节点 5 沿着 *Z* 轴、*Y* 轴、*X* 轴的应力云图参照图 7–22。*Z* 轴方向上竖向单调加载的最大等效应力为 2.4355MPa，*Y* 轴方向上水平低周往复荷载作用下的拟静力加载的最大等效应力为 0.77292MPa，*X* 轴方向上水平低周往复荷载作用下的拟静力加载的最大等效应力为 4.0756MPa。

节点 6 沿着 *Z* 轴、*Y* 轴、*X* 轴的应力云图参照图 7–23。*Z* 轴方向上竖向单调加载的最大等效应力为 6.3847MPa，*Y* 轴方向上水平低周往复荷载作用下的拟静力加载的最大等效应力为 1.3507MPa，*X* 轴方向上水平低周往复荷载作用下的拟静力加载的最大等效应力为 2.5393MPa。

节点 7 沿着 *Z* 轴、*Y* 轴、*X* 轴的应力云图参照图 7–24。*Z* 轴方向上竖向单调加载

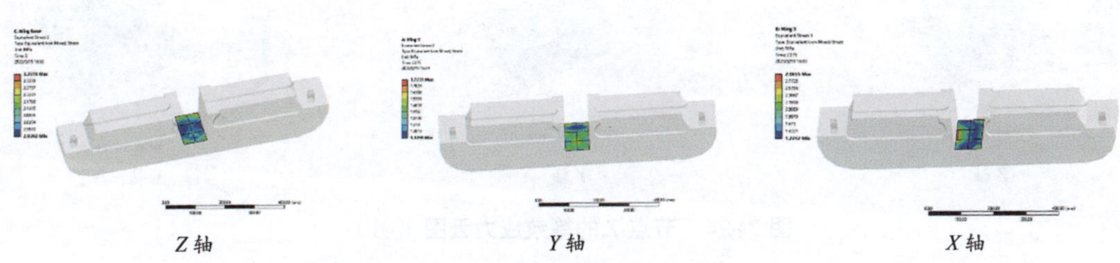

图 7–20　节点 3 的等效应力云图（明）

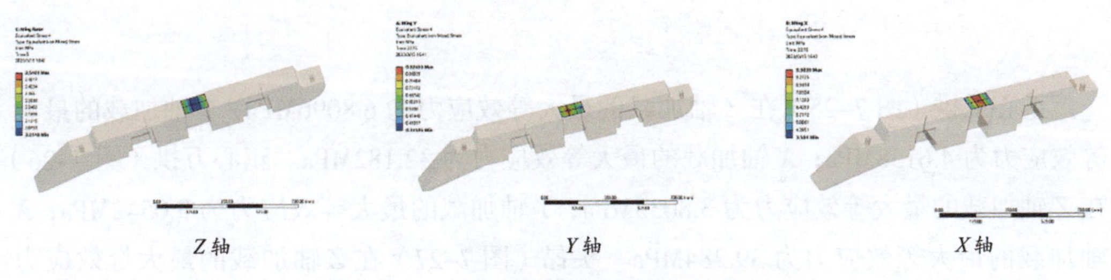

图 7–21　节点 4 的等效应力云图（明）

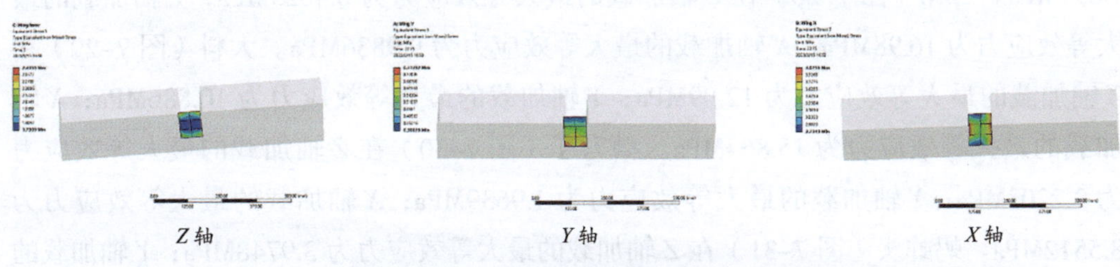

图 7–22　节点 5 的等效应力云图（明）

的最大等效应力为2.596MPa，Y轴方向上水平低周往复荷载作用下的拟静力加载的最大等效应力为0.42041MPa，X轴方向上水平低周往复荷载作用下的拟静力加载的最大等效应力为0.98187MPa。

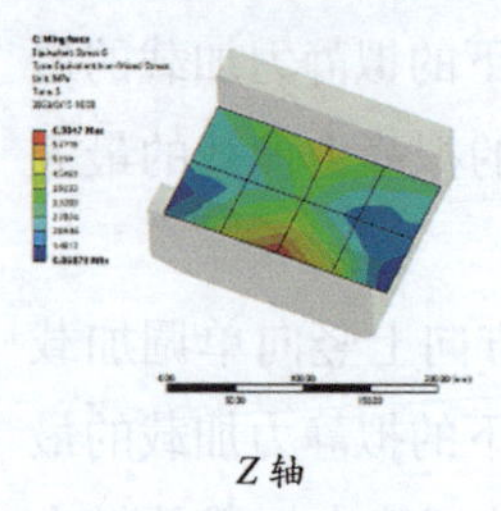
Z轴

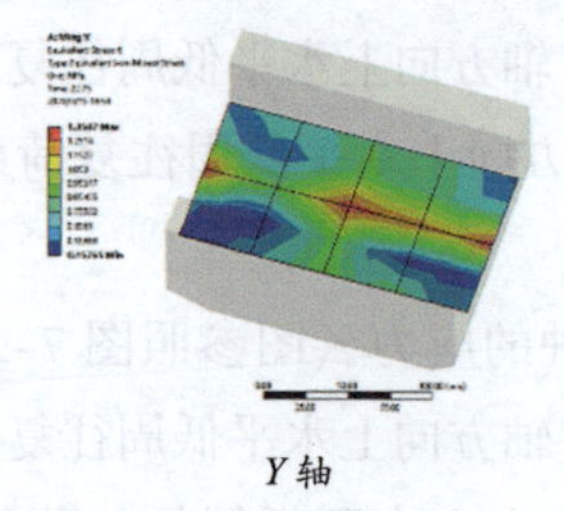
Y轴

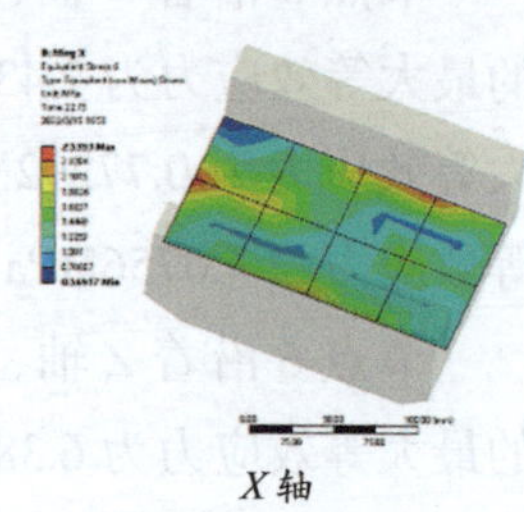
X轴

图7-23　节点6的等效应力云图（明）

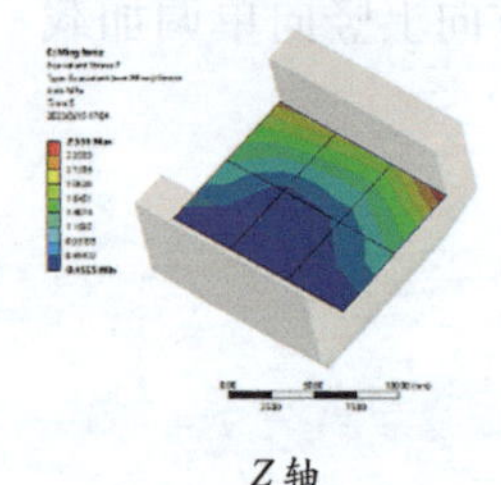
Z轴

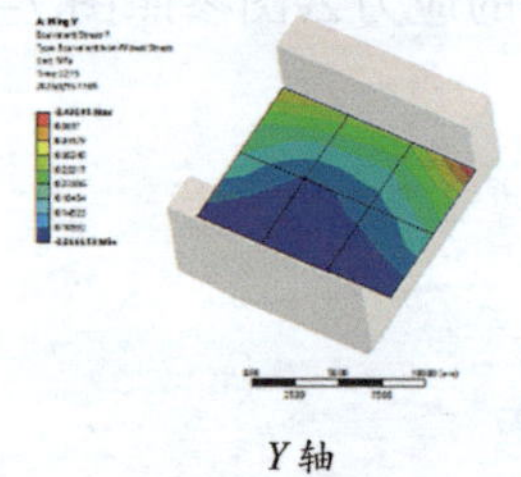
Y轴

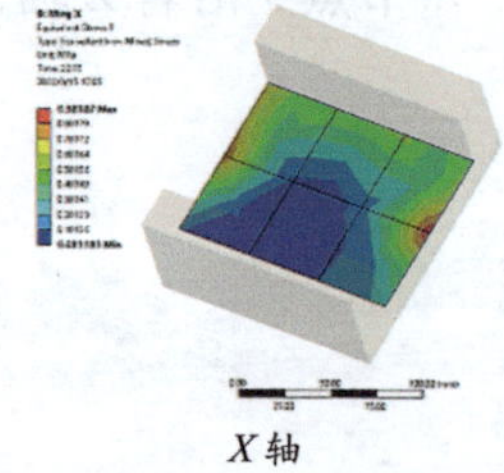
X轴

图7-24　节点7的等效应力云图（明）

三、关键部件的内力变化

正心瓜拱（图7-25）在Z轴加载的最大等效应力为6.8096MPa；Y轴加载的最大等效应力为4.6158MPa；X轴加载的最大等效应力为32.182MPa。正心万拱（图7-26）在Z轴加载的最大等效应力为3.8033MPa；Y轴加载的最大等效应力为3.0542MPa；X轴加载的最大等效应力为39.284MPa。头昂（图7-27）在Z轴加载的最大等效应力为12.682MPa；Y轴加载的最大等效应力为11.871MPa；X轴加载的最大等效应力为14.91MPa。二昂（图7-28）在Z轴加载的最大等效应力为6.4625MPa；Y轴加载的最大等效应力为16.98MPa；X轴加载的最大等效应力为9.9836MPa。大枓（图7-29）在Z轴加载的最大等效应力为12.09MPa；Y轴加载的最大等效应力为10.886MPa；X轴加载的最大等效应力为15.864MPa。槽升子（图7-30）在Z轴加载的最大等效应力为2.2203MPa；Y轴加载的最大等效应力为1.9639MPa；X轴加载的最大等效应力为8.5512MPa。蚂蚱头（图7-31）在Z轴加载的最大等效应力为3.9748MPa；Y轴加载的最大等效应力为25.214MPa；X轴加载的最大等效应力为5.734MPa。

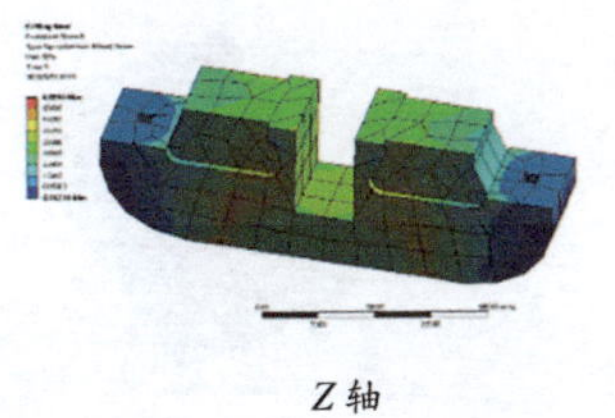
Z 轴

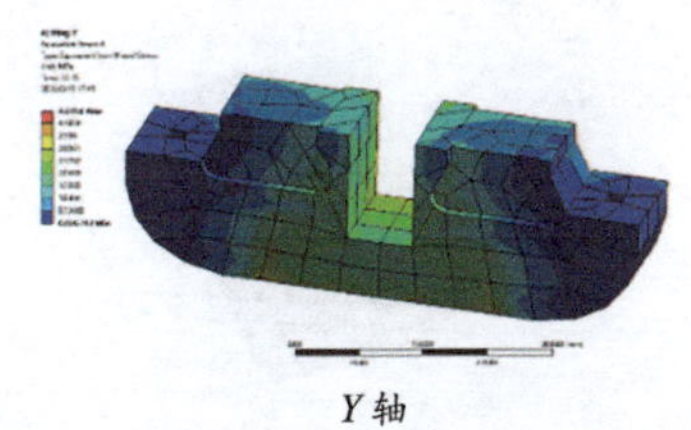
Y 轴

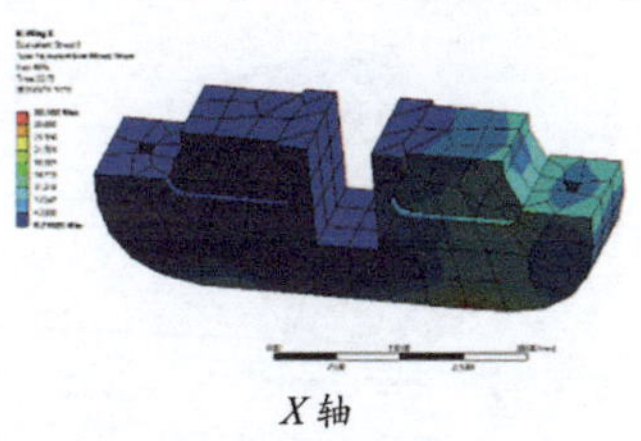
X 轴

图 7-25 正心瓜拱的等效应力云图（明）

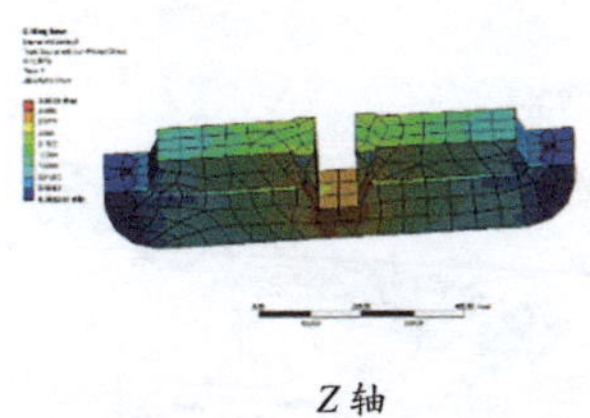
Z 轴

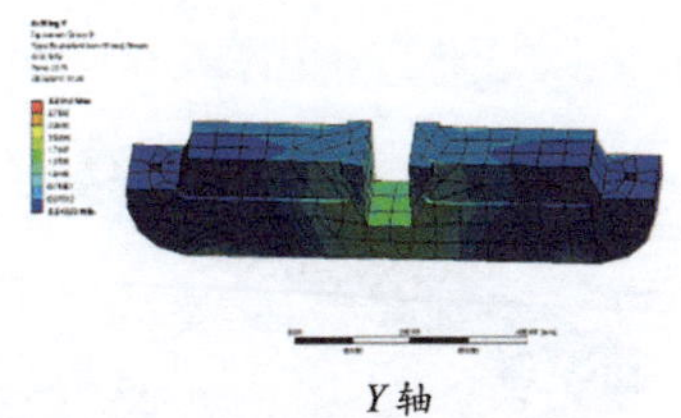
Y 轴

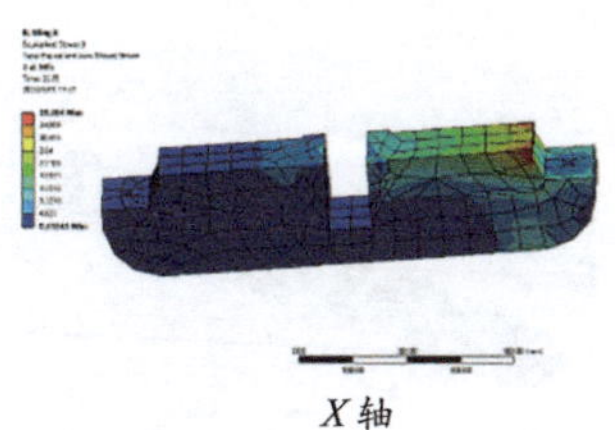
X 轴

图 7-26 正心万拱的等效应力云图（明）

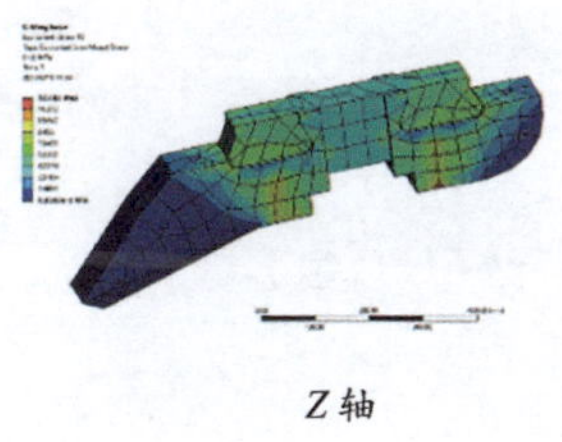
Z 轴

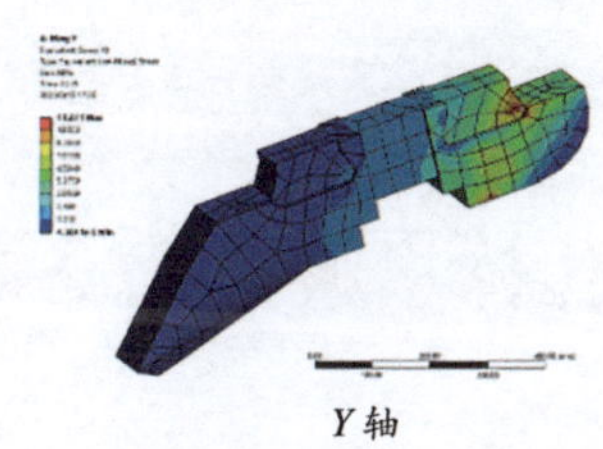
Y 轴

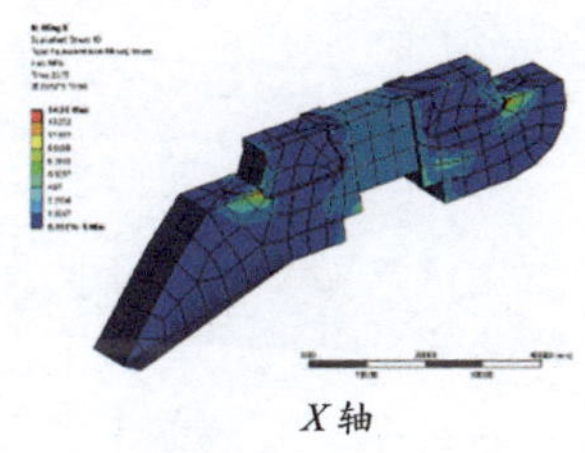
X 轴

图 7-27 头昂的等效应力云图（明）

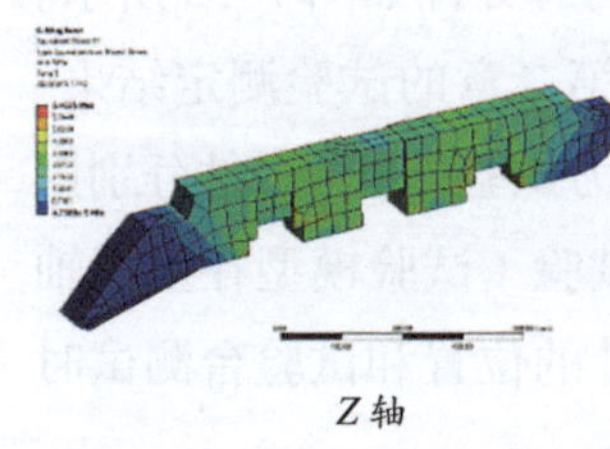
Z 轴

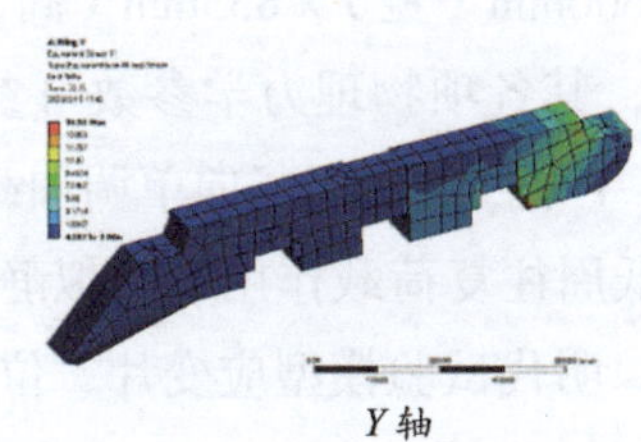
Y 轴

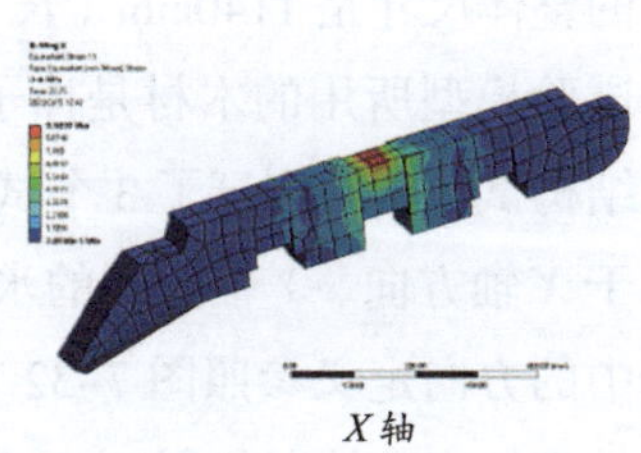
X 轴

图 7-28 二昂的等效应力云图（明）

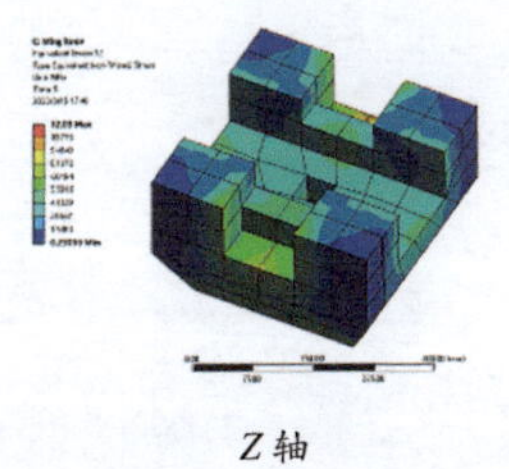
Z 轴

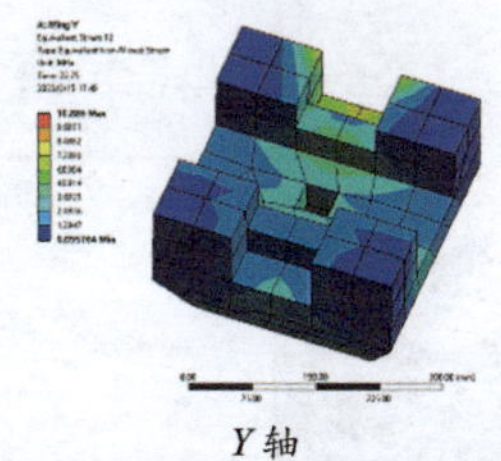
Y 轴

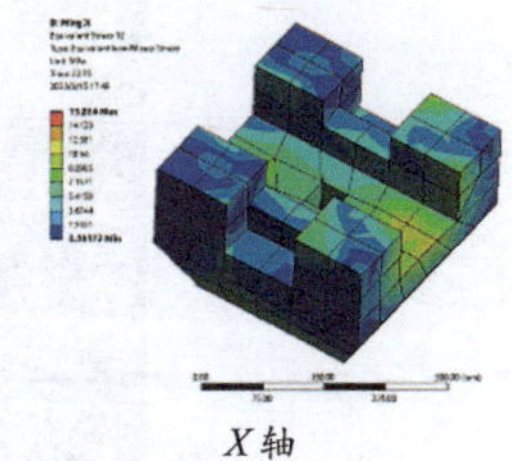
X 轴

图 7-29 大料的等效应力云图（明）

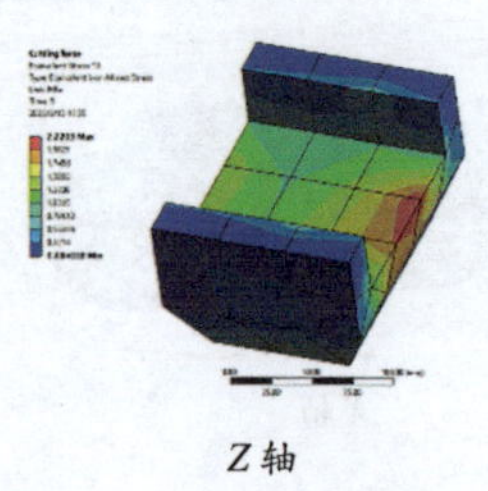

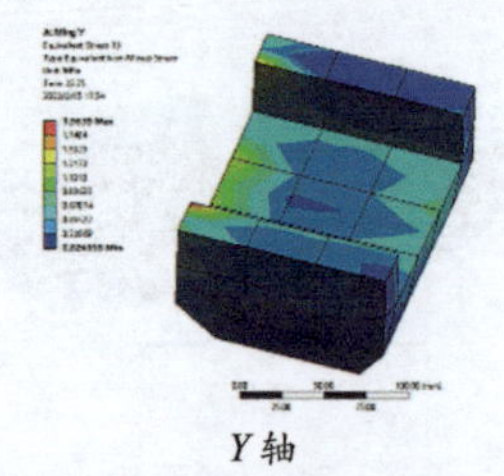

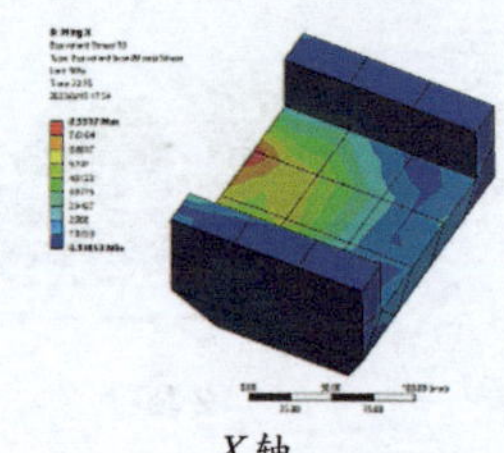

图 7–30　槽升子的等效应力云图（明）

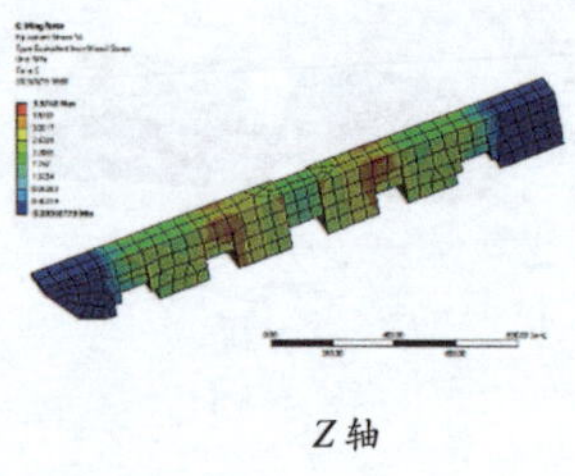

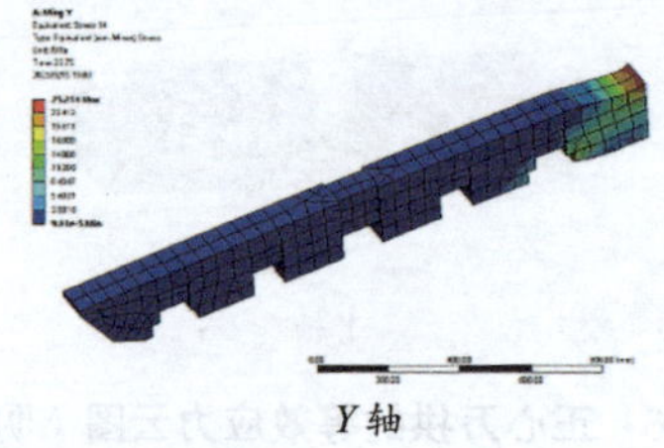

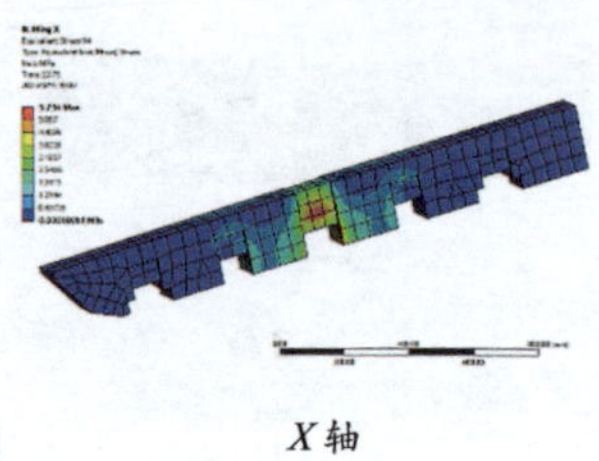

图 7–31　蚂蚱头的等效应力云图（明）

第三节　明代孔林享殿柱头斗拱的结构试验

试验模型是缩尺比为 1 : 1.67 的缩尺模型，完整拼装后的明代柱头斗拱（图 7–32）的整体尺寸是 1140mm（长）× 600mm（宽）× 835mm（高），所有分件如图 7–33 所示。试验模型所用的木材是樟子松，其各项物理力学参数可参照第二章的试验测定结果。结构试验中共测试了 3 个试件，1 个试件用于竖向单调加载静力试验，2 个试件分别用于 X 轴方向、Y 轴方向的水平低周往复荷载作用下的拟静力试验（试验模型在坐标轴中的方向定义参照图 7–32 右）。明代试验模型应变片、位移计的位置和试验台测试时的现场安装情况如图 7–34 所示。

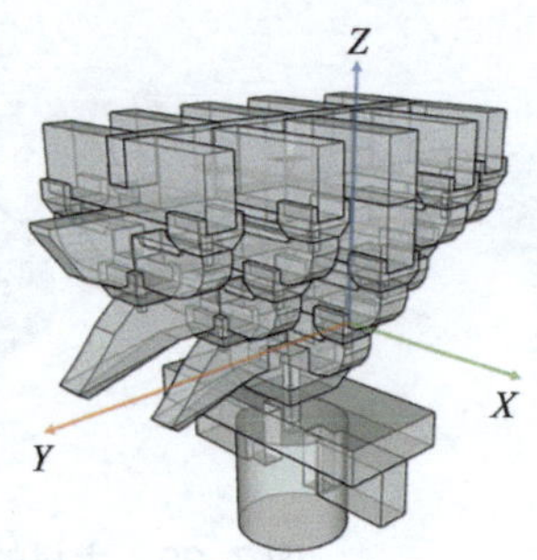

图 7–32　明代斗拱的结构试验模型

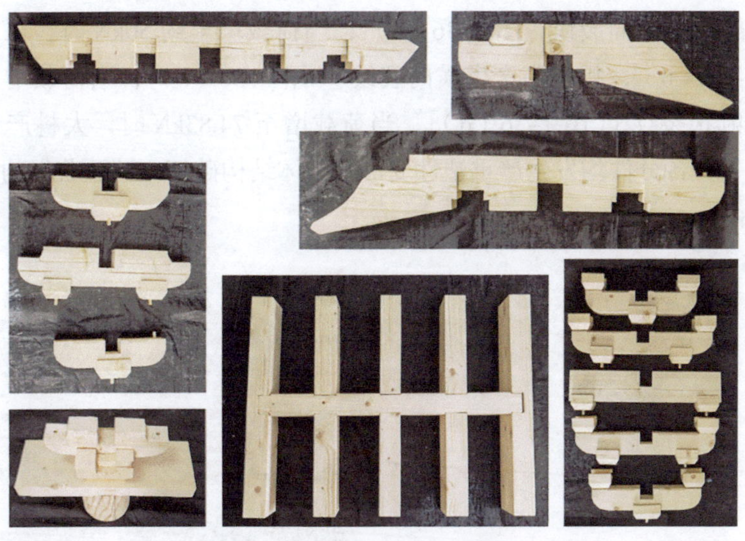

图 7-33 明代斗拱结构试验模型的分件

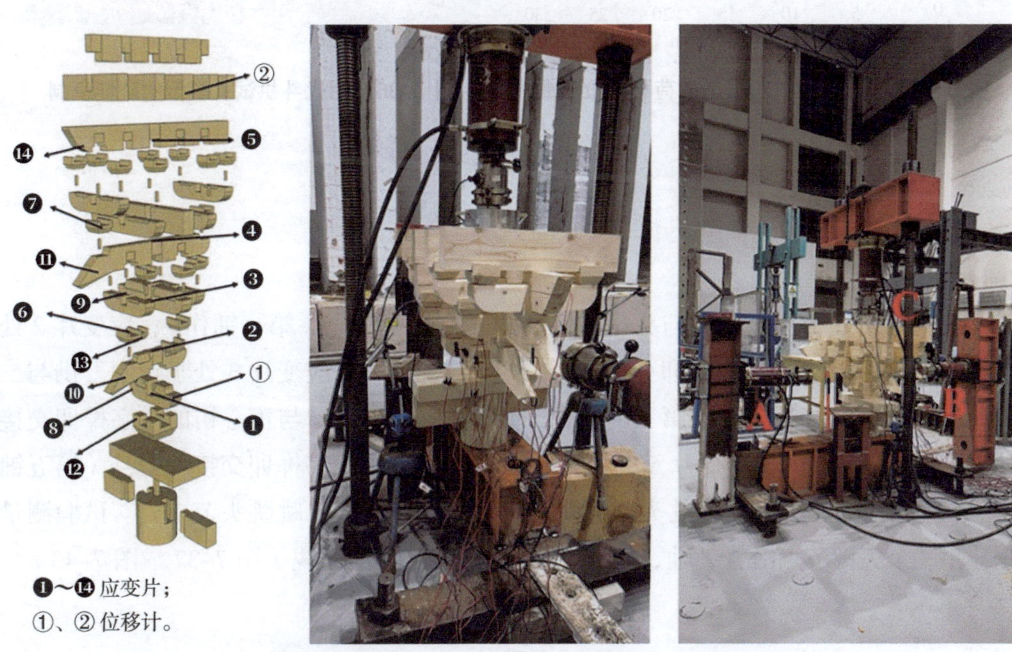

图 7-34 明代斗拱结构试验模型的测试安装现场

一、整体构件的静力结构行为

Z 轴方向的竖向单调加载静力试验获得的荷载 - 位移曲线如图 7-35 所示。试验模型的破坏机制：当荷载增至约 30kN 时，斗拱持续发出劈裂声响；当荷载增至约 40kN

时，头昂中部产生横向裂纹［图 7–36（a）］；当荷载增至约 50kN 时，二昂产生横向裂纹［（图 7–36（b）］，蚂蚱头产生横向裂纹［（图 7–36（c）］；当荷载增至 60kN 时，大料产生放射状裂纹［（图 7–36（d）］；当荷载增至 74.83kN 时，大料产生横向裂纹［图 7–36（e）］，各分件均发生严重塑性变形，整体结构破坏，试验获得的斗拱极限承载力为 74.83kN。

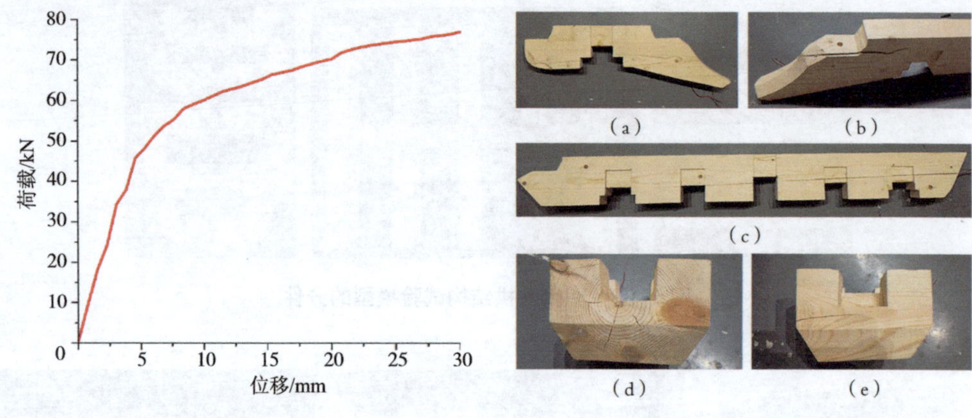

图 7–35　明代斗拱试验模型的荷载 – 位移曲线（*Z* 轴）

图 7–36　明代斗拱试验模型的破坏机制

二、关键节点的内力变化

应变片 1 处于正心瓜拱与头昂的十字榫卯交接处节点（第一铺作）；应变片 2 处于头昂与正心万拱的十字榫卯交接处节点（第二铺作）；应变片 3 处于正心万拱与二昂的十字榫卯交接处节点（第三铺作）；应变片 4 处于二昂与正心枋的十字榫卯交接处节点（第四铺作）；应变片 5 处于正心枋与蚂蚱头的十字榫卯交接处节点（第五铺作）；应变片 6 处于第一跳跳头节点处；应变片 7 处于第二跳跳头节点处。试验测量了斗拱 7 个关键节点沿着 *Z* 轴、*Y* 轴、*X* 轴的应力 – 应变曲线（图 7–37 ～图 7–43）。

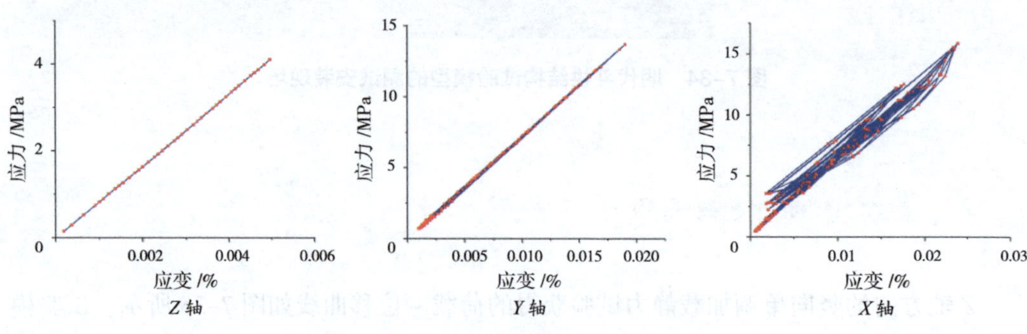

图 7–37　应变片 1 的应力 – 应变曲线

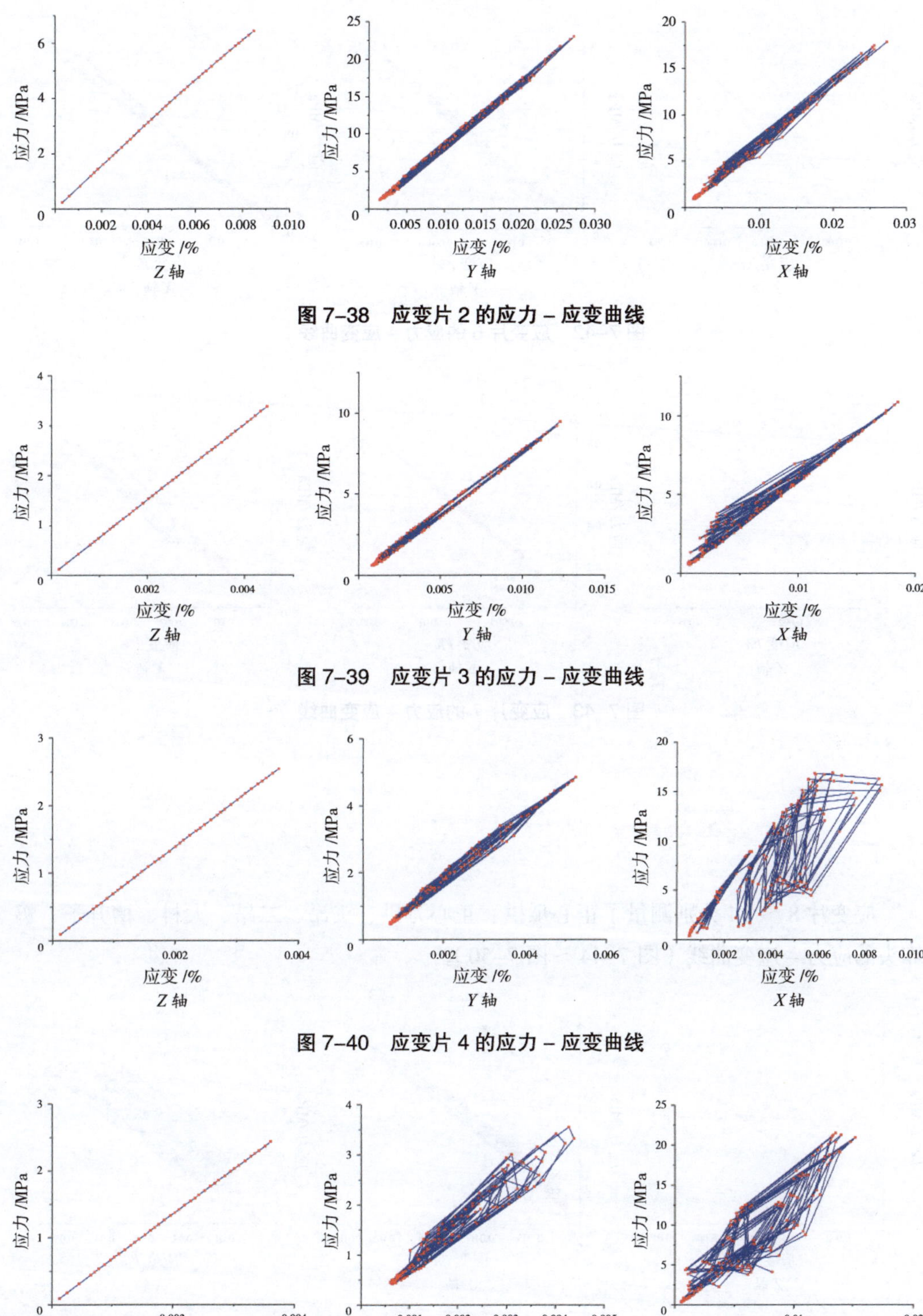

图 7-38　应变片 2 的应力 - 应变曲线

图 7-39　应变片 3 的应力 - 应变曲线

图 7-40　应变片 4 的应力 - 应变曲线

图 7-41　应变片 5 的应力 - 应变曲线

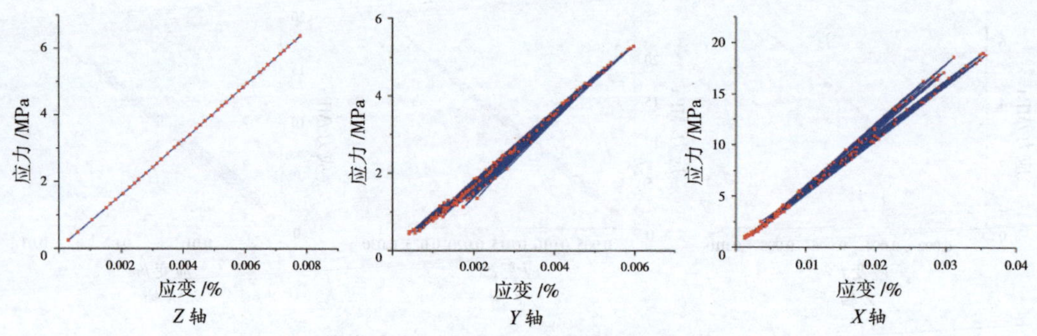

图 7–42　应变片 6 的应力 – 应变曲线

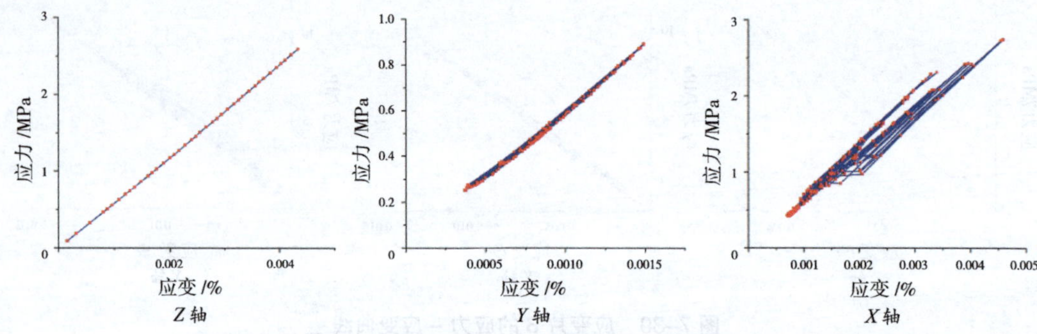

图 7–43　应变片 7 的应力 – 应变曲线

三、关键部件的内力变化

应变片 8 ～ 14 分别测量了正心瓜拱、正心万拱、头昂、二昂、大料、槽升子、蚂蚱头的应力 – 应变曲线（图 7–44 ～图 7–50）。

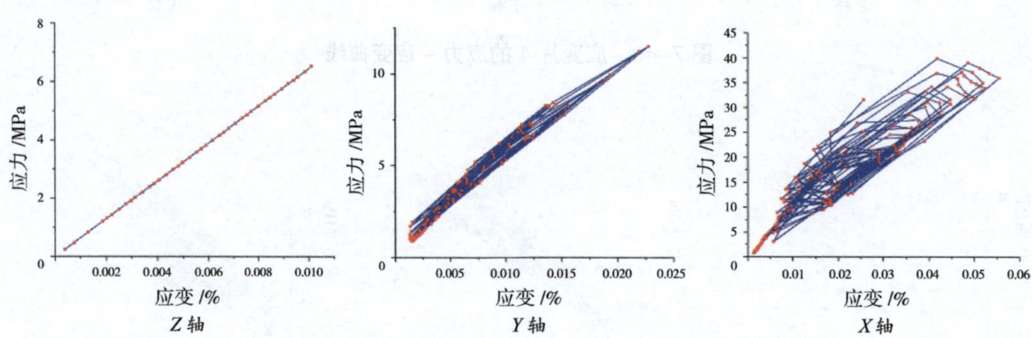

图 7–44　应变片 8 的应力 – 应变曲线

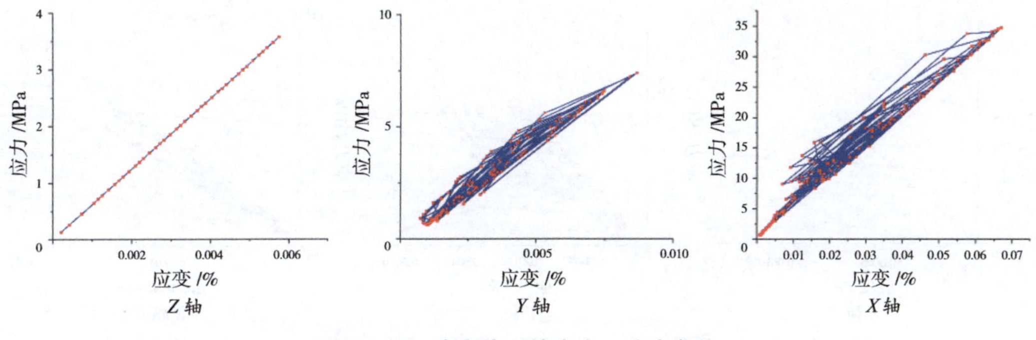

图 7-45　应变片 9 的应力 – 应变曲线

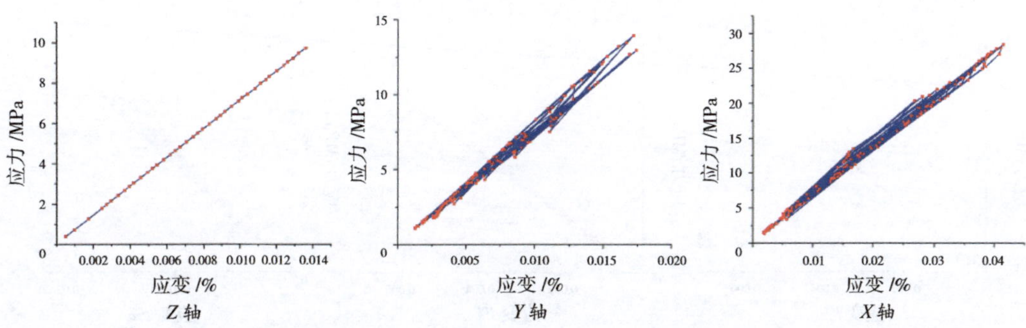

图 7-46　应变片 10 的应力 – 应变曲线

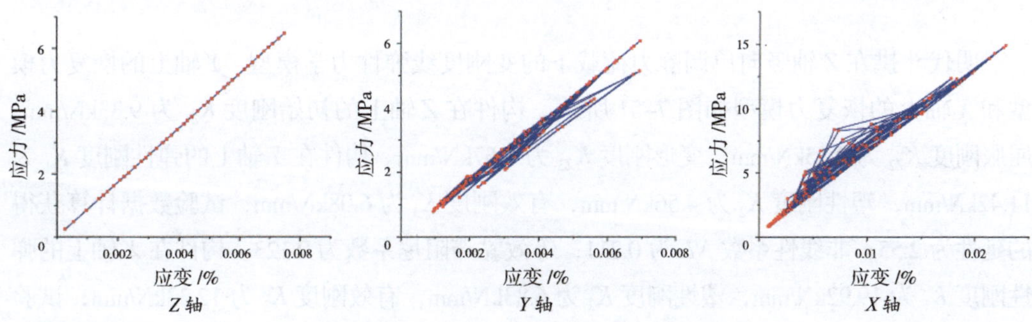

图 7-47　应变片 11 的应力 – 应变曲线

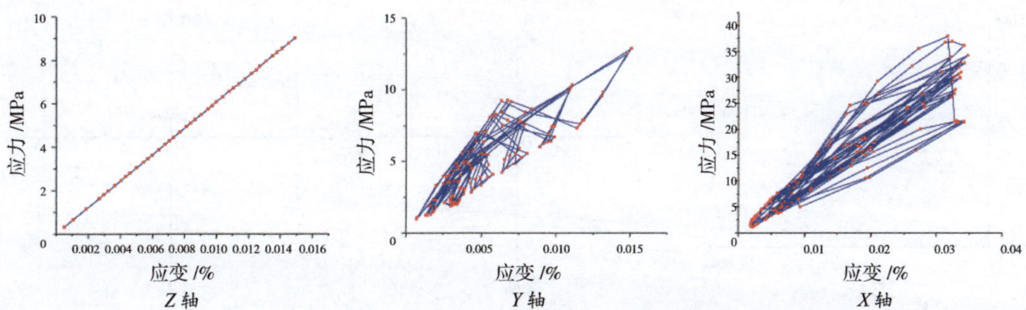

图 7-48　应变片 12 的应力 – 应变曲线

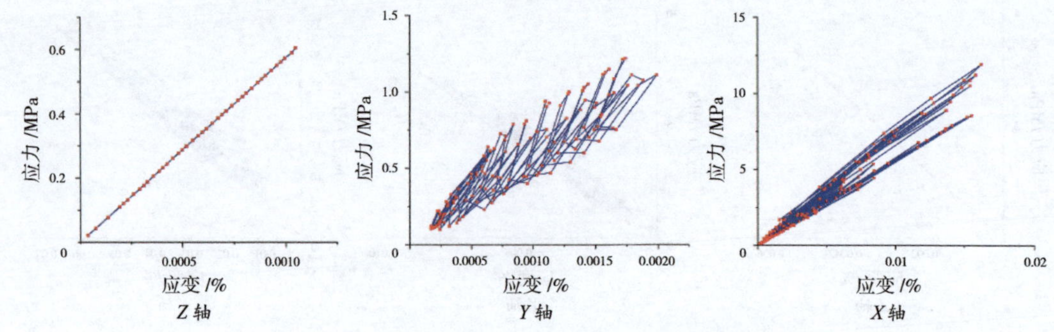

图 7–49　应变片 13 的应力 – 应变曲线

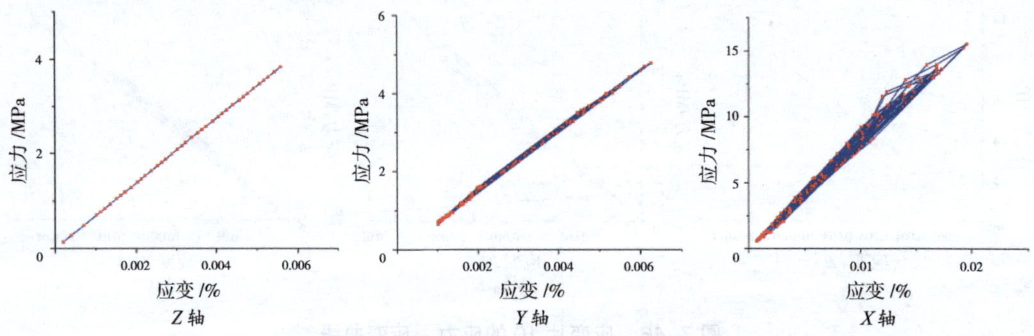

图 7–50　应变片 14 的应力 – 应变曲线

明代斗拱在 Z 轴竖向单调静力荷载下的变刚度线弹性力学模型、Y 轴上的恢复力模型和 X 轴上的恢复力模型如图 7–51 所示。构件在 Z 轴上的初始刚度 K_{Z1} 为 9.33kN/mm，屈服刚度 K_{Z2} 为 2.15kN/mm，变形刚度 K_{Z3} 为 1.67kN/mm。构件在 Y 轴上的弹性刚度 K_1 为 11.42kN/mm，塑性刚度 K_2 为 4.56kN/mm，有效刚度 K_3 为 6.08kN/mm；试验数据计算获得的延性为 2.55；非线性系数 NL 为 0.211；等效黏滞阻尼系数为 0.123。构件在 X 轴上的弹性刚度 K_1 为 19.92kN/mm，塑性刚度 K_2 为 6.83kN/mm，有效刚度 K_3 为 12.33kN/mm；试验数据计算获得的延性为 2.53；非线性系数 NL 为 0.172；等效黏滞阻尼系数为 0.104。

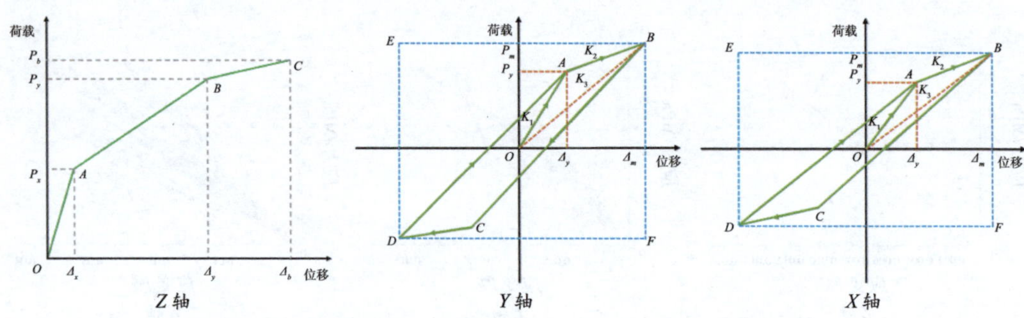

图 7–51　明代斗拱在 Z 轴、Y 轴、X 轴上的静力行为模型

从强度、变形和能量三个方面评价明代斗拱的静力性能，结构试验获得的关键力学指标见表 7–1。

表 7–1　明代斗拱的关键力学指标（仿真模拟）

强度		变形			能量
F_{Z1}	F_{Z2}	K_{Z1}	K_{Z2}	K_{Z3}	NL（Y）
305.23	348.97	9.33	2.15	1.67	0.211
F_{Y1}	F_{Y2}	K_{Y1}	K_{Y2}	K_{Y3}	NL（X）
394.52	394.52	11.42	4.56	6.08	0.172
F_{X1}	F_{X2}	K_{X1}	K_{X2}	K_{X3}	H_Y
748.19	748.19	19.92	6.83	12.33	0.123
		μ_Y	μ_X		H_X
		2.55	2.53		0.104

注：F_{Z1} 表示 Z 轴方向加载的屈服承载力（kN），F_{Z2} 表示 Z 轴方向加载的极限承载力（kN）；F_{Y1}、F_{Y2} 分别表示 Y 轴方向加载的正向、负向最大水平推力（kN）；F_{X1}、F_{X2} 分别表示 X 轴方向加载的正向、负向最大水平推力（kN）；K_{Z1} 表示 Z 轴方向加载构件的初始刚度（kN/mm），K_{Z2} 表示 Z 轴方向加载构件的屈服刚度（kN/mm），K_{Z3} 表示 Z 轴方向加载构件的变形刚度（kN/mm）；K_{Y1} 表示 Y 轴方向加载构件的弹性刚度（kN/mm），K_{Y2} 表示 Y 轴方向加载构件的塑性刚度（kN/mm），K_{Y3} 表示 Y 轴方向加载构件的有效刚度（kN/mm）；K_{X1} 表示 X 轴方向加载构件的弹性刚度（kN/mm），K_{X2} 表示 X 轴方向加载构件的塑性刚度（kN/mm），K_{X3} 表示 X 轴方向加载构件的有效刚度（kN/mm）；μ_Y 表示构件沿着 Y 轴方向的延性，μ_X 表示构件沿着 X 轴方向的延性；NL（Y）、NL（X）分别表示构件沿 Y 轴、X 轴方向的非线性系数；H_Y、H_X 分别表示构件沿 Y 轴、X 轴方向的等效黏滞阻尼系数。

第八章 清代孔庙七号碑亭柱头斗拱的静力学特征研究

第一节　清代孔庙七号碑亭柱头斗拱的构造形式

一、孔庙七号碑亭及其柱头斗拱概况

孔庙七号碑亭（图 8–1）位于山东省曲阜市（全国重点文物保护单位），建于乾隆十三年（1749 年），是孔庙十三碑亭之一，其设计和做法严格遵守了清代《工程做法则例》中的规定。孔庙七号碑亭的柱头斗拱（图 8–2）为五踩昂翘斗拱，从栌斗口内出单昂单翘，里转出单翘单雀替，采用重拱计心造做法。按照《工程做法则例》规定的标准命名法，孔庙七号碑亭柱头斗拱的完整命名为“单翘单昂，里转单翘单雀替，重拱计心造，柱头科斗拱”。

图 8–1　孔庙七号碑亭

图 8-2 孔庙七号碑亭柱头斗拱

二、原型提取及试验模型的构建

试验模型的原型选自孔庙七号碑亭的柱头科斗拱（图 8-3），研究对象是挑檐桁以下，柱头以上的斗拱木构造部分。

试验模型组合后的正立面、侧立面、仰视图、俯视图、透视图和整体构件的组合尺寸如图 8-4 所示。

试验模型的爆炸图（图 8-5）中标注了各分件的名称，其中主要分件 44 个，木销分为两种类型共 18 个，总计 62 个分件。

图 8-3 孔庙七号碑亭柱头斗拱的原型提取

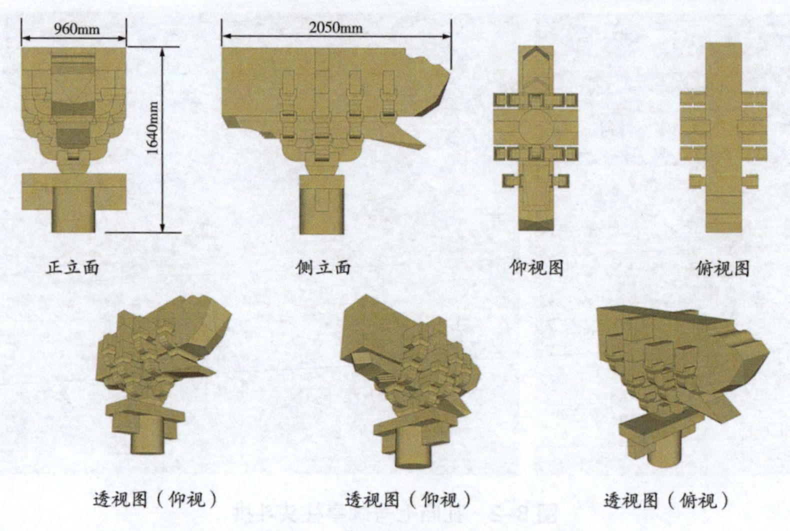

图 8–4　孔庙七号碑亭柱头斗拱的试验模型

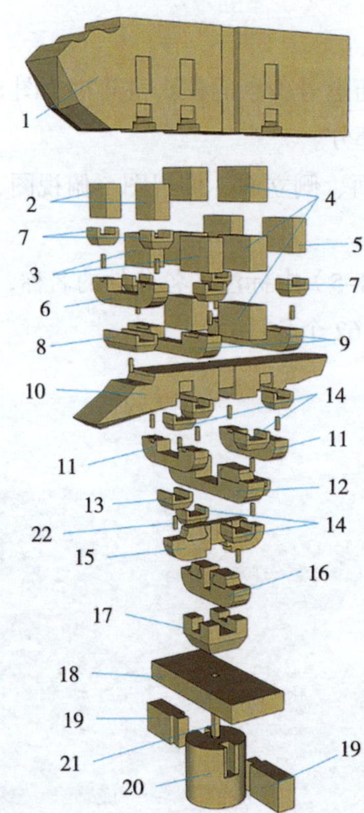

1—桃尖梁；2—挑檐枋；3—拽枋；4—正心枋；5—井口枋；6—厢拱；7—三才升；8—桶子十八料；9—单材万拱；10—二昂后带雀替；11—单材瓜拱；12—正心万拱；13—十八料；14—槽升子；15—单翘；16—正心瓜拱；17—大料；18—平板枋；19—额枋；20—柱头；21—木销 1；22—木销 2。

图 8–5　孔庙七号碑亭柱头斗拱试验模型的爆炸图

试验模型各分件的轴测图、前视图、侧视图、顶视图、底视图如图 8-6 ～图 8-9 所示。

编号 名称 数量	轴测图	前视图	侧视图	顶视图	底视图
1 桃尖梁 1个					
2 挑檐枋 2个					
3 拽枋 2个					
4 正心枋 6个					
5 井口枋 2个					
6 厢拱 1个					

图 8-6　孔庙七号碑亭柱头斗拱分件 1 ～ 6

编号 名称 数量	轴测图	前视图	侧视图	顶视图	底视图
7 三才升 10个					
8 桶子十八料 1个					
9 单材万拱 2个					
10 二昂 1个					
11 单材瓜拱 2个					
12 正心万拱 1个					

图 8-7　孔庙七号碑亭柱头斗拱分件 7 ～ 12

编号 名称 数量	轴测图	前视图	侧视图	顶视图	底视图
13 十八料 2个					
14 槽升子 4个					
15 单翘 1个					
16 正心瓜拱 1个					
17 大料 1个					
18 平板枋 1个					

图 8-8　孔庙七号碑亭柱头斗拱分件 13 ～ 18

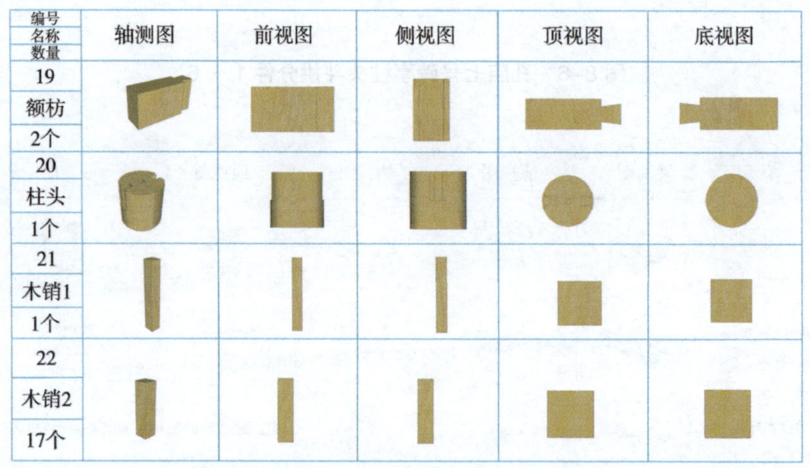

编号 名称 数量	轴测图	前视图	侧视图	顶视图	底视图
19 额枋 2个					
20 柱头 1个					
21 木销1 1个					
22 木销2 17个					

图 8-9　孔庙七号碑亭柱头斗拱分件 19 ～ 22

第二节　清代孔庙七号碑亭柱头斗拱的仿真模拟

采用 Revit 软件建模的清代孔庙七号碑亭柱头斗拱模型如图 8-10 所示，将 Revit 构建完成的模型导出为 ACIS（SAT）格式，随后将 Revit 的导出文件导入 ANSYS。

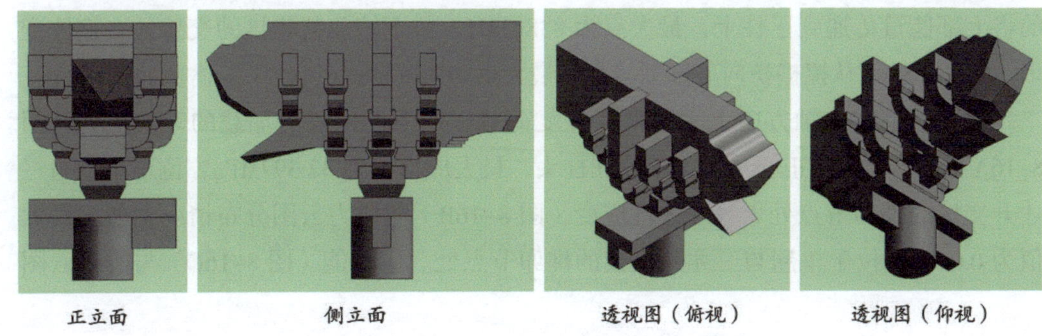

图 8–10　Revit 软件创建的清代斗拱模型

仿真模拟中的试验模型为 1∶1 的足尺模型，划分并装配后的清代斗拱的网格系统如图 8–11 所示。

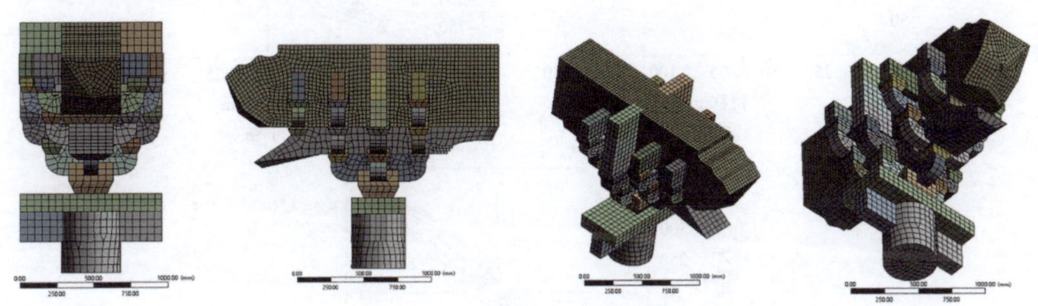

图 8–11　清代斗拱的网格系统

一、整体构件的静力结构行为

Z 轴方向的竖向单调加载仿真模拟获得的荷载 – 位移曲线如图 8–12 所示，仿真模拟加载至 349.66kN 后结果不收敛。*Y* 轴、*X* 轴方向上的水平低周往复荷载作用下的拟静力加载的荷载 – 位移滞回曲线的仿真结果如图 8–12 所示。试验模型沿 *Y* 轴的最大水平推力为 866.43kN；试验模型沿 *X* 轴的最大水平推力为 812.58kN。

依据滞回曲线获得的 *Y* 轴、*X* 轴的荷载 – 位移骨架曲线如图 8–13 所示，提取骨架曲线中每一段的刚度获得了试件的刚度退化曲线（图 8–14）。

清代斗拱在 *Z* 轴方向上竖向单调加载的等效应力（图 8–15A）主要分布在正心的榫卯节点处和分件的中部，最大应力点为 21.539MPa，位于大料与平板枋的交接处。等效弹性应变（图 8–15B）与应力云图分布情况相似，最大点为 0.0401，位于大料与平板枋的交接处。应变能（图 8–15C）主要分布于大料和柱头处，说明斗拱构件有效

的将上部能量传递到了柱上，最大点为 83861MJ，位于栌斗与华拱的交接处。整体变形（图 8-15D）从撩檐枋向下逐渐减少，最大点为 135.89mm，位于撩檐枋的顶端。

仿真模型在 *Y* 轴方向上水平低周往复荷载作用下的拟静力加载的等效应力（图 8-16A）主要分布在正心瓜拱、单翘和柱头，最大应力值为 32.397MPa，位于单翘与三才升交接的榫卯节点处。等效弹性应变（图 8-16B）与应力云图分布情况相似，最大值为 0.0407，位于单翘与三才升交接的榫卯节点处。应变能（图 8-16C）与应力云图

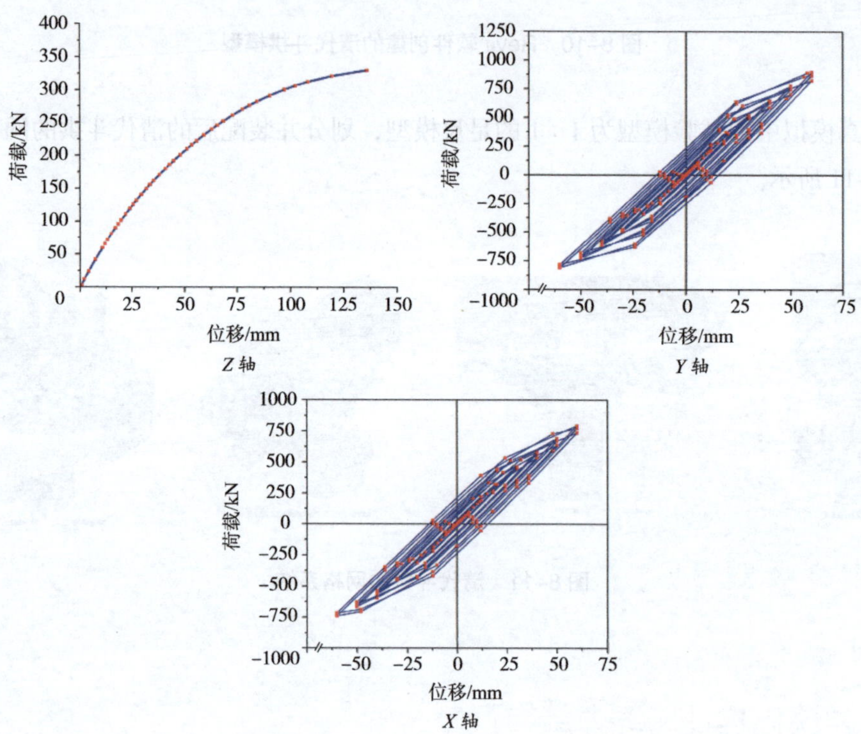

图 8-12　清代斗拱在 *Z* 轴、*Y* 轴、*X* 轴上的荷载位移曲线（仿真模拟）

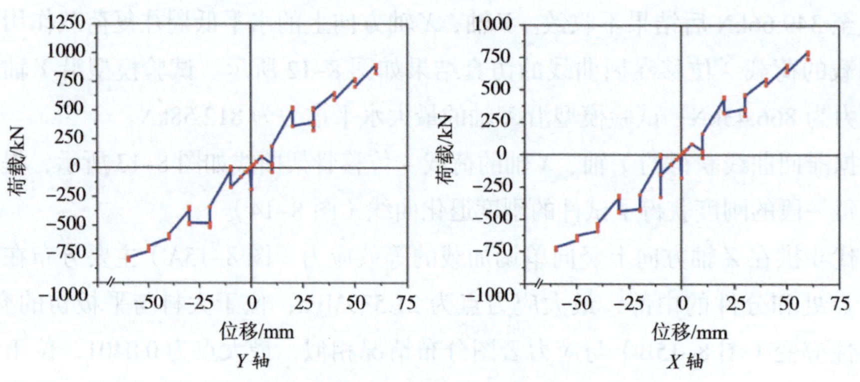

图 8-13　清代斗拱在 *Y* 轴、*X* 轴上的骨架曲线（仿真模拟）

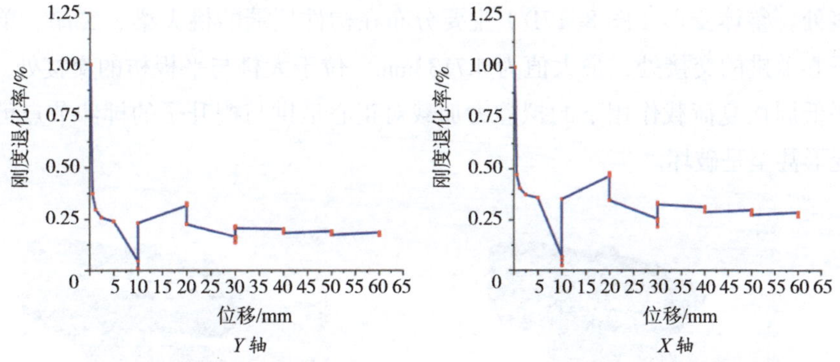

图 8-14　清代斗拱在 Y 轴、X 轴上的刚度退化曲线（仿真模拟）

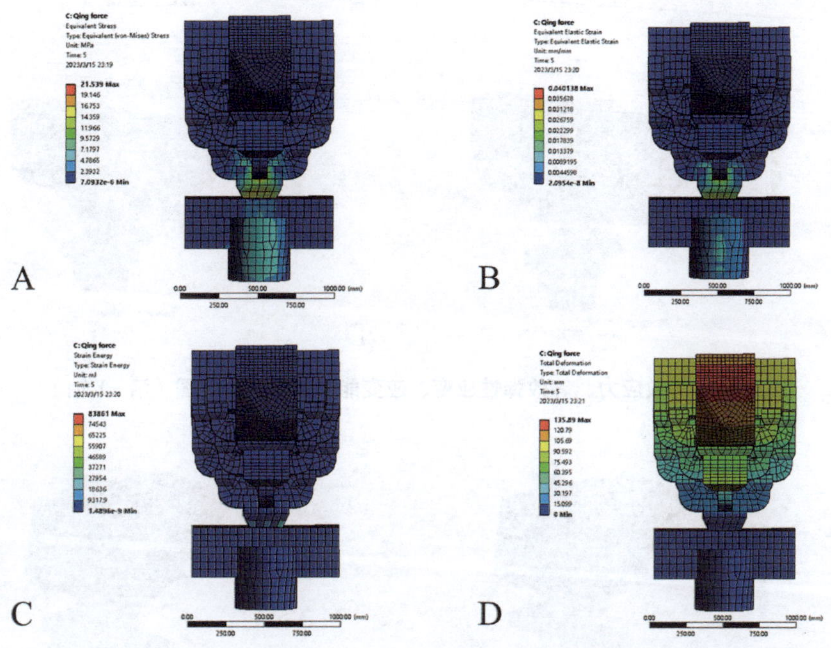

图 8-15　等效应力、等效弹性应变、应变能、整体变形云图（清 -Z 轴）

分布情况相似，最大值为 5.6984×10^6MJ，位于单翘与三才升交接的榫卯节点处。整体变形（图 8-16D）广泛分布在整体构件的中部，最大值为 10.798mm，位于单翘与三才升交接的榫卯节点处。

仿真模型在 X 轴方向上水平低周往复荷载作用下的拟静力加载的等效应力（图 8-17A）主要分布在正心瓜拱、正心万拱与槽升子的榫卯交接处和柱头，最大应力值为 42.51MPa，位于正心瓜拱与槽升子的榫卯节点处。等效弹性应变（图 8-17B）与应力云图分布情况相似，最大值为 0.0363，位于正心瓜拱与槽升子的榫卯节点处。应变能（图 8-17C）与应力云图分布情况相似，最大值为 2.4136×10^6MJ，位于大料与平板

枋的交接处。整体变形（图 8-17D）主要分布在构件顶端的桃尖梁、二昂、单翘以及栌斗与正心瓜拱的交接处，最大值为 4.7133mm，位于大料与平板枋的交接处。*X* 轴方向上水平低周往复荷载作用下的拟静力加载对正心瓜拱与槽升子的榫卯节点可能产生最大的变形甚至是破坏。

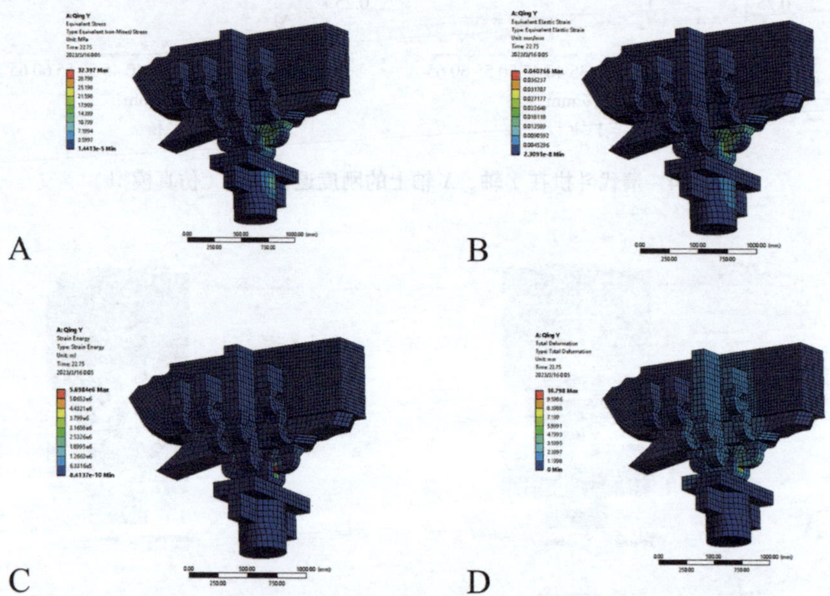

图 8-16　等效应力、等效弹性应变、应变能、整体变形云图（清 -*Y* 轴）

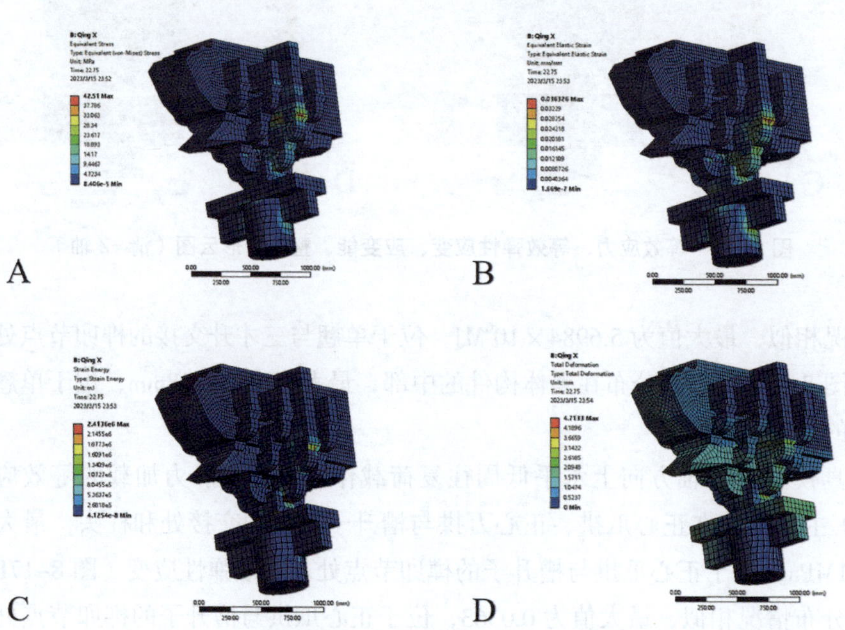

图 8-17　等效应力、等效弹性应变、应变能、整体变形云图（清 -*X* 轴）

二、关键节点的内力变化

节点 1 处于第一铺作（大料与单翘的十字榫卯交接处），节点 2 处于第二铺作（单翘与正心万拱的十字榫卯交接处），节点 3 处于第三铺作（正心万拱与二昂的十字榫卯交接处），节点 4 处于第四铺作（二昂与正心枋的十字榫卯交接处），节点 5 处于第五铺作（正心枋与桃尖梁的十字榫卯交接处），节点 6 处于第一跳跳头（十八斗与单材瓜拱的榫卯交接处），节点 7 处于第二跳跳头（桶子十八料与厢拱的榫卯交接处）。

节点 1 沿着 *Z* 轴、*Y* 轴、*X* 轴的应力云图参照图 8–18。*Z* 轴方向上竖向单调加载的最大等效应力为 10.232MPa，*Y* 轴方向上水平低周往复荷载作用下的拟静力加载的最大等效应力为 6.0425MPa，*X* 轴方向上水平低周往复荷载作用下的拟静力加载的最大等效应力为 4.2954MPa。

节点 2 沿着 *Z* 轴、*Y* 轴、*X* 轴的应力云图参照图 8–19。*Z* 轴方向上竖向单调加载的最大等效应力为 14.406MPa，*Y* 轴方向上水平低周往复荷载作用下的拟静力加载的最大等效应力为 14.926MPa，*X* 轴方向上水平低周往复荷载作用下的拟静力加载的最大等效应力为 12.199MPa。

节点 3 沿着 *Z* 轴、*Y* 轴、*X* 轴的应力云图参照图 8–20。*Z* 轴方向上竖向单调加载的最大等效应力为 4.7859MPa，*Y* 轴方向上水平低周往复荷载作用下的拟静力加载的最大等效应力为 1.8264MPa，*X* 轴方向上水平低周往复荷载作用下的拟静力加载的最大等效应力为 2.6657MPa。

节点 4 沿着 *Z* 轴、*Y* 轴、*X* 轴的应力云图参照图 8–21。*Z* 轴方向上竖向单调加载

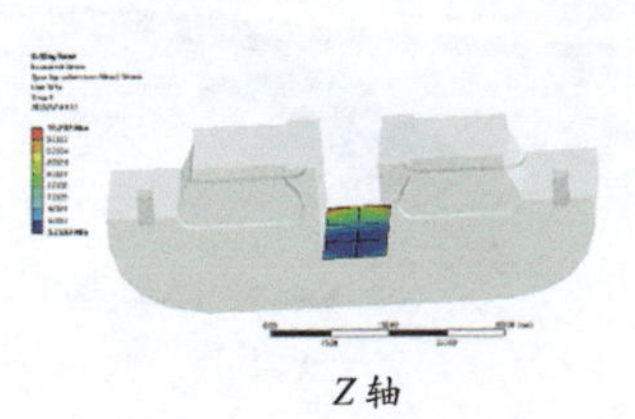

Z 轴　*Y* 轴

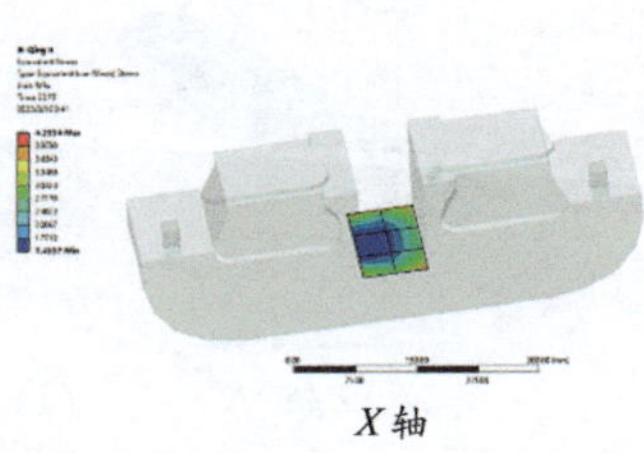

X 轴

图 8–18　节点 1 的等效应力云图（清）

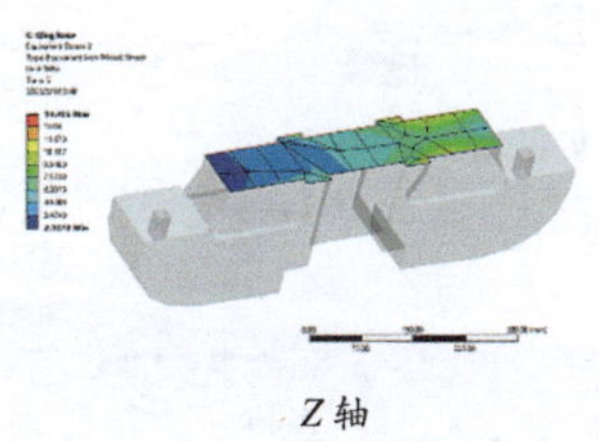

Z 轴

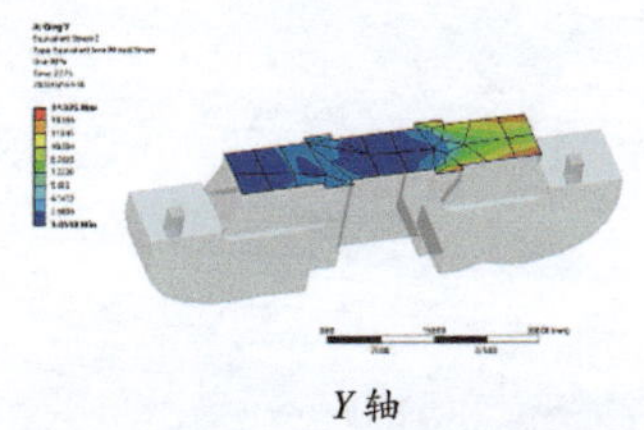

Y 轴

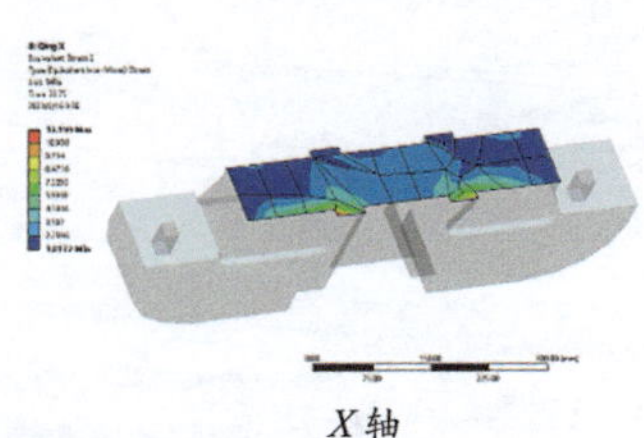

X 轴

图 8–19　节点 2 的等效应力云图（清）

的最大等效应力为 2.748MPa，*Y* 轴方向上水平低周往复荷载作用下的拟静力加载的最大等效应力为 9.3386MPa，*X* 轴方向上水平低周往复荷载作用下的拟静力加载的最大等效应力为 11.894MPa。

节点 5 沿着 *Z* 轴、*Y* 轴、*X* 轴的应力云图参照图 8–22。*Z* 轴方向上竖向单调加载的最大等效应力为 2.7372MPa，*Y* 轴方向上水平低周往复荷载作用下的拟静力加载的最大等效应力为 1.677MPa，*X* 轴方向上水平低周往复荷载作用下的拟静力加载的最大等效应力为 20.744MPa。

节点 6 沿着 *Z* 轴、*Y* 轴、*X* 轴的应力云图参照图 8–23。*Z* 轴方向上竖向单调加载的最大等效应力为 1.8931MPa，*Y* 轴方向上水平低周往复荷载作用下的拟静力加载的最大等效应力为 3.0015MPa，*X* 轴方向上水平低周往复荷载作用下的拟静力加载的最大等效应力为 2.8857MPa。

节点 7 沿着 *Z* 轴、*Y* 轴、*X* 轴的应力云图参照图 8–24。*Z* 轴方向上竖向单调加载

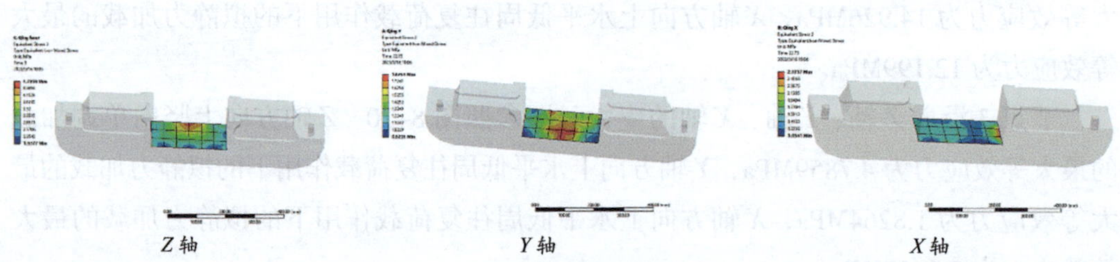

Z 轴　　*Y* 轴　　*X* 轴

图 8–20　节点 3 的等效应力云图（清）

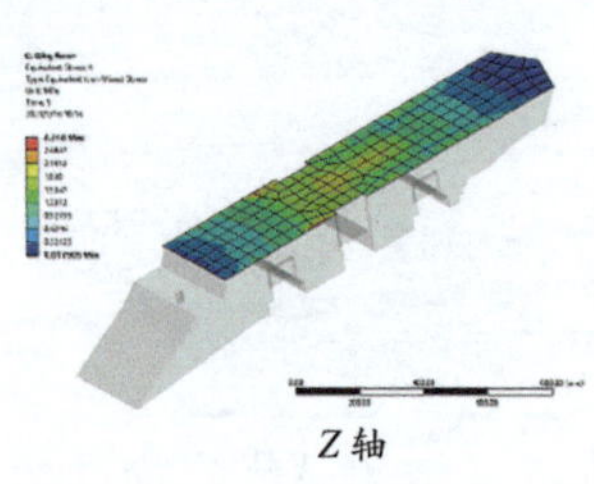

Z 轴

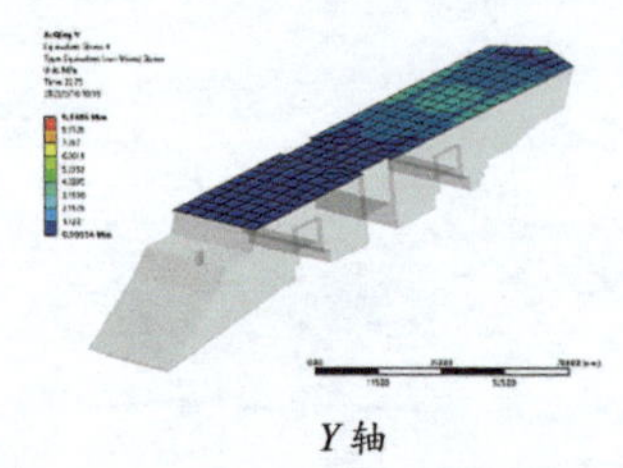

Y 轴

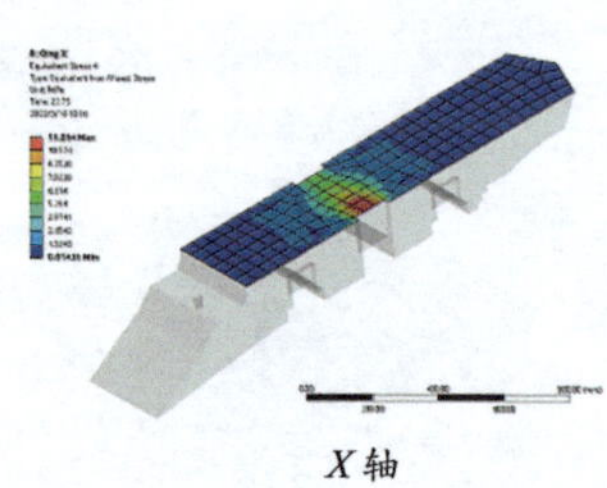

X 轴

图 8–21　节点 4 的等效应力云图（清）

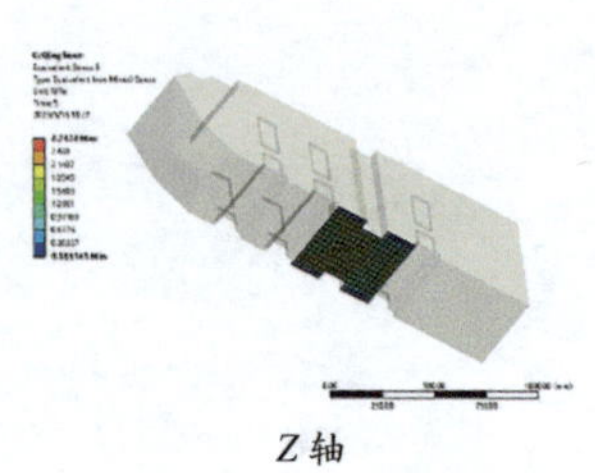

Z 轴

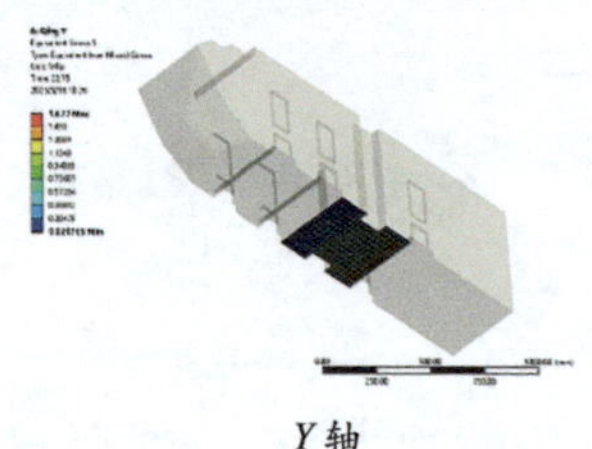

Y 轴

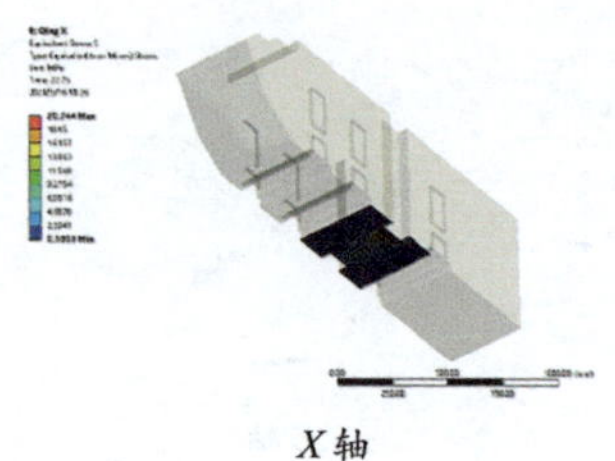

X 轴

图 8–22　节点 5 的等效应力云图（清）

的最大等效应力为 0.34432MPa，Y 轴方向上水平低周往复荷载作用下的拟静力加载的最大等效应力为 0.35592MPa，X 轴方向上水平低周往复荷载作用下的拟静力加载的最大等效应力为 0.39563MPa。

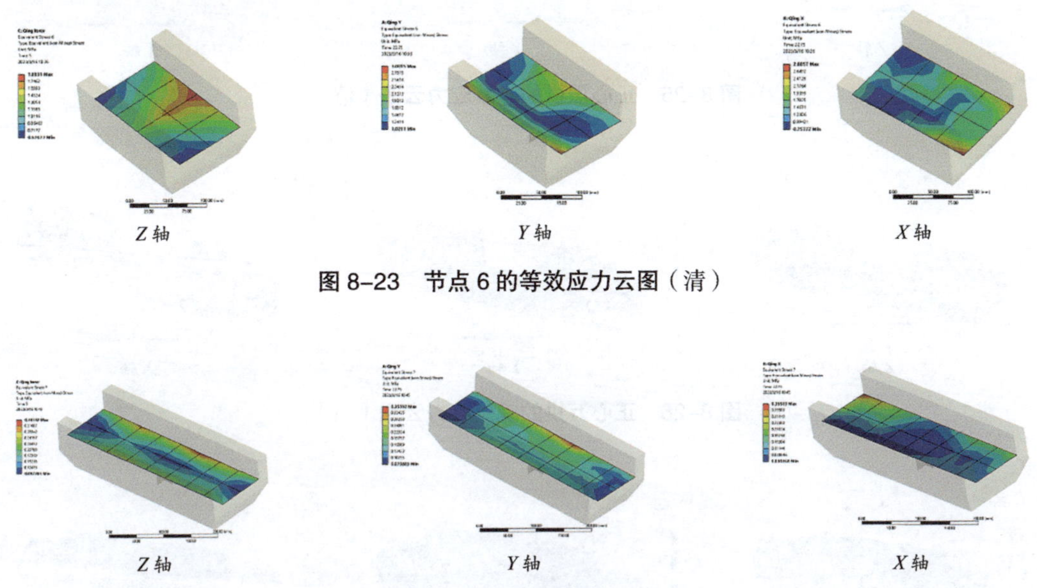

图 8-23　节点 6 的等效应力云图（清）

图 8-24　节点 7 的等效应力云图（清）

三、关键部件的内力变化

正心瓜拱（图 8-25）在 Z 轴加载的最大等效应力为 19.47MPa；Y 轴加载的最大等效应力为 12.97MPa；X 轴加载的最大等效应力为 32.658MPa。正心万拱（图 8-26）在 Z 轴加载的最大等效应力为 7.1466MPa；Y 轴加载的最大等效应力为 6.2232MPa；X 轴加载的最大等效应力为 42.51MPa。单翘（图 8-27）在 Z 轴加载的最大等效应力为 21.364MPa；Y 轴加载的最大等效应力为 31.589MPa；X 轴加载的最大等效应力为 17.273MPa。二昂（图 8-28）在 Z 轴加载的最大等效应力为 8.3654MPa；Y 轴加载的最大等效应力为 11.503MPa；X 轴加载的最大等效应力为 11.894MPa。大枓（图 8-29）在 Z 轴加载的最大等效应力为 21.539MPa；Y 轴加载的最大等效应力为 32.397MPa；X 轴加载的最大等效应力为 16.302MPa。槽升子（图 8-30）在 Z 轴加载的最大等效应力为 3.6873MPa；Y 轴加载的最大等效应力为 2.5092MPa；X 轴加载的最大等效应力为 10.412MPa。桃尖梁（图 8-31）在 Z 轴加载的最大等效应力为 2.7372MPa；Y 轴加载的最大等效应力为 5.03MPa；X 轴加载的最大等效应力为 20.744MPa。

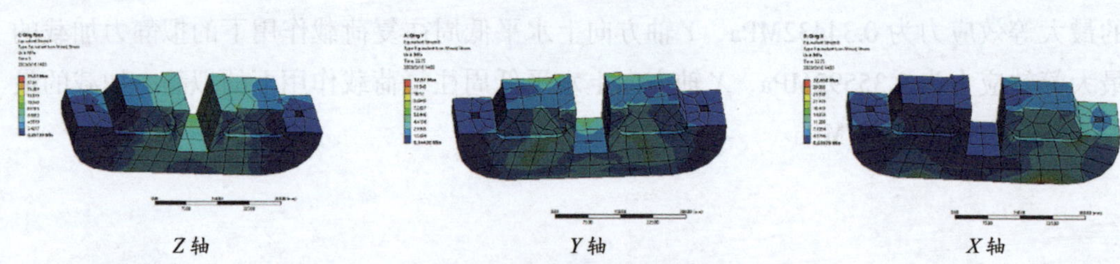

图 8-25　正心瓜拱的等效应力云图（清）

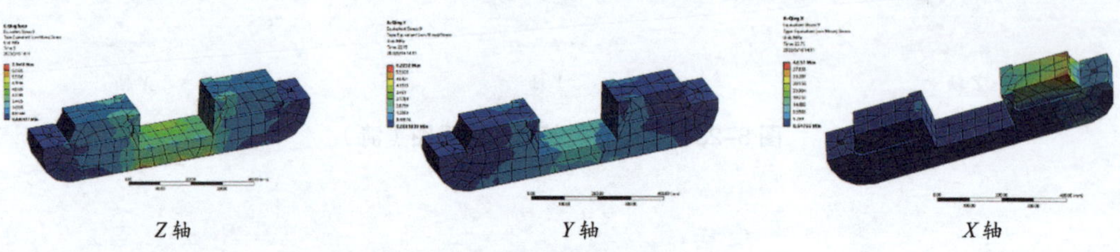

图 8-26　正心万拱的等效应力云图（清）

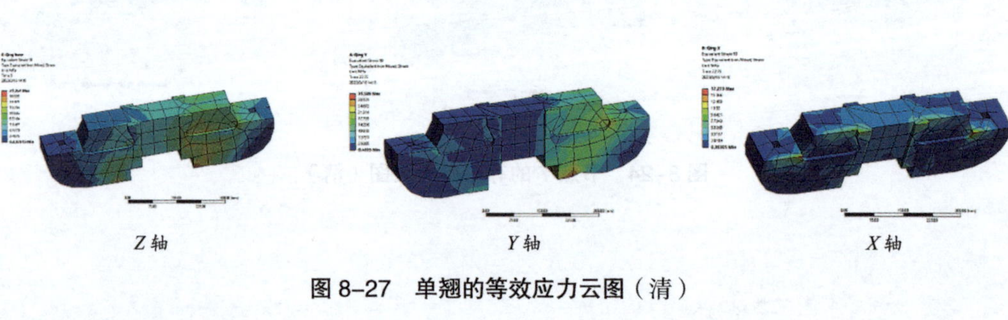

图 8-27　单翘的等效应力云图（清）

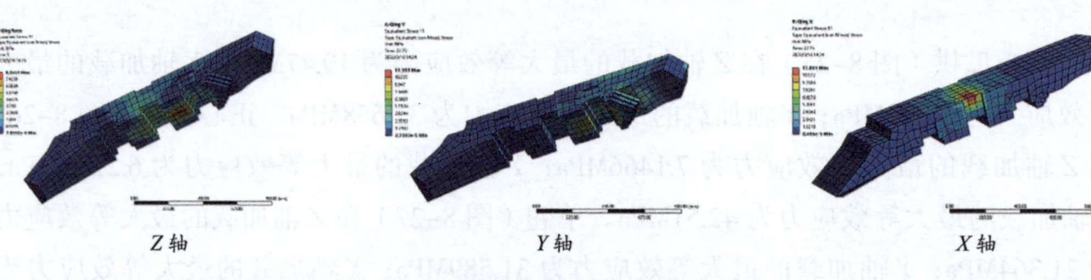

图 8-28　二昂的等效应力云图（清）

Z 轴　　Y 轴　　X 轴

图 8-29　大料的等效应力云图（清）

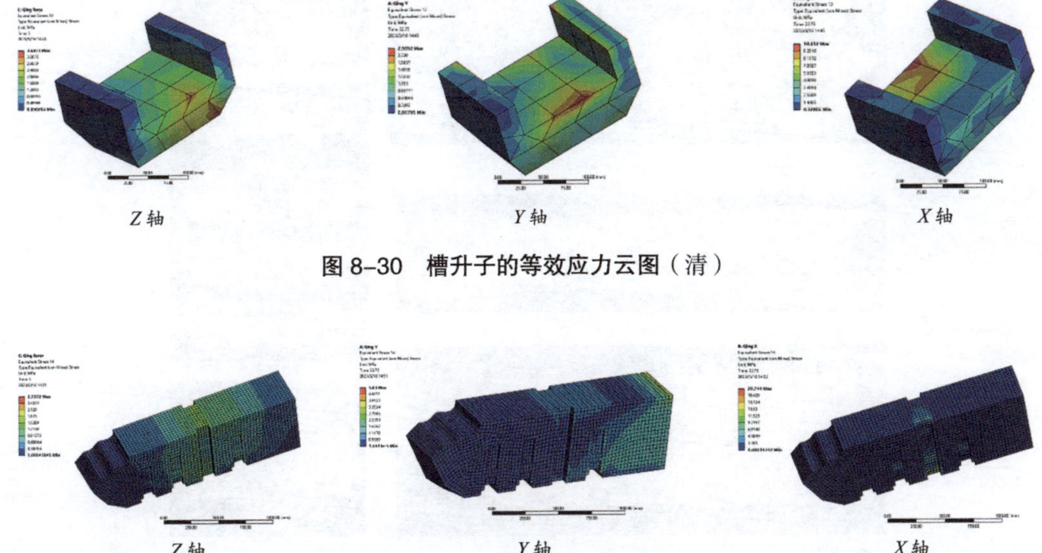

图 8-30　槽升子的等效应力云图（清）

图 8-31　桃尖梁的等效应力云图（清）

第三节　清代孔庙七号碑亭柱头斗拱的结构试验

试验模型是缩尺比为 1：1.67 的缩尺模型，完整拼装后的清代柱头斗拱（图 8-32）的整体尺寸是 1300mm（长）× 630mm（宽）× 980mm（高），所有分件如图 8-33 所示。试验模型所用的木材是樟子松，其各项物理力学参数可参照第二章的试验测定结果。结构试验中共测试了 3 个试件，1 个试件用于竖向单调加载静力试验，2 个试件分别用于 X 轴方向、Y 轴方向的水平低周往复荷载作用下的拟静力试验（试验模型在坐标轴中的方向定义参照图 8-32 右）。清代试验模型应变片、位移计的位置和试验台测试时的现场安装情况如图 8-34 所示。

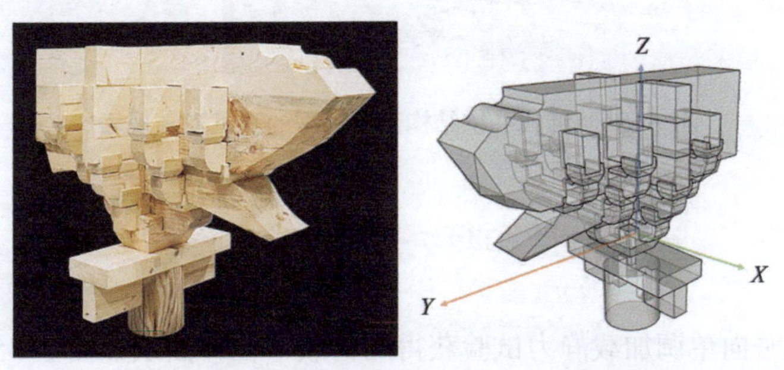

图 8-32　清代斗拱的结构试验模型

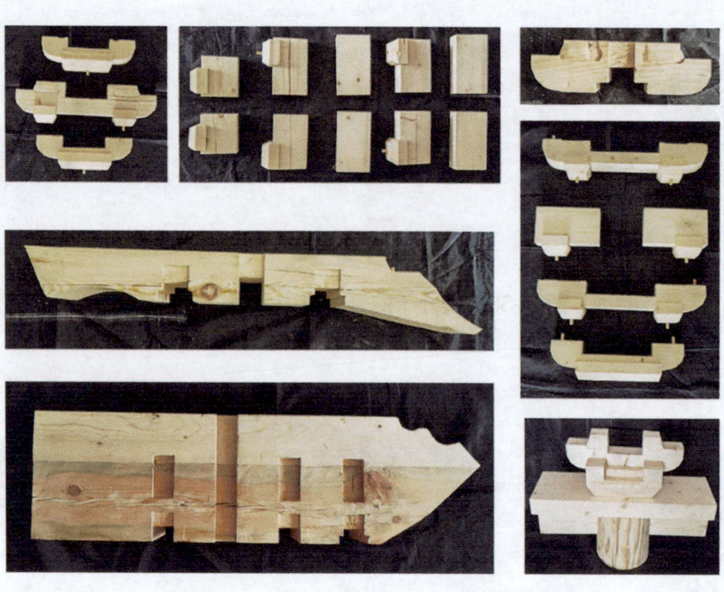

图 8-33　清代斗拱结构试验模型的分件

图 8-34　清代斗拱结构试验模型的测试安装现场

一、整体构件的静力结构行为

Z 轴方向的竖向单调加载静力试验获得的荷载 - 位移曲线如图 8-35 所示。试验模型的破坏机制：当荷载增至约 30kN 时，斗拱持续发出劈裂声响；当荷载增至约 45kN

时，二昂底部产生横向裂纹［图 8–36（a）］；当荷载增至约 50kN 时，单翘底部产生横向裂纹［图 8–36（b）］；当荷载增至 60kN 时，桃尖梁产生横向裂纹［图 8–36（c）］；当荷载增至 75kN 时，大料产生斜向裂纹［图 8–36（d）］，各分件均发生严重塑性变形，整体结构破坏，试验获得的斗拱极限承载力为 75.87kN。

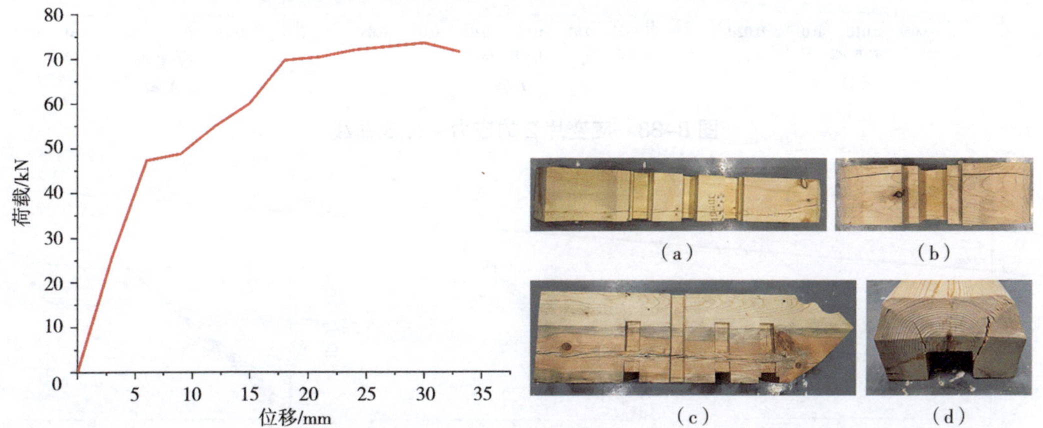

图 8–35 清代斗拱试验模型的荷载 – 位移曲线（Z 轴）

图 8–36 清代斗拱试验模型的破坏机制

二、关键节点的内力变化

应变片 1 处于正心瓜拱与单翘的十字榫卯交接处节点（第一铺作）；应变片 2 处于单翘与正心万拱的十字榫卯交接处节点（第二铺作）；应变片 3 处于正心万拱与二昂的十字榫卯交接处节点（第三铺作）；应变片 4 处于二昂与正心枋的十字榫卯交接处节点（第四铺作）；应变片 5 处于正心枋与桃尖梁的十字榫卯交接处节点（第五铺作）；应变片 6 处于第一跳跳头节点处；应变片 7 处于第二跳跳头节点处。试验测量了斗拱 7 个关键节点沿着 Z 轴、Y 轴、X 轴的应力 – 应变曲线（图 8–37 ～图 8–43）。

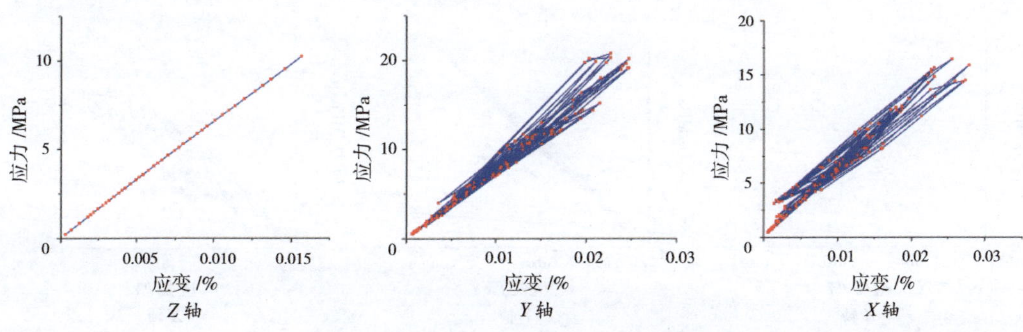

图 8–37 应变片 1 的应力 – 应变曲线

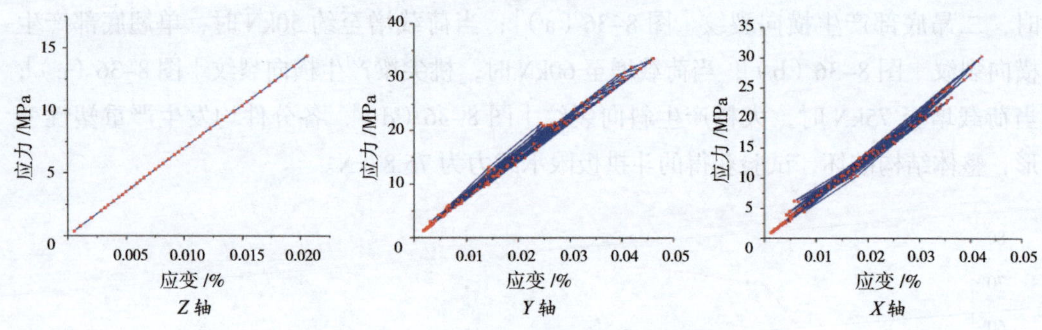

图 8-38　应变片 2 的应力 – 应变曲线

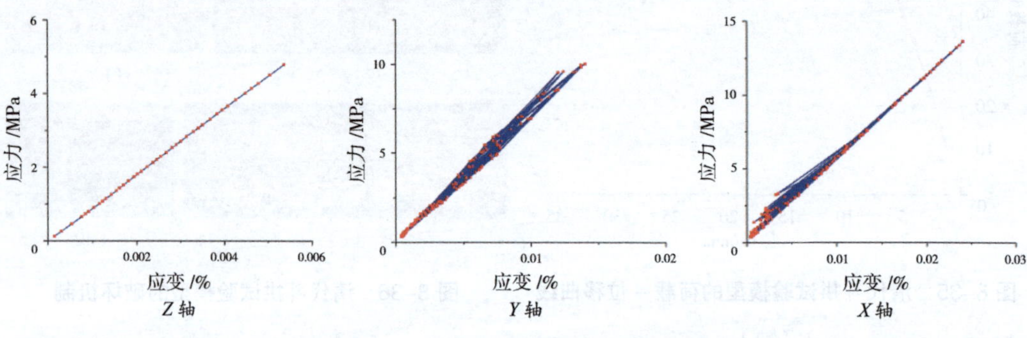

图 8-39　应变片 3 的应力 – 应变曲线

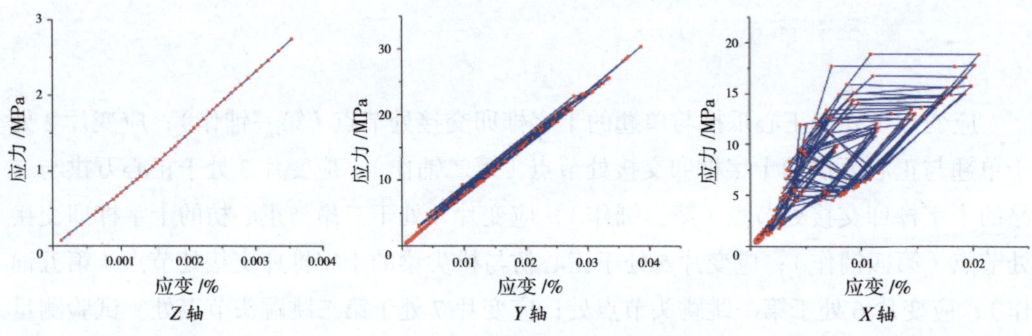

图 8-40　应变片 4 的应力 – 应变曲线

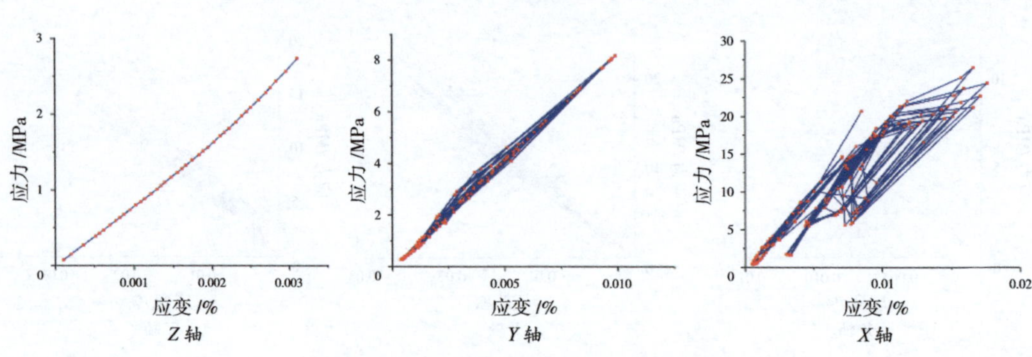

图 8-41　应变片 5 的应力 – 应变曲线

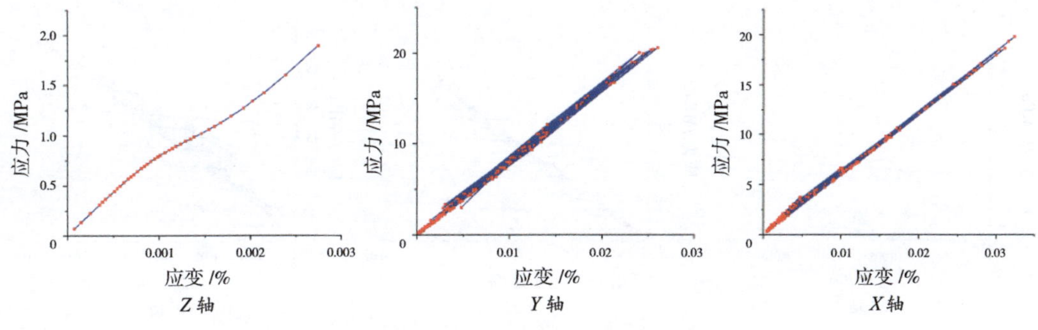

图 8-42　应变片 6 的应力 - 应变曲线

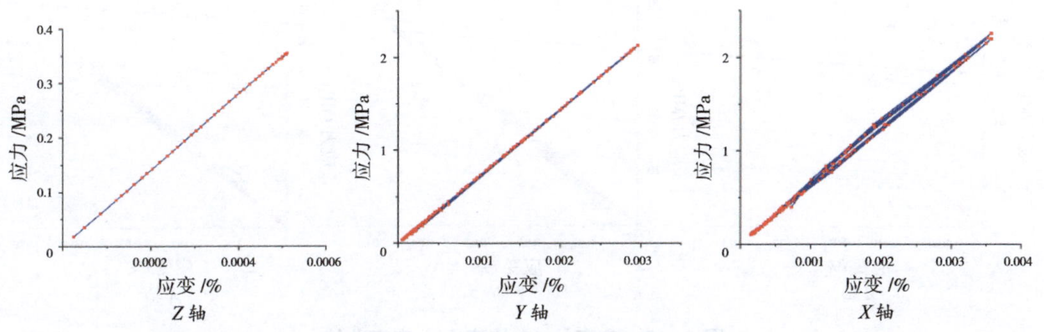

图 8-43　应变片 7 的应力 - 应变曲线

三、关键部件的内力变化

应变片 8 ～ 14 分别测量了正心瓜拱、正心万拱、单翘、二昂、大料、槽升子、桃尖梁的应力 - 应变曲线（图 8-44 ～图 8-50）。

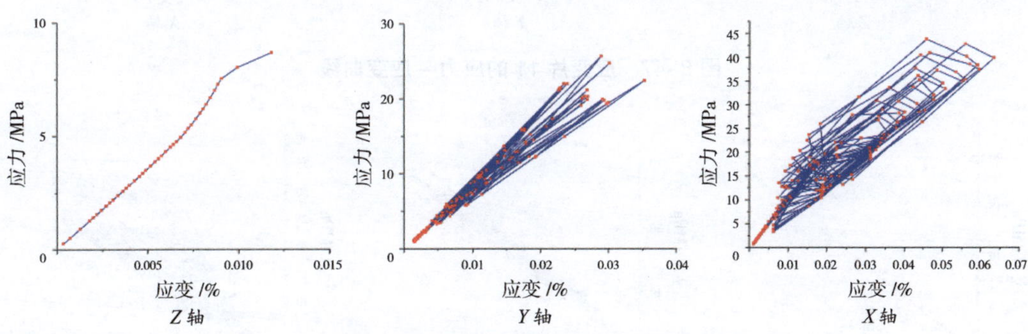

图 8-44　应变片 8 的应力 - 应变曲线

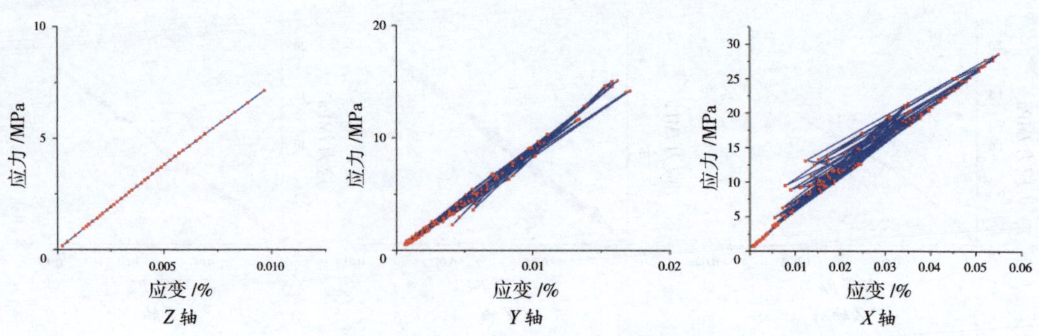

图 8-45　应变片 9 的应力 - 应变曲线

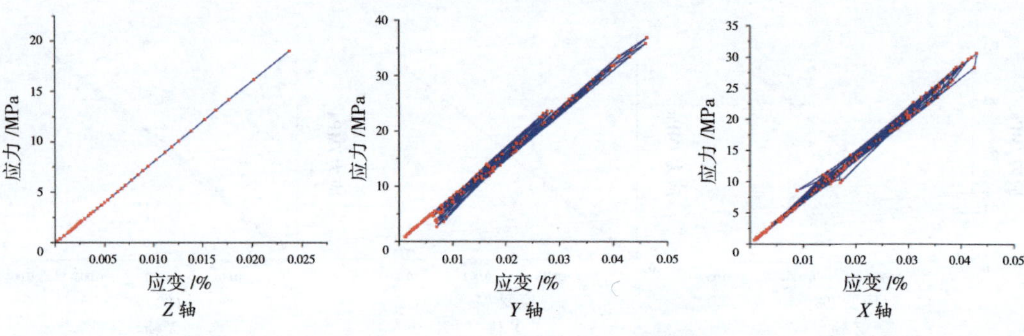

图 8-46　应变片 10 的应力 - 应变曲线

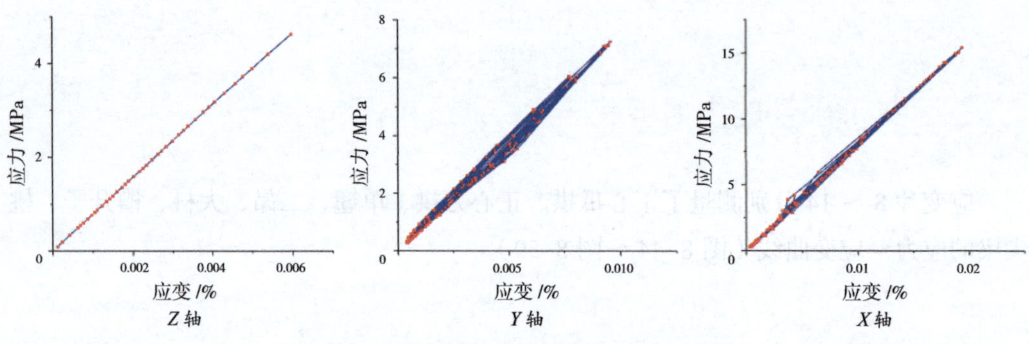

图 8-47　应变片 11 的应力 - 应变曲线

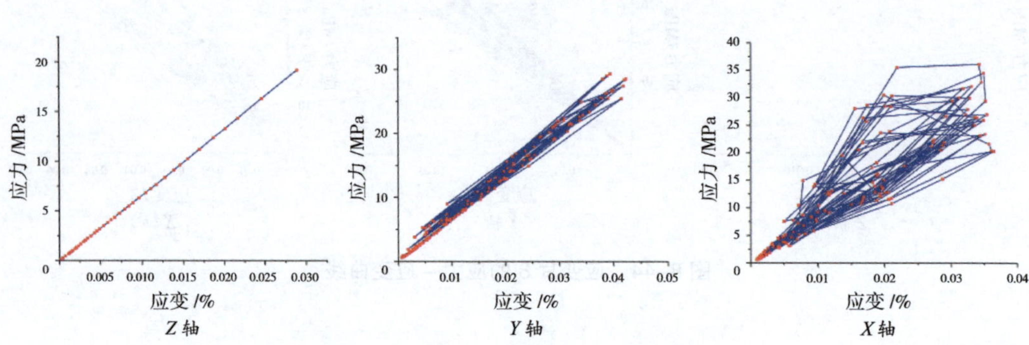

图 8-48　应变片 12 的应力 - 应变曲线

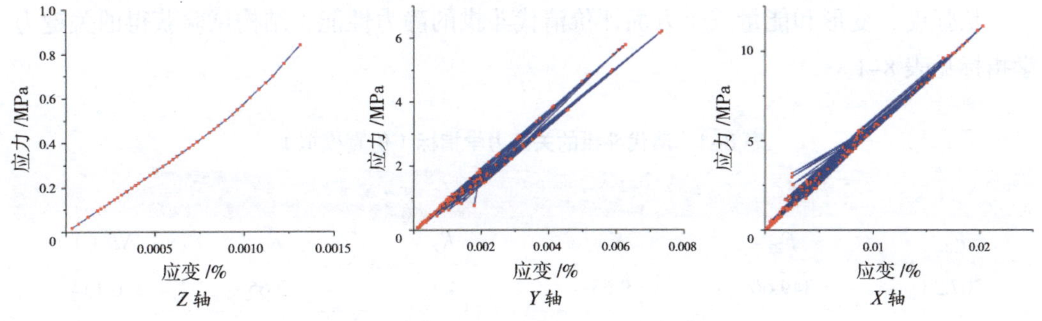

图 8-49　应变片 13 的应力 - 应变曲线

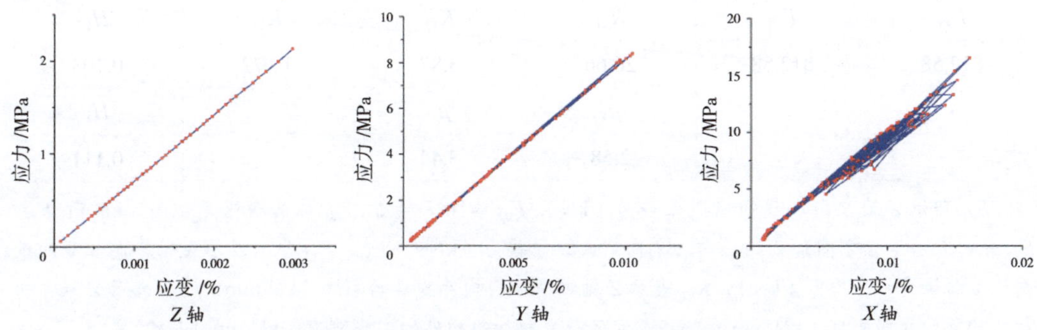

图 8-50　应变片 14 的应力 - 应变曲线

清代斗拱在 Z 轴竖向单调静力荷载下的变刚度线弹性力学模型、Y 轴上的恢复力模型和 X 轴上的恢复力模型如图 8-51 所示。构件在 Z 轴上的初始刚度 K_{Z1} 为 9.63kN/mm，屈服刚度 K_{Z2} 为 4.37kN/mm，变形刚度 K_{Z3} 为 2.65kN/mm。构件在 Y 轴上的弹性刚度 K_1 为 24.12kN/mm，塑性刚度 K_2 为 9.74kN/mm，有效刚度 K_3 为 14.48kN/mm；试验数据计算获得的延性为 2.58；非线性系数 *NL* 为 0.154；等效黏滞阻尼系数为 0.103。构件在 X 轴上的弹性刚度 K_1 为 26.66kN/mm，塑性刚度 K_2 为 3.87kN/mm，有效刚度 K_3 为 11.72kN/mm；试验数据计算获得的延性为 3.44；非线性系数 *NL* 为 0.189；等效黏滞阻尼系数为 0.111。

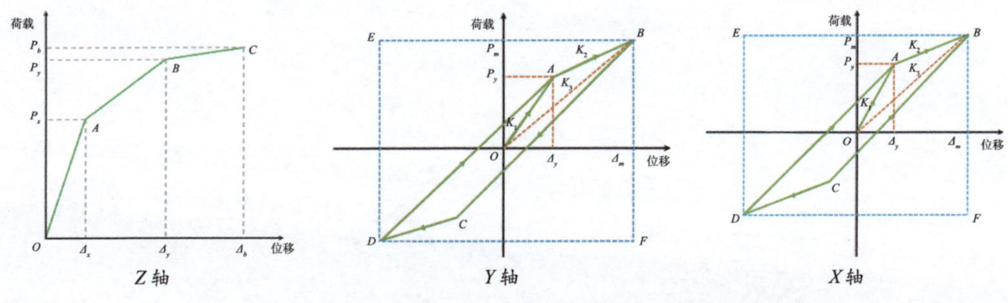

图 8-51　清代斗拱在 Z 轴、Y 轴、X 轴上的静力行为模型

从强度、变形和能量三个方面评价清代斗拱的静力性能，结构试验获得的关键力学指标见表 8–1。

表 8–1　清代斗拱的关键力学指标（仿真模拟）

强度		变形			能量
F_{Z1}	F_{Z2}	K_{Z1}	K_{Z2}	K_{Z3}	$NL(Y)$
307.23	349.66	9.63	4.37	2.65	0.154
F_{Y1}	F_{Y2}	K_{Y1}	K_{Y2}	K_{Y3}	$NL(X)$
866.43	866.43	24.12	9.74	14.48	0.189
F_{X1}	F_{X2}	K_{X1}	K_{X2}	K_{X3}	H_Y
812.58	812.58	26.66	3.87	11.72	0.103
		μ_Y	μ_X		H_X
		2.58	3.44		0.111

注：F_{Z1} 表示 Z 轴方向加载的屈服承载力（kN），F_{Z2} 表示 Z 轴方向加载的极限承载力（kN）；F_{Y1}、F_{Y2} 分别表示 Y 轴方向加载的正向、负向最大水平推力（kN）；F_{X1}、F_{X2} 分别表示 X 轴方向加载的正向、负向最大水平推力（kN）；K_{Z1} 表示 Z 轴方向加载构件的初始刚度（kN/mm），K_{Z2} 表示 Z 轴方向加载构件的屈服刚度（kN/mm），K_{Z3} 表示 Z 轴方向加载构件的变形刚度（kN/mm）；K_{Y1} 表示 Y 轴方向加载构件的弹性刚度（kN/mm），K_{Y2} 表示 Y 轴方向加载构件的塑性刚度（kN/mm），K_{Y3} 表示 Y 轴方向加载构件的有效刚度（kN/mm）；K_{X1} 表示 X 轴方向加载构件的弹性刚度（kN/mm），K_{X2} 表示 X 轴方向加载构件的塑性刚度（kN/mm），K_{X3} 表示 X 轴方向加载构件的有效刚度（kN/mm）；μ_Y 表示构件沿着 Y 轴方向的延性，μ_X 表示构件沿着 X 轴方向的延性；$NL(Y)$、$NL(X)$ 分别表示构件沿 Y 轴、X 轴方向的非线性系数；H_Y、H_X 分别表示构件沿 Y 轴、X 轴方向的等效黏滞阻尼系数。

参考文献

[1] 梁思成. 梁思成全集(第四卷)[M]. 北京: 中国建筑工业出版社, 2001.
[2] 潘谷西. 中国建筑史[M]. 5版. 北京: 中国建筑工业出版社, 2003.
[3] 程诗萌. 小兴安岭林区井干式建筑设计研究[D]. 哈尔滨: 哈尔滨师范大学, 2019.
[4] 韩佳. 蒙古包建筑装饰艺术在现代建筑设计中的应用研究[D]. 北京: 北京林业大学, 2012.
[5] 李琰君, 张瀚文. 新疆和田地区阿以旺民居建筑解析[J]. 西安建筑科技大学学报(社会科学版), 2020, 39(1): 38–46.
[6] 马健伟. 山西省黄土窑洞典型破坏特征及加固技术研究[D]. 太原: 太原理工大学, 2021.
[7] 徐辉. 中国西南风土建筑文化技术研究[D]. 重庆: 重庆大学, 2020.
[8] 刘一星, 赵广杰. 木材学[M]. 2版. 北京: 中国林业出版社, 2012.
[9] 李坚. 木材科学[M]. 3版. 北京: 科学出版社, 2014.
[10] 梁思成. 梁思成全集(第六卷)[M]. 北京: 中国建筑工业出版社, 2001.
[11] 白丽娟, 王景福. 古建清代木构造[M]. 2版. 北京: 中国建材工业出版社, 2014.
[12] 王天. 古代大木作静力初探[M]. 北京: 文物出版社, 1992.
[13] 马炳坚. 中国古建筑木作营造技术[M]. 北京: 科学出版社, 1991.
[14] 李永革, 郑晓阳. 中国明清建筑木作营造诠释[M]. 北京: 科学出版社, 2018.
[15] 潘德华, 潘叶祥. 斗拱[M]. 2版. 南京: 东南大学出版社, 2018.
[16] 祁英涛. 怎样鉴定古建筑[M]. 北京: 文物出版社, 1981.
[17] 陈春超. 古建筑木结构整体力学性能分析和安全性评价[D]. 南京: 东南大学, 2016.
[18] 郭锐. 带填充墙的穿斗式木结构民居抗震性能研究及其影响因素分析[D]. 西安: 西安建筑科技大学, 2020.
[19] 许丹. 穿斗式木结构抗震性能试验研究及地震易损性分析[D]. 西安: 西安建筑科技大学, 2019.
[20] 师希望. 古建筑足尺单跨木结构滞回性能的试验研究及理论分析[D]. 太原: 太原理工

大学, 2018.

[21] 董梦妤. 古建筑和出土饱水木材鉴别与细胞壁结构变化[D]. 北京: 北京林业大学, 2017.

[22] CAVALLI A, CIBECCHINI D, TOGNI M, et al. A review on the mechanical properties of aged wood and salvaged timber[J]. Construction and building materials, 2016, 114: 681–687.

[23] HIRASHIMA Y, SUGIHARA M, SASAKI Y, et al. M Yamasaki. Strength properties of aged wood III: static and impact bending strength properties of aged keyaki and akamatsu woods[J]. Mokuzai Gakkaishi, 2005, 51: 146–152.

[24] CAI Z, HUNT M O, ROSS R J, et al. Static and vibration moduli of elasticity of salvaged and new joists[J]. Forest products journal, 2000, 50(2): 35–40.

[25] SONDEREGGER W, BUES C T, NIEMZ P, et al. Aging effects on physical and mechanical properties of spruce, fir and oak wood[J]. Journal of cultural heritage, 2015, 16(6): 883–889.

[26] YORUR H, KURT S, YUMRUTAS H I, et al. The effect of aging on various physical and mechanical properties of scotch pine wood used in construction of historical safranbolu houses[J]. Drvna Industrija, 2014, 65(3): 191–196.

[27] ATTAR-HASSAN G. The effect of ageing on the mechanical properties of Eastern white pine[J]. Bulletin of the association for preservation technology, 1976, 8(3): 64–73.

[28] ANDO K, HIRASHIMA Y, SUGIHARA M, et al. Microscopic processes of shearing fracture of old wood, examined using the acoustic emission technique[J]. Journal of wood science, 2006, 52: 483–489.

[29] FEIO A, MACHADO J S. In-situ assessment of timber structural members: Combining information from visual strength grading and NDT/SDT methods-A review[J]. Construction and building materials, 2015, 101(2): 1157–1165.

[30] KOHARA J, OKAMOTO H. Studies of Japanese old timbers[R]. The scientific reports of the Saikyo University, 1995, 7(1a): 9–20.

[31] ZHANG T, BAI S L, ZHANG Y F, et al. Viscoelastic properties of wood materials characterized by nanoindentation experiments[J]. Wood science and technology, 2012, 46: 1003–1016.

[32] RONALD W A, KIMBERLY D, DEBORAH J A. A Grading protocol for structural lumber and timber in historic structures[J]. Apt bulletin: Journal of preservation technology, 2009, 40(2): 3–9.

[33] 国家标准局. 阔叶树木材缺陷基本检量方法: GB 4823. 3—1984[S]. 北京: 中国标准出版社, 1985.

[34] BRITES R D, LOURENCO P B, MACHADO J S. A semi-destructive tension method for

evaluating the strength and stiffness of clear wood zones of structural timber elements in-service[J]. Construction and building materials, 2012, 34: 136-144.

[35] KLOIBER M, MACHADO J S, PIAZZA M, et al. Prediction of mechanical properties by means of semi-destructive methods: A review[J]. Construction and building materials, 2015, 101: 1215-1234.

[36] CRUZ H, YEOMANS D, TSAKANIKA E, et al. Guidelines for on-site assessment of historic timber structures[J]. International journal of architectural heritage, 2015, 9(3): 277-289.

[37] 周蓉. 中国古建筑木结构构架力学性能与抗震研究[D]. 西安: 长安大学, 2010.

[38] 全国木材标准化技术委员会. 木材物理力学试材锯解及试件截取方法: GB/T 1929—2009 [S]. 北京: 中国标准出版社, 2009.

[39] 全国木材标准化技术委员会. 木材密度测定方法: GB/T 1933—2009[S]. 北京: 中国标准出版社, 2009.

[40] XIN Z, FU R, ZONG Y, et al. Effects of natural ageing on macroscopic physical and mechanical properties, chemical components and microscopic cell wall structure of ancient timber members[J]. Construction and building materials, 2022, 359: 1-11.

[41] 全国木材标准化技术委员会. 木材抗弯强度试验方法: GB 1936. 1—2009[S]. 北京: 中国标准出版社, 2009.

[42] 全国木材标准化技术委员会. 木材抗弯弹性模量测定方法: GB 1936. 2—2009[S]. 北京: 中国标准出版社, 2009.

[43] 全国木材标准化技术委员会. 木材含水率测定方法: GB/T 1931—2009[S]. 北京: 中国标准出版社, 2009.

[44] 全国木材标准化技术委员会. 木材顺纹抗压强度试验方法: GB/T 1935—2009[S]. 北京: 中国标准出版社, 2009.

[45] XU L, LI T Y. Material properties test of wooden architecture and its mechanical properties[C]. International Conference on Material Engineering, Chemistry and Environment (MECE 2013), 2013.

[46] 全国林业生物质材料标准化技术委员会. 林业生物质原料分析方法　含水率的测定: GB/T 36055—2018[S]. 北京: 中国标准出版社, 2018.

[47] 全国林业生物质材料标准化技术委员会. 林业生物质原料分析方法　抽提物含量的测定GB/T 35816—2018[S]. 北京: 中国标准出版社, 2018.

[48] 全国林业生物质材料标准化技术委员会. 林业生物质原料分析方法　多糖及木质素含量的测定: GB/T 35818—2018[S]. 北京: 中国标准出版社, 2018.

[49] MU Y, LIU X, WANG L. A Pearson's correlation coefficient based decision tree and its

parallel implementation[J]. Information Sciences, 2018, 435: 40–58.

[50] JIN Y, WU H, SUN D, et al. A multi-attribute Pearson's picture fuzzy correlation-based decision-making method[J]. Mathematics, 2019, 7(10): 999.

[51] SVERKO Z, VRANKI'S M, ROGELJ P, et al. Complex Pearson correlation coefficient for EEG connectivity analysis[J]. Sensors, 2022, 22(4): 1477.

[52] MENG X, YANG Q, WEI J, et al. Experimental investigation on the lateral structural performance of a traditional Chinese pre-Ming dynasty timber structure based on half-scale pseudo-static tests[J]. Engineering structures, 2018, 167: 582–591.

[53] Technical Committee GEN/TC 124 "Timber structures" (BS EN 12512: 2006). Timber structures-test methods-cyclic testing of joints made with mechanical fasteners[S]. London: British Standards Institution, 2006.

[54] RINALDIN G, AMADIO C, MACORINI L. A macro-model with nonlinear springs for seismic analysis of URM buildings[J]. Earthquake engineering & structural dynamics, 2016, 45(14): 2261–2281.

[55] MARTINELLI E, FALCONE R, FAELLA C. Inelastic design spectra based on the actual dissipative capacity of the hysteretic response[J]. Soil dynamics and earthquake engineering, 2017, 97: 101–116.

[56] MORODER D, BUCHANAN A H, PAMPANIN S. Preventing seismic damage to floors in post-tensioned timber frame buildings[J]. New Zealand timber design journal, 2013, 21(2): 9–15.

[57] CHEN J, CHEN Y F, SHI X, et al. Hysteresis behavior of traditional timber structures by full-scale tests[J]. Advances in structural engineering, 2018, 21(2): 287–299.

[58] MENG X, LI T, YANG Q. Experimental study on the seismic mechanism of a full-scale traditional Chinese timber structure[J]. Engineering structures, 2019, 180: 484–493.

[59] MENG X, LI T, YANG Q, et al. Seismic mechanism analysis of a traditional Chinese timber structure based on quasi-static tests[J]. Structural control health monitoring, 2018, 25(10): e2245.

[60] XUE J Y, WU Z J, ZHANG F L, et al. Seismic damage evaluation model of Chinese ancient timber buildings[J]. Advances in structural engineering, 2015, 18(10): 1671–1683.

[61] SHA B, XIE L, YONG X, et al. An experimental study of the combined hysteretic behavior of dougong and upper frame in Yingxian Wood Pagoda[J]. Construction and building materials, 2021, 305: 124723.

[62] WU Y, SONG X, VENTURA C, et al. Modeling hysteretic behavior of lateral load-resisting elements in traditional Chinese timber structures[J]. Journal of structural engineering, 2020,

146(5): 04020062.

[63] EMILE C, SONG X, WU Y, et al. Lateral performance of mortise-tenon jointed traditional timber frames with wood panel infill[J]. Engineering structures, 2018, 161: 223-230.

[64] XUE J, XU D. Shake table tests on the traditional column-and-tie timber structures[J]. Engineering structures, 2018, 175: 847-860.

[65] ZHANG X, XUE J, ZHAO H, et al. Experimental study on Chinese ancient timber-frame building by shaking table test[J]. Structural engineering and mechanics, 2018, 40(4): 453-469.

[66] SCIOMENTA M, BEDON C, FRAGIACOMO M, et al. Shear performance assessment of timber log-house walls under in-plane lateral loads via numerical and analytical modelling[J]. Buildings, 2018, 8(8): 99.

[67] BEDON C, FRAGIACOMO M, AMADIO C, et al. Experimental study and numerical investigation of Blockhaus shear walls subjected to in-plane seismic loads[J]. Journal of structural engineering, 2015, 141(4): 04014118.

[68] RADFORD D W, GOETHEM D V, GUTKOWSKI R M, et al. Composite repair of timber structures[J]. Construction and building materials, 2002, 16(7): 417-425.

[69] ZHAO X, ZHANG F, XUE J, et al. Shaking table tests on seismic behavior of ancient timber structure reinforced with CFRP sheet[J]. Engineering structures, 2019, 197: 109405.

[70] 张风亮. 中国古建筑木结构加固及其性能研究[D]. 西安: 西安建筑科技大学, 2013.

[71] SUZUKI Y, MAENO M. Structural mechanism of traditional wooden frames by dynamic and static tests[J]. Structural control and health monitoring, 2006, 13: 508-522.

[72] WU Y, SONG X, GU X, et al. Dynamic performance of a multi-story traditional timber pagoda[J]. Engineering structures, 2018, 159: 277-285.

[73] 张文芳, 李世温. 一类斗拱木结构恢复力特性的模型试验研究[J]. 东南大学学报, 1997(S1): 67-72.

[74] 张文芳, 程文瀼. 工程结构场地地震动特征的研究理论和计算分析[C]. 第6届全国结构工程学术会议论文集（第3卷）, 1997: 163-168.

[75] 张文芳, 程文瀼. 基础隔震结构设置摩擦阻尼器的地震反应研究[J]. 土木工程学报, 2001(5): 1-9.

[76] 张文芳, 李爱群, 税国斌. 建筑物滑移隔震研究现状及新进展[J]. 东南大学学报, 1997(S1): 47-52.

[77] 赵均海, 俞茂宏, 杨松岩, 等. 中国古建筑木结构斗拱的动力实验研究[J]. 实验力学, 1999(1): 106-112.

[78] 赵均海, 俞茂宏, 高大峰, 等. 中国古代木结构的弹塑性有限元分析[J]. 西安建筑科技

大学学报(自然科学版), 1999(2): 131–133.

[79] 赵均海, 俞茂宏, 杨松岩, 等. 中国古代木结构有限元动力分析[J]. 土木工程学报, 2000(1): 32–35.

[80] 李小伟, 赵均海, 张玉芬, 等. 清代九檩大式殿堂弹塑性动力性能分析[J]. 建筑结构, 2009, 39(8): 80–83.

[81] FUJITA K, SAKAMOTO I, OHASHI Y, et al. Static and dynamic loading tests of bracket complexes used in traditional timber structures in Japan[C]. Proceedings of the 12th world conference on earthquake engineering, Auckland, New Zealand. 2000.

[82] FUJITA K, KIMURA M, OHASHI Y, et al. Hysteresis model and stiffness evaluation of bracket complexes used in traditional timber structures based on static lateral loading tests[J]. Journal of Structural & Construction Engineering, 2001, 543: 121–127.

[83] 张鹏程. 中国古代木构建筑结构及其抗震发展研究[D]. 西安: 西安建筑科技大学, 2003.

[84] 张鹏程, 赵鸿铁, 薛建阳, 等. 斗结构功能试验研究[J]. 世界地震工程, 2003(1): 102–106.

[85] 张鹏程, 赵鸿铁, 薛建阳, 等. 中国古建筑的防震思想[J]. 世界地震工程, 2001(4): 1–6.

[86] 张鹏程, 赵鸿铁, 薛建阳, 等. 中国古代大木作结构振动台试验研究[J]. 世界地震工程, 2002(4): 35–41.

[87] 高大峰, 李卫. 中国木结构古建筑的结构抗震性能与保护研究[M]. 1版. 北京: 科学出版社, 2014: 51–94.

[88] 高大峰. 中国木结构古建筑的结构及其抗震性能研究[D]. 西安: 西安建筑科技大学, 2007.

[89] 高大峰, 李飞, 刘静, 等. 木结构古建筑斗拱结构层抗震性能试验研究[J]. 地震工程与工程振动, 2014, 34(1): 131–139.

[90] D'AYALA D F, TSAI P H. Seismic vulnerability of historic Dieh – Dou timber structures in Taiwan[J]. Engineering Structures, 2008, 30: 2101– 2113.

[91] 吕漩. 古建筑木结构斗拱节点力学性能研究[D]. 北京: 北京交通大学, 2010.

[92] 隋䶮. 中国古代木构耗能减震机理与动力特性分析[D]. 西安: 西安建筑科技大学, 2009.

[93] 隋䶮, 赵鸿铁, 薛建阳, 等. 古建木构铺作层侧向刚度的试验研究[J]. 工程力学, 2010, 27(3): 74–78.

[94] 隋䶮, 赵鸿铁, 薛建阳, 等. 古代殿堂式木结构建筑模型振动台试验研究[J]. 建筑结构学报, 2010, 31(2): 35–40.

[95] 隋䶮, 赵鸿铁, 薛建阳, 等. 古建筑木结构直榫和燕尾榫节点试验研究[J]. 世界地震工

程, 2010, 26(2): 88–92.

[96] 隋龑, 赵鸿铁, 薛建阳, 等. 中国古建筑木结构铺作层与柱架抗震试验研究[J]. 土木工程学报, 2011, 44(1): 50–57.

[97] 袁建力, 陈韦, 王珏, 等. 应县木塔斗拱模型试验研究[J]. 建筑结构学报, 2011, 32(7): 66–72.

[98] 陈韦. 应县木塔斗拱力学性能及简化分析模型的研究[D]. 扬州: 扬州大学, 2010.

[99] 王珏. 应县木塔扭、倾变形张拉复位的数字化模拟和安全性评价[D]. 扬州: 扬州大学, 2008.

[100] 赵鸿铁, 薛建阳, 隋龑, 等. 中国古建筑结构及其抗震: 试验、理论及加固方法[M]. 1版. 北京: 科学出版社, 2012: 127–151.

[101] 赵鸿铁, 张锡成, 薛建阳, 等. 中国木结构古建筑的概念设计思想[J]. 西安建筑科技大学学报(自然科学版), 2011, 43(4): 457–463.

[102] 陈志勇. 应县木塔典型节点及结构受力性能研究[D]. 哈尔滨: 哈尔滨工业大学, 2011.

[103] CHEN Z, ZHU E, LAM F, et al. Structural performance of Dou-Gong brackets of Yingxian Wood Pagoda under vertical load-An experimental study[J]. Engineering Structures, 2014, 80: 274–288.

[104] 邵云, 邱洪兴, 乐志, 等. 宋、清式斗拱低周反复荷载试验研究[J]. 建筑结构, 2014, 44(9): 79–82.

[105] 周乾, 闫维明, 慕晨曦, 等. 故宫太和殿一层斗拱竖向加载试验[J]. 西南交通大学学报, 2015, 50(5): 879–885.

[106] 周乾, 杨娜, 闫维明, 等. 故宫太和殿一层斗拱水平抗震性能试验[J]. 土木工程学报, 2016, 49(10): 18–31.

[107] 周乾, 闫维明, 慕晨曦, 等. 故宫太和殿二层斗拱竖向加载试验[J]. 文物保护与考古科学, 2017, 29(2): 8–14.

[108] 周乾, 杨娜, 淳庆. 故宫太和殿二层斗拱水平抗震性能试验[J]. 东南大学学报(自然科学版), 2017, 47(01): 150–158.

[109] 周乾, 闫维明, 关宏志, 等. 罕遇地震作用下故宫太和殿抗震性能研究[J]. 建筑结构学报, 2014, 35(S1): 25–32.

[110] 周乾, 闫维明, 关宏志, 等. 木结构斗拱力学性能研究进展[J]. 水利与建筑工程学报, 2014, 12(4): 18–26.

[111] 阙泽利, 李哲瑞, 张贝贝, 等. 明角直天王殿松木斗拱振动台试验研究[J]. 土木建筑与环境工程, 2015, 37(3): 26–34.

[112] 张贝贝. 斗拱抗震机理研究: 角直天王殿斗拱振动试验[D]. 南京: 南京林业大学,

2014.

[113] LI Z, QUE Y, ZHANG X, et al. Shaking table tests of Dou-Gong brackets on Chinese traditional wooden structure: a case study of Tianwang hall, Luzhi, and Ming dynasty[J]. BioResources, 2018, 13(4): 9079- 9091.

[114] 李哲瑞. 四铺作插昂造斗拱的材料与结构性能研究: 以角直保圣寺天王殿为例[D]. 南京: 南京林业大学, 2017.

[115] YEO S Y, HSU M, KOMATSU K, et al. Shaking table test of the Taiwanese traditional Dieh-Dou timber frame[J]. International journal of architectural heritage, 2016, 10(5): 539-557.

[116] YEO S Y, HSU M, KOMATSU K, et al. Damage behaviour of Taiwanese traditional Dieh-Dou timber frame[C]. Proceedings of the world conference on timber engineering (WCTE), Quebec, Canada. 2014.

[117] 薛建阳, 路鹏, 董晓阳. 古建筑木结构歪闪斗拱竖向受力性能的ABAQUS有限元分析[J]. 西安建筑科技大学学报(自然科学版), 2017, 49(1): 8-13.

[118] 薛建阳, 路鹏, 董晓阳. 古建筑木结构歪闪斗拱抗震性能的ABAQUS有限元分析[J]. 世界地震工程, 2017, 33(4): 11-17.

[119] 薛建阳, 董金爽, 夏海伦, 等. 不同松动程度下古建筑木结构透榫节点弯矩-转角关系分析[J]. 西安建筑科技大学学报(自然科学版), 2018, 50(5): 638-644.

[120] 薛建阳, 赵鸿铁, 张鹏程. 中国古建筑木结构模型的振动台试验研究[J]. 土木工程学报, 2004(6): 6-11.

[121] 魏国安. 古建筑木结构斗拱的力学性能及ANSYS分析[D]. 西安: 西安建筑科技大学, 2007.

[122] 钟凯. 明清官式古建筑木结构典型节点及整体结构力学性能研究[D]. 北京：北京交通大学, 2018.

[123] 张锡成. 地震作用下木结构古建筑的动力分析[D]. 西安: 西安建筑科技大学, 2013.

[124] 张锡成, 吴晨伟, 薛建阳, 等. 轴压作用下斗拱的精细化有限元模型研究[J]. 地震工程与工程振动, 2018, 38(1): 65-76.

[125] 谢启芳, 张利朋, 向伟, 等. 竖向荷载作用下叉柱造式斗拱节点受力性能试验研究与有限元分析[J]. 建筑结构学报, 2018, 39(9): 66-74.

[126] 谢启芳, 向伟, 杜彬, 等. 古建筑木结构叉柱造式斗拱节点抗震性能试验研究[J]. 土木工程学报, 2015, 48(8): 19-28.

[127] 谢启芳, 向伟, 杜彬, 等. 残损古建筑木结构叉柱造式斗拱节点抗震性能退化规律研究[J]. 土木工程学报, 2014, 47(12): 49-55.

[128] 谢启芳. 中国木结构古建筑加固的试验研究及理论分析[D]. 西安: 西安建筑科技大

学, 2007.

[129] 谢启芳, 张毅, 魏荣, 等. 木质变摩擦阻尼器滞回性能的试验研究与理论分析[J]. 土木工程学报, 2020, 53(S2): 123–128, 136.

[130] XIE Q, ZHANG L, LI S, et al. Cyclic behavior of Chinese ancient wooden frame with mortise－tenon joints: friction constitutive model and finite element modelling[J]. Journal of Wood Science, 2017, 64(1): 40–51.

[131] XIE Q, WANG L, ZHANG L, et al. Seismic behaviour of a traditional timber structure: shaking table tests, energy dissipation mechanism and damage assessment model [J]. Bulletin of Earthquake Engineering, 2019, 17(3): 1689–1714.

[132] 孟宪杰. 宋式传统木结构抗震性能及抗震机理研究[D]. 太原: 太原理工大学, 2019.

[133] 程小武, 沈博, 刘伟庆, 等. 宋式带“昂”斗拱节点力学性能试验研究[J]. 建筑结构学报, 2019, 40(4): 133–142.

[134] 杨正维. 传统木结构动力有限元分析[D]. 西安：西安建筑科技大学, 2019.

[135] 刘应扬, 韩志旭, 童丽萍, 等. 会善寺大雄宝殿斗拱力学性能试验[J]. 同济大学学报(自然科学版), 2020, 48(4): 506–512.

[136] 刘应扬, 张枫, 童丽萍, 等. 会善寺大殿斗拱足尺试件竖向加载试验研究[J]. 结构工程师, 2020, 36(1): 130–135.

[137] 童丽萍, 蒋浩, 刘应扬, 等. 会善寺大雄宝殿结构动力性能分析[J]. 世界地震工程, 2019, 35(1): 220–227.

[138] 刘应扬. 强震作用下单层网壳结构抗倒塌措施[D]. 天津: 天津大学, 2011.

[139] 刘君炜. 七等材木结构斗拱–梁–柱构架的拟静力计算分析[D]. 太原: 太原理工大学, 2020.

[140] CAO J, ZHAO Y, LIU Y, et al. Load–carrying capacity analysis of traditional Chinese Dou–gong joints under monotonic vertical and reversal lateral loading[J]. Journal of Building Engineering, 2021, 44, 102847, https: //doi. org/10. 1016/j. jobe. 2021. 102847.

[141] 刘义凡, 侯同宇, 滕启城, 等. 少林寺初祖庵大殿铺作模型拟静力试验[J]. 林业工程学报, 2021, 6(5): 46–53.

[142] YAO Z, QUE Y, YANG X, et al. Status investigation and damage analysis of the Dougong under the external eaves of the main hall of Chuzu Temple in the Shaolin Temple complex[J]. BioResources, 2019, 14(2): 4110– 4123.

[143] 王伟. 徽派古建筑斗拱与穿枋力学性能研究[D]. 合肥: 安徽建筑大学, 2021.

[144] XUE J, LIANG X, WU C, et al. Experimental and numerical study on eccentric compression performance of Dou–Gong brackets at column tops[J]. Structures, 2022, 35: 608–621.

[145] WU C, XUE J, SONG D, et al. Mechanical performance of inclined Dougong bracket

sets under vertical load: Experimental tests and finite element calculation[J]. Journal of Building Engineering, 2022, 45: 103555.

[146] WU C, XUE J, SONG D, et al. Analysis on the mechanical performance of Dougong bracket sets under eccentric vertical load[J]. Construction and building materials, 2022, 314: 125652.

[147] LI Y, YAO L, GUO Y, et al. Comparative analysis on the mechanical properties of mortise-tenon joints in heritage timber buildings with and without a ‘Que-Ti’ component[J]. BioResources, 2022, 17(3): 4116- 4135.

[148] LI Y, YAO L, SONG Y, et al. Uplift capacity evaluation of light-framed wood structure's roof-to-wall connections[J]. BioResources, 2022, 17(3): 4532- 4558.

[149] 王正, 杨燕, 刘斌. SPF规格材弹性模量概率分布及其力学性能评价[J]. 南京林业大学学报(自然科学版), 2014, 38(02): 157-160.

[150] 全国木材标准化技术委员会. 木材顺纹抗压弹性模量测定方法: GB/T 15777—2017[S]. 北京: 中国标准出版社, 2017.

[151] 全国木材标准化技术委员会. 木材横纹抗压弹性模量测定方法: GB/T 1943—2009[S]. 北京: 中国标准出版社, 2009.

[152] 王丽宇, 鹿振友, 申世杰. 白桦材12个弹性常数的研究[J]. 北京林业大学学报, 2003(6): 64-67.

[153] 龚蒙. 用电阻应变法测定木材顺纹抗压弹性常数的研究[J]. 林业科学, 1995(2): 189-192.

[154] 邵卓平, 祝山. 电阻应变法测定杉木弹性常数的研究[J]. 安徽农业大学学报, 2001(1): 32-35.

[155] 全国木材标准化技术委员会. 原木缺陷: GB/T 155—2017[S]. 北京: 中国标准出版社, 2018.

[156] 熊仲明, 王社良. 土木工程结构试验[M]. 2版. 北京: 中国建筑工业出版社, 2014.

[157] 牛庆芳. 宋式木构架1: 2模型试验研究与理论分析[D]. 太原: 太原理工大学, 2017.

[158] 张利朋, 谢启芳, 吴亚杰, 等. 木材本构模型研究进展[J]. 建筑结构学报, 2023, 44(5): 286-304.

[159] 杨高杰. 低应变率下木材单轴受压率本构模型研究[D]. 西安: 西安建筑科技大学, 2019.

[160] JR. L M, QING H. Micromechanical modelling of mechanical behavior and strength of wood: State-of-the-art review[J]. Computational materials science, 2008, 44: 363-370.

[161] 庄茁, 由小川, 廖剑晖, 等. 基于ABAQUS的有限元分析和应用[M]. 北京: 清华大学出版社, 2021.

附 录

附录1 斗拱木构件在“院子”文化中的应用

斗拱木构件作为中国古代木结构建筑的独有构件和集大成者，不仅具有重要的力学和结构作用，还在中国建筑文化的层面具有重要的精神象征意义，也是人们集体无意识中美的符号形象。“院子”在当今高密度的城市化时代背景下，逐步成为建筑产品中一种奢侈的存在，而“院子”在家的精神记忆中传承了千百年，始终与人们心中理想家园的形象不可分割。将斗拱符号应用于“院子”文化中，针对具有广阔空间的乡村，设计出一种新的建筑产品，不仅可以找到斗拱精神的现代传承之法，还可以将具有优秀“固碳”功能的现代装配式木结构建筑大力推广，助力乡村振兴，唤醒文化自信，响应“双碳”政策。

基于以上思路，笔者设计了一种可以将唐、辽、宋、元、明、清6类斗拱符号应用其中的标准户型，作为一种融入斗拱符号和院子文化的装配式木结构建筑产品，其鸟瞰图如附图1–1所示，一层平面和二层平面如附图1–2和附图1–3所示。

唐、辽、宋、元、明、清代6类斗拱在标准户型中的应用场景如附图1–4～附图1–9所示。

附图 1-1　鸟瞰图

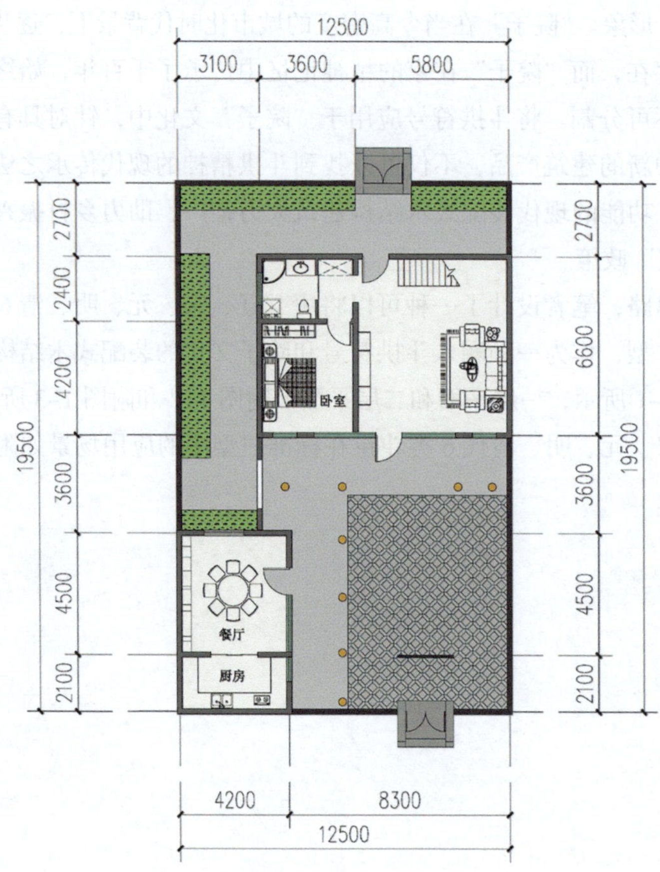

附图 1-2　一层平面（单位：mm）

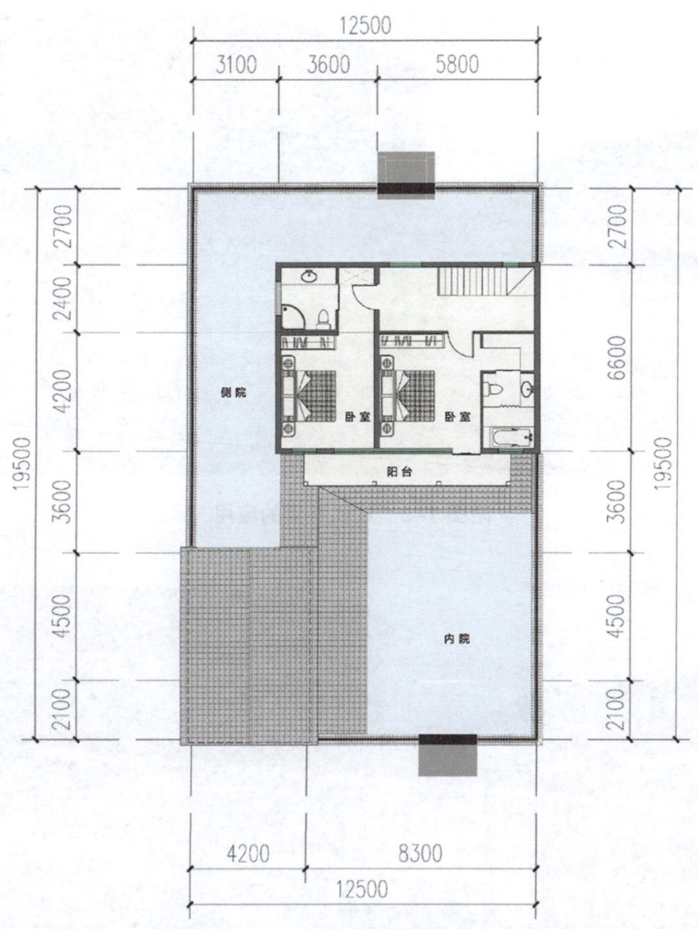

附图 1-3　二层平面（单位：mm）

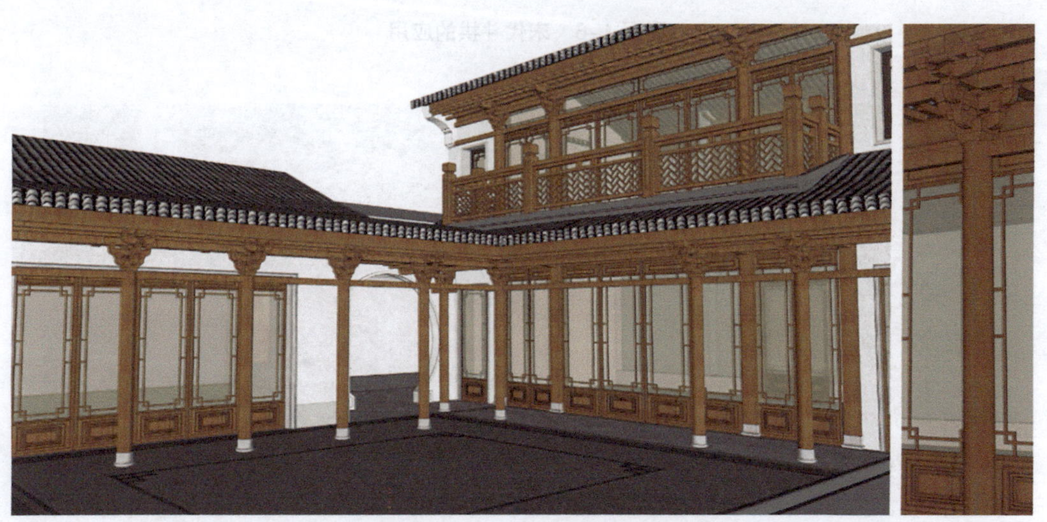

附图 1-4　唐代斗拱的应用

附图 1–5　辽代斗拱的应用

附图 1–6　宋代斗拱的应用

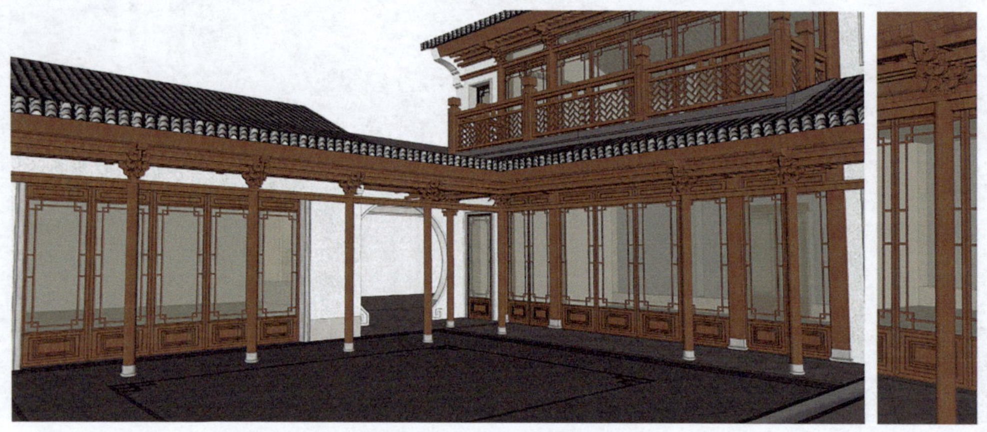

附图 1–7　元代斗拱的应用

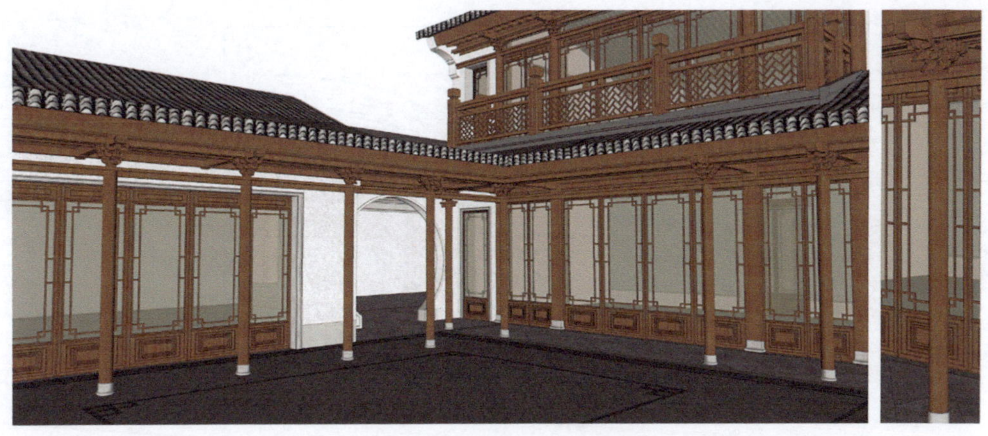
附图 1-8　明代斗拱的应用

附图 1-9　清代斗拱的应用

附录 2

本研究仿真模拟的目的是获取斗拱整体构件的静力结构行为特征，结构试验的目的是获取斗拱关键节点和关键部件在极限状态下的内力变化特征，二者相辅相成。清式柱头科“一斗三升”斗拱构件结构试验（缩尺）在 Y 轴、X 轴上的荷载－位移滞回曲线与仿真模拟（足尺）结果的相似度较高，验证了仿真模拟结果的合理性。因篇幅原因，唐、辽、宋、元、明、清斗拱构件不再进一步验证。

清式柱头科“一斗三升”斗拱整体构件在 Y 轴方向上的荷载－位移滞回曲线如附图 2-1 所示：

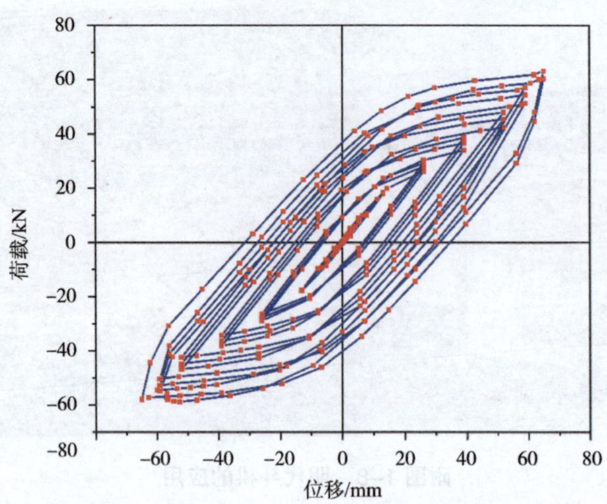

附图 2-1　清式柱头科“一斗三升”斗拱整体构件

在 Y 轴方向上的荷载 - 位移滞回曲线

清式柱头科“一斗三升”斗拱整体构件在 X 轴方向上的荷载 - 位移滞回曲线如附图 2-2 所示：

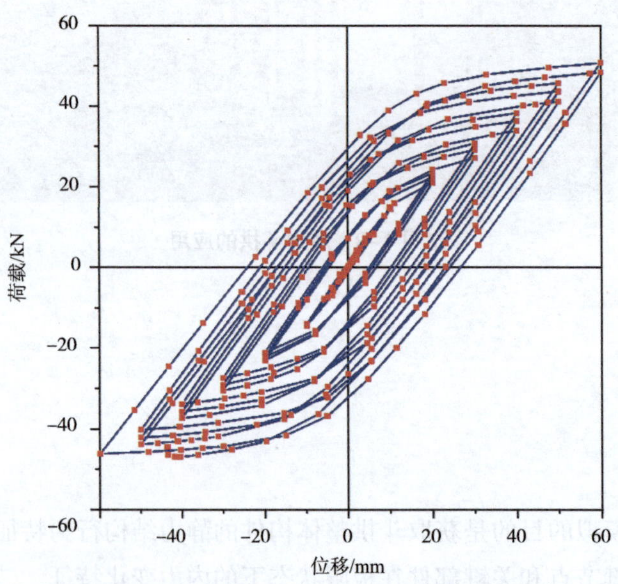

附图 2-2　清式柱头科“一斗三升”斗拱整体构件

在 X 轴方向上的荷载 - 位移滞回曲线